JN411369

나의 케임브리지 동지들

KGB 공작관의 회고록

나의 케임브리지 동지들

KGB 공작관의 회고록

| 유리 모딘 지음·조성우 옮김 |

옮긴이 서문

'케임브리지 5인방'은 세계 첩보사에서 유례를 찾아볼 수 없는 20세기 소련 국가보안위원회KGB의 전설적 첩보망이다. 전문가들은 이 첩보망이 1930년대 이후 제2차 세계대전을 거쳐 동서냉전이 전개되는 과정에서 세계사를 주도하는 흐름을 바꿔놓고 현재의 세계정치 지형에도 그 잔영을 깊게 드리우는 데 결정적인 역할을 했다고 본다.

- 제2차 세계대전에서 연합국이 승리하는 데 결정적이었던 스탈린그라드 전투에서의 소련 승리
- 소련이 미국에 대응할 수 있는 군사대국으로 올라설 수 있게 해준 소련의 원자폭탄 개발
- 냉전이 진행되는 가운데 서방의 북대서양조약기구NATO군 신설 과정 등에 효과적이었던 소련의 대응
- 소련의 김일성 남침 계획 승인(키신저는 자서전에서 소련이 김일성의 남침 계획을 승인한 것은 애치슨라인에서 한국이 제외됐기 때문이 아니라 다른 이유가 있다고 언명했다.)

그러나 이러한 KGB의 '케임브리지 5인방' 첩보망도 정작 KGB가 전력 투구해서 이들을 포섭, 구축한 것이 아니고 영국에서 자생적으로 발생한 것이라는 사실이 놀라움을 자아낸다.

'케임브리지 5인방'은 케임브리지 대학에 재학 중인 귀족 등 영국 사회 최상류층 출신의 젊은 수재들이 이상적 정의감에 불타 사회적 모순과 투쟁한다는 지극히 순수하고 순진한 열정에서 출발했다. 이들은 이념을 좇아 결국 조국을 배반하는 길에 들어섰고, 직접 눈으로 공산주의의 미망迷妄을 확인한 뒤에도 끝까지 자신들을 합리화하며, 모든 것을 다 바쳐 소련의 충실한 충견으로서 자임한 임무를 다했다.

이들의 행적은 '이념으로 뭉친 자생적 첩보망이 가장 효율적이고 이상적'이라는 너무나 당연한 첩보계의 상식과 정확히 일치한다. 이들은 이념과 자생적이라는 것 외에 출신성분, 비상한 재능, 인맥, 사회적 위치 등 첩보활동을 위한 완벽한 여건을 확보하고 있었다. 또한 자연발생적인 신분가장假裝이 가능해 상대국에서 파견된 공작원과는 비교할 수 없는 탁월하고 이상적인 효율성을 확보할 수밖에 없었으며, 이들 중 한 명은 영국 방첩기관의 최고책임자 자리를 차지할 수 있는 가장 유망한 후보자 위치에까지 이른다. 그래서 이들의 활동은 그들의 조국에 더욱더 치명적일 수밖에 없었다.

이들의 신화적인 활동이 세상에 알려지자 당시의 시대상황과 맞물려 케임브리지 5인방을 다룬 책들이 수없이 발간됐다. 이들 책의 작가들은 비밀이라는 사건 자체의 특수성 때문에 상상력을 동원해 이야기를 풀어나가고 있지만 실상은 상상 그 자체인 경우가 대부분이다. 그러나 이 책의 저자 유리 모딘Yuri Modin은 이 첩보망의 본격적 활동 초기부터 제2차 세계대전을 거쳐 첩보망이 붕괴할 때까지 이들을 전담했고, 실제로 주영 소련대사관에 수차 파견되어 십여 년간 직접 조종 관리해 공작을 운영해온 사람으로 명실공히 누구도 케임브리지 5인방에 대해 이 사람보다 더 잘 알 수 없다. 이 때문에 이 책은 케임브리지 5인방에 대해 가장 권위 있는 책이라고 할 수 있다.

그렇지만 모딘도 이미 정년퇴직한 몸으로서 당국의 허가 범위 안에서만 내용을 밝힐 수 있었을 것이기에 책을 읽다보면 의도적으로 밝히지 않는 부분이 있음이 드러난다. 그러나 책에서 밝힌 내용은 우리의 현실에서도 관계자에게 많은 참고가 될 수 있다고 생각한다.

특히 이 책은 국가나 공공기관에서 일하는 공무원이나 공직자가 국가기밀을 보호함으로써 국가이익을 보호하고 자신들도 모르는 사이에 적에게 기밀을 넘기는 함정에 빠지는 실수를 저지르지 않기 위해서도 일독이 필요하다. 국가 차원의 첩보 및 보안기관은 물론 첨단기술을 취급하는 기업이나 개인의 보안업무 담당자에 대한 기본적인 교육 자료로서 유익한 활용이 기대된다.

이 책에서 무엇보다 인상적인 것은 KGB가 전 세계에서 첩보공작을 뛰어나게 성공시킬 수밖에 없던, 너무나 상식적이고 평범한 사실이다. 바로 KGB가 공작원의 신변 안전보장과 경제생활 뒷받침을 위해 절체절명의 위험한 순간을 무릅쓰고라도 끝까지 최선을 다했다는 점이다.

옮긴이는 이 책을 번역하면서 러시아어판을 사용했으며 러시아 이외의 고유지명이나 인명의 표기를 위해서만 영문판을 참고했다는 점을 미리 밝혀둔다.

2012년 12월

조성우

서문을 대신하여

1951년 5월 25일, 영국의 방첩기관 MI5는 영국 외무부 미국과 과장 도널드 맥클린과 워싱턴 주재 영국대사관 일등서기관 가이 버제스가 행방불명됐음을 확인했다. 바로 이날은 소련 정보기관과 협력했는지 따지기 위해 맥클린을 조사하기로 한 날이었다.

이러한 수사는 그 뒤 거의 40년 동안 계속됐는데, 그 결과 두 명의 외교관뿐만이 아니라 귀족을 네 명을 포함한 총 다섯 명의 명문대학 출신 영국인이 제2차 세계대전 전부터 냉전 초기단계까지 17년 동안이나 소련 정보기관과 협력해왔다는 사실이 밝혀졌다.

이후 영국과 기타 유럽 국가의 언론은 이 '5인방'에 대한 비방 운동을 벌여나갔다. 나는 주영 소련대사관에서 공보관의 임무를 수행하면서 5인방을 직접 관리했는데, 비방 운동 과정에서 쏟아진 온갖 거짓말, 비방, 모욕, 비양심적인 속임수 등에 놀라지 않을 수 없었다. 나는 그들 5인방을 도와줄 수가 없었다. 내 의지와는 상관없이, 정보세계에서는 그 유례를 찾아볼 수 없는 이 사건에 대해 언론이 수십 년 동안 침묵을 해왔던 것처럼 말이다.

이제 그들은 모두 세상을 떠났다. 나는 진실을 밝히는 것이 정보관으로서의 의무이며 명예라고 생각한다. 나는 이 공작의 마지막 수년을 그들과 함께했고, 공작이 붕괴되면서 일어날 수 있는 문제를 마무리하고 이들을 도주시키는 일에 참가했다.

그들 모두는 확신에 찬 영국인이었으며 일부는 마르크스주의자이기도 했다. 그들은 대외정치정보를 연구하고 전 세계에서 벌어지고 있는 혼란, 전쟁, 혁명과 기타 격동적인 사태들을 관찰하면서, 이러한 것들을 없앨 수 있다는 낙천적 신념을 잃지 않았다. 그들이 항상 소련 정부의 정책을 지지한 것은 아니었다. 그러나 최소한 소련 정부가 의도하는 것 가운데서 긍정적인 면을 신뢰하고 있었다.

나는 이 책에서 케임브리지 대학 출신의 동지들인 해럴드 킴 필비, 도널드 맥클린, 가이 버제스, 앤서니 블런트, 존 케른크로스 등 다섯 명 모두의 정확한 초상화를 전달하려 노력할 것이다. 그들은 장점과 단점 그리고 약점이 있는 사람으로 독자의 눈앞에 나타날 것인데, 영웅적인 공적을 세웠더라도 그들 역시 각자 개개인의 독특한 개성과 성향, 괴팍함이 있는 우리 모두와 똑같은 인간이었던 것이다.

이 책은 프랑스, 영국, 미국, 캐나다, 스페인에서 출판됐으며, 독자들의 반향으로 보아 큰 성공을 거둔 것으로 보인다.

이 책이 당신에게도 흥미를 자아내기를 바란다. 나는 모든 전기 작가와 마찬가지로 블라디미르 슐긴의 말처럼 현대인에게 좋지 못한 기록이 후세에 좋은 기록이라는 믿음을 가져본다.

역사학 박사, 조교수

예비역 대령 유리 모딘

MES CAMARADES DE CAMBRIDGE

| 차례 |

MES CAMARADES DE CAMBRIDGE

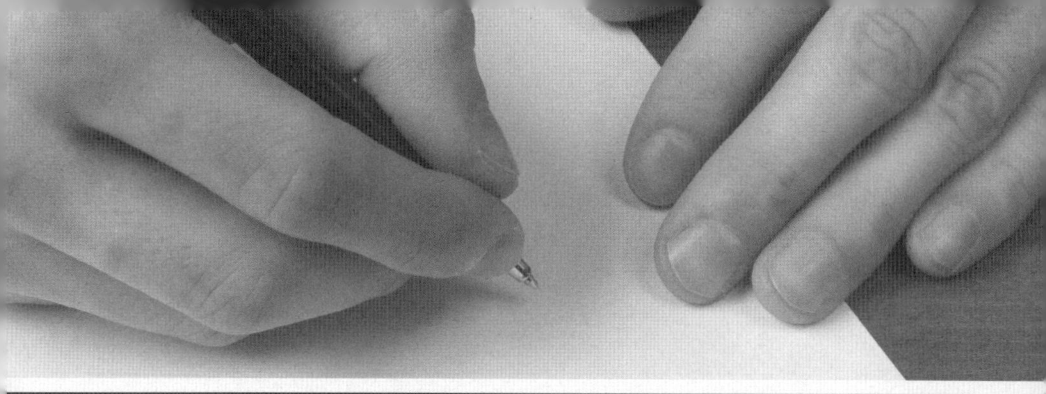

01

런던, 1948년 2월

01

그때 나는 런던에 살고 있었다. 일 년 가운데 가장 을씨년스럽고 바람이 심한 2월의 어느 날이었다. 자정이 지난 지 한참 됐으나 잠이 오지 않았다. KGB* 본부에 있는 존 케른크로스John Cairncross에 관한 자료를 기억해내려 머리를 쥐어짜면서도 불안감을 떨쳐버릴 수가 없었다. 나는 앞으로 이루어질 그와의 접선에만 골몰하고 있었다.

며칠 동안 나는 수차에 걸쳐 니콜라이 보리소비치 로딘Nicolai Borisovich Rodin(코로빈Korovin, 런던 주재 KGB 거점장으로 내 실제 직속상관이었다. 나의 대사관 공식직책은 공보과 홍보담당 직원이었다)과 함께 앞으로 있을 케른크로스와의 접선에 대비해 상세한 사항들을 검토했다. 앞으로 내 첫 번째 공작원이 될 케른크로스[KGB에서는 '카렐(카렐리야 사람이라는 뜻)'이라는 암호명으로 알려졌다]의 생활과 성격에 관해 모든 것을 알고 싶었다. 나는 가까운 시일 안에 그와 직접 만나기로 되어 있었다. 가정할 수 있는 갖가지의 상황 아래서 그가 어떻게 행동할지 미리 점칠 수 있도록, 그의 심리상태에 대한 분석 자료를 준비할 필요가 있었다.

* 국가보안위원회. 소련의 국가정보기관으로서 역사적 계기마다 여러 명칭으로 불렸으나 이 책에서는 NKVD(1922~1943)와 KGB(1943년 이후)로 통일한다. 참고로 역대 명칭은 다음과 같다. 1917년 12월 Cheka, 1922년 2월 GPU(NKVD), 1923년 7월 OGPU, 1934년 7월 NKVD, 1941년 2월 NKGB, 1941년 7월 NKVD, 1943년 4월 NKGB, 1946년 3월 MGB, 1953년 3월 MVD, 1954년 3월 이후 KGB. — 옮긴이 주

코로빈은 서두르지 않고 느긋한 어조로 미리 이 공작원의 치명적인 두 가지 단점을 강조했다. 건망증적 성향이 있고 약속을 지키지 않아서 접선 장소에 제시간에 나타난 적이 거의 없었다는 것이다. 물론 나는 이러한 사전경고를 명심하고 이에 대비했다.

맨 먼저 접선이 이루어지고 나서 무엇보다도 우리가 옮겨 갈 접선 장소를 어디로 할 것인지 곰곰이 생각했으나, 이번 첫 번째 접선은 내가 아니라 당시 케른크로스의 연락원이었던 밀롭조로프가 주선했다. 밀롭조로프는 케른크로스에게 나를 소개한 뒤 곧바로 자리를 떠나도록 계획되어 있었다.

나는 나와 케른크로스 모두에게 적합한 장소를 찾기 위해 며칠을 궁리해야 했다. 다시 말해 케른크로스가 쉽게 기억하고 안전하다고 느낄 수 있는 위치의 카페나 식당이 아니면 안 됐던 것이다. 그러나 최종적인 결정은 밀롭조로프의 소관이었다.

그런 뒤 나는 어떤 길을 통과해 접선 장소까지 가야 할지에 대해 곰곰이 생각했다. 어떤 길은 걸어서 통과해야 할 것이고, 지하철을 타고 정거장에서 내려 갈아탔다가 다시 되돌아오는 등의 행위를 몇 차례 반복해 오랜 시간을 복잡하게 돌고 돌아 도착해야 한다. 또한 누가 내 뒤를 밟고 있지는 않은지 확인해야 한다.

접선 장소로 가는 길을 결정하는 일은 항상 많은 시간을 필요로 하는데, 그러한 조심성은 매우 당연한 것이다. 나는 미행자가 따라붙을 수 없도록 한다는 의미의 우리 전문용어대로 항상 '깨끗하게' 유지해야만 했다. 그러나 유감스럽게도 우리 연락원들 모두가 그렇게 조심스러운 것은 아니었다. 두세 번의 접선이 운 좋게 이루어지고 나면, 그들은 안전을 보장해주는 기본적인 규칙을 지키지 않고 나태해져서 경계심을 잃곤 했다. 당시 공작관*으로서 적극적으로 활동하던 코로빈은 갖가지 형태의 미행에서 탈미脫尾**할 수 있는 아주 실제적인 규칙을 만들었으나, 실상 자신은 이를 등한시하면서 다른 요원들에게는 엄격하게 지키라고 요구했다. 결국 그의 해이함은 여러 공작원을 잃는 결과를 초래하고 말았다.

코로빈은 내가 케른크로스와 만나기 하루 전에 나를 호출했다. 나는 얘기할 건 이미 다 끝났기 때문에 내키지는 않았으나, 공연히 성질을 건드릴 필요가 없어 그의 사무실로 갔다. 코로빈은 심각한 표정으로 자리에서 일어나, 시끄럽게 의자를 밀치며 책상을 돌아 내 맞은편 안락의자에 털썩 주저앉았다.

"유리 이바노비치."◆

그는 깔보는 듯한 목소리로 이미 내 신경을 건드리며 말을 시작했다.

"귀관은 모스크바 본부, 특히 군부에서 카렐에게 얼마나 큰 기대를 걸고 있는지 잘 알고도 남을 것이네. 본부가 케른크로스와의 관계가 삐걱거리자 밀롭조로프에게 업무에서 즉각 손을 떼도록 한 것을 알고 있지? 만일 귀관도 그 모양으로 일한다면, 출세도 끝이라는 것은 불을 보듯 뻔하다는 말일세."

코로빈은 잠시 말을 멈췄다. 그의 얼굴에는 내가 만약 좋지 않은 상황에 빠질 경우 일어날 수 있는 일을 떠올리며 만족스러워하는 듯한 묘한 표정이 나타났다.

"귀관은 어떤 암호명을 사용하려고 하나? 생각해본 것이 있는가?"

나는 이에 대해 생각조차 하지 않았고, 암호명 같은 것에는 전혀 관심이

◆ 공작관은 공작원을 운용 관리하는 정보기관의 요원을 말한다. ─ 옮긴이 주

◆◆ 미행으로부터 벗어난다는 뜻의 정보기관 전문용어. ─ 옮긴이 주

◆ 저자의 정식 이름은 유리 이바노비치 모딘. 유리는 이름, 이바노비치는 아버지의 이름에서 따온 부칭, 모딘은 성이다. 러시아에서 이름과 부칭을 함께 부르는 것은 존경을 표하거나 공식적인 상황에서 격식 있게 사용하는 호칭법이다. 친한 관계에서는 이름만 혹은 이름의 애칭만 부른다. ─ 옮긴이 주

없었다. 내 앞에 얼마나 중차대한 문제가 놓여 있는데 이러한 자질구레한 것들과 씨름한단 말인가? 그러나 뭔가 답변하지 않을 수 없었다.

"예, 물론입니다. 반대하지 않으신다면 '피터'를 암호명으로 할까 합니다."

'맥스', '해리' 또는 '짐'을 거론할 수도 있었으나, 그 무렵에 관람한 영화 〈파리의 지붕 밑Sous Les Toits De Paris〉의 주인공이 피터였기 때문인지 피터라는 이름이 입에서 튀어나왔다.

피터는 내가 사용한 긴 가명 목록 가운데 첫 번째 것이다. 동료들은 내가 가명을 여럿 사용한다는 것을 알고 있었다. 나는 내가 담당한 공작원과 일하거나 영국 거점에서 모스크바로 보내는 전보와 문서에 서명하는 데 이들 가명을 사용했다. 어떤 공작원에게는 '피터'라고 불렸고 또 다른 공작원들에게는 '조지' 등으로 불렸다. 각각의 공작원 그룹은 나를 특정 암호명으로 불렀던 것이다.

"유리 이바노비치. 이제 자네는 지금 이후부터 독립적으로 활동하는 것일세."

코로빈은 사무실 문을 닫으며 말했다.

첫 접선 장소에 나가기 전날 밤에는 깊이 푹 잠들었다. 평소 내게 닥친 위험이 크면 클수록 점점 더 침착해지는 편이었다. 나는 앞으로 내 공작원이 될 사람에게 물어야 할 사항에 대해 이미 확실하게 마음속으로 정리해 놓았다. 더욱이 앞으로 원활한 협력관계를 유지하려면 첫 만남에서 친밀하고 호의적인 분위기를 만드는 게 가장 중요했다.

그러나 마음속에는 불안감이 없지 않았다. 나이도 나보다 훨씬 더 많을 뿐더러 경험도 풍부한 케른크로스와의 접선을 앞두고 초조감을 어찌할 수가 없었던 것이다. 그럼에도 동시에 뿌듯한 감정이 솟아오르는 듯한 느낌을 받았다. 나는 늘 내 직업이 큰 위험과 직결되어 있다고 생각했다. 내가 거대한 모스크바 본부 조직의 한낱 먼지 같은 하찮은 존재였어도 정보관이 된 것을 후회한 적은 한 번도 없었다.

1948년 2월, 이날 아침 런던의 날씨는 다른 날과 달리 습기가 뼛속까지 스며들었다. 나는 아침 일찍 집을 나서서 평소와 같이 대사관으로 향했다. 창백하고 습기로 흠뻑 젖은 출근 인파가 나를 향해 돌진해오고 있었다. 나는 내가 이미 이러한 일상적인 풍경 속의 일부가 되어 어느 누구의 눈길도 받지 않을 만큼 영국의 분위기에 익숙해졌다는 것을 조금도 의심하지 않았다. 런던의 평범한 노동자나 다른 근로자 그 누구도 나에게 조그만 관심도 보이지 않았다.

나는 대사관에서 오전 업무를 간단히 마치고 혼자 허름한 식당으로 가 점심식사를 했다. 예전에는 전혀 없던 일이었다. 그 이유는 나도 모르지만 왠지 동료들과 어울려 이런저런 이야기를 하고 싶지 않았다. 앞으로 있을 접선이 언뜻 보면 별것 아닌 것으로 보일 수도 있겠으나, 내 생각은 온통 이 접선에 집중되어 있었다. 그러나 사실 내가 카렐에게 할 말은 없었고, 카렐 또한 아직까지는 특별히 내게 할 말이 있을 것 같지 않았다. 이번은 단순히 첫 접선이고 그와 나의 일대일 접선도 아니며, 밀롭조로프가 동석하게 되어 있었다. 그렇다 하더라도 런던에서 수행해야 하는 실질적인 내 첫 번째 임무였던 것이다.

점심 뒤 나는 영화관에 갔다. 영화는 저녁 6시쯤 끝났고 거리는 벌써 어두워지기 시작했다. 자잘한 진눈깨비와 비로 날씨가 차가웠다. 외투 깃을 올리고 귀가 눌리도록 모자를 깊숙이 내려 쓰니 영락없는 무슨 음모자처럼 보였다. 마주 걸어오는 행인들이 혹시 나를 스파이로 상상하지 않을까 하는 생각이 들었다. 그러나 실상 차가운 빗방울 때문에 머리를 양 어깨 속으로 쑤셔 넣은 채 걷고 있던 영국 사람들 가운데, 처음으로 영국인 공작원을 만나기 위해 길을 나선 유리 이바노비치 모딘에 대해 관심을 가진 사람은 아무도 없었다.

두 시간 뒤 내가 미리 궁리해둔 그 길들을 모두 통과했다. 미행자가 나타난다면 어린애라도 쉽게 알아차릴 수 있는 서너 개의 주거지역과 여러 거리, 광장을 통과했다. 내 철칙 가운데 하나는, 되도록 인도가 한쪽에만 있는 길을 선택하는 것이다. 예를 들어 나는 그러한 길에 들어선 뒤 길을 반쯤 통과했을 때 느닷없이 뒤돌아서서 다시 되돌아왔다. 만약 내 뒤에 꼬리가 달라붙었다면, 그는 빨리 길 건너 반대편으로 건너감으로써 스스로를 드러내든가, 아니면 얼굴을 거리 쪽으로 돌린 채 나와 부딪칠 수밖에 없었다. 그나마 좀 합리적인 선택을 한다면 그대로 얼마간 계속 걸은 뒤 한두 개의 블록을 돌아 나를 찾아내기 위해 다시 달려오는 수밖에 없다. 그러나 이렇게 함으로써 나는 미행에서 벗어나기 위한 충분한 시간을 확보할 수 있는 것이다.

사전에 도보로 통과하기로 계획한 길을 지나 지하철로 들어갔다가 한 정거장 지나서 내려, 밖으로 나와 크게 원을 만들어 돌면서 접선 장소인 런던 서부의 잘 알려진 술집으로 점점 가까이 접근했다. 그러나 나는 이 술집에 관해서 아는 바가 없었다. 눈에 잘 띄는 출입문, 유리를 끼운 쇠로 된 격자창들과 아늑하고 강하게 조명이 비치는 내부 장식을 보자마자 이 장소에 강한 거부감을 느끼지 않을 수가 없었다. 이곳에서는 우리 모두가 여러 사람의 시선에 노출될 수밖에 없었다. 이 술집은 밀롭조로프가 골랐는데, 그는 아마도 이 접선을 분위기 좋고 편안한 술집에서 공금으로 멋지게 시간을 보낼 수 있는 마지막 기회로 이용하고 싶었던 것 같다.

벌써 저녁 8시가 됐으나, 나는 계속 주변을 살피면서 지루할 정도로 주위의 이 길 저 길을 걷고 있었다. 드디어 내 뒤에 미행자가 없다는 것을 확인하고 나서 침착하게 술집으로 들어갔다.

안을 한번 둘러보고 나니, 내 우려가 전혀 근거 없는 것이 아니었음을 다시 한 번 직감할 수 있었다. 이런 장소에서 공작원과 접선하는 것은 대단히 위험하다. 런던의 술집은 대부분 클럽 형태로서 서로 얼굴을 잘 아는 단골손님들이 찾는 곳이기 때문이다. 길거리에서는 누구의 주의도 끌지 않으면서 걸어왔는데 술집 안으로 들어오니 상황이 반대였다. 약간 불안했다. 이러한 장소에 전혀 익숙하지 않은 나로서는 외국인 티가 날 수도 있었다. 물론 이후에 내가 영국의 정보보고서(영국 정보기관에 나에 관한 파일이 있다고 확신한다)에 접근할 기회가 생기지 않는다면 이 술집에 드나들던 여러 유형의 손님들 반응이 어떠했는지 알 길이 없겠지만. 아니나 다를까, 술집에 들어서자마자 안에 있는 모든 사람이 나를 뚫어지게, 아주 불친절하게 바라보고 있다는 느낌을 받았다.

코로빈이 케른크로스의 사진을 보여주었지만 술집 안에서 그를 알아볼 수 있을지 전혀 확신이 서지 않았다. 나는 가장 어두운 구석을 찾아 들어가면서 맥주 한 잔을 시켰다. 내가 자리에 앉자마자 밀롭조로프가 들어왔다. 그 앞에 낡은 외투를 입은 35세 정도의 사람이 함께 있었는데, 나는 바로 그가 우리의 공작원임을 알 수 있었다. 나는 그들이 자리를 잡자 일어서서 그들과 합석했다.

나는 그들을 보면서 이 두 사람이 서로 맞는 짝이 아니라는 것을 금방 알 수 있었다. 밀롭조로프는 고약한 성격으로 우울하고 화를 잘 내 기분 좋은 날이 거의 없을 정도였으나, 이날따라 평상시보다 더 우울해보였다. 그는 내 눈을 피하면서 케른크로스하고만 말했다.

"이분이 피터입니다."

그는 결국 나를 턱으로 가리키며 말했다.

"오늘부터 이분이 당신의 연락책입니다. 신뢰가 깊고 시간을 정확히 지키는 분입니다. 두 분 아주 좋은 날 되십시오."

이 말과 함께 그는 잔을 들어 끝까지 비우고는, 서로 바라만 보면서 어색해하는 우리를 남겨놓은 채 질질 끄는 걸음걸이로 술집에서 나가버렸다.

그렇게 몇 분이 흐르는 동안에 나는 그의 인상을 정리하려 했다. 케른크로스는 전형적인 스코틀랜드 사람으로 키가 꽤 크고 얼굴이 말랐으며, 눈이 빨리 움직였다. 나는 교양을 쌓은 사람은 뭇사람과 구별되는 몇 가지 특징이 있다는 것을 경험을 통해 알고 있었다. 예를 들어 구두가 금방 닦은 것처럼 깨끗하고 와이셔츠는 좀 낡았을지라도 깃에 빳빳하게 풀을 먹이며, 바지는 구겨져 있더라도 항상 칼같이 날을 세운 것이 두 눈에 확 띈다. 케른크로스에게서는 이러한 특징들 가운데 어느 것도 찾아볼 수가 없었다. 게다가 그는 안경을 끼지 않았지만 근시였다.

나는 그에게 몇 가지를 질문하고 싶었지만 때와 장소가 어울리지 않아 그만두었다. 그저 어색함을 피하기 위해 형식적으로 맥주를 두 잔쯤 마시면서, 예의 바른 사람들이 처음 만나 특별히 서로 할 말이 없을 때 으레 그러는 것처럼 별 의미 없이 이런저런 이야기를 나눴다.

빨리 핵심문제로 들어가는 것이 우리가 이 술집에서 만난 목적이었지만 어떻게 실마리를 풀어야 할지 몰랐기 때문에 대화 중에 업무적인 이야기를 꺼낼 수가 없었다. 결점까지도 속속들이 알고 있는 상대방에게는 오히려 말문을 어떻게 열어야 할지 알 수 없을 때가 종종 있다. 이는 서로 잘 모르는 남녀가 첫 만남에서 꼭 하고 싶은 말을 골똘히 생각하지만 막상 필요한 말이 나오지 않는 것과 같다. 케른크로스는 전혀 동요하지 않았고 나 또한 기죽지 않았으나, 이러는 중에도 그의 빠른 눈은 전문가답게 나를 평가하고 있는 것을 느낄 수 있었다. 그에게 나는 첫 번째 연락책이 아니고 최소한 세 번째나 네 번째였다. 그는 나를 이들 전임자와 비교하는 것 같았다. 뚫어지게 바라보는 그의 눈길에 나 자신이 신참 풋내기로 느껴졌다. 그가 나보다 기껏해야 열 살 연상이지만 경험이 훨씬 더 풍부하다는 것은 의심할 여지가 없었다.

아는 사람이 언제 나타날지 모르는 장소에서 접선을 질질 끌며 늑장을 부리는 것은 의미가 없었다. 전문가로서의 인내심을 가졌다 해도 머릿속에서는 별의별 생각이 끓어올랐다. 모든 사람의 눈에 노출되는 이러한 장소에 나타나다니……. 앞으로는 절대로 술집에서 공작원과 만나지 않겠다고 다짐했다. 내가 영국인 옷차림을 해서 뭐 달라질 것도 없으며, 스코틀랜드식 복장이라 해도 누구도 나를 스코틀랜드 사람으로 보지는 않을 것이다. 케른크로스와 나는 동시에 맥주잔을 탁자 위에 놓았다. 헤어지기 전에 나는 다음 접선 장소와 시간을 알려주었다. 해머스미스 그로브, 1948년 3월 12일 저녁 8시.

나는 이미 한 달 전부터 예정된 접선 장소에 도달할 수 있는 빈틈없는 계획안을 작성했고, 사전에 코로빈과 상의한 뒤 몇 번의 수정을 거치며 이를 완성했다. 내가 가장 역점을 두었던 것은, 공작원이 산만하고 시간관념이 약하기 때문에 안전에 대한 위험을 최소화하는 것이었다. 그의 이러한 약점이 어느 순간이라도 우리 둘에게 되돌릴 수 없는 불행한 결과를 초래할 수 있으므로, 줄곧 이 점에 특별한 주의를 기울여야 했다. 그래서 처음부터 나는 케른크로스가 잘 아는 장소에서 항상 같은 시간인 저녁 8시에 접선해야 한다고 판단했다.

내가 현장에서 활동하는 공작원과 처음으로 연락업무를 위해 접촉했을 때의 경험은 이러했다. 이 모든 것이 내게는 새로운 일이었고, 나는 그러한 임무를 수행하는 데 완전히 준비되지 않은 상태였다고 실토할 수밖에 없다. 나는 결코 타고난 첩보원이 아니었고, 더군다나 제임스 본드나 존 르 카레*의 소설에 나오는 인물과는 정말로 거리가 멀었다. 솔직히 말해 나는 스파이 소설에서 이언 플레밍**이나 르 카레가 묘사하는 첩보원보다

* 존 르 카레(John le Carré, 1931~). 전직 MI6 요원으로 1961년 소설 『죽은 자에게 걸려온 전화』로 데뷔. 주요 작품으로는 『추운 나라에서 돌아온 스파이』, 『팅커, 테일러, 솔저, 스파이』 등이 있다. — 옮긴이 주

는, 현실 속 첩보원에 더 가깝게 묘사하는 에릭 앰블러* 타입에 더 가까웠다.

나는 특별히 뛰어난 재능을 가진 비범한 사람이 결코 아니며, 지능은 평균을 넘지 못한다. 10년제 중등학교와 고등군사해양 전문학교에서는 공부를 잘했으나, 공작 업무에 특별한 재능은 없었다. 그 당시 많이 본 영화, 소설책과 신문은 스파이를 슈퍼맨으로 그렸으나, 내가 보기에는 문학이 묘사하는 그러한 인물들은 실제와 거리가 멀다. 흔히 비밀 정보요원 채용 시 적용되는 지능 수준과 관련해 개선할 점이 많다고 보는데, 사실 이는 틀린 말이 아니다. 전체 정보기관 시스템에서 사실상 하급 병사의 역할만 수행하는 평범한 비밀정보원을 뽑는 데 지능검사의 높은 점수를 주요 잣대로 삼아서는 안 된다는 것을 나는 경험으로 알고 있다.

동시에 공작원에게는 일반 병사에게는 크게 중요시되지 않는 자질이 필수적이다. 예를 들어 그들의 성격에는 천진난만하고 명랑하며 장난기 넘치는 측면이 있어야 한다. 이러한 자질은 우리가 업무를 수행하면서 자주 접하게 되는, 끊임없는 위험에서 오는 스트레스를 이겨내는 데 도움을 준다. 공작원에게 이러한 자질이 부족하다면 그는 기계처럼 변해서 어떤 사안에 대해 냉혹하고 형식에 얽매여 분석하고, 메마르고 지나치게 엄격하며 잔인한 사람이 되고 만다. 그는 임무를 잘 수행할 수는 있어도, 동료의 존경을 받을 수는 없다. 다른 사람이 알아차릴 수 없는 것을 볼 수 있도록 해주는 열정, 직감, 희열을 그에게서는 찾아볼 수가 없기 때문이다.

또한 나는 유능한 정보원이라면 정치적 인식이 뛰어나야 한다고 생각한

** 이언 플레밍(Ian Fleming, 1908~1964). 영국의 작가이자 기자. 그가 만든 007 제임스 본드는 대표적인 스파이 캐릭터로 자리 잡았다. — 옮긴이 주

* 에릭 앰블러(Eric Ambler, 1909~1998). 영국의 스파이 소설 작가. 주요 작품으로 『디미트리우스의 관』, 『어느 스파이의 묘미명』 등이 있다. — 옮긴이 주

다. 그렇지 않을 경우, 어떤 상황에 맞닥뜨렸을 때 적절한 질문을 던질 수 없고 따라서 필요한 정보를 수집할 수 없기 때문에 큰 성과를 기대할 수가 없게 된다. 나는 고도로 발달한 정치적 감각을 지닌 사람들을 존경한다. 그런 사람들과 일하면 부담이 없고, 그럼으로써 정보원의 업무는 수월해진다. 효율적으로 일하는 공작원은 아주 경험 많고 유능한 정치인 못지않게 정치 문제를 분석할 수 있는 능력이 있다. 만약 본부로 보고하는 정보가 유용하게 활용되기를 바란다면, 자기가 수집한 정보를 그대로 보내서는 안 된다. 앞으로 일어날 일들을 미리 예측하고, 이러한 예측에 활용할 수 있는 내용을 뽑아내어 등급별로 분류해야 한다. 공작원은 상관이 내일 요구할 것을 오늘 예견할 줄 알아야 한다. 그가 상부의 지시사항을 기다리고만 있다면 때를 놓치기 마련이고, 정보를 수집하면서 무릅쓴 위험은 정보가 적시성을 잃게 되기 때문에 헛될 수밖에 없다. 유감스럽게도 너무나 많은 KGB 공작원이 명령만을 기다리는 경향이 있다.

나는 개개의 공작원이 자기가 부여받은 임무의 최종 결과를 도출하려고 한다면 정치적 사건들을 주의 깊게 추적해야 한다고 확신했는데, 이러한 확신이 틀림없다고 믿은 것은 한참 뒤 내가 KGB정보학교에서 교수로 있을 때였다. 그렇지 않다면 그가 업무에 기여하는 바는 크지 않다. 자신을 제임스 본드처럼 상상하는 공작원에게는 정보 업무에서 설 자리가 없다. 나는 플레밍의 소설에 나오는 스파이를 흉내 내려고 노력하는 사람들을 본 적이 있는데, 그들은 스스로를 영웅으로 묘사하고 자기가 수집한 쓰레기 같은 첩보를 떠벌리며 용기가 필요한 갖가지 민감한 작전에 늘 참가하는 척한다. 그런 사람들치고 오래가는 사람을 보지 못했다.

훌륭한 공작원은 '건강한 육체에 건강한 정신'이라는 말과 같이 육체적·정신적으로 건강해야 한다. 사람이 건강하면 무거운 짐을 극복할 수 있고, 더욱이 해결이 가능하건 아니건 간에 아주 복잡한 문제를 명확히 분석하면서 접근할 수 있다. 이는 진부한 이야기처럼 들릴 수도 있으나, 비밀 접촉과 끊임없는 긴장으로 아주 힘들고 신경을 말리는 공작원의 업무는 마음에 깊은 상처를 남기곤 한다. 비밀을 다루는 공작원은 늘 긴장 속에 살지 않아도 되는 다른 직업을 가진 사람들보다 훨씬 더 취약점이 많고 자극받기 쉽다.

나는 해외에서 공작원을 만나던 초기부터 육체적인 준비가 얼마나 중요한지 잘 알고 있었다. 규칙적인 운동은 언젠가 자신의 생명을 구할 수 있는 재산을 축적하는 것과 같다.

공작원이 현장에서 유용하다고 생각하는 것과 지휘부가 중요하다고 생각하는 것 사이에는 항상 괴리가 있다. 이는 모든 정보기관의 공통된 특징으로서 러시아, 미국, 프랑스나 영국 모두 마찬가지다. 자주 의견 충돌이 생겨 때로는 지휘부의 지시와 공작원의 행동 사이에 노골적인 갈등이 일어나기도 한다. 유능한 정보원은 지도부가 그에게 원하는 것을 이행할 수 있는, 냉철한 자제력으로 자신을 무장하지 않으면 안 된다. 그러나 공작원이 업무에 대한 자신만의 접근 방식을 고집해, 상부가 부여한 임무를 자기 의견보다 앞세우려 하지 않는 경우도 자주 있다.

가끔 스트레스를 이겨낼 수 없을 때가 있다. 항상 최악의 상황에 대비하지 않으면 안 된다. 실패할까 봐 두렵고 자신을 통제하지 못할까 하는 등의 걱정 속에 살게 된다.

종종 공작원은 두려움을 다스리기 위해 술을 많이 마신다. 물론 모든 사람이 다 그런 것은 아니다. 그러나 긴장을 해소하지 않고는 참을 수 없을 때가 가끔 있다. 몇몇은 깊은 죄책감으로 괴로움을 느끼며, 어떤 사람은 여자관계로 골치를 썩이고, 또 다른 사람들은 도박에 미치기도 한다. 공작원이 긴장을 풀기 위해서는 취미생활을 하지 않으면 안 된다. 우리 러시아인은 특히 농작물 재배를 좋아하는데, 내 동료 중에는 열정을 다해 원예사

노릇을 하는 이들이 많다. 그들은 다차* 주위의 조그만 땅에 각종 농작물을 재배하며 돌보는 데 심취해 있다. 또는 보통 특별히 급한 것도 아니지만 고칠 것들을 수선하거나 집을 꾸미면서 자유 시간을 보내곤 한다. 우리 모두가 찾는 것은 신경을 갉아먹는 것 같은 일상 업무에서 해방되어 한숨 돌릴 수 있도록 해줄 수 있는 그 무엇이다. 사람이 긴장을 풀고 휴식을 취하면, 이성을 찾고 명석하게 사고할 수 있다. 나는 집 주위 정원에서 채소를 가꾸는데, 아주 만족스럽다. 특히 전통적인 러시아 농산물 이외에 배추, 양배추, 브로콜리와 여러 가지 다른 신기한 식물을 기르고 있다.

지금 내가 쓰고 있는 이러한 이야기들은 수많은 꾸며낸 스파이 소설 속의 내용과 비교할 때, 전혀 예상치 못한 것처럼 보일 수도 있다. 일반적으로 소설 속 주인공은 특별한 정신적 스트레스로 고통을 받지 않는다. 그러나 그러한 고통은 분명히 존재한다. 이에 대해서는 다음에서 이야기하겠다.

* 소련 시절 정부는 개인용으로 땅을 주었다. 개인은 이 땅에 조그만 집을 짓고 공휴일을 보냈다. 다차는 바로 이 집을 말하는데 이 땅에서는 정부의 통제 없이 자기 마음대로 영농을 할 수 있었다. 보통 '별장'이라고 번역하나 한국과 개념이 다르며, 대개 100~200평 정도이다. — 옮긴이 주

유리 모딘 *Yuri Modin*

▶ 영국 주재 소련대사관 파티에 아내와 함께, 1948년

▶ 가족과 함께, 런던, 1949년

▶ 접선 장소로 자주 이용한 런던 박스힐 공원에서, 1950년

KGB

▲ 모스크바 제르진스키 광장

▼ (왼쪽부터) 스탈린, 스탈린의 딸 스베틀라나, 베리야, 1950년대 초

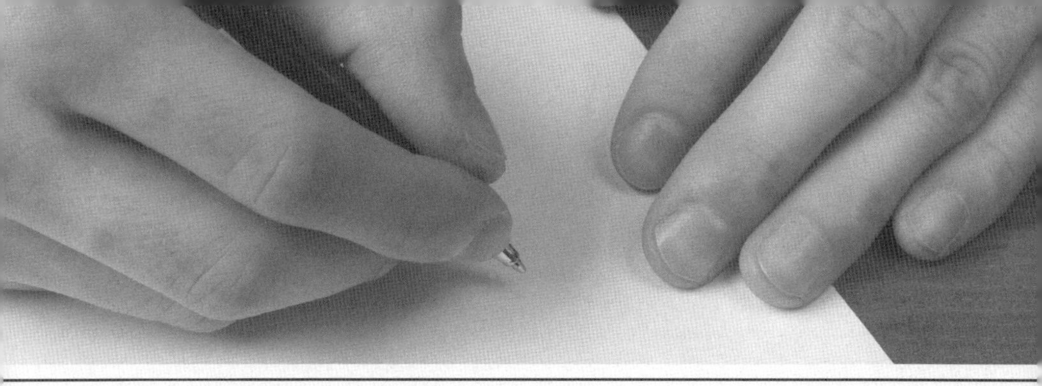

02

나의 KGB 입사

02

나는 정보관이 되려고 노력한 적이 없다. 부모님도 비밀업무와는 아무런 관련이 없었으며 정치적인 문제는 전혀 모르는 분들이었다. 나는 아주 보수적인 러시아의 오래된 도시 수즈달에서 태어났다. 이 도시는 철길에서도 멀리 떨어져 있어 바깥 세계와 단절되어 있었다. 모스크바와 수즈달 간의 거리가 200킬로미터밖에 되지 않지만, 도시에 이르는 비포장도로는 그 옛날 죄수들을 도보로 시베리아로 유배 보낼 때와 조금도 다름없을 정도로 형편없었다. 1922년 내가 세상에 처음 나왔을 때 수즈달 사람들은 아직도 지난 세기의 생활을 유지하고 있었다. 대부분의 집들은 나무로 지어졌고 도시의 이동수단은 마차를 끄는 말이 전부였다. 한마디로 아주 조용하고 아름다운 작은 도시로 고대 러시아가 형성되던 당시와 같았다.

그 당시 수즈달에는 많은 교회들이 활동했고, 큰 수도원 두 곳이 있었는데, 매일같이 많은 순례자들이 그곳들로 빨려 들어가곤 했다. 일요일마다 무리를 지어 천천히 교회로 향하는 노파들이 아직도 내 기억에 남아 있다. 주위로 이어지는 길에는 늙수그레한 부인들과 수도승들이 낮은 목소리로 부르는 성가가 울려 퍼졌다. 나는 종교 교육을 받지는 않았지만, 자연스럽게 러시아정교와 깊은 신앙심 속에서 성장했다.

러시아에서 혁명이 일어나고 반反종교운동이 전개됐으나, 인구 약 1만 1,000여 명인 작은 우리 도시의 교회숭배는 확고부동했다. 세르기예프포사트 시와 수즈달 시는 모스크바에서 가까운 도시들인데, 이들 성지를 참배하려는 순례자들의 행렬은 계속됐다.

우리 집안의 사회적 출신성분은 정말 각양각색이었다. 외할아버지는 부유한 상인인데 가난한 집의 딸과 결혼했다. 그는 매우 젊은 나이에 결핵으로 죽었다. 홀로된 할머니와 어머니는 가난했으나, 그래도 어머니는 도시 자선가의 보살핌으로 중등교육을 받을 수 있었다. 1917년에 중등학교를 마치자, 어머니는 영어와 독일어를 곧잘 했다. 그러나 여기에서 어머니의 교육은 끝나고 말았다.

아버지는 장교였기 때문에 우리는 이 도시 저 도시로 유랑생활을 하지 않으면 안 됐다. 내가 중등학교*에 다닐 때만 해도 열 번 이상 도시를 옮겨 다녀야 했다. 소련 군인의 유목민적 생활상과 거주지를 옮겨 다녀야만 했던 어렸을 적 생활은 내 인생에 깊게 반영되어 있다. 불편하고 시설이 형편없는 기숙사로 옮겨 다니는 어려움 속에서도 나는 긍정적인 영향을 많이 받았다. 특히 갖가지 주변 환경 속에서 사람들과 가깝게 지내면서 새로운 사람들과 쉽게 사귈 수 있는 능력을 개발할 수 있었다.

나는 공부를 곧잘 했으나 독일어 과목은 학교생활 내내 문제로 남아 있었다. 지금도 독일어는 한 마디도 모른다. 여기에는 어머니의 잘못도 약간 있는데 어머니는 내 대신 독일어 숙제를 해주셨고, 그동안 나는 거리에서 아이들과 놀았다. 그러나 영어는 어머니가 직접 나를 가르치셨기 때문에 큰 성공을 거둘 수 있었다.

중등학교는 별로 크지 않은 리페츠크 시에서 졸업했는데, 이 도시에는 조종사를 훈련시키는 비행학교가 있었다. 베르사유 조약으로 자국 영토에서 조종사 훈련을 받을 수 없었던 독일인이 소련과 독일 정부 간의 협정에

* 1917년 러시아혁명 이후 학제가 바뀌어 학교의 명칭도 달라졌다. 저자의 어머니가 다닐 때에는 '김나지야'였고, 저자 본인이 다닐 때에는 '10년제'라고 불렸다. 본문에서는 중등학교로 통일했다. — 옮긴이 주

따라 리페츠크 시로 와서 이 학교에서 공부했다. 예를 들면 헤르만 괴링Hermann Göring이 바로 여기서 비행술을 익혔다. 뒷날 나치가 이 지역을 점령했을 때, 리페츠크는 괴링의 명령으로 다른 도시들과 달리 파괴를 모면할 수 있었다. 나치의 수뇌도 감상에 빠지곤 했던 것이다.

1938년 리페츠크에서 콤소몰*에 가입했다. 이상하게도 아버지는 기회가 있을 때마다 이를 반대하셨다. 아버지는 당시의 상황에서 최소한 잠시만이라도 이 조직과 멀리하는 것이 좋다고 생각하셨다. 당시 소련은 역사상 전례 없는 스탈린의 공포정치로 고통 받고 있었다. 이 공포정치는 1936년부터 1938년까지 NKVD 수장이었던 니콜라이 이바노비치 예조프Nikolai Ivanovich Yezhov가 감행했는데, '예조프의 공포시대'라는 말이 모든 사람의 입에 오르내리고 있었다. 볼셰비키의 '구舊근위대Staraya gvardiya'**가 거의 멸살되고 당 중앙위원회 위원 열 명 중 한 명꼴로 고통을 당했다. 숙청은 지방에서도 감행됐는데, 당의 일꾼들뿐 아니라 콤소몰 회원들도 절멸시켰다. 숙청의 주요 목표는 군대였다. 내전 영웅 미하일 투하쳅스키Mikhail Tukhachevsky 원수가 총살됐고, 그와 함께 또 다른 일곱 명의 고위 군 지도자들이 목숨을 잃었다. 1938년에는 군 장교들에게까지 이러한 운명이 들이닥쳤다.

군에 대한 핍박은 아버지를 비켜 가지 않았다. 숙청을 이끈 보로실로프Kliment Voroshilov와 부됸니Semyon Budyonny의 명령에 따라 아버지와 우리 가족은 기숙사에서 내쫓겼고, 뒤이어 아버지의 일자리도 빼앗겼다. 당장이라도 아버지가 느닷없이 체포되어 결국 총살될 것처럼 보였다.

* 소련의 '전(全) 연방 레닌공산주의청년동맹'의 약어로 공산당 입당 전 나이의 청소년이 가입했다. — 옮긴이 주

** 레닌과 함께 활동한 동시대의 혁명 지도자들을 일컫는다. — 옮긴이 주

그럼에도 아버지는 평상시 그대로 급료를 받았다. 3월 말의 어느 날, 나는 현관의 초인종이 울리고 부대 경리병이 나타나자 아버지가 영수증에 서명하고 채권 몇 장을 받아 군복 주머니에 구겨 넣는 것을 보았다. 일 년을 꼬박 체포의 공포 속에서 떨었다. 어떤 알 수 없는 행운으로 어쨌든 아버지는 무사히 살아남았다. 그 이유는 끝내 알 수 없었다. 그러나 그동안 아버지는 강등됐고, 이제 실제로 군인으로서 자신의 앞날이 끝났다는 사실을 알고 리페츠크에서 교사로 일자리를 옮겼다. 우리 모두는 겨우 안도의 한숨을 쉬었다.

아버지는 열성적인 공산주의자가 아니었지만 정권에 반대해 행동한 적은 한 번도 없었다. 내전 기간 중 적군赤軍 진영에서 전투에 참가했고, 페트로그라드 근처에서 부상을 당했으며, 그 뒤에는 캅카스로 파견돼 교육여단의 파견대장직으로 근무하면서 적군의 정치교육을 담당했다.

아버지가 겪은 공포와는 달리 나는 특별한 어려움 없이 생활할 수 있었다. 그 당시 나의 인생관이 완전히 형성된 것은 아니었지만, 학교 콤소몰의 한 위원회 위원으로 선출되어 활발하게 정치 문제에 참여했다. 다른 애들과 같이 유치한 생각으로 공산주의사회 건설이 가능하다고 믿었다. 위원회 위원으로서 여러 집회와 각종 회의장에서 연설한 것이 한두 번이 아니었다. 그래서 나는 점점 제 흥에 겨워 이러한 방법으로 소련 시민으로서의 내 의무를 다한다는 생각을 굳혀갔다.

1939년 말 유럽에서 전쟁이 일어났다. 몰로토프Vyacheslav Molotov와 리벤트로프Joachim von Ribbentrop가 불가침조약*을 체결했으나, 결국 우리도 이 분쟁에 말려들 수밖에 없다는 것을 모두들 느끼고 있었다. 많은 젊은이들

* 이른바 몰로토프-리벤트로프 밀약, 1939년 소련과 독일 외무장관 간에 체결된 것으로, 폴란드 분할에 대한 비밀조항을 포함했다.

이 군대 소집장을 받고도 학업을 계속할 수 있는 전문학교에 입학하려고 노력했다. 바로 얼마 전 발표된 정부명령은 중등학교 졸업생의 입대 연령을 17세로 정했다. 전문학교에 입학하려는 경쟁은 치열했고, 이 경쟁을 뚫기가 쉽지 않았다는 것은 이해할 만하다.

나는 학교를 졸업하자마자 바로 만 17세가 됐다. 어머니는 절망에 빠졌다. 어머니는 내가 군에 입대하면 바로 죽을 것이라고 생각했다. 앞으로 무엇을 해야 할지 궁리해내지 않으면 안 됐다. 나는 그때까지 바다를 본 적이 없었지만, 그 당시 끝이 없는 바다를 헤치며 먼 나라로 여행할 수 있다는 생각에 바다의 매력에 푹 빠져 있었다. 그러나 아버지는 내가 기계 등을 수선하는 데 재능이 있음을 알아차렸다. 나는 어려서부터 내 손으로 직접 무엇이든 만들기를 좋아했다. 아버지는 민간건축기사도 양성하는 레닌그라드 고등군사해양 전문학교에 들어가는 것이 어떻겠느냐고 조언했다.

아버지는 이렇게 명망이 높은 학교에 들어가는 것은 하늘의 별 따기라고 미리 다짐을 해두었다. 입학을 원하는 사람이 많아 빈자리가 얼마 없다는 것이었다. 아버지는 말했다.

"네가 다른 아이들보다 똑똑하다고 하니 그것을 보여봐라. 네 엄마야 항상 착각하는 사람이지만, 너도 그 학교에 들어갈 수 있다고 생각하지. 소련의 모든 어머니는 제 자식이 가장 똑똑하다고 생각하고 있어."

경쟁률은 40대 1로 매우 치열했다. 이 경쟁률은 중등학교 졸업성적이 기준에 미달해 시험조차 볼 수 없는 학생들은 아예 제외하고 계산한 것이었다.

중등학교 성적이 우수했기 때문에 시험에 응시할 수는 있었다. 사실 친구들은 아예 포기하라고 권했다.

"너는 시골뜨기잖아. 그 학교는 모스크바나 레닌그라드 출신을 선호한단 말이야. 리페츠크 출신이 입학할 가능성은 거의 없고, 그들은 언제고

너를 '떨어뜨릴' 핑계를 찾아낼 거야."

사람들은 들어가기 쉬운 군사학교를 추천했으나, 나는 함선 선장이 되고 싶은 생각이 전혀 없었다.

결국 시험을 보고 합격했다. 단 한 가지 걸림돌은 수학 성적이었다. '괜찮음'◆ 평가를 받았다. 많은 학생들이 수학에서 나보다 훨씬 성적이 좋았는데, 이들은 주로 레닌그라드의 유대인 가정 출신이었다. 내 점수는 최하위권이었다. 어쨌든 나는 입학할 수 있었고, 미칠 듯이 기뻐했다.

나는 군인이 되려는 생각이 전혀 없었다. 그러나 이 학교가 상당히 군사 체제화돼 있다는 것을 알게 됐다. 입학한 곧바로 우리의 머리를 빡빡 깎고 엄격한 규율을 적용했다. 뒷날 국방장관에 임명되는 티모셴코Semyon Timoshenko 원수는 군사학교뿐만 아니라 우리 학교 같은 반半군사학교에도 그러한 규칙을 적용시켰다.

사소한 잘못을 저질러도 영창에 가두었다. 작은 방에 갇힌 학생은 밤 12시부터 아침 6시까지만 자리에 누울 수 있었다. 그 밖의 시간에는 나무 침대를 벽에 세워 끈으로 묶어놓았다. 숨이 막히는 갑갑함은 이루 말할 수 없었다.

내가 이곳에 들어간 건 딱 한 번뿐이었으나, 이 한 번으로 충분했다. 나는 그 당시 식당의 질서유지를 담당하고 있었다. 우리는 충분치는 않았지만 그럭저럭 배고픔을 면할 수 있는 양만큼 배식 받았는데, 다른 학생들은 수초 만에 식판을 비워버리곤 했다. 18세의 청년들에게 네 순갈 정도 되는 오트밀 죽이 가당키나 하단 말인가? 한번은 무슨 일인지 학생들 무리가, 일부 학생들은 아직 첫 번째 규정량도 배식 받지 못했는데도 더 달라면서 큰 소란을 피우고 소리를 질러댔다. 나는 대열을 벗어난 학생들을 진정시

◆ 한국의 평가 방법으로는 '미' 정도의 중간 성적. — 옮긴이 주

키느라 학교장한테 점심식사를 보내야 한다는 것을 까맣게 잊고 말았다. 이에 대한 벌은 즉각적이고 잔인했다. 당직 장교가 수행병사들을 데리고 나타나 나를 영창에 수감했다.

나는 1941년 6월에 첫 과정을 좋은 성적으로 마쳤다. 그러나 시험이 끝나자마자 전쟁이 시작됐다. 독일 나치가 우리나라를 공격한 것이다.

미래의 기술자인 학생들 가운데 많은 수가 레닌그라드의 군사시설 건설에 투입됐다. 나는 아직 어려서 제외됐다. 그러나 독일이 레닌그라드 시를 주변 지역과 차단하고 포위하자 너 나 할 것 없이 우리 모두에게 소총을 주고 저녁부터 밤늦도록 거리를 순찰하도록 내보냈다. 많은 독일 공작원이 레닌그라드로 침투해, 날이 어두워지면 도시 상공을 도는 독일 공군[Luftwaffe] 폭격기에 폭탄 투하 지점을 알려주려고 신호탄을 쏘아댔다. 주요 목표물은 NKVD 건물과 레닌그라드 주州◆ 당이 들어서 있는 스몰니 지역이었다. 불행하게도 우리 학교는 바로 이 두 목표물 사이에 있었다.

1941년 10월에는 매일 밤늦게까지 거리 순찰을 계속했다. 우리는 당시까지만 해도 별로 빈약하지 않은 체격을 유지했고, 약간 말랐을지는 몰라도 굶지는 않았다. 한번은 어둡고 습한 늦은 밤에 피로와 추위로 겨우 두 다리로 버티면서 순찰을 마치려는데, 우리로부터 100미터도 되지 않는 곳의 반쯤 파괴된 집 위로 신호탄이 솟아오르는 것이 보였다. 신호탄은 하늘을 밝히며 터진 뒤 여자의 긴 치맛자락처럼 네바 강 위로 쏟아져 내렸다.

별안간 주위가 대낮처럼 밝아졌다. NKVD에서 나온 파견 요원을 대장으로 우리 인원은 세 명이었다. 우리는 신호탄이 솟은 집으로 달려가 네 계단씩 뛰어 옥상 바로 밑층까지 도달했다. 계단 위에는 지붕을 지탱하던 나무, 상자 등 갖가지 잡동사니 가구 등이 부서져 널려 있었다. 우리보다

◆ 레닌그라드 시는 레닌그라드 주 안에 있다. — 옮긴이 주

나이가 훨씬 많은 NKVD 요원은 한참 뒤처졌다. 나는 두 개 층가량 밑에서 그가 숨을 헐떡거리며 올라오는 소리를 들을 수 있었다. 맨 위층 층계의 넓은 계단에서 지붕 밑의 다락 층으로 오르기 직전에 걸음을 멈추고 그를 기다렸다. NKVD 요원이 우리 뒤에 나타나서 땀으로 흠뻑 젖은 얼굴을 훔칠 사이도 없이 우리에게 당장 밑으로 내려가라고 명령했다. 우리는 그가 왜 이 결정적인 순간에 혼자 남으려 하는지 어안이 벙벙해 그를 쳐다보았다.

"빨리 밑으로 내려가!"

NKVD 요원은 소리쳤다.

"너희 애송이들은 아직 스파이를 죽이기 일러. 내게 맡겨."

우리는 그가 임무를 수행할 수 있도록 뒤돌아 내려왔다. 길거리로 나온 뒤 한 차례 소총 사격소리를 들었다. 몇 분이 지나자 요원이 문에 나타났다. 우리는 한마디 말도 없이 막사로 돌아왔다. 몇 달 동안 그런 종류의 이야기를 자주 들을 수 있었다.

레닌그라드 사람들에게는 연료가 부족했다. 독일을 상대로 방어 전선을 형성한 레닌그라드의 한쪽 해변에는 석탄이 많이 쌓여 있었다. 이 중립지대는 '석탄만灣'이라고 불렀다. 우리는 한밤중에 그리로 침투해서 석탄과 코크스를 되도록 많이 가져오라는 명령을 받았다. 나는 여러 번 이 작전에 참가해야만 했다. 우리는 되도록 소리를 죽이려고 맨손으로 석탄을 여러 자루에 담아서 보트가 있는 데까지 끌고 왔다. 이 작전은 대단히 위험하게 느껴졌지만 사실 그렇게까지 위험하지 않았다. 독일군은 어둠 속에서 우리를 분간할 수 없었기 때문이었다. 가끔 그들은 건성으로 산발적인 사격을 가했다. 때로 독일군은 주저하지 않고 우리를 죽이려 했지만, 개인적으로 나는 그들에게 한 방도 쏘지 않았다. 나는 봉쇄됐던 레닌그라드의 다른 시민들과 같이 굶어 죽지 않고 살아남은 것만으로도, 당연히 역전의 최전선 전투병이라고 자부할 수 있다.

12월에 들어서자 사람들이 죽기 시작했다. 지휘부는 학교를 철수하기로 결정했다. 전선에는 기술자가 필요했고, 소중한 인력을 보호하기 위해서 우리를 레닌그라드에서 더욱 안전한 장소로 이동시켜야만 했다. 가장 어려운 것은 포위망을 어떻게 뚫느냐는 것이었다. 단 한 가지 방법은 이른바 '생명의 길'인 얼어붙은 라도가 호수 위로 빠져나가는 것이었다.

유라시아 초원을 향해 호수를 가로지르려고 최초로 시도한 것이었다. 약 50킬로미터를 도보로 통과해야 했으나, 한파가 어찌나 심한지 보드카가 얼 정도였다. 우리는 이 혹한을 이겨내기 위해 스웨터나 외투 등 한마디로 구할 수 있는 것은 모두 몸에 걸쳤다. 각자 무거운 배낭을 운반했다. 밤이 되자 차례로 사슬처럼 일렬로 얼음을 밟기 시작했다. 전방에는 특별히 우리를 위해 밝혀놓은 부표의 작은 불꽃만이 보일 뿐, 지척을 분간할 수 없었다. 이 불꽃을 향해 나아가야 했고 어떠한 경우에도 쉬면 안 됐다.

독일군은 곧, 무엇인지는 알 수 없지만 무슨 행렬 같은 것이 호수를 건너 탈출을 시도하고 있다고 추측했다. 한 시간도 지나지 않아 첫 번째 포탄이 우리와 멀지 않은 얼음 위에서 터졌다. 참으로 희한하게도 우리는 그토록 오랫동안 굶주림의 고통을 겪고 약해질 대로 약해져 놀랄 힘마저 없었는데도 즉각적으로 반응했다.

나는 동료들에게 소리쳤다. 어떻게 해야 하지? 집결해 있어야 할까, 아니면 반대로 산개해야 할까? 우리는 후자를 택했고, 각자 약 10미터 간격의 거리를 두고 계속 앞으로 나아갔다. 이 세상에 나 혼자뿐이라는 생각이 들었다. 포탄이 터지는 간격이 점점 더 짧아졌다. 울리는 얼음 밑에서 불티가 날아올랐고, 폭발 소리가 울려 퍼졌으며, 유탄 소리가 공기를 갈랐다. 당장이라도 우리 발아래에서 얼음판이 꺼져 내릴 수 있었다.

어둠 속에서 그리 멀지 않은 곳에서 흔들리는 빛이 보였다. 포탄이 폭발해서 생긴 거대한 물구덩이에 달빛이 비치는 것이었다. 나는 동료들에게 미리 주의를 주었고, 이 물구덩이를 한쪽으로 멀리 돌아서 갔다. 한 발 한 발을 조심스럽게 옮기면서 아주 주의 깊게 움직여야 했다. 물구덩이가 더욱 자주 나타났다. 우리는 몇 킬로미터씩 되는 구멍을 피해 돌면서 이들 물구덩이 사이사이를 거대한 미로를 빠져나가듯 통과해 나갔다. 독일군의 포는 쉴 새 없이 포탄을 쏟아부었다. 다행스럽게도 그들은 대충 겨냥해 쏘고 있었다. 어떤 때는 포탄이 돌팔매 거리쯤에서 떨어졌고, 어떤 때는 먼 호숫가에 떨어졌다. 독일군은 악마 같은 전술을 택했는데, 우리의 위치를 알 수 없으므로 포탄으로 호수 얼음에 운하와 같은 것을 만들어 우리를 목표지점인 반대편 호숫가로부터 차단하는 것이었다. 우리 가운데 많은 학생이 어둠 속에서 길을 잃고 죽어갔으나, 대부분의 학생은 결국 구원의 육지에 도달할 수 있었다.

나는 1985년에 내 생애에서 잊을 수 없는 이 경험을 되새기기 위해 레닌그라드를 찾아갔다. 나는 우리가 얼음길로 행군을 시작했던 장소를 알 수 있었다. 호수의 넓고 넓은 표면을 오랫동안 눈을 떼지 않고 바라보았다. 마음이 무거웠다.

우리가 호반으로 나왔을 때에 남은 힘이라곤 하나도 없었다. 그러나 휴식이라는 말을 꺼낼 수도 없었다. 교장은 일단 철로를 따라 빠져나가고, 만약 이에 성공한다면 기차에 올라타서 티흐빈의 소집장소로 가라는 엄격한 명령을 내렸다. 그러나 우리는 아무 기차도 보지 못했다. 네 명씩 작은 그룹을 지어 눈으로 깊게 덮인 황량한 벌판을 다리를 끌며 움직여나갔다. 걷기가 너무나 힘들었다. 눈에 얼굴을 박으며 앞으로 넘어진 적이 한두 번이 아니었다. 더군다나 우리는 티흐빈 주변 도시에 도착해서야 이곳이 이미 점령됐다는 것을 알게 됐다. 천천히, 조심스럽게 움직이면서 돌아가는 수밖에 달리 도리가 없었다. 주변 지리를 모르니 잠시도 독일 순찰병과 맞닥뜨릴 위험에서 벗어날 수가 없었다.

그해 겨울은 믿기지 않을 정도로 추웠기 때문에 나는 아직까지도 어떻게 살아남았는지 이해할 수가 없다. 먹을 것도 없었다. 나는 동갑내기 친구인 유리 프로스쿠랴코프Yuri Proskuryakov와 둘이서 깊은 시골에 있는 목동들의 오두막집까지 절룩이며 간신히 다가갔다. 주민들은 우리를 친절하고 반갑게 맞아주었다. 그들도 배를 곯고 있었지만 우리에게 약간의 감자 부스러기를 주었다. 간신히 기운을 차리고 우리는 계속 앞으로 나아갔다. 레닌그라드 주를 헤매며 굶어 죽지 않기 위해 또다시 농민들에게 도움을 요청한 것이 한두 번이 아니었다. 그들이 우리의 목숨을 건져주었다고 해도 과언이 아니다.

지금은 그 이름을 기억할 수 없으나, 마침내 어느 정거장에 도착해서 제일 먼저 온 기차의 송아지 운반 칸에 기어올라 짚더미 위로 무너져 곧바로 죽은 듯이 곯아떨어진 채 야로슬라블까지 갔다. 거기서 동료 학생과 선생님을 거의 모두 만났다. 지역위원회는 우리를 병영 비슷한 곳으로 보내 손님을 환대하듯이 카샤*를 먹여주었다. 오랫동안 배불리 먹지 못한 우리는 마치 동물처럼 음식을 향해 돌진했다. 갑자기 폭식해서는 안 된다는 것을 알았지만 참기가 어려웠다. 배고픔은 정말로 무서운 고통이었다.

우리는 야로슬라블에서 1942년 7월까지 공부했다. 나는 여기서 처음으로 당 가입을 권고받았으나 아직 나이가 어리다는 핑계로 거절했다.

생활이 곤궁하기 이를 데 없었고 식료품은 공급되다 말다 했으며 크림버터나 해바라기버터는 꿈도 꾸지 못했다. 레닌그라드 봉쇄와 빈혈에 대한 이야기가 가끔 입에 오르내렸을 뿐, 간단히 말해 우리 모두의 사기는 최악의 상황에 빠져버렸다. 지도부는 이에 대해 아주 잘 알고 있었으나 어떠

* 러시아인이 아침에 많이 먹는 오트밀 죽. — 옮긴이 주

한 조치도 취하지 않았다.

바로 이때, 나는 처음으로 NKVD와 진지하게 접촉하게 됐다.

어느 날 내가 부엌에서 당번을 서고 있는데, 분대장은 내가 배식을 공정하게 한다고 생각해 나에게 배식을 맡겼다. 나와 교대한 5학년 데멘티예프 Dementiev가 잠겨 있는 찬장 가운데 하나를 가리키며, 그 안에 어쩌면 훔친 음식이 들어 있을지도 모른다고 말했다.

"나는 그 찬장을 열 수 없어. 지금 네가 당번이니까 네가 한번 해봐."

데멘티예프가 제안했다.

나는 벌써 집으로 퇴근한 요리사가 열쇠를 가지고 있다고 설명했다. 당직 장교가 와서 쇠막대로 자물쇠를 부쉈다. 찬장 안에는 신문지로 싼 1킬로그램가량의 크림버터가 놓여 있었다.

이것이 1942년 6월이었다. 겨우 얼마 전에 스탈린이 내린 명령에 따르면, 군량을 도둑질한 현행범은 누구를 막론하고 현장에서 사살할 수가 있었다. 그러한 명령은 도둑질이 만연해 전선의 물자 공급에 심각한 문제가 됐기 때문에 취한 극단적인 조치였다.

나는 이 명령을 들어보았으나, 지금까지 이 명령이 실제로 적용되는 예는 직접 본 적이 없었다. NKVD에서 장교 몇 명이 와서 요리사를 체포했다. 조사가 시작됐고 나를 증인으로 불렀다.

공포가 엄습했다. 그 당시는 모든 사람이 이 NKVD 앞에서 죽음과 같은 공포를 느끼며 살았다. 빈방에서 보안장교가 나를 책상 앞 의자에 앉혔는데, 책상 위에는 종이 한 장과 연필이 놓여 있었다.

심문관은 나에게 몇 가지를 질문했다. 전에 도둑에 대해 의심했는지, 찬장에 요리사가 버터를 넣어두었다는 것을 알았는지, 내가 자진해서 심문한 것인지, 범행 현장에서 요리사를 잡으려 생각했는지, 애국적인 책임감 또는 어떤 다른 동기로 행동을 한 것인지 등…….

나는 처음부터 이 요리사를 모른다고 밝히고, 그날 식당에서 일어난 모든 일에 대해서 이야기했다. 그러는 동안 계속 장교는 무엇인지 빠르게 종이에 메모했다. 질문을 다했을 때, 나는 그가 첫 장 위쪽에 큰 글씨로 '심문조서'라고 쓴 것을 보았다. 처음에는 '심문이라니 무슨 말인가' 하고 이해하지 못했으나, 얼마 뒤에야 이 사건에서 내가 한 역할에 대해 알 수 있었다.

며칠 뒤 모든 학생을 운동장에 집합시켰는데, 이는 좀처럼 없는 일이었다. 나는 기껏해야 도둑에게 구타나 질책, 말하자면 일주일 동안의 감금 정도로 끝날 것으로 예상했다. 보안장교가 몇 걸음 앞으로 나와 심문조서를 읽기 시작했는데, 도둑에게 유죄 판결을 내리고 내일 아침 새벽 일단의 사격수에 의한 총살을 선고했다.

우리는 완전히 멍해져서 말없이 해산했다. 무엇보다도 이 사건은 나에게 큰 충격을 주었다. 이번 사건에 대해 내게 뭐라고 말한 동료 학생은 아무도 없었지만, 나는 자신이 이 판결 관련 당사자라고 생각해 전력을 다해 내 심리상태를 감추려고 애썼다.

도둑은 총살됐다. 이 선고는 항소 대상에 해당되지 않았다.

나는 전쟁 중이나 전쟁 후에도 내 생애에 일어난 이 충격적인 사건에 대해 자주 생각했다. 죄의식은 없었다. 나는 다른 사람들과 마찬가지로 침략자에게 대항하고 우리의 집과 땅을 한 치라도 방어하려면, 군의 기강을 엄격히 세워야 조국을 지킬 수 있다고 생각했다. 아무리 작은 나약함일지라도 전쟁 준비를 파국에 이를 수 있게 하고, 군대의 사기를 좀먹을 수 있게 하는 것이다.

그 당시 전선은 아주 어려운 상황에 있었다. 독일군은 스탈린그라드를 향해 돈 강을 따라 우크라이나까지 진군해왔다. 스탈린의 명령에 따라 해군함대 조직 절반이 육군 보병으로 배속됐다. 학생들 역시 육군 보병이 됐으나, 우리는 이를 별로 안타깝게 생각하지 않았다. 그 당시에는 스탈린그라드가 제2차 세계대전 중 가장 피비린내 나는 전장이 되고, 190일 동안의 포위는 전세를 역전시켜, 결국에는 독일이 무릎을 꿇게 될 것이라는 것을 아무도 몰랐다.

우리는 볼가 강을 따라서 스탈린그라드로 이동하라는 명령을 받았지만, 우리가 야로슬라블까지 가면서 통과해야 했던 길과는 비교할 수 없을 정도로 쉬운 길이었다. 코스트로마에서 우리가 배치됐던 전문학교 교장은 우리를 훈련도 없이 전선으로 보내는 것은 무모한 짓이고, 또한 국가가 그만큼 돈과 시간을 들여 양성한 기술자를 총알받이로 만드는 것은 정신 나간 일이라고 지도부를 설득했다. 그래서 지도부와 군사 당국은 학교가 코스트로마에서 한 달가량 머물도록 결정했다. 우리는 발전 장비를 익혀서 '카튜샤 로켓' 부대가 전력을 확보할 수 있도록 가동상태를 유지하라는 임무를 부여받았다. 그 뒤 얼마 지나지 않아 코스트로마에서 나 자신의 운명도 최종적으로 결정되고 말았다.

그때 독일군은 이미 스탈린그라드로 다가오고 있었다. 우리는 인구 약 50만 명의 이 공업도시에 어떠한 방어시설도 없을뿐더러, 지리적 특성상 방어에 조금도 도움이 되지 않는다는 사실을 알고 있었다. 도시는 볼가 강의 오른편 둑을 따라 뻗어 있었고 적에게 완전히 열려 있었다.

나는 우리 학생들을 모두 곧 스탈린그라드 가까이로 보낼 것이라고 예상했다. 그때 동료 한 명이 다시 나에게 당에 가입할 것을 제의했다. 나는 전과 같이 다시 너무 어리다는 핑계로 거절했으나, 며칠 뒤 다시 같은 제의를 받았다. 스탈린그라드 전선에서 우리의 대규모 공격이 준비되고 있기 때문에 유능한 정치선동대원이 더할 수 없이 필수적이라는 것이었다.

이러한 설명을 듣자 나는 더 거절하는 것은 좋을 것이 없다고 생각하고 곧 공산당원이 됐다. 이러한 일이 로마노프 왕가와 그 조상들의 고향인 볼가 강 가의 도시 코스트로마에서 일어났다. 그때 나는 아직 스무 살이 되기 전이었다.

그리고 내 생애에 큰 영향을 미친 또 하나의 사건이 이 도시에서 일어났다. 어느 날 NKVD 장교가 나를 자기 사무실로 불렀다.

그는 전선 상황을 설명하는 것으로 대화를 시작해서 전쟁의 불리한 국면과 나치가 저지르는 범죄를 자세히 설명했다. 그러고 나서 본론으로 들어갔다.

"유리 군은 전선으로 가지 않아도 조국에 크게 봉사할 수 있으리라고 생각한 적은 없습니까? 군에게 제의할 것이 있습니다. 우리와 함께 일하지 않겠습니까? 전쟁이 끝나면 다시 학교로 돌아와 학업을 마칠 수 있습니다."

나는 뭐라고 답해야 할지 몰랐다. 이 제안이 요리사 건과 일정한 관련이 있는 것 같다는 의심이 들었고, 나를 직업적인 정보제공자, 다시 말해서 밀고자로 만들려 한다는 생각으로 경계했다.

내가 결정하지 못하고 머뭇거리자 장교는 덧붙였다.

"우리의 방첩기관인 'SMERSH'의 정식 직원이 될 수 있습니다."

나는 이미 이 이상한 약어가 '스파이에게 죽음을'이라는 말을 줄인 것이라는 사실을 알고 있었다.

내심 안도의 한숨이 나왔다. 모르긴 몰라도 나를 밀고자로 채용하는 것은 아니었던 것이다. 며칠 동안 생각할 시간을 달라고 하고는 그 뒤에 두말없이 동의했다.

내 마음속 깊은 곳에서는 그러한 일을 할 수 있다는 것에 기뻤고, 어떠한 양심의 가책도 받지 않았다. 전쟁이 끝나기 전 시민으로서의 내 임무가 독일 스파이와 투쟁하는 것이라면 문제가 될 것이 전혀 없다고 생각했다. 나는 방첩기관이 전쟁 중에 하는 업무를 명예로운 일로 여겼다. 그리고 나만이 이 길을 선택한 것이 아니었다.

1942년 10월에 나와 학교 동기생 몇몇은 기차를 타고 모스크바로 향했다. 한 달 동안 우리는 그곳에서 집중교육 과정을 밟을 예정이었다. 우리는 방첩 업무의 기초적인 지식을 습득했다. 즉, 미행·체포와 적 공작원 심문, 이들이 자료를 파기하기 전에 그것을 몰수하는 방법 등을 익혔다.

어떤 사람들은 NKVD가 스파이를 체포하고 총살하는 일만 한다고 생각한다. 이는 사실과 전혀 거리가 먼 이야기다. 어떠한 경우도 꼼꼼히 심문해야 하고, 조서를 꾸미며 합법적인 규정에 맞도록 사건을 마무리해야 한다. 교육기간 동안 우리는 이미 완결된 실제 사건들의 자료를 연구하고 분석했다. 어떠한 경우에도 범해서는 안 되는 규칙을 미리 익히게끔 교육 프로그램이 짜여 있었다. 이러한 교육은 매우 큰 도움이 됐는데, 우리가 아직 어리고 경험이 없어 사실상 중등학생과 별 차이가 없었기 때문이었다.

그러나 이 교육 과정은 내 전문학교 학업처럼 곧 중단되고 말았다. 지도부가 내가 영어를 곧잘 한다는 것을 전해 듣고는 곧바로 나를 루뱐카*의 NKVD 분실로 보내어 어학 실습을 마치도록 한 것이다.

그 당시 소련에는 숙달된 영어 통역이 부족했다. 통역의 필요성은 소련·영국·미국 간 관계가 밀접해지면서 특히 심각하게 대두됐다.

히틀러는 소련 공격을 감행함으로써 연합국Allied Powers 결성에 도움을 주는 결과를 초래했다. 1942년 6월 소련은 영국과 20년 동안 유효한 합의서에 서명했는데, 이 합의서에서는 "승리와 항구적 평화체제 구축을 위해 함께 행동한다"라는 공동목표가 선언됐다. 또한 루스벨트Franklin Roosevelt와 처칠Winston Churchill 간에 1941년 8월에 작성된 대서양헌장**에도 서명

* 제르진스키 광장, KGB 본부가 있던 모스크바 중심부 거리 이름. 현재도 러시아연방보안국(FSB) 청사가 있다. — 옮긴이 주

** 미국과 영국 간 대서양헌장은 1941년 8월 14일에 서명됐다. 1941년 9월 24일 런던에서 개최된 회의에서 소련은 헌장의 근본 내용에 합류할 것이라고 공표했다.

했다. 헌장은 모든 민족의 자유와 자결, 균등한 경제적 기회에 대한 뗄 수 없는 권리를 공포했다. 그러한 몇 가지 유토피아적인 프로그램은 당시 소련 지도부가 흔쾌히 받아들일 수 있는 것들이었다.

그렇게 우리는 잠시 서방의 강대국들과 한배를 탔다. 그들 앞에는 파시즘을 격멸한다는 공통의 목적이 있었다.

새로운 우방국과 외교적 접촉이 강화됨에 따라 통역은 모스크바뿐 아니라 영국과 미국의 군수품이 들어오는 주요 항구에서도 필요했다. 끊임없는 호위 함대들의 행렬이 영국의 군항에서 무르만스크와 아르한겔스크로 무기와 탄약을 운반했다. 이들 도시의 거리에서 영국 군인을 만나는 것은 일상적인 모습이 됐다. 동시에 미국의 군수물자는 이란을 통해서 바쿠 항으로 들어오고 있었다. 이 모든 복잡한 작전을 수행하기 위해서 군대와 NKVD에 속성 언어 과정이 설치됐다.

외국어를 아는 거의 모든 젊은이가 전선에 배치되어 있었기 때문에 이 과정에는 여자도 모집했다. 그곳에서 나는 네다섯 명으로 구성된 영어 그룹 가운데 하나에 배치된, 장차 나의 아내가 될 여자를 만났다. 그 뒤에 그녀는 번역국으로 배속됐다.

미래에 우리가 근무할 부서들이 통역을 손꼽아 기다리고 있었기 때문에 영어 이외에는 그 어떤 것도 공부할 수가 없었다. 소련의 모든 교육기관에서 필수과목인 마르크스-레닌주의까지도 제외됐다. 당시 NKVD의 수장인 라브렌티 베리야Lavrentii Pavlovich Beriya에게 우리가 공부해야 할 과목을 보고했을 때, 그는 외국어만을 남기고는 모두 지워버렸다고 한다. 우리는 깊이 있는 영어를 속성으로 하루 열일곱 시간씩 공부했다. 나는 밤늦게 기숙사 침실에서 학생들이 꿈을 꾸면서 영어, 프랑스어, 터키어, 이탈리아어로 말하는 것을 종종 들었다. 나는 모두 10개월 동안 영어를 공부했는데, 이번에도 예정됐던 기간보다 먼저 과정을 마치지 않으면 안 됐다.

1943년 12월 나는 사전 예고도 없이 해외정보총국으로 보내졌다. 그 누구도 내 동의를 구할 생각조차 하지 않았지만, 과연 구했다고 해도 내가 이를 거절할 수 있었을까. 영어 통역은 두말할 필요 없이 꼭 필요한 존재였다. 그리고 남에게 없는 특별한 재능이 있어서 선발된 것이 아니라 단지 일할 사람이 없기 때문이라는 것을 잘 알고 있었어도, 나는 비밀기관에서 가장 명예로운 총국에서 일을 한다는 것이 정말로 기뻤다.

총국의 영국과에서 일곱 명, 미국과에서 다섯 명을 선발해 갔다. 다른 통역장교들은 모두 전선에서 전투 중이거나 전쟁으로 사망했다. 우리에게는 주로 마이크로필름에 담긴 정보가 끊임없이 밀물처럼 밀려왔다. 이들 마이크로필름은 배에 실려 무르만스크 항구로 들어왔다. 아주 중요한 정보들이 산더미로 쌓이고 있었다. 루뱐카에서 밤낮으로 일하는 일곱 명은 문서꾸러미 속에서 되는 대로 아무것이나 한 장 집어서 대충 번역하고 나머지는 '다음에 하기 위해' 철해서 한쪽으로 밀어놓았다. 이 말은 단지 우리 공작원이 영국에서 수집한 정보 중 잃어버린 것을 일컫는 표현일 뿐이었다. 이것도 모르고 공작원은 비밀정보를 수집하고 이를 본부로 보내기 위해서 크나큰 위험을 무릅쓰는 것이었다. 본부로 보낸 보고서와 전보가 절반 정도만 읽히고 있을 뿐이라면 그들은 어찌 생각할 것인가? 극히 중요한 비밀 보고의 대부분이 아무도 읽지 않은 채 기한 없이 한쪽 구석에 쌓여 있으니, 사정은 점점 더 한심하게 돼갔다.

NKVD 지휘부는 상황의 심각성을 모두 이해하고 있었다. 지휘부는 해외 공작원들이 보내오는, 가치가 무한한 재산을 실무자의 부족으로 활용하지 못하고 있다는 사실을 잘 알고 있었다.

이렇게 영국과에서 나를 받아들인 이유가 바로 분명해졌다. 처음에는 해외에서 보내온 자료의 내용을 파악하고, 그 자료들 가운데 앞으로 번역해야 할 것들을 철하도록 지휘부가 나를 보낸 것이었다.

나는 급사가 책상 위에 산더미같이 쌓아놓은 문서꾸러미를 본 뒤, 내 모든 용기를 동원해 노끈으로 단정하게 묶인 꽤 큰 첫 번째 꾸러미에 고집스럽게 매달렸다. 몇 장을 쭉 읽었다. 끝까지 번역해야 할 만큼 이 자료가 관심을 끌 만한 것인가, 무엇을 기준으로 번역 여부를 결정해야 하는가? 나는 첫 번째 꾸러미를 밀쳐놓고 그다음 꾸러미, 그리고 또 다른 꾸러미에 매달렸다. 한 열 개 정도를 훑어보고 잠시 쉬며 생각에 잠긴 끝에 결국 어떤 것이 대단히 중요하고 어떤 것이 미룰 수 있는지를 판단할 나만의 기준을 세웠다.

바쁘고 긴장된 몇 주일을 보낸 뒤 드디어 어떤 문서를 번역하라는 지시를 받았다. 그것은 런던에 있는 우리의 공작원 중 한 명이 보내온 보고서였다. 여러 보고서를 계속 번역해야 했기 때문에, 지금은 그 보고서가 무슨 내용이었는지 기억나지 않는다. 나는 가끔 보고서가 무엇에 관한 것인지도 모른 채 기계처럼 일했다. 그 밖에 나는 많은 시간을 기술적인 단순 업무에 매달려야만 했다. 나는 문서들을 철해서 부전지를 붙였는데, 그 당시 내 서명은 아무런 의미도 없었기 때문에 나중에 과장이 거기에 서명했다. 그 뒤 나는 문서고로 보내졌는데, 그곳에서 필요한 문서를 찾아내 영국과 과장을 위해 번역해야 했다. 이와 같은 기계적이고 관료주의적인 일들은 나를 녹초로 만들어버렸다.

그 얼마 뒤 나는 지도부의 신임을 얻어 영국 런던 거점에서 새로 올라온 정보의 등급을 분류하는 일을 맡게 됐다. 나는 이 정보들을 번역해서 지시된 곳으로 넘겼다. 나는 신속하게 특별한 주의가 요구되는 문서를 구분해내는 방법을 터득했고, 이것들을 바로 직속상관에게 보고했다. 주로 영국의 대내외 정책과 핵에너지 분야 연구, 영국의 군사경제 및 대외 관계에 관한 정보였다. 이 모든 문제는 스탈린에게 특별히 중요했는데, 스탈린은 영국의 윈스턴 처칠 총리가 연합국에 실질적인 군사력과 군수물자가 부족하다고 말했을 때, 그것이 거짓말이라는 사실을 아주 잘 알고 있었다. 해외 정보기관이 수집 작성한 보고서에 근거해서 영미 연합군에는 물자가 충분하다는 사실을 잘 알고 있었고, 거의 정확하게 연합군 측이 실제 어떻게 원조를 제공할 수 있는지도 확인할 수 있었다. 지도부는 내 분류 작업과 영국에 관한 중요 문서 번역에 대단히 만족하며 나를 점점 더 신임하게 됐다.

사실 나는 운이 좋았다. 나는 정보업무 기법을 학교나 이론을 통해 배운 것이 아니라, 극한 상황 속에서 겪은 실제 업무수행 과정에서 터득했던 것이다. 나는 어느 정도 동료나 선배의 조언과 지도로 도움을 받았지만, 어느 누구보다도 첫 번째 직속상관인 이오시프 리보비치 코겐Josifovich Koghen에게 감사를 표하지 않을 수 없다. 그는 나보다 열 살가량 나이가 많은 분으로 외교업무에 종사하다가 NKVD로 왔는데, 비상할 정도로 유능했고 꼼꼼하며 조심성이 있었다. 무엇보다도 가장 중요한 것은 그가 인간적이었다는 점이다.

나는 내가 촌놈이라는 것을 잘 알고 있었다. 모스크바에 친척이나 아는 사람은 한 명도 없이 번역학교 기숙사에서 살고 있었는데, 학교 당국은 학생들을 위해 방이 필요하다는 이유로 나를 곧바로 내쫓았다. 그 당시 나는 이미 정부위원회에서 근무하는 정부요원이었기 때문이다. 그때 선택의 여지가 없었지만 노동자기숙사에서 살기는 싫었는데, 코겐이 먼저 자기가 집을 구해주겠다고 나서서 곤경에서 벗어날 수 있었다. 코겐은 이렇게 단순한 배려를 보여주며 나를 완전히 사로잡았다. 공작업무의 기본을 내게 가르친 것도 그였다. 나는 점점 자신감을 갖게 됐고, 내게 부과된 임무를 충분히 해낼 수 있다고 확신하게 됐다. 코겐은 보고되는 정보를 처음에 읽을 때는 별로 중요하지 않은 것으로 보일지라도 특히 신경 써서 세심히 소화해낼 것을 요구했다. 나는 보고를 받는 사람이 내가 무슨 말을 하고 있는지 즉시 이해할 수 있도록 분명하고 짧게 그리고 정확하게 쓰는 방법을 터득했다. 코겐은 초기에 내 보고서를 검토하면서 내가 지나쳐버린 정보의 중요한 점들을 정중하게 지적하곤 했다.

우리가 아주 좋은 친구였다고 말할 수는 없다. 모든 면에서 그와 나의 차이가 엄청나기 때문이었다. 그는 인텔리겐치아 가정에서 태어났으나 나는 당시 소련에서 일컫듯 '노동자 인텔리겐치아'에 속했다. 우리가 여러 분야의 많은 문제에서 모두 의견을 같이한 것은 아니지만, 그럼에도 코겐이 없었다면 나는 결코 유능한 정보관이 될 수 없었다고 확언할 수 있다.

우리의 공작원이 보내온 보고서들을 읽을수록 나는 그들이 나와 가깝게 지내는 친구처럼 친밀하게 느껴졌다. 나는 그들이 항상 품고 사는 공포와 불안감을 상상하며 그들의 장점과 부족한 점들을 알게 됐다. 상상을 통해 그들의 형상을 실제처럼 그리게 된 것이다. 마이크로필름 속의 자료와 내용은 내게 많은 것을 말해주었다. 나는 공작원이 거짓말할 때와 우리와 협력관계를 끊고 싶어 할 때, 새로운 공작원을 포섭하면서 공치사할 때를 정확하게 맞출 수 있었다. 예를 들어 남아프리카의 한 국가에 대단히 열심히 일하는, 지나칠 정도로 활동적이고 지칠 줄 모르게 새로운 공작원들을 포섭하는 공작관이 있었다. 그는 전혀 쓸모없는 정보를 홍수처럼 보내왔는데 대개 흑인과 네덜란드계 아프리카인[Afrikaner]의 관계, 혹은 현지 부족 간의 관계 같은 내용이었다. 그는 이들 부족을 재정적으로 후원하는 민족 그룹들에 대한 모든 사항과 이들 부족이 어느 측에서 활동하는지 완전히 파악하고 있었다. 독일 나치와 전쟁을 벌이는 당시 국면에 이러한 자료가 전혀 쓸모없었으나, 우리는 그의 활동을 중단시키지 않았다. 나는 그의 보고서를 연구하면서 그에게는 이러한 보고서가 인생의 전부를 의미함을 느낄 수 있었다.

그러나 파시즘과 잔혹한 투쟁이 계속되고 동갑내기들이 전선에서 전투를 벌이고 있는 상황에서 나는 관료적 형태로만 보이는 이러한 업무에 만족할 수 없었다. 하지만 내 업무가 사실상의 준비과정, 즉 모든 정력을 다 바쳐 조국에 봉사할 수 있는 활동의 새로운 단계로 올라설 수 있는 과정임을 깨닫기까지는 많은 시간이 필요하지 않았다.

MES CAMARADES DE CAMBRIDGE

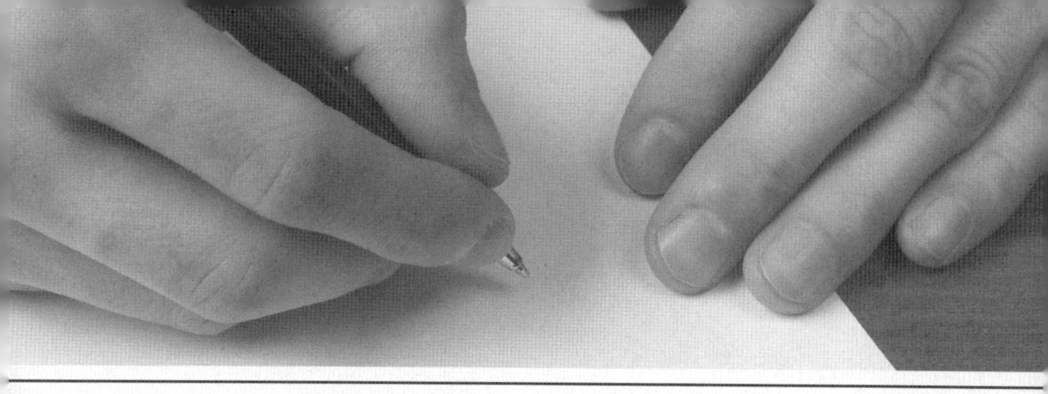

03

채용

03

당시 나는 많은 곳을 여행했는데, 물론 이는 머릿속 상상을 통한 것이었다. 예를 들면 영국, 호주, 뉴질랜드, 인도, 남아프리카, 캐나다와 그 외 영국 식민지로부터 정보를 받고 있었던 것이다. 1944년 여름에는 주로 런던에서 도착한 사진 필름 꾸러미들과 씨름해야 했다.

업무는 예전과 다름없이 넘쳐났고, 우리가 접수된 모든 것을 처리한다는 것 역시 불가능했다. 말로 표현할 수 없을 정도로 유능한 일단의 공작원들이 영국에서 활동하고 있었다. 그들은 모두 영국인이었고, 당시 우리가 말하던 대로 '이념적인 목적에서' 우리를 위해 일하고 있었다. 나는 여전히 들어오는 문서를 중요도에 따라서 분류했고, 그 가운데서 가장 관심을 끄는 것들을 상관과 영국 전문가들에게 넘겼다. 좀처럼 없는 일이지만 어쩌다 자유시간이 생기면, 중요성이 떨어진다는 이유로 한쪽으로 밀쳐놓았던 자료들을 처리했다.

우리는 대단히 실용적인 '선발 절차'를 고안해냈다. 런던에 모두 서른 명 남짓의 공작원이 있었는데, 이들에게 똑같은 한 가지 주제를 제시하고 이에 대한 정보를 수집하라는 지시를 내렸다. 그들은 능력껏 작업했고, 각자가 보내온 자료는 분석을 위해 넘겨졌다. 우리는 각 공작원의 능력을 서로 비교해 그들을 등급으로 분류할 수 있었다. 전체 인원 가운데서 가장 우수한 다섯 명을 선발했다. 그리고 이들은 자신들의 진가를 유감없이 발휘했다. 나머지 스물다섯 명이 보내온 자료는 이들 다섯 명의 것과 비교할 때 거의 관심을 끌지 못했다.

여러 해가 지난 뒤 KGB정보학교에서 교수로 근무할 때, 나는 청강생들에게 그 당시 우리가 취한 방법에 대해 설명했다. 나는 그들에게 말했다.

"냄비가 있다고 합시다. 요리사는 그 안에 여러 종류의 음식 재료를 넣어 요리를 만듭니다. 냄비를 작은 불에 얹어서 한두 시간가량 끓이면 냄비에는 필요한 것, 즉 진국만 남게 되죠."

바로 그렇게 우리는 런던의 모든 공작원 가운데서 가장 중요한 공작원들을 선발했다.

KGB에서는 이들을 '케임브리지 5인방Cambridge five'이라고 불렀는데, 이들은 그야말로 진국이었다. 이들을 단단히 묶는 공통점이라곤 하나도 없었다. 이들 각각은 성격과 습성이 독특했다. 거의 모두가 서로 친분은 있었지만 완전히 다른 유형의 사람들이었다. 이들이 제공해온 정보는 내용이 아주 충실한 동시에 간결해, 지도부는 '5인방'의 문서만 담당하는 번역가를 지정했다.

그 번역가로 지목된 것이 바로 나였다. 1944년 내가 막 스물두 살이 됐을 때의 일이었다.

한동안 나는 '캄캄한 어둠 속에' 붙잡혀 있어 우리의 해외정보 수집 공작의 스타인 이들에 대해 아무것도 몰랐다. 심지어 이들의 암호명도 듣지 못했다. 내가 러시아어로 번역하는 문서들이 이들 공작원으로부터 보고됐다는 것만을 알았을 뿐이다. 나는 이 보고서들을 보내는 사람들이 누구인지 어림짐작이라도 할 수 있는 정보가 전혀 없었다. 2~3개월 정도 정신없이 일한 뒤에야 나는 이들의 암호명을 알 수 있었다. 당시 그들은 '스튜어트Stuart', '죈헨Söhnchen'(독일어로 태양), '메트헨Mädchen'(독일어로 소녀), '존슨Johnson'과 '엑스X'로 불렸다.

나는 내 책상 위에 놓이던 문서들을 떠올리며 이 5인방에 특별한 관심을 갖게 됐다. KGB 시절에는 조직 내에 있을지도 모르는 스파이를 우려해 외국 공작원과 우리의 협력 흔적이 문서로 남는 것이 좋을 것 없다고 생각해, 해독한 전문의 원본을 보관하지도 않았다. 그래서 우리는 원본 파기가 주 임무인 직원이 나타나기 전까지 손으로 직접 그 문서를 짧게 요약하지 않으면 안 됐다. 그 뒤 이 문서들은 특별 근무자에게 넘어갔는데, 이들은 각각의 공작원 서류철에 요약지를 철하는 임무를 맡고 있었다. 이러한 서류철은 특급비밀 서고에 보관됐고 나에게는 필요할 때 바로 접근할 수 있는 권한이 없어, 나는 스튜어트의 보고서를 번역한 것과 죈헨과 기타 공작원의 보고서 내용을 모두 기억하고 있지 않으면 안 됐다.

1944년 6월에야 처음으로, 그것도 아주 우연한 기회에 이 수수께끼 같은 영국인들이 누구라는 것을 정확히 알 수 있게 됐다.

KGB 지도부는 영국인 5인방의 위대한 공로를 인정해 평생연금을 부여하기로 결정했다. 연금은 1개월, 3개월 또는 1년마다 한꺼번에 영국 거점을 통해서 비밀 엄수로 보내야만 했다. 그 당시 이 연금은 아주 엄청난 액수였다. 5인방은 담당 연락관을 통해 연금을 지급하겠다는 결정을 들었다. 그들의 답변은 바로 오지 않았지만 얼마 뒤 개인적으로 각각 본부에 편지를 보내왔다. 그들은 우리의 관대한 결정에 대해 감사했고, 동시에 자신들이 소련에 협력하는 동기가 반파시즘 투쟁과 세계혁명을 지원하기 위한 것이라는 점을 분명히 밝혔다. 결론적으로 하나같이, 돈 때문에 일한다는 생각을 한 번도 한 적이 없으며, 그래서 아주 작은 액수라 할지라도 이를 받음으로써 자신들이 헌신하는 일의 대의를 모독할 수 없다고 선언했다.

영국과 과장은 업무에 대한 나의 열성과 효율성을 높이 평가해주면서 바로 이 다섯 통의 편지를 러시아어로 번역하도록 요청했다. 그 가운데 가이 버제스Guy Burgess라고 서명된 편지에는 내가 항상 기억하는 다음과 같은 문구가 적혀 있었다.

'나는, 우리나라에 살면서 자기 자신을 존중하는 사람치고 당을 위해 일하지 않는다는 것은 상상할 수가 없다.'

마침내 나는 5인방의 이름과 가명을 나란히 작성함으로써 진심으로 존경해온 이 공작원들을 분명하게 알 수 있게 됐다. 그들 가운데 한 명은 죈헨, 나중에는 '톰Tom'과 '스탠리Stanley'라는 암호명으로 불렸는데, 그가 바로 킴 필비Kim Philby였다. 메트헨 또는 '힉스Hicks'라고 불린 사람은 가이 버제스였고 존슨, '토니Tony', 그 뒤에 '얀Yan'으로 불린 사람은 앤서니 블런트Anthony Blunt였으며, '와이즈Wise', '리릭Lyric' 또는 '호머Homer'라는 암호명으로 자신을 감춘 사람은 도널드 맥클린Donald Maclean이었다. 이들 5인방 각자에 대해서는 나중에 이야기하겠다.

나는 마이크로필름을 접수, 처리한 뒤 신중하고 조심스럽게 그 내용을 번역하고 요약지를 만들었다. 이런 업무 중에 발생하는 여러 가지 문제를 해결하면서, 내 생각을 직속상관에게 말하는 일이 점점 더 빈번해졌다. 물론 그는 내 말을 참고할 수도 있고 무시할 수도 있었다. 그러나 어찌 됐든 이때부터 일반 직원에서 완전한 자격을 갖춘 정보관으로 변신을 시작한 것이다.

나는 1944년부터 1947년까지 3년 동안 매일 이들 공작원의 보고서를 담당하면서 그 당시까지 그들의 인생에 관해 알려진 모든 것을 알게 됐다. 내게 문서고 접근이 허용되자 무엇보다도 5인방 각자의 개인적인 일들을 처음부터 끝까지 한 가지도 빼지 않고, 즉 여러 서류철에 들어 있는 이름과 날짜, 참고사항 등 공작원들이 개인적으로 보고한 것들을 포함해 상세한 이력사항을 알아보기 시작했다. 나는 또 다른 서류철도 볼 수 있도록 허락받았는데, 이것은 내게 아주 강렬한 인상을 심어주었다. 그 서류철에는 5

인방의 문서를 받아보는 최종 보고 대상자의 이름이 적시돼 있었는데, 이들은 바로 스탈린, 몰로토프, 베리야였다. 물론 다른 이름들도 보였으나 이들 세 명은 대단히 자주 등장했다.

오늘날 언론인과 역사가가 이른바 KGB의 옛 문서를 열심히 연구하지만, 그들은 소련 정보기관 업무 가운데 별 의미 없는 요약지와 부전지 외에 진짜 흥미를 자아낼 수 있는 것들은 아무것도 발견할 수 없을 것이다.

가장 중요한 사실은 원본이 이미 오래전부터 존재하지 않는다는 것이다. 케임브리지 망 관련 문서 대부분이 1953년에 완전 파기됐다. 초긴급으로 크렘린에 보고됐던 거의 모든 문서는 이제 존재하지 않는다.

만약 그 당시 KGB 요원에게 멀리 내다볼 줄 아는 안목이 있었다면, 그 문서들의 가치가 얼마나 중요한지 깨닫고 파기하지 않았을 것이다. 그렇게 함으로써 과거 오래전에 일어났던 사건의 실상을 알아내기 위해 애쓰는 오늘날 역사가의 노력을 훨씬 가볍게 해줄 수 있었을 것이다.

내가 문서고의 서류와 씨름할 때, 어떠한 메모도 엄격하게 금지되어 있었음은 물론이다. 그래서 나는 몇 시간씩 내용을 외우면서 서류철을 읽어 내려갔다.

내가 개봉한 첫 번째 꾸러미는 죈헨 또는 스탠리, 즉 해럴드 '킴' 필비에 관한 것이었다. 1944년부터 본부는 이 공작원을 가장 귀중하게 생각했다. 그는 영국 비밀 정보기관 MI6의 9과 과장이 되는 데 성공했다. 이 과의 임무는 소련의 정보활동과 공산당의 활동을 감시하는 것이었다. 영국의 비밀기관이 소련 공작원과 투쟁해야 하는 9과의 과장으로 바로 소련 공작원을 임명한 것이었다. 이로써 필비가 왜 우리에게 그토록 중요한 활동 공작원이 됐는지 이해할 수 있을 것이다.

나는 처음부터 특별한 인상을 새겨준 킴 필비의 초상화를 여러 해에 걸쳐 조금씩 만들어가고 있었다. 다음은 그에 관해 내가 알게 된 것들이다.

해럴드 필비Harold Adrian Russell Philby는 1913년 1월 1일 인도의 펀자브 주 수도인 암발라 시*에서 태어났다. 그의 아버지 해리 필비Harry St John Bridger Philby는 많은 사람들에게 주목받는 인물이었다. 그는 케임브리지 대학을 졸업했으며 8개국 언어에 능통했는데, 그 가운데에는 동방의 언어인 파르시어와 발루치어, 아프간어도 있었다. 그는 제다에 정착해 이슬람교로 개종하며 압둘라Abdullah라는 이름을 사용했고, 사우디 노예 출신의 여자와 두 번째로 결혼해 킴 필비의 배다른 형제인 두 아들 파리드Farid와 할리드Khalid를 낳았다. 해리는 사우디에서 권력이 막강한 이븐사우드Ibn Saud 왕의 가까운 친구로서, 영국 정부가 그를 강제로 조기 은퇴시킬 때까지 영국 비밀 정보기관에서 수집한 첩보를 이븐사우드 왕에게 제공했다.

필비 부자는 별거해왔지만(킴과 어머니 도라Dora는 영국에 있었다), 아들에 대한 아버지의 애정은 변함없이 깊었다. 해리는 영국에 올 때마다 아들이 놀거나 어른들과 함께하는 모습을 주의 깊게 관찰했다. 그러면서 아들의 낙천적인 성격이나 열정, 애들 특유의 고집을 눈여겨보았다. 그는 아들을 러디어드 키플링**의 소설 주인공 '킴Kim'과 견주어보곤, 아들에게 키플링의 킴과 너무 똑같다면서 당나귀 같은 고집쟁이라고 자주 말했다.

나는 『킴』을 읽으며 정말로 해리가 옳다고 생각했다. 바로 이렇게 해서 해럴드 필비는 '킴'이라는 별명을 얻게 됐다. 가족이나 주위 친구도 그를 그렇게 부르기 시작했다. 그는 당시 겨우 여섯 살이었으나 단순한 이러한 이름의 변화가 그의 성격 형성에 큰 영향을 미쳤다. 난생처음으로 생긴 이

* 현재 암발라는 인도 북부 하리아나 주의 도시다.

** 조지프 러디어드 키플링(Rudyard Kipling, 1865~1936). 영국의 작가. 소설 『킴』은 1901년에 썼다.

별명이 이중생활과 활동이라는 그의 긴 인생 역정의 예비가 될 줄을 그 당시 누가 상상이나 할 수 있었겠는가.

킴의 인생관을 보면 그의 아버지 해리를 쏙 빼닮았다. 해리는 모험가이고 반란자이며 모국의 식민정책을 확고히 반대했다. 특히 중요한 것은 항상 자신이 열정적으로 집착하는 것을 논리적으로 끝까지 밀고 나가는 사람이었다는 사실이다. 킴은 아버지를 존경했고 그를 따라 하려고 했다. 두 부자 모두 고집이 세고 단호하며 어떤 때는 돈키호테 같았는데, 어쨌든 이해하기 어려운 사람들이었다. 영국 사람들은 중요한 공직을 맡고 있고 귀족이며 부자인 해리가 왜 사람들이 잘 알지도 못하는 사막 국가의 이익을 옹호하고자 나섰고, 이슬람교도 여자와 결혼까지 했는지 전혀 이해할 수가 없었다. 시간이 흐른 뒤 아들인 킴도 아버지처럼 영국 사람들을 똑같은 수수께끼로 몰아넣었던 것이다.

킴은 아버지의 다른 성격도 물려받았다. 그도 역시 해리처럼 별일 아닌 것도 참기 어려울 정도로 오랫동안 생각했으며, 일단 한 번 결정하면 세상의 어떤 힘도 그를 흔들리게 할 수 없었다. 해리는 그가 속한 사회적 계급 내에서 강한 압력을 받곤 했지만, 그의 관점은 죽을 때까지 변화가 없었다. 킴은 반파시즘 투쟁을 자신의 위대한 목적으로 삼았으며, 생애 마지막 날까지 이를 배반하지 않았다.

킴의 생애 말년에 누군가가 내가 함께 있는 자리에서 물었다

"당신은 버제스나 맥클린처럼 영국에 묻히고 싶지 않습니까?"

"물론 아닙니다. 나를 소련 땅에 묻어주십시오."

킴은 조금도 머뭇거리지 않고 대답했다.

그 바람은 그대로 실현됐다. 킴 필비는 쿤체보의 장군 묘역에 묻혔다.

필비는 1929년 웨스트민스터 학교에서 별다른 사건 없이 학교생활을 보

낸 뒤 케임브리지 대학 트리니티 칼리지Trinity College에 입학했다. 1학년 때 그는 역사를 공부했고, 바로 케임브리지 대학의 '사회주의학회'에 가입했다.

뉴욕의 주식시장 붕괴로 촉발된 대공황은 전 유럽을 흔들었다. 1929년 총선에서 좌파와 노동당이 승리하고 영국과 소련의 외교관계가 회복되자 공산주의 소련에 대해 동정의 물결이 출렁였다. 당시 사람들이 말하던 '러시아의 실험'은 영국 노동자계급과 지식인층에게 최면술과 같은 영향을 미쳤다.

1931년 6월 유럽의 위기는 급격하게 악화됐고 영국의 실업자는 약 266만 5,000명에 이르렀다. 사회의 중산층 및 상류층 대표들과 이념을 같이한 영국의 좌파 세력은 국가 상황에 대한 통제력을 잃었다. 정부는 광부와 실업자 들이 전국적으로 조직한 굶주린 데모대에 대응할 방법을 몰랐다. 당시 이념적 성향이 강한 사회계층들은 소련의 제1차 경제계획이 성공적으로 완수돼 국가의 발전을 가속화할 것이라고 생각했다. 그들은 수백만 명의 사람들을 빈궁의 늪으로 몰아넣은 오만한 자본주의의 당연한 적敵인 소련에서 새로운 사회가 창조되는 것을 보았다. 젊은 지식인들은 자국에서 폭동을 일으킬 핑계만을 기다리고 있었는데, 그들에게 소련의 모델은 말할 수 없이 유혹적인 것이었다.

사회주의 이념은 킴 필비를 끌어당겼으나 공산주의에 대해서는 다른 동료들과 마찬가지로 그도 겁을 먹었다. 그의 급진적인 성향이 처음부터 곧바로 형성된 것은 아니었다. 필비는 처음에 사회주의학회 집회에 그냥 참석만 했을 뿐이었고, 전투적 데모 조직자도 아니어서 한 번도 집회에서 선동적인 연설을 한 적이 없었다. 하지만 그는 천성적으로 열정을 다해 일하는, 지도자의 자질이 있는 사람이었다. 필비가 대학 1년 과정을 마칠 때쯤 그는 사회주의학회의 회계로 임명됐다. 1931년 10월 신학기에 그는 역사학 공부를 중단하고 경제학으로 전환했다. 이는 당시 영국의 정치 환경 변화에 따른 것이었다. 필비는 앞으로 있을 정치권력 쟁탈 투쟁에서 경제 지식이 필요할 것이라고 생각했다. 이때 그는 주요 경제학자 가운데 한 사람으로 케임브리지 대학의 교수인 모리스 도브*와 알게 됐다. 뛰어난 정치 연설가인 도브는 필비의 관심을 불러일으켰다. 게다가 그는 공산당에 가입하고 당원증을 받은 영국 최초의 지식인 가운데 하나였다. 필비는 점점 더 도브의 이상 속으로 젖어들어 갔으나, 이때 하나의 과오를 저질렀다. 공공연히 주변 사람들과 사상적 견해를 같이한 것이다. 이제 케임브리지의 다른 교수들도 그의 정치적 믿음이 어떠하다는 것을 알게 됐고, 이것은 뒷날 그에게 불쾌한 일을 많이 안겨주었다.

1932년, 이제 공산주의 동조자로 잘 알려진 킴 필비는 일종의 사교모임인 다이닝클럽과 비밀단체의 성격을 같이 띤 '케임브리지 사도회Cambridge Apostles'에 가입을 권유받았다. 그가 사도회의 정회원으로서 모임에 참석한 것은 아니었지만, 거기서 앤서니 블런트와 가이 버제스를 알게 됐다. 곧 그들은 친해졌다. 1933년 필비는 경제학 학위를 받았다. 이 무렵 그는 이미 확고한 공산주의자였고, 모리스 도브에게 독일어를 완벽하게 구사하고자 오스트리아나 독일로 여행을 떠날 생각이라고 말했다. 도브는 이 생각을 열렬히 환영하면서 한마디 덧붙였다.

"이제 자네에게 조언할 것이 더는 없지만, 자네가 해외에 머무르면서 우리 사업에 필요한 일을 하려고 한다면, 도움이 될 수 있을 프랑스 친구 몇 명의 주소를 알려주겠네."

그가 알려준 친구는 '국제독일파시즘희생자지원위원회World Committee for the Assistance of Victims of German Fascism'의 활동가들이었고, 그 위원회의 지도자는 빌리 뮌첸베르크Willi Münzenberg였다. 뮌첸베르크는 1930년부터

* 모리스 허버트 도브(Maurice Herbert Dobb, 1900~1976). 영국의 마르크스주의 경제학자.

1935년까지 새로운 공작원을 포섭하는 등 적극적이고 자발적으로 NKVD와 협력했다. 그는 처음에는 좌파 청년 조직에서 일했고, 그 뒤에는 독일에서 고개를 든 나치주의자의 집요한 선동을 수단과 방법을 가리지 않고 말살시키겠다는 목적으로 파리에 위원회를 창립했다. 그러나 NKVD를 위해 공작원을 물색하면서도 그 자신은 소련의 공작원인 적이 없었다.

파리의 위원회 위원들은 필비에게 친절하게 대해주었다. 도브는 위원회에 필비의 진실성과 신뢰성에 대해 칭찬하는 편지를 보냈다. 그들은 필비가 케임브리지의 학생모임인 사회주의학회의 회계였다는 것을 알고, 빈에 있는 친구들의 연락처를 알려주었다. 이들 연락처 가운데 하나는 '국제혁명투사지원조직International Organization for Aid to Revolutionaries: IOAR'◆이었는데, 이 조직은 때마침 회계원을 구하고 있었다. 그들은 필비에게 동의한다면 임시로 이 자리를 맡아달라고 제의했다.

나는 리페츠크에서 재학 중일 때 이미 이 조직의 소련 지부MOAR에 가입했기 때문에 IOAR을 잘 알았고, 감옥에 갇힌 혁명가들을 돕는 재단에 매달 몇 코페이카씩 회비를 냈다. 그 당시 모든 제조기업과 학교 및 정부기관에는 IOAR의 세포조직이 있었다. 그들이 모금한 돈은 감옥에 갇힌 노동자의 가족에게 전달됐고, 또한 그 돈으로 불행에 빠진 노동자를 법정에서 방어하기 위해 변호사를 고용했다.

필비가 받은 두 번째 주소에는, 제1차 세계대전 전에 폴란드에서 오스트리아로 이민해 살던 유대인 콜만Kohlman 가족이 있었다. 아버지인 이스라엘 콜만Iasrael Kohlman은 회계원으로 일했으며, 자유시간의 대부분을 할애해 아내와 함께 빈에 사는 유대인을 위해 적극적으로 봉사하고 있었다. 이

◆ IOAR은 1922년에 창설되어 반파시즘 혁명가와 투사에게 원조를 제공했다. 소련 지부인 MOAR은 1947년까지 존속했다.

들에게는 알리체Alice라는 딸이 있었는데 집에서는 리치Litzi라고 불렸다.

리치는 키는 작지만 굉장한 미인이었다. 열여덟 살에 카를 프리드만이라는 사람과 결혼했으나 거의 곧바로 이혼했다. 리치와 필비는 처음 보자마자 서로 사랑에 빠져버렸다. IOAR의 지역 지부에서 임시직원으로 일하던 필비는 일에는 특별한 열정을 보이지 않고 리치에게만 온 관심을 쏟았으며, 모든 자유시간을 그녀에게 바쳤다.

리치는 신념이 뚜렷한 공산주의자로 죽을 때까지 사회주의 이상에 충실했다. 바로 그녀가 필비에게 결정적인 영향을 미쳐 정의의 사업에 필비 자신을 희생하도록 만든 장본인이었다.

1933년 5월 빈의 정치적 상황은 폭발 직전의 위험한 상태였다. 1932년 권력을 잡은 돌푸스* 총리는 독재정권을 세우고 데모라면 무조건 금지했으며, 히틀러가 제안한 오스트리아합방[Anschluss]을 거부했다. 또한 오스트리아 의회를 해산하고 국내 사회주의 및 공산주의 정당의 활동을 금지했다. 이에 대항해 사회민주주의자들이 봉기를 일으키자 돌푸스는 3만 5,000명의 경찰병력으로 이를 잔인하게 진압했다. 이로 말미암아 1,500명이 죽고 5,000명이 부상했다.

필비와 리치가 사랑에 빠져 정신없이 보내는 몇 개월 내내 그들 주위에서는 공포의 물결이 사납게 몰려왔다. 법원의 판결에 따라 매일같이 사람들이 총살당했다. 1934년 2월 이러한 혼란은 대규모로 변해갔다. 필비는 영국 시민으로서 이러한 투쟁에 직접적으로 참여할 수 없었지만, 진정한 용감함을 보여주었고, 온 힘을 바쳐 노동자들의 문제를 변호했다. 리치는 그를 고무했고, 그는 쫓기는 공산주의자들의 오스트리아 탈출을 돕는 그

* 엥겔베르트 돌푸스(Engelbert Dollfuss, 1892~1934). 1932년부터 오스트리아 연방 총리. 1934년 3월 이른바 로마조약에 서명했는데, 이 조약은 오스트리아의 정책을 이탈리아에 의존하도록 했다. 1934년 합방 지지자들에게 피살됐다.

룹에 가입했다. 도망자들을 위해 옷을 수집했고 안가를 마련했으며 국경을 넘을 수 있는 도피로를 확보했다.

1934년 2월 필비는 리치와 결혼했고 그녀는 영국 시민권을 얻게 됐다. 그렇게 해서 그는 체포될 수밖에 없었던 리치를 구해냈다. 리치는 당을 위한 일에 많은 시간을 할애한 공산주의자로서 널리 알려져 있었던 것이다. 젊은 부부가 처한 상황은 너무나도 어려웠지만, 필비는 남편으로서 온 신경을 기울여 그녀를 돌보았다. 리치는 지하활동으로 말미암아 신경쇠약 직전 상태에 놓였다. 필비는 집으로 돌아오면 아내와 함께 매일 빠지지 않고 시내나 교외로 산책했다. 그 덕분에 아내는 건강을 회복했고 안정을 되찾았다.

필비의 특징 중 하나는 전 생애를 통해 여성에게 항상 선량하고 정중하게 대했으나 또한 자주 배신하기도 했다는 것이다.

필비가 빈에 있을 때, 오스트리아 정부가 사회주의자 및 노동조합 활동에 대해 자행한 유혈사태는 그에게 전환점이 됐고, 공산주의자와의 결속에 결정적 요소로 작용한 것으로 보인다. 그는 오스트리아에서 공산주의야말로 자본주의에 대한 실질적인 위협이 될 수 있다는 것을 깨달았다. 빈에서 겪은 사태는 그의 의식에 지울 수 없는 자국을 남겼다. 더욱이 그는 빈에서 공산주의자와 접촉하고 함께 일함으로써, 노골적인 나치주의자로서 히틀러의 열렬한 숭배자가 된 아버지의 사상을 직접적으로 부정하게 됐다.

뒷날 필비는 빈에 있을 때 소련의 비밀 정보기관이 자신에게 큰 관심을 보였다고 내게 자주 말했다. 물론 그가 그렇게 생각하는 데는 그럴 만한 이유가 있겠지만 이는 사실과 다르다. 나는 어느 정도 확신하고 말할 수 있는데, 필비가 소련의 공작원이 되는 데 결정적인 역할을 한 것은 그의 친구들이 아니라 바로 리치였다. 그를 포섭한 것은 테오도르 말리Theodor

Maly나 NKVD 공작원이 아니었고, 그 어떤 다른 사람도 필비를 포섭하지 않았다. 그가 그러한 결정을 내리도록 한 사람은, 물론 공개적인 것은 아니지만 필비 자신의 아내였던 것이다. 그녀는 NKVD(리치는 이 기관의 공작원으로 일한 적이 없다)의 지시가 아니라 코민테른Comintern*의 지시에 따른 것이었다. 리치는 코민테른의 공작원이었다. 그녀는 지도부에 코민테른 업무에 유용할 수 있는 아주 흥미로운 남자와 사귀었다고 알렸다. NKVD 측이 빈에서 필비를 한 번 만난 적은 있었으나, 그때 그들이 필비에게 접근을 시도했다고 보긴 어렵다. 해가 지나면서 나와 필비는 리치를 추억하는 일이 잦았는데, 이유는 몰라도 그는 늘 리치가 끼친 영향을 인정하지 않았다.

30년이 넘는 세월 동안 언론인과 작가, 그리고 자칭 전문가 들은 필비가 어떻게 포섭됐는지에 대해 온갖 억측을 다했다. 이 모든 이야기는 역정보**의 짙은 장막으로 가려져 있다. 겨우 몇 년 사이에 자기가 세기적인 스파이를 찾았다고 주장한 사람도 최소한 다섯 명이다. 나는 몇몇의 다른 정보기관 요원이 작성한 보고서를 읽어봤는데, 이들도 저마다 자기들이 이러한 공훈을 세웠다고 공언했다.

모든 정보기관 요원 각자가 그렇게 공상할 수 있는 것은 이해할 만하다. 그러나 이 모든 억측과 주장은 쓰레기 같은 것들이다. 나는 잘난 체하려는 것은 아니지만 각각의 주장이 거짓임을 확인할 수 있다. 그들이 거론하는 각 날짜, 장소, 이름은 모두 얼토당토않은 헛소리다. 진실은 대낮과 같이 밝은 것이다. NKVD는 이 일에 관여하지 않았고 존 르 카레의 소설 같은

* 소련이 조직한 국제공산주의 조직(Communist International). 제3인터내셔널이라고도 부른다. 이 조직은 세계혁명을 준비하기 위한 것이었다. — 옮긴이 주

** 적을 혼란시키거나 자신들이 원하는 방향으로 조종하기 위해 퍼뜨리는 허위정보. — 옮긴이 주

음모도 없었다. 필비는 빈에서 목격한 짐승과 같은 야비한 사건들로 크게 충격을 받고 놀란 끝에 리치와 길을 같이한 것뿐이다. 그들의 정치적 신념이나 공산주의와의 관계가 여기서 큰 지렛대 역할을 하지는 못했다. 단지 그들은 사랑에 빠진 한 쌍의 남녀였고, 파시즘에 대한 강한 거부감이 몸에 배어 있었다. 두 사람은 자신들의 젊음, 용감성, 지성과 정열을 파시즘이 고개를 들고 있던 독일, 이탈리아, 영국과 그 밖의 국가들에서 투쟁하는 데 바쳤다.

대단히 유능한 소련의 흑색요원◆ 중 하나인 테오도르 말리도 필비를 포섭하지는 않았고, 다만 자신의 시야에서 필비가 벗어나지 않도록 했을 뿐이다. 말리는 전쟁 전 외국인으로 가장하고 서방의 여러 나라에 파견되어 활동한 공작원 가운데 한 명이었다. 성직자였다가 오스트리아헝가리 군에서 포병으로 있었던 말리는 종교를 버리고 공산주의에 대한 확고한 믿음을 가졌다. 그는 소련을 떠나 처음에는 독일에서 활동하다가 히틀러가 정권을 잡자 빈으로 가서 머물렀는데, 그때 필비가 빈에 나타난 것이다.

필비와 리치가 참가한 빈의 여러 회합에서 말리는 반나치 전쟁을 독일 밖에서도 벌여야 한다고 정열을 다해 설파했으며, 주변 국가들에 뻗치는 나치의 촉수를 차단하기 위해 할 수 있는 모든 일을 해야 한다고 호소했다. 말리는 열정적이며 확신에 차 있었고, 이들 젊은 한 쌍은 매료된 채로 그의 말을 듣곤 했다.

1934년 5월에 킴 필비는 리치와 함께 영국으로 돌아왔다. 그들은 햄프스티드에 있는 필비의 어머니, 도라의 집에 머물렀다. 예나 지금이나 시어

◆ 정보기관 내에서 흔히 사용되는 용어로 영어로는 'illegal'이라고 한다. 해외에서 활동하는 공작관이나 공작원 중에서 파견 정부의 공식 지위(외교관 등)에서 활동하는 요원은 '백색(요원)', 이와 비교해 민간인 신분으로 가장 직책으로 활동하는 요원들은 '흑색(요원)'이라고 한다. ― 옮긴이 주

머니와 며느리의 사이는 별로 좋지 않지만 도라와 리치는 곧 친구가 됐고 단짝이 됐다.

리치는 영국으로 오자마자 곧 지역 공산주의자와 접선했는데, 특히 이디스 튜더하트Edith Tudor-Hart와 아주 가깝게 지냈다. 필비 부부는 적극적으로 활동하는 공산주의자들도 만났는데, 이들 가운데는 NKVD의 공작원도 있었다. 공작원은 이 청년에 대해 빈 사태 때 과단성 있게 활동했고, 지금은 포섭 대상으로서 적당한 자질을 보이며 영국에서 활동을 계속하고 있다고 보고해왔다.

널리 알려진 것과는 달리 버제스나 소련 공작원 가운데 어느 누구도 필비를 소련 정보기관 활동에 끌어들이지 않았다는 사실을 강조하지 않을 수 없다. 이것 또한 리치였다. 리치는 친구 이디스를 통해 얼마 전에 런던에 온 아널드 도이치Arnold Deutsch에게 필비를 소개했다. 필비는 빈에 있을 때, 코민테른과 가까운 지하 반파시즘 조직이 자기에게 관심을 두고 있음을 눈치챘다. 이제 영국에 거주하면서 도이치에게서 동기를 부여받은 필비는 불확실하지만 코민테른의 어떤 한 세포조직에서 일하고 있다고 추측하며 지하활동을 시작한 것이다.

도이치는 말리와 같이 흑색요원이었다. 오스트리아 유대인인 그는 정신분석학에 매우 관심이 많았고, 정치적·성적性的 박해에 반대해 투쟁한 빈의 정신분석학자 빌헬름 라이히Wilhelm Reich의 활동에도 참가했다. 도이치는 1920년대 초 말리와 만났고, 1924년에 공산당에 가입했으며, 1933년에는 아내과 함께 NKVD에서 흑색요원 양성 과정을 마쳤다. 그 뒤에 그는 파리로 파견됐고, 좀 더 시간이 지난 뒤에는 영국으로 보내져 실명으로 오스트리아 학자로서 활동했다. 1934년에 아널드 도이치는 필비와 몇 차례 만났다. 그러나 도이치는 본부가 필비의 업무를 조정하도록 임무를 부여한 사람이 아니었다. 나는 그때 누가 그의 연락책이었는지는 알아낼 수 없었다.

필비가 수행한 첫 임무는 제1단계의 연결고리를 만들기 위해 한두 명의 공작원을 포섭하는 것이었다. 5월에 그는 자주 케임브리지에 갔다. 필비는 가이 버제스를 만나서 지난겨울에 빈에서 일어난 일들과 자신이 거기에 참가한 사실을 말하고, 마지막에는 버제스가 자신의 그룹에 합류하도록 설득했다. 소련의 한 공작원이 버제스를 포섭했다고 알려졌지만, 이는 실제와는 거리가 먼 얘기다. 1934년 5월에 다름 아닌 필비가 여기서 아주 결정적인 역할을 수행했다. 필비는 일을 착수하기 전에 버제스의 공작원 포섭 여부를 자신의 연락책 및 그 당시 본부에 '오토'라는 암호명으로 등록된 도이치와 신중하게 상의했다. 버제스와 도이치의 만남은 몇 주 뒤에 런던의 한 술집에서 이루어졌다.

시간이 좀 흐르자 이 작은 그룹은 세 번째 공작원 대상자를 포섭했다. 필비는 버제스에게 친구들 가운데 그룹에 가입시킬 사람을 미리 생각해놓도록 요청한 적이 있었는데, 버제스는 앤서니 블런트를 후보로 낙점해두고 있었다.

연락관으로서 임무를 받은 필비는 버제스에게 새로운 지지자들 포섭 이외에 정부기관에 취직할 수 있는 방법을 찾아보라고 지시하고는, 그 기관은 반드시 친파시즘적 요소가 많아야 한다고 당부해두었다. 필비 자신은 신임을 얻는 것이 시급했다. 필비는 즉시 그러한 기관들에 입사원서를 쓰고 자기의 옛 선생이며 경제학자인 데니스 로버트슨Dennis Robertson에게 추천서를 부탁했다. 또한 아버지의 많은 친구들 가운데 한 명이며 데니스 로버트슨과 성이 같은 도널드Donald Robertson의 지원도 부탁했다. 필비는 이 두 사람을 방문했고, 이들은 그를 후원해주겠다고 했으나 곧 자신들의 결정을 번복했다. 한 달도 지나지 않아 필비는 데니스 로버트슨의 편지를 받았는데, 그는 편지에서 전형적인 영국의 풍자를 섞어가며 필비에게 정치적 부당함에 대한 지나친 감상은 정부 분야에서 일하는 데 부적합하게 작용할 수 있다고 말했다.

필비는 그 원인이 바로 자신의 과거 공산주의 전력 때문이라는 것을 알았다. 그는 고집하지 않고 원서를 되돌려 받고는 당분간 정부 관련 기관에서 일할 생각을 접기로 했다. 동시에 그는 점진적으로, 그러나 일정한 계획을 세우고 공산당과의 관계를 끊기 시작했다. 필비는 그와 대화하는 모든 사람에게 "내 생각에 이제 공산주의이론은 죽었다"고 말하고 다니기 시작했다. 이때부터 그는 좀 더 쉬운 목표, 즉 런던의 상류사회에서 일정한 위치를 차지하는 데 몰두하기로 했다.

이 시기에 연락관은 필비에게 그가 실제로 누구를 위해 일하는지 알려주었지만 흥미롭게도 필비는 이를 동요 없이 받아들였다. 그는 이미 오래 전부터 이에 대해 추측하고 있었다고 생각된다. 연락관은 그에게 독일에 대해 주의를 집중하고 나치 정권에 반대해서 활용될 수 있는 정보를 수집하기 위해 독일로 갈 것을 요청했다.

케임브리지 대학 졸업장이 있어도 필비가 일자리를 찾기란 꽤나 어려웠다. 그는 언론인이 되려고 런던의 ≪리뷰 오브 리뷰스Review of Reviews≫지에 가끔씩 글을 쓰기 시작했으나 이런 식으로 일하다가는 반파시즘 투쟁에 요긴한 정보를 수집하기가 거의 불가능하다는 것을 알았다. 그럼에도 아버지의 인맥을 통해서 나치에 동조하는 레이디 애스터Lady Astor의 모임에 참여했고 영독우호협회에 가입할 수 있었다. 그렇게 해서 그는 히틀러 정권의 주영 대사이며 뒷날 독일 제3제국의 외무장관이 되는 요하임 리벤트로프와 사귈 수 있었다. 그들 사이에는 따뜻한 친구관계가 유지됐다. 리벤트로프는 필비를 마음에 들어했고 히틀러의 선전장관인 요제프 괴벨스Paul Joseph Goebbels에게 독일에서 필비의 일자리를 알아봐 주길 부탁하면서 그를 추천했다. 그는 독일로 가서 괴벨스와 인터뷰했다. 이것이 구체적인 결과를 주지는 못했지만 필비는 물러서지 않았다. 필비의 아버지는 그를 하우스호퍼Haushofer 교수에게 소개했는데, 이 사람은 기반이 든든한 정치문제 잡지이며 새로운 세계질서에 대한 히틀러의 사상을 선전하는 독일 ≪지정학Geopolitik≫의 발행인이었다.

필비의 일은 성과를 거두기 시작했다. 그가 연락관에게 최초로 넘긴 정보는 영국의 정부 상층부와 귀족층 내 정치그룹의 나치 지지자 명단이었다. 명단에는 사업가와 정치가의 나치즘에 대한 견해와 함께 히틀러에 대한 평가가 첨부되어 있었다.

1935년 중반에 킴 필비와 도이치(오토)는 함께 일하기 시작했다. 1936년 초에는 존경받는 은행가 파울 하르트라는 가장假裝◆으로 영국에 온 테오도르 말리까지 도이치와 합류했다. 말리는 영국 영토에서 벌이는 우리의 모든 비밀공작을 전반적으로 통솔해야 했다. 그는 계속 영국에 머물지는 않았지만 방문할 때마다 여러 번 성을 바꿨다. 몇 개월이 흐르는 동안 그는 공식적으로는 소련 대사관 직원으로서 일했다. 영국의 비밀기관은 그를 전혀 눈여겨보지 않았다.

말리와 도이치는 수준이 높은 전문 공작관이어서, 어떠한 대가를 치르고서라도 정보만 입수하려 하는 사람들이 아니었다. 그들은 킴 필비가 무한한 가치를 지닌 인재임을 알았으나 서두르지 않았고, 그가 필요로 하는 접촉선을 급하게 확보하거나, 소련 정보기관을 위해 가장 효율적으로 활동할 수 있는 영국 사회 내의 일자리를 서둘러 찾도록 요구하지도 않았다.

그러나 필비는 봉급을 받을 수 있고 독일 관련 정보에 접근할 수 있는 일자리를 적극적으로 찾기 시작했다. 1936년 그는 고위급 나치주의자들과 연계를 강화하기 위해 베를린으로 향했다. 독일에 도착한 뒤, 그는 스페인에서 내전◆◆이 일어난 것을 알고는 런던으로 돌아왔다.

◆ 정보기관 전문 용어로서 위장한 성명과 직책, 직업 등을 말한다. — 옮긴이 주

오토는 그에게 활동 영역을 스페인으로 돌리도록 요청했는데, 소련은 곧 스페인내전에 대단히 활발하게 참여하기 시작했다. 필비는 성공할 수만 있다면 프랑코Francisco Franco 주변으로 침투해야만 했다.

이는 아주 민감하고 미묘한 성질의 임무였는데, 자신을 원수라고 칭한 프랑코는 서방에서 스페인으로 온 사람들, 특히 영국과 프랑스에서 온 사람들을 지나칠 정도로 의심했기 때문이다. 그는 영국인이나 프랑스인 개개인을 모두 국제여단International Brigades의 투사로 생각했다. 그래서 이들 나라 출신 언론인의 입출국을 극히 제한해 최소한의 숫자만 입국할 수 있었다. 필비는 자신이 신임을 얻을 수 있도록 대단히 조심스러운 '작전'을 펼치지 않으면 안 됐다. 그는 다시 아버지에게 부탁하면서 공산주의자와 관계를 끊겠다고 약속하고 국제문제 평론가가 되기로 마음을 정했다.

아버지 해리는 이러한 미끼에 걸려 필비가 비자를 받을 수 있도록 그의 모든 영향력을 발휘했다. 그의 스페인 친구 중 한 명이 당시 프랑코의 대표 자격으로 영국에 머물던 알바 공작이었다. 알바 공작은 필비를 위해 바삐 뛰었으며, 마침내 1937년 2월 필비는 프랑코의 민족주의 세력이 통제하는 지역으로 입국할 수 있는 비자를 받았다.

스페인에서 필비는 신바람이 났다. 그는 몇 편의 훌륭한 기사를 썼는데, ≪타임스≫의 발행인은 이 기사들을 눈여겨보았다. 필비는 곧 ≪타임스≫의 군사특파원으로 채용됐다.

뒷날 필비는 내게 정보요원으로서 자기 인생이 스페인에서 거의 끝날 뻔했다고 말한 적이 있다. 그는 어느 한 조그만 도시에 도착한 뒤 그 지역

◆◆ 스페인내전(1936~1939). 1936년 스페인에서 이탈리아와 독일이 지원하고 프랑코 장군이 이끄는 군사파시스트 쿠데타가 일어났다. 전쟁 과정에서 좌파 인민전선 정부를 지원하기 위한 국제여단이 조직됐다. 1939년에 공화국이 무너지고 스페인에 파시스트 독재정권이 수립됐다.

경찰 당국에 신고해야 한다는 것을 잊었고, 한밤중에 경찰이 침대에서 그를 들어올렸다. 그때 필비의 바지주머니에는 NKVD의 연락용 암호가 적힌 종잇조각이 숨겨져 있었다. 경찰들은 빈틈을 주지 않고 경계하면서 그를 경찰서로 끌고 갔다. 필비는 끌려가면서 내내 어떻게 이 위태로운 문서에서 벗어날 수 있을지 머리를 쥐어짰다. 몸수색을 받게 되자 그는 책상 위에 지갑을 내던졌고 이 지갑은 미끄러져 내려 땅바닥에 떨어졌다. 경찰들이 이 지갑을 주우려고 달려든 순간 필비는 아무도 눈치채지 못하게 이 치명적인 종잇조각을 삼켜버렸다.

필비에게 일어난 두 번째 사고는 행운을 가져다주었다. 그는 이 사고로 프랑코 본인의 신임을 받게 되는데, 이는 젊은 시절 공산주의자와 교류했기 때문에 생긴 사상적 불리함을 당분간이지만 확실히 이겨낼 수 있게 해주었다. 어느 날 필비는 기자 세 명과 함께 전방초소로 갔는데, 그곳에서 포탄이 그들의 자동차로 날아들었다. 한 명은 그 자리에서 즉사했고, 두 명은 좀 뒤에 부상 때문에 죽었으나, 필비는 약간의 찰과상만 입고 탈출했다. 이 일로 필비는 민족주의자들 눈에 영웅으로 비쳤고, 프랑코는 그의 가슴에 '적색 십자무공훈장'을 직접 달아주었다. 필비는 훈장을 받음으로써 스페인 민족주의운동 상층부에 접근할 수 있게 됐으며, 그 뒤 모든 일에 크게 도움이 됐다.

이 일을 계기로 필비는 아주 값진 첩보를 입수했는데, 이 첩보는 이탈리아와 독일이 프랑코 스페인에 보내는 원조 규모에 관한 것이었다. 이탈리아는 스페인에 보병을 파견했고, 독일은 상당수의 비행기를 지원했다. 스페인에 머물면서 필비는 자기가 직접 프랑코 장군을 암살하겠다고 NKVD에 제의했다. 이를 들은 본부의 반응이 처음에 어떠했는지 나는 모르나, 결국 그렇게 하지 못하게 지시했는데 이는 아마도 당시 NKVD에게는 더욱 더 중요한 관심사항이 있었기 때문이었을 것이다. 소련은 프랑코를 죽이는 것보다 먼저 스페인의 극좌파 세력들, 즉 트로츠키주의자와 노동자단결당의 호전주의자를 쓸어버리는 것이 급선무였다.

이때 필비는 버니Bunny라는 별명이 있는, 영국 남작부인인 프랜시스 린드세이호그Frances Lindsay-Hogg와 사귀었다. 이 여자는 스페인에서 벌써 몇 년째 살고 있었으며, 프랑코주의자와 왕정주의자의 주변을 출입하고 있었다. 버니는 필비의 정부가 됐고 의식하지 못한 채 그의 지하활동 동참자가 됐다.

그리고 그녀는 필비의 결혼생활을 파탄시켰다. 필비는 정보 전달차 자주 스페인에서 포르투갈로 갔는데, 가끔 필비를 만나러 리스본까지 온 리치를 만나곤 했다. 리치는 곧 직감적으로 남편이 자신을 배신하고 있다는 것을 알아차렸다.

필비가 런던으로 돌아왔을 때 그들 사이에 언쟁은 일어나지 않았다. 두 사람은 친구로 남았으나 이미 함께 살 수는 없었다. 필비는 이전처럼 ≪타임스≫에서 일했으나, 조국으로 돌아오면서 신문사에서 입지가 아주 나빠졌다. 전에는 그의 기사가 신문의 한 면 전체를 차지했다면, 지금은 좁다란 실개울처럼 말라 있었다. 게다가 필비는 할 일이 없는 사람처럼 되어버렸다. 테오도르 말리와 아널드 도이치가 모스크바로 소환된 것이다. 스탈린의 숙청이 정점에 이른 시기였고, 이들 두 사람은 모스크바에서 무엇이 그들을 기다리는지 알고 있었다. 비밀 취조와 총살이었다. 그럼에도 그들은 명령에 복종했다. 많은 공작관들 역시 같은 길을 걸었다.

몇몇은 소환에 응하지 않고 도주했다. 그들 가운데는 레프 라자레비치 펠드빈Lev Lazarevich Feldbin(그가 바로 알렉산드르 오를로프Aleksandr Orlov인데 니콜스키Nicolski라고도 불렸다. 이하 '오를로프'로 칭한다)이 있었다. 1938년 7월 초에 당시 NKVD의 스페인 거점의 책임자였던 오를로프는 모스크바로 들어오라는 소환 명령을 받자, 이 상황이 무엇을 뜻하는지 알아차리고 거점 금고에서 2만 2,000달러를 꺼내 아내와 딸을 데리고 캐나다로 잠적했다가 뒤에 미국에 정착했다.

모스크바에서 암호명으로 '시베트Shved(스웨덴 사람이라는 뜻)'라고 불린 오를로프는 NKVD에서 책임이 큰 자리를 맡았고, 극비정보에도 접근할 수 있었다. 1936년 스페인내전 중 그는 고첩으로서 프랑코주의자의 후방에서 활동하는 빨치산 부대를 창설했고, 공화국파의 방첩공작을 조직했다. 1937년 오를로프는 스탈린의 명령에 따라 트로츠키파 청소작전에 참가한 주요 인물들 가운데 하나였다.

오를로프는 추적에서 벗어나기 위해 미국 변호사에게 편지를 보냈는데, 그 편지에는 세계 각처에서 활동하고 있는 소련 공작원 100여 명의 이름이 적힌 명단이 들어 있었다. 그 변호사에게는 자신이 폭력으로 죽게 되는 경우 이 편지를 개봉해서 공개하라고 당부해놓았다.

그러고 나서 오를로프는 NKVD에 자기가 어떤 예방조치들을 취했는지를 알렸다. 이렇게 그는 자신의 목숨을 구했다. 결국 이 명단(물론 그가 정말로 공작원들의 이름을 알았다면)이 목숨을 구하는 믿을 만한 보험이 됐던 것이다. 그 뒤에 그는 미국의 정보기관과 협력했으나 아주 제한된 범위 안이었고, 그 어떤 중요한 이름도 그들에게 발설하지는 않았다.

오를로프는 아마도 필비, 버제스, 맥클린, 블런트와 'X'의 암호명을 알았을 수도 있으나, 1938년 NKVD의 다른 요원들처럼 이 다섯 명의 젊은이들이 곧 우리의 정보기관 역사상 가장 효율적인 망이 되리라는 것은 상상도 못했을 것이다. 오를로프가 도주했을 때까지 그들은 아직은 중요한 정보를 하나도 보내지 않고 있었다.

필비는 1939년 9월 제2차 세계대전이 발발할 때까지 기다려야 했으나 다시 마음에 드는 직장을 구할 수 있었다. 그는 ≪타임스≫의 군사특파원

자격으로 프랑스의 아라스 주둔 영국 원정군 참모부에 배속됐던 것이다. 여기서 그는 1940년 6월까지 머물렀다. 됭케르크 작전* 이후 필비는 런던으로 돌아와서 군에서 다시 부르기를 기다리며 ≪타임스≫에서 계속 일을 해야 했다. 1939년 영국 정보기관에 정직원으로 입사한 그의 친구 가이 버제스는 아주 적절한 조언을 주었다.

"빨리 좋은 일자리를 구하지 않으면 전선 각지에서 전황이 어떻게 돌아가는지 알 수 없어, 어떤 기여도 할 수 없을걸세."

버제스가 '좋은 일자리'를 거론했을 때, 필비는 그가 무엇을 의미하는지 쉽게 상상할 수 있었다.

그는 지체 없이 옥스퍼드에서 약 40킬로미터 떨어진 블레츨리파크에 있는 정부암호학교Government Code and Cypher School: GC&CS에 입사원서를 작성, 송부했다. 케임브리지 대학의 교수였던 이 학교의 인사국장은 그를 인터뷰한 뒤 곧 필비에게 자리 하나를 제공했다. 그러나 필비는 그 자리를 거절했다. 봉급이 너무나 적었다. 그에게는 시간이 많지 않았고, 언제든 군에 동원될 수도 있던 상황이었다. 이미 그에게 신체검사에 응하라는 통지서가 배달됐다. 이때 다시 버제스가 자기가 일하고 있는 기관, 즉 MI6** D과에 지원해보라고 제의했다. 이 과는 선동·태업·파괴 관련 전문가 양성을 담당하고 있었다. 버제스는 필비가 특히 정치학에 관심이 많기 때문에 D과에서 그 과목을 맡아 가르칠 수 있을 것이라고 생각했다. 버제스는 기민한 외교관처럼 필비를 직접 지휘부에 추천하지 않고, 인사국장인 마저리 맥스Marjorie Maxse에게 교육생들을 위해 독일 정치와 선전에 관한 과목

* 프랑스 됭케르크 지역에서 독일군에 포위된 영국과 프랑스, 벨기에 군대를 1940년 5월 26일~6월 4일 동안 영국으로 철수시킨 작전이다.

** MI6는 영국의 비밀 정보기관인 'Secret Intelligence Service(SIS)'를 말한다.

을 강의할 수 있는 선생을 선발하라고 조언했다. 얼마가 지나서 그는 이 목적에 적합한 사람이 하나 있는데, 그는 ≪타임스≫ 특파원 출신으로 스페인내전 기간 중에 스페인에 관한 기사를 많이 썼고 독일의 선전 방법에 박식하다고 말해주었다. 버제스는 극도로 조심스럽게 행동했고 맥스의 결정에 영향을 미칠 생각이 없는 것처럼 처신했다. 맥스는 필비가 제출한 원서를 검토한 뒤, 드라마에 나오는 접선처럼 비밀리에 창문과 문이 판자로 막혀 있는 텅 빈 집으로 필비를 불렀다. 맥스는 지붕 밑에 있는 작은 방에서 그를 인터뷰했다. 영국 방첩 분야에 대단히 박식한 전문가라고 자신을 소개한 맥스는 이 분야의 모든 것을 잘 알고 있는 것처럼 행동했다. 필비는 이 부인과 두 차례 만났고, 특히 두 번째 만남에는 버제스도 함께했다.

필비는 좋은 출신성분과 세련된 매너로써 쉽게 맥스를 자기편으로 만들 수 있었고, 덕분에 하트퍼드에서 멀지 않은 브리켄던버리홀Brickendonburry Hall에 있는 유명한 스파이 학교의 선생으로 채용됐다.

독일 정치에 관한 필비의 강의는 대단한 성공을 거두어, 필비는 곧 탄탄한 평판을 얻었다. 수강생들은 군사(야전)공작원 교육을 받는 단순한 젊은이들로, 지식층이라고는 할 수 없었다. 필비가 하는 일은 그들에게 파시즘과 독일군에 대한 적개심을 심어주고, 무엇보다도 나치의 선전을 고꾸라뜨리는 방법을 가르치는 것이었다. 그는 교육생에게 영향을 미치는 방법을 알고 있었다.

그러나 이런 방식의 영국 방첩기관 침투는 NKVD를 만족시키지 못했다. 본부에서는 블레츨리파크에 침투하기를 고대했다. 그러나 이는 결코 단순한 일이 아니었다. 버제스도 여기에는 무력했다. 그는 필비를 도우려고 애를 쓰면서 MI6의 고위직 친구들에게 필비를 칭찬했으나 아무런 결과도 얻지 못했다.

그럼에도 필비의 첫 직책은 그가 비밀기관의 비밀을 취급하는 주변 사람들에게 침투할 수 있는 기회를 제공했고, 또한 필비와 같은 일부 공작원들, 그리고 브리켄던버리홀의 스파이 학교와 이후 햄프셔의 불리Beaulieu 학교 선생들과 사귀는 데도 도움이 됐다. 필비는 D과가 전혀 새로운 기관인 특수공작과Special Operations Executive: SOE와 통합한 뒤, 이 학교로 전속하게 된다.

필비는 사람들의 신임을 얻는 데 특별한 재주가 있었다. 그는 종종 동료들과 술을 마셨고, 그들과 산책하거나 여러 가지 운동을 하면서 자신의 견해를 숨기지 않았다.

이때 앞으로의 영국-소련 관계에 심각한 결과를 초래할 사건이 터졌다. 1941년 5월 10일 히틀러의 개인비서인 루돌프 헤스Rudolf Hess가 비밀리에 비행기로 스코틀랜드에 착륙했다. 그는 영국과 독일 간에 평화에 관한 합의를 이끌어내기를 원했다. 헤스의 이러한 행동이 최고지도부의 지시에 따른 것이었는지 여부에 대해서는 확실히 알 수 없을 것이나, 영국 정부의 반응이 너무나 분명했으므로, 소련은 오히려 영국에 큰 의혹을 가지고 대하기 시작했다.

헤스의 어처구니없는 행동은 크렘린을 대단히 불안하게 만들었는데, 영국과 독일 간에 합의가 이루어진다면 소련에 심각한 결과가 초래될 수 있기 때문이었다. 소련의 외교관들은 영국의 행동이 전략도 없는 등, 극히 상식을 벗어나 이해할 수 없다고 생각했다. 소련 지도부는 영국 정부가 헤스를 체포하고 그의 정신이 비정상이라는 공식 성명을 발표했음에도, 그들이 조심성 없이 헤스와 대화하며 그의 제의를 너무나 심각하게 받아들이고 있다는 결론에 도달했다. 필비는 이 사건의 상세한 내막을 알아내기 위해 초인적인 노력을 기울였으나 결국 아무것도 입수하지 못했다.

필비의 브리켄던버리홀 동료 가운데는 MI6 직원인 토미 해리스Tommy

Harris라는 사람이 있었다. 두 사람은 아주 친하게 지냈다. 해리스는 그림과 골동품을 파는 상점을 운영하는 부자였는데, 필비가 모스크바에서 거주하던 1970년대에 눈부시도록 아름다운 모자이크로 상감된, 그야말로 보물 같은 식탁을 선물로 보내왔다. 필비는 큰 자긍심을 느끼고 이를 나에게 보여주었다. 해리스는 필비가 영국 정보기관에서 출세가도를 달릴 수 있도록 도와주었지만, 그의 스파이 행위에 대해서 아무런 불쾌감도 갖고 있지 않았다.

해리스가 MI6에 필비를 추천한 것은 독일이 소련을 배신하고 공격한 '바르바로사 작전Operation Barbarossa'이 개시된 지 한 달이 지난 1941년 7월의 일이었다.

필비는 새로 온 연락관 '헨리Henry(본명은 아나톨리 보리소비치 고르스키 Anatoli Borisovich Gorsky)'에게 계속 심한 압력을 받고 이른바 '코로 땅을 파듯' 그 성스러운 블레츨리파크, 즉 그가 중요한 정보에 접근할 수 있는 과로 전속하는 데 성공했다.

필비가 이 과에서 근무하게 되면 최고급 직책에 오를 가능성이 컸기 때문에, 그는 대단히 크게 활용할 수 있는 공작원이 될 수 있었던 것이다. 그는 귀중한 자질들 가운데 다른 것들은 차치하더라도 여러 외국어를 자유자재로 말할 수 있었으며, 특히 프랑스와 스페인, 독일에 대해 잘 알았다. 해리스는 MI6의 인사과에 필비를 추천할 때, 그의 아버지가 정보 5과(방첩) 지휘부의 일원인 밸런타인 비비언Valentine Vivian의 친구라고 살짝 암시했다. 비비언은 대단히 명석하고 해박한 관리로 방첩 분야에서는 누구에게도 지지 않는 달인이었다. 그는 한때 인도에서 근무한 적이 있었으며 그때부터 필비의 아버지를 잘 알았다. 비비언은 인사과에서 필비라는 사람의 전입을 협의 중이라는 것을 알게 되자, 바로 관심을 갖고 킴 필비가 해리 필비의 아들이라는 것을 확인한 뒤 그를 불렀다. 둘은 서로를 좋아하게 됐고, 필비는 임명장을 받았다.

이 당시 필비는 또다시 강렬한 사랑에 빠졌다. 이번에는 MI5의 문서고에서 일하는 에일린 퍼스Aileen Furse였다. 필비는 밸런타인 비비언에게 리치와 헤어졌다고 진솔하게 고백했다. 리치는 그 당시 공산당 활동을 하면서 유럽대륙의 어딘가에서 살고 있었다. 필비는 이미 몇 년째 그녀와 연락이 없으며 그녀에게 이혼 동의를 얻는 대로 에일린과 결혼할 생각임을 누구에게도 숨기지 않았다. 첫아이가 태어났을 때 필비와 에일린은 정말 결혼하기를 원했으나, 이중결혼을 바라지 않은 그는 리치와 정식으로 이혼하기 위해 전쟁이 끝날 때까지 기다리기로 했다. 에일린과 함께 그는 대단히 행복했으나 가장 깨가 쏟아지는 순간순간에도 결코 공작원으로서의 임무를 잊지 않았다. 에일린은 문서고에 접근할 수 있었고, 필비는 이를 이용해 세계 각처에서 활동하는 영국 공작원들과 관련된 사건 문서들을 읽었다. 그는 이들의 명단을 만들어 루뱐카로 보냈다. 이 정보는 우리에게 말할 수 없이 중요한 것들이었는데, 이 때문에 필비는 우리 기관에서 가치가 대단해졌고 존경까지 받게 됐다.

나는 필비가 우리에게 보낸 명단에는 실제 이름은 없었다는 점을 언급하지 않을 수 없다. 각 공작원은 다섯 자리 암호로 인식됐고, 그가 활동하는 국가명도 숨겨져 있었으며 개별 번호로 불렀다. 이들이 누구인지를 추측하기가 어려워 보였다. 우리는 천천히 끈질기게 이 명단을 해독해나갔다. 다섯 자리 숫자와 함께 바로 옆에 표시된 보충자료와 표시가 크게 도움이 됐다. 공작원의 직책, 그들이 방문한 도시와 장소의 명칭, 개인의 이력에 관한 자료 등, 이 모든 것은 우리 전문가들이 그들의 이름을 정확히 밝혀낼 수 있게 해주었다. 솔직히 말하자면 우리는 독일과 전쟁 중이었으나, 소련에서 활동하고 있는 영국 스파이에게 제일 먼저 관심을 두고 있었다. 남아메리카, 아프리카, 기타 대륙에 파견된 자들에 대해서는 관심을 둘 만한 시간도 없었다.

필비가 보고하는 정보는 그 가치만큼 충분히 활용되지 못하고 있었다. 전쟁이 막바지에 접어들면서 문서고에서 정보를 수집하는 것은 시간적으로 이미 너무 늦어버렸다. 얼마 전 필비가 보낸 명단이 역정보였다는 소문이 있었다. 이는 전혀 사실과 다르다. 바로 필비 덕분에 전 세계에 깔려 있는 영국 정보망의 완전한 명단이 우리의 손에 들어오게 됐다.

1942년 초 킴 필비가 MI6에 입사했을 때, 최고지휘부는 그를 가장 효율적으로 활용할 수 있는 방법이 무엇일지 오랫동안 심사숙고했다. 그를 점령된 유럽, 즉 프랑스로 보낼 것인가 혹은 런던에 그대로 남겨 독일과 이탈리아 업무를 담당토록 할 것인가? MI6의 친구 해리스는 새로운 대안을 제시했다. 왜 필비를 스페인과에 붙여두지 않는단 말인가? MI6에서 필비보다 스페인을 더 잘 아는 직원은 아무도 없었다. 시간이 흐르며 필비는 기다림에 지쳐 있었다. 드디어 5과 과장이며 스페인을 담당하는 유럽처의 지도자인 필릭스 코길Felix Cowgill의 차석으로 그가 임명됐다.

필비는 새로운 직책에서 열정적으로 일에 매달렸고 곧바로 그 노력은 성과를 나타내기 시작했다. 반反 영국 첩보공작을 펼치기 위해 스페인을 교두보로 선택한 독일의 스파이망에 치명타를 입히는 것이 그의 업무였다. 필비와 유럽처의 동료들은 독일 국방부 통신망을 도청해서 해독한 자료들을 접수했으며, 필비(혹은 스탠리, 당시 필비는 루뱐카에서 스탠리로 불렸다)는 모든 정보를 보관하고 있지는 않았으나 자기 연락관인 '헨리'에게 스페인과 포르투갈의 갖가지 정보기관과 독일 정보기관 업무에 관해 자기가 알고 있는 모든 것을 보고했다. 그렇게 해서 유럽처는 한창 준비 중이던 독일 군사정보방첩대 대장 빌헬름 카나리스Wilhelm Canaris 해군제독의 스페인 방문에 관한 보고서를 입수했다. 이 서류에는 카나리스의 방문과 관련한 모든 것(일자, 시간, 그가 묵을 호텔 이름, 만날 예정인 인사들의 이름)이 포함되어 있었다.

필비는 이들 호텔 가운데 하나인 '파라도르Parador'를 잘 알고 있었다. 이 호텔은 마드리드와 세비야 사이의 만사나레스에 있었다. 만사나레스는 접근하는 데 전혀 문제가 되지 않는 자그마하고 꽤 외진 시골 동네였다. 필비는 카나리스를 암살하자고 지휘부에 제의했다.

계획은 신중하게 준비됐고 모든 면에서 성공할 수 있을 것 같았다. 영국인들은 정확한 방문 일자와 '파라도르' 호텔의 위치를 알고 있었다. 단지 제독이 묵을 객실 번호를 모를 뿐이었으나, 이는 현장에서 파악하는 데 어려울 것이 없었다. 필비는 암살자가 임무 완수 뒤에 숨을 수 있는 장소까지 제시했다.

필비의 직속상관들, 특히 필릭스 코길은 이 계획을 승인했다. MI6의 우두머리인 스튜어트 멘지스Stewart Menzies의 승인만 받으면 다 됐으나, 그는 한마디로 즉각 거절했다. 멘지스는 이 아이디어에 기겁하며 말했다.

"카나리스의 손가락 하나라도 건드리면 안 돼. 이런 생각조차도 하지 말아! 건드리지 말고 그대로 놔둬!"

유럽처 스페인분과 직원들은 어안이 벙벙해졌다. 도대체 왜 이 고위급 나치주의자를 제거할 기가 막힌 기회를 저버린단 말인가? 왜 멘지스는 한 번도 직접 본 적이 없는 악당인 적敵 카나리스에 대한 용서를 고집하는가? 5과의 몇몇 직원은 멘지스가 자기도 똑같은 운명을 맞지 않을까 겁내는 것이라는 의견도 내놓았다. 그는 카나리스의 직위와 똑같은 직위에 있지 않은가. 그러나 이러한 가정은 전혀 신빙성이 없어 보였다.

필비는 다른 가설을 내놓았다. 그는 MI6와 독일 비밀기관 사이에 어떤 음모가 있을 수 있다는 의혹을 제기했다. 필비는 어떤 증거도 내놓을 수 없었지만, 보고서에서 NKVD가 그러한 가능성에 주의하도록 환기시켰다. 본부는 아주 신중하게 이 문제에 접근했다. 필비에게 카나리스의 젊은 시절과 경력 그리고 친구들에 관한 아주 상세한 자료를 보내도록 지시했다. 필비가 보낸 자료를 받은 뒤, 우리 지도부는 이 나치 해군제독이 항상 영국인들과 긴밀한 유대를 맺고 있었으며, 일반적으로 그들과 공통점이 많다는 결론을 내렸다. 필비의 보고가 있기 전까지는 누구도 이러한 생각조차 하지 못했으나, 그가 보고한 모든 사실을 분석한 뒤 우리는 카나리스와 MI6가 접촉하고 있을 가능성이 크며, 거의 확실하다는 결론에 도달했다. 이는 또한 우리가 동맹국인 영국을 신뢰할 수 없게 한 원인들 가운데 하나로 작용했다. 필비의 추측은 확인됐다. 카나리스와 영국 비밀기관이 히틀러의 등 뒤에서 합동작전을 수행하고 있었다는 것이 시간이 지남에 따라 분명해졌다. 1944년 6월 카나리스는 히틀러 암살음모에 가담했다는 의심을 받고 교수형에 처해졌다.

우리 지도부는 여러 독일 나치 관료와 정치가가 영국 및 미국과 개별적으로 평화조약을 체결하고, 그 결과 연합국의 구성이 변해 독일이 영미와 함께 반소련 세력으로 한편이 될 경우를 우려하지 않을 수 없었다. 종전이 가까이 다가왔던 1944년에 우리는 정보 하나를 입수했는데, 시간이 흐른 뒤 이 정보는 영국과 미국이 실제로 독일과 개별적으로 대화해왔다는 사실을 확인시켜주었다. 미국은 공개적으로 행동했지만 영국은 스웨덴을 통해 비밀로 추진했다. 이렇게 영국과 독일 사이의 비밀관계에 관한 필비의 추정은 옳았던 것이다.

스페인분과에서 필비는 행동력 있고 열심히 일하는 직원으로서 자신의 위치를 확고히 했다. 그가 이룩한 범상치 않은 성공은 바로 이러한 자질 덕택이었다. 다른 동료들은 일이 끝나면 곧바로 집으로 직행했으나, 필비는 밤늦게까지 자기 사무실에 앉아 있었다. 할 일이 많았기 때문만이 아니라 일 자체를 좋아했기 때문이기도 했다. 그의 업무 능력과 집중력은 영국인뿐만 아니라 NKVD의 우리에게도 대단히 좋은 인상을 남겼다. 뒤에 필비가 소련으로 왔을 때 그는 우리가 무슨 일을 맡겨도 대단히 빨리 그리고 전문가답게 해냈는데, 이것이 바로 필비의 스타일이었다.

지도부가 그를 아무리 칭찬해도 모자랐다. 그는 주위 사람들을 어떻게 상대해야 하는지를 정확하게 알았다. 예를 들어 밸런타인 비비언은 이렇게 말한 적이 있다.

"필비는 우리 기관에서 적이 전혀 없는 유일한 사람이라고 말할 수 있다. 사람에게는 너 나 할 것 없이 질투를 하거나 잘못되기를 바라는 사람이 한둘쯤 있게 마련인데, 필비에게는 그러한 사람이 없다."

밸런타인 비비언은 큰 존경을 받았고 많은 사람들이 그의 의견을 존중했다. 그는 인도 경찰에서 근무한 베테랑으로서 나중에 MI6의 2인자가 됐다. 비비언은 그 누구보다도 영국의 비밀공작원과 그 업무, 또한 공작원이 어떻게 사고하는지 잘 알았다.

비비언은 평상시 진행하는 업무 이외에 전후에 즉시 실현시켜야 할 프로젝트들을 구상하는 데 많은 시간을 보냈다. 그의 지휘로 작성된 몇몇 보고서는 독일과 전쟁이 끝나면 소련이 서유럽 제1의 적이 될 것이라는 결론으로 끝을 맺었다. 그는 영국 정부가 즉시 소련의 팽창주의 야망에 대비해 조치를 취하고, 유럽과 세계의 기타 국가들에 대한 공산주의 영향력에 대비해서 전반적으로 더욱 적극적인 투쟁을 시작해야 한다고 생각했다. 이러한 목적으로 비비언은 '특수반공과'의 신설을 제안했다. 그는 과의 성격상 당연히 정보기관에 설립되어야 할 이 과의 조직도까지 만들었다.

비비언은 자신의 보고서에서 특별히 소련 정보기관을 활용할 수 있고 공산주의이론 확산에 대비한 투쟁에 적용할 수 있는 방법론을 제시했다. 그는 다양한 정당의 활동과 관련해 침투와 선동, 와해의 기술적인 방법과 수단을 제시했다. 비비언은 정부의 승인을 얻기 위해 제출하려던 이 모든 보고서를 특별한 봉투에 넣어 보관했다. 우리는 그 봉투의 존재에 대해 이미 알고 있었으며, 그 안의 문건에 대해 관심이 컸다. 필비에게 이들 문건을 입수할 수 있을지 물었고 긍정적인 답변을 받았다. 필비는 우리의 기대를 훨씬 뛰어넘는 성공을 거두었으며, 이 과정에서 아무런 위험에도 노출되지 않았다.

비비언의 문건이 루뱐카에 모습을 나타내자 이 과 저 과의 과장들에게 바쁘게 보내졌으며, 드물기는 했으나 가끔 내 책상 위에도 한두 시간쯤 놓였다. 나는 그 문건을 게걸들린 사람처럼 정신없이 읽었다. 그때 나는 아직 너무 젊었고 별로 경험이 없어서 내 눈으로 읽은 것을 객관적으로 평가할 수 없었으나, 지금 돌이켜보면 비비언이 방대한 작업을 통해 당시의 상황을 심도 있고 선입견 없이 분석했다는 것을 이해할 수 있다. 비비언은 최고의 자질을 갖춘 해외정보업무의 전문가였다. 나는 평소 영국의 비밀기관들을 대단히 높게 평가한다.

그들은 세계에서 항상 첫 번째 자리를 차지했다. 비비언 문건철은 내부에서 '비비언 서류함'이라고 불렸고 그 나름대로 값비싼 트로피, 즉 킴 필비의 뛰어난 일솜씨를 빛내는 증거가 됐다. 이 문서철은 모두 아직도 KGB의 문서고에 보관되어 있으며, KGB는 그 보존에 정성을 다하고 있다.

필비가 스페인분과로 온 지 1년이 지나자 그의 업무가 현저하게 늘어났다. 과장의 보좌관직을 수행하면서 그는 자신의 활동영역을 넓혀 북아프리카와 이탈리아도 자기 소관으로 만들었다. 그런 뒤에 비비언이 말했던 반공 담당부서가 신설됐다. 그 부서는 '9과Section 9'라고 명명됐다.

여기까지가 내가 필비와 그의 동료들의 정보를 직접 담당할 때까지 킴 필비에 대해 알게 된 거의 모든 것이다.

나는 가이 버제스와 앤서니 블런트에게도 관심이 많아 그들에 대한 관련 자료도 알고 싶어 했다.

가이 버제스의 아버지는 영국 해군장교였다. 어머니는 재산이 대단히 많았고 1960년대까지 생존했다. 버제스는 1910년에 태어났다. 그의 조상은 모두 장군과 해군 제독으로 긴 목록를 이루고 있으며, 그 자신도 처음에는 해양생활의 길을 택해 어린 나이에 다트머스에 있는 해군사관학교에 입학했다.

그는 대단히 공부를 잘했으나 2년을 마친 후 별안간 다트머스를 떠났다. 여기에는 두 가지 이유가 있었다. 첫 번째는 대학에 근무하던 의사가 버제스의 시력이 좋지 않은 것을 감지하고, 해군장교가 될 수 없다고 말했다. (나는 여러 해 동안 버제스와 가까이 지냈지만, 그의 시력에서 어떤 조그만 문제도 알아차릴 수 없었다). 두 번째 이유로서 가장 신빙성 있는 설명은, 버제스가 다트머스 생활을 참아내지 못했으며, 젊지만 너무나 독립심이 강하고 고집이 세어서 결국 부모에게 "영국 해군으로서는 가이 버제스를 받아들인다는 것이 너무나 지나치게 큰 영광"이라고 선언했다는 것이다.

그래서 부모는 다시 그를 특권층을 위한 사립학교인 이튼으로 보냈다. 버제스는 이 학교에서도 우수한 학생이었다. 역사를 잘해서 로즈버리 상과 글래드스턴 상을 받았다. 이튼을 졸업하고 『영국 사회사English Social History』의 저자인 트리벨리언George Macaulay Trevelyan에게 가르침을 받기도 했는데, 트리벨리언은 이 젊은이에게서 금방 대학자의 자질을 발견했다.

그는 케임브리지 대학 트리니티 칼리지에 입학해 1930년 10월 그곳에서 학업을 시작했다. 이 무렵 그의 아버지가 죽고 어머니는 버제스가 매우 존경해온 사람에게 재가했다.

케임브리지에서 그는 곧 대단히 인기 있는 인사가 됐다. 그의 매력, 누구도 따를 수 없는 유머감각과 그의 문화적 면모는 학생들은 물론 교수들도 압도했다. 그 밖에도 그는 대단한 미남이었다. 이 모든 것과 사회생활의 인간관계에서 유지한, 신념에 차고 자연스러운 자세는 그를 대단히 인기 있는 사람으로 만들었다. 모든 사람이 그와 친분 맺기를 희망했다.

버제스를 가장 크게 숭배한 사람은 앤서니 블런트였다. 운동선수 같은 체격의 젊은 블런트는 버제스보다 세 살 위였는데, 이미 대학 과정을 마치고 수학, 프랑스어, 독일어 등에서 여러 학위를 받았다. 그의 아버지는 영국성공회 교역자였다. 어머니는 교육을 많이 받고 신앙심이 깊은 선량한 부인으로, 스트래트모어Stratmore 백작의 사촌 누이였다. 스트래트모어 백작의 딸 레이디 엘리자베스 바웨스 라이언Elizabeth Bowes Lyon은 조지 6세와 결혼하고, 엘리자베스 2세 여왕의 어머니가 됐다. 이처럼 앤서니 블런트는 여왕의 친척이다. 그가 이를 자랑한 적은 결코 없지만, 고귀한 출신 성분은 그에게 적지 않은 자부심을 주었다. 그는 학생들과 신중하게 최소한의 관계를 유지했다.

앤서니의 아버지 아서 본 스탠리 블런트Arthur Vaughan Stanley Blunt는 명민하고 장래를 멀리 내다볼 줄 아는 사람으로 종교계에서 큰 존경을 받았다. 그는 파리의 성공회에서 10년 동안 활동했는데, 그때 앤서니는 프랑스어를 철저하게 배웠다. 아버지는 아들에게 아주 좋은 교육을 시키고 자신의 장점(가치와 생활, 인간에 대한 공정한 평가)을 아들에게 많이 물려주었다. 앤서니는 프랑스 파리에서 15세까지 살았는데, 이는 미래의 그의 운명에 많은 영향을 미쳤다.

영국으로 돌아와서 그는 말버러의 사립학교에 들어갔고 그곳에서 제대로 된 교육을 받았지만, 유감스럽게도 다른 버릇도 갖게 됐다. 바로 이때부터 케임브리지에서 심해진 그의 동성애 성향이 나타났던 것이다. 그가 18세도 채 되지 않았을 때 아버지가 죽었고, 이는 어머니와 앤서니를 더욱 가깝게 만들었다. 앤서니는 책을 많이 읽었으며, 중류계급의 전통을 경멸하고 정치를 저속하게 생각해 정치에는 크게 관심을 두지 않았다.

그는 예술, 특히 회화사에 관심이 높아 일찍 이에 눈을 떴다. 그러나 이 당시 예술사에 대해서는 영국의 초중고와 대학에서도 교육하지 않았다. 1926년 블런트는 말버러에서 학교를 졸업하고 케임브리지 대학 트리니티 칼리지에 입학할 때, 전공과목으로 문학과 언어 대신에 수학을 선택했다. 1학년을 마쳤을 때, 그는 학업 성적이 우수해 상을 받았다. 다음 해 그는 이미 프랑스어와 독일어가 유창해 고급반으로 전과했다. 아직 학위를 받지 않은 상태에서 과정의 절반만 마친 블런트는 프랑스어에서는 (칼리지의 평가 시스템에 따라) 1등상을, 독일어에서는 2등상을 받았다.

케임브리지 대학 시절 초기 몇 년 동안에 초중고 시절 숨겨졌던 블런트의 동성애 성향에 불이 붙어버렸다. 블런트에게는 여러 명의 동성애 상대가 있었으나, 그는 그들의 이름을 밝히려고 하지 않았다. 이런 면에서 블런트의 행동은 가이 버제스와는 정반대였는데, 두 사람의 만남은 그즈음에 이뤄졌다. 두 젊은이는 육체적인 면에서나 지성적인 면에서 서로에게 푹 빠졌다.

블런트는 버제스와의 우정에 계속 충실했다. 마거릿 대처Margaret Thatcher 총리가 블런트를 소련의 간첩이라고 공식 확인한 1979년에도 그는 ≪타임스≫와의 인터뷰에서 버제스를 옹호하면서 "가이 버제스는 내가 만난 가장 똑똑한 사람들 가운데 하나다. 그러나 그가 가끔 사람들의 신경을 건드린 것도 확실한 사실이다"라고 공언했다.

친구들에게 짐이라는 애칭으로 불린 가이 버제스는 성격이 복잡했다. 매우 교양 있는 그의 날카로운 지성은 어떤 어려운 개념도 이해할 수 있었다. 그의 의견은 항상 정확하고 독창적이라는 점에서 남들과 달랐고 또한 재미있었다. 1932년 버제스는 남달리 특별히 학업에 전념하지 않았는데도 역사 학위 과정 1학기 시험에서 시험관이 완전히 기절할 정도로 넘쳐나는 지식을 보여줌으로써 조직력과 노력이 부족한 점을 메웠으며, 또한 가장 높은 평가를 받았다.

그러나 버제스는 자주 술을 마셨고 그의 동성애 행각도 눈에 띄기 시작했다. 바로 그때 블런트는 그를 비밀 학생단체인 케임브리지 사도회로 안내했다. 펨브로크Pembroke 칼리지에서 경제학 강의를 진행하는 모리스 도브가 여기서 그를 눈여겨보았다. 앞에서 이미 말한 바와 같이 도브는 유명한 마르크스주의 선동가였고, 영국 공산당에 입당한 첫 번째 영국 대학 교수였다. 도브는 버제스를 젊고 유능한 학생인 해럴드 킴 필비에게 소개했다.

모리스 도브는 20세기에 전 세계 그 어느 정보망보다도 가장 생산적인 첩보망을 조직하는 데 자기가 큰 역할을 했다고는 생각조차 할 수 없었을 것이다.

가이 버제스는 자신이 귀족 출신이고 지식층에 속했음에도 노동자를 깊이 동정했다. 대학 마지막 학년인 3년차(1932~1933)에 그는 트리니티 칼리지의 사무직원을 위해 발 벗고 나섰는데, 이들은 대학당국이 학기 중에만 봉급을 지불했기 때문에 방학 동안에는 아무 소득이 없었다. 그는 사무직원을 위해 벌인 소규모 학생그룹의 투쟁에 참여했고, 성공적으로 끝냈다. 케임브리지 대학 트리니티 칼리지는 사무직원에게 휴가비도 지불하기 시작했는데, 이는 이 제도가 전국적으로 시행되기 훨씬 전의 일이다. 또한 꼭 거론하고 넘어가야 할 것은, 버제스는 노동조건의 개선을 요구하는 시내버스 운전사와 거리청소원의 시위에 케임브리지 대학의 적극적인 학생들 몇 명과 함께 참가했을 뿐만 아니라 모임과 파업을 조직하기도 했다는 사실이다.

케임브리지 대학의 많은 학생들은 모리스 도브의 반파시즘 투쟁 이념과 호소를 받아들이기는 했지만, 말로만 그쳤지 구체적인 행동을 취하지 않았다. 그러나 버제스에게는 말과 행동이 따로 놀지 않았다.

사회 각계각층 모두가 버제스를 좋아했다. 그러나 그는 성적 관계의 친분이 있는 화물차 운전사와 그 외 노동자를 더 좋아했다. 버제스는 그들과 함께 어울리며 그들이 대공황과 관련된 문제들을 어떻게 이해하고, 이러한 문제를 어떻게 해결해야 한다고 생각하는지 관심을 두고 사정없이 질문공세를 퍼곤 했다.

침체기의 사회 정치적 여건들은 버제스의 3년차 대학생활을 우울하게 만들었고, 그는 그 1년을 다분히 영예롭지 못하게 마쳤다. 그는 마지막 학기에 심한 병 때문에 졸업시험도 치르지 못한 것 같다. 그러나 이것이 버제스가 1933~1934년에 철학박사 학위를 받기 위해 준비한 「17세기 영국의 부르주아 혁명」이라는 논문을 쓰는 데 방해가 되지는 않았다. 그러나 버제스는 결국 이를 내팽개치고 말았다. 그해 그는 학생 및 선생 몇몇과 애인 관계를 맺고 있었다. 늘 그런 것처럼 그들의 관계는 오래 계속되지는 않았으나 버제스는 잠깐 동안의 연인을 오랜 기간의 친구로 바꾸는 데 익숙했다.

그는 아주 훌륭한 대화 상대였고 상류사회에서 편안함을 느꼈다. 그의 지성은 모든 사람을 압도했다. 버제스와 가까웠던 대학 친구들 가운데 하나인 거런위 리스Goronwy Rees는 그가 당시 케임브리지의 가장 훌륭한 학생이었다고 말하곤 했다. 그러나 그는 다른 사람들의 단점을 참을성 있게 용인하면서도, 권위적인 면이 적지 않아서 다른 사람을 자기의 의지에 복종시키고 또한 복종상태에 있게 할 줄도 알았다.

나는 버제스의 생애를 뒤돌아볼 때마다 어떻게 그토록 재주 있는 학생이 자기 앞에 열린 밝은 앞날을 희생시킬 수 있었는지 이해하기 힘들다. 상류사회 출신이며 외교관인 그가 자신이 전 세계 혁명이라는 이상을 위해 일하고 있다는 자각 이외에 아무런 개인적인 보상도 약속되지 않는, 의심스럽고 위험하며 감사하다는 말도 들을 수 없는 일을 위해 어떻게 소련 편에 설 수 있었을까.

앤서니 블런트와 가이 버제스는 이미 말한 바와 같이 케임브리지에서 대단히 가깝게 지냈다. 블런트는 정신을 잃을 정도로 사랑에 빠졌고, 버제스의 지성과 번쩍이는 재치에 대한 깊은 존경으로 온몸이 녹아버렸다. 버제스는 블런트가 자기의 믿음에 따르도록 하면서 그를 확신에 찬 공산주의자로 만들기 위해 노력했다.

이러한 일에 그를 도운 또 다른 학생이 있었는데, 케임브리지 사도회의 회원인 앨리스테어 왓슨Alistair Watson이다. 블런트에 대한 그들의 첫 시도는 아무런 성과도 가져오지 못했다. 블런트가 그들의 이상에 관심은 보인 것 같았지만, 그를 확신시킬 수는 없었다. 밤을 새워가면서 그들은 좋아하는 '피트' 클럽에서 대화했지만, 블런트는 솔깃해하지도 않았다. 그는 회합이나 시위 참여도 거부했는데, 그가 좌익 신념을 가지리라고 기대한다는 것은 실제로 불가능했다. 그러나 여러 해가 지나서 학자들은 그 시기 그의 작품을 분석하면서 이미 그때 그의 시각에 마르크스주의적 잔영이 있다는 결론에 도달했다.

버제스는 적지 않은 노력 끝에 결국 블런트를 반파시즘 활동가 그룹 구성원으로 끌어들여 자기편으로 만드는 데 성공했다. 결정적인 계기는 1933년 블런트의 로마 여행이었다. 블런트는 당시 14~17세기 프랑스와 이탈리아의 회화예술 역사와 이론에 대한 작품을 쓰고 있어서 이탈리아에서 많은 시간을 보내고 있었는데, 그곳에서 로마의 '영국학교' 도서관 사서인 엘리스 워터하우스Ellis Waterhouse와 함께 작업했다. 버제스와 블런트, 워터하우스는 함께 시내를 거닐고 박물관을 방문하며 자주 술집에 들르고 교외로 긴 산책을 다녔다. 정치에 대해서 버제스 외에는 누구도 말하지 않았는데 그는 때때로 마르크스를 거론했다. 워터하우스는 버제스가 블런트를 자신의 뜻에 따르게 할 수 있을 것이라는 것을 알았다.

가이 버제스는 그때 소련을 위한 공작활동과 비밀활동, 정보활동에 대해서는 아직 생각조차 하지 않았다. 그의 생각은 온통 파시즘과의 투쟁에 집중되어 있었다. 이 문제에서 블런트의 반응은 호의적인 경우라 하더라도 투쟁활동에 관한 대화에 참을성을 보이는 정도였다. 버제스와 맥클린, 필비와 같은 그의 케임브리지 친구들과는 다르게 블런트는 그러한 일에 동정심만 가지고 있을 뿐이었다.

블런트는 특별한 과정을 거쳐 마르크스주의에 관심을 보였다. 버제스만이 그를 일깨웠던 것이다. 버제스는 모든 수단을 동원해 블런트의 예술사적 관점과 사회생활 관계에 대한 시각을 바꾸려고 노력했다. 그럴지라도 나는 블런트가 버제스의 관점에 전적으로 동의했다고는 생각하지 않는다. 내가 아는 한 마르크스는 이러한 문제에 대해 거론한 적이 한 번도 없었으나, 그렇다고 해서 이것이 버제스가 인생에서 예술의 위치를 정하는 문제에 참고할 만한 마르크스의 여러 가지 가르침을 블런트에게 소개하는 데 방해가 되지는 않았다.

버제스 자신이 예술에 관심이 많고 예술을 사랑했기 때문에, 좌파 사이에 유행했던 논리를 들어 블런트를 확신시키는 데 성공했다. 예술은 부르주아사회 분위기에서 시들어버릴 수밖에 없는 운명이라는 것이 그의 논리였다. 기업인들은 예술에 돈을 투자하지 않는다. 그들이 개인 전시관을 만들 수는 있을 것이나, 그 수집품들은 오직 얼마 안 되는 특권층 인사들만 감상할 것이다. 이기적인 부르주아는 하류 사회계층의 문화발전을 돕지 않는다. 사회주의 정부들만이 20세기 진정한 예술의 선전자가 될 수 있고, 자본주의 국가들은 천천히 예술의 숨통을 조여가고 있다.

버제스가 내게 한두 번 설명한 게 아닌 이러한 논증은 다소 순진한 관념에 빠질 수 있으나, 그는 고집스럽게 자기 생각을 고수했다. 그는 말했다.

"르네상스가 위대한 시기였다는 점에는 나도 동의하네. 그러나 그때는 예술 후원자가 있어서 그들의 돈이 예술 발전에 쓰였지. 그 사람들은 노동자의 생산성 향상에는 아무런 관심도 없었네. 그래서 그들이 돈으로 예술을 지원하는 동안 예술은 살아남았지만 이 후원자가 사라졌을 때 그 수준은 급격히 낮아져 버렸네. 지금 예술은 그 어느 때보다도 더욱더 재정적 지원을 필요로 하나, 부르주아 국가는 예술의 발전을 돕기 위해 아무것도 하고 있지 않아. 프롤레타리아 독재 국가만이 모든 형태의 예술에 대한 후원자 역할을 짊어질 수 있다네."

아마도 이러한 논리는 블런트를 설득하는 데 충분했다. 블런트는 장래 자신의 정치 신념의 기초를 놓게 된 것이다.

가이 버제스의 설복을 버티지 못한 블런트는 정치철학을 공부하는 초등학생보다는 심각하게 공산주의의 이상에 대해 관심을 가지기 시작했다. 그러나 사실은 사실대로 남아 있는 법이다. 우리는 전에도 그랬지만 블런트가 정통파 공산주의자였는지 확신할 수가 없다. 그를 개인적으로 아는 나로서는 그가 공산주의의 몇 가지 관점을 같이했을지라도 가슴 깊은 곳에서는 그렇지 않았다고 생각한다. 그는 한 번도 자신의 신념에 대해 공개적으로 말한 바가 없다. 그 당시 블런트가 쓴 논문에는 가끔 마르크스주의적 면모가 보였던 것도 사실이다. 나는 그에게 이에 대해 물은 적이 있었는데, 그는 이렇게 대답했다.

"이것이 마르크스주의인 접근방법인지 또는 그 밖의 어떤 접근방법인지 말할 수 없소. 이는 그저 나 자신의 접근방법이라오."

그러나 그 당시 블런트가 주장한 이론은 결코 보수적이 아니었다. 그에게 예술과 사회는 분리될 수가 없었다. 블런트는, 역사적으로 볼 때 예술의 창작물은 인간적인 감화의 역할에서만, 다른 말로 사회적인 의미 안에서만 그 가치를 볼 수 있다고 말한 적이 있다.

그러한 사고방식은 국가가 문화와 예술을 보살피고 후원해야 한다는 결론에 도달한다. 블런트는 뒤에 내게 자기 견해로는 텔레비전이나 영화는 예술이 아니라고 자주 말했다. 그의 말에 따르면, 그것들은 '사람들에게 아무것도 줄 수 없기 때문에' 항상 이차적인 위치에 머무를 것이란다. "지금 메디치*가 어디에 있는가?"라고 그는 질문을 던졌다.

블런트의 또 다른 관심은 창부처럼 돈을 위해 예술을 팔아넘기는 일을 막는 것이었다. 미국은 유럽을 달러로 홍수 지게 하고, 아무리 생각해도 이해할 수 없는 문화를 유입시키고 있다는 것이다. 블런트는 현대의 예술은 거대한 속임수라고 생각했다. 그의 견해로는 피카소만이 그 나름의 가치가 있으며, 〈게르니카〉는 위대한 고전 작품들과 같은 줄에 세울 수 있는 걸작이었다.

결국 블런트의 예술에 대한 관점은 마르크스주의에 가깝다는 결론이 나온다. 그러나 그는 『자본론』의 이론이 제기하는 다른 문제에 대해서는 전혀 관심이 없었다고 생각한다. 어느 누구도 블런트가 공산주의에 강력하게 공감했다고 주장할 근거는 거의 없다. 특히, 이 세상의 그 어느 것도 그를 거리로 뛰쳐나가 깃발을 흔들어대도록 강제할 수는 없었다.

버제스가 로마로 떠나기 몇 주 전, 재능개발자를 빙자해 또 다른 훌륭한 '포섭 대상자' 한 명을 얻었다. 그는 지능적으로－일설에 의하면 육체적으로도－많은 것을 줄 수 있는 촉망 받는 케임브리지 학생인 도널드 맥클린을 유혹했는데, 그는 적극적인 첩보원 세포조직의 신뢰할 수 있는 일원이 됐다.

1934년 초 이 조직에는 버제스와 블런트, 맥클린을 제외하고도 몇 명이 더 있었다. 그들은 모두 반파시즘 투쟁을 전개하고 세계의 얼굴을 마르크스주의자 풍으로 바꿀 준비가 되어 있었다. 필비는 그 전해 6월에 트리니

* 로렌초 데메디치 대공(Lorenzo de' Medici, 1449~1492). 이탈리아의 시인이며 피렌체의 통치자. 예술 후원자로서 르네상스 문화 발전에 이바지했다.

티 칼리지를 졸업했다.

가이 버제스의 반파시즘 활동은 그의 학업에서도 나타났다. 그는 곧 철학박사 학위를 위해 영국의 부르주아 혁명에 관한 논문을 써야 했으나, 이를 거부하고 인도의 민중봉기인 1857~1858년의 세포이항쟁*에 관한 논문에 매달렸다.

1934년 5월 킴 필비는 버제스를 만나러 케임브리지에 도착했다. 이제껏 버제스와 맞닥뜨렸던 모든 사람이 그의 영향 아래 떨어졌다면, 이번에는 그 반대였다. 필비가 오스트리아 정권에 박해받던 노동자를 도울 당시 빈에서 발휘한 용기에 관한 이야기는 버제스를 매료시켰다.

버제스와 그 친구들에 대한 소련 비밀공작원 포섭의 제1단계가 시작됐다. 버제스는 처음부터 설복할 필요가 거의 없었다. 그는 막 런던에 도착한 아널드 도이치(오토)를 만나러 곧바로 런던으로 갔다. 도이치의 제의에 따라 버제스는 1934년 여름방학의 일부를 독일에서 보내면서 그곳에서 정치적 수업을 마쳤다. 이번의 여행은 나치의 역사에서 가장 위기였던 순간과 우연히 일치했다. 1934년 6월 30일 베를린에서는 히틀러가 적수 80명을 제거하는 유혈극을 감행한 이른바 '긴 칼의 밤'이라는 사건이 일어났다.

독일에서 돌아온 후 버제스는 블런트도 포함된 네 명의 학생 그룹과 함께 소련으로 향했다. 도이치가 마련한 이번 여행은 버제스와 블런트에게 알리바이를 확보해주는 제한된 목적만을 가지고 있었다. 그들은 귀국하자 곧 가는 곳마다 '눈이 열려 각성했다', '소련의 현실이 얼마나 형편없었는지' 등 자기들이 본 것을 떠들어댈 수 있었다. 그들은 전에 홀려 있었던 공산주의에서 완전히 깨어나 이와 단절된 것처럼 행세했다. 아직 영국에서

* 1857~1858년의 세포이항쟁은 영국의 식민통치에 반대해 일어났다. 이 봉기의 중심세력은 인도 출신 병사인 세포이였는데, 영국은 이 봉기를 무자비하게 진압했다.

떠나기도 전에 이미 철저한 교육을 받아 귀국해서 무엇을 말해야 하는지 정확하게 알았던 것이다.

그들 그룹은 뱃길로 레닌그라드로 가서 기차로 모스크바로 향했는데, 코민테른 서방국 위원인 오시프 퍄트니츠키Ossip Piatnitski와 볼셰비키당의 이념 지도자인 니콜라이 이바노비치 부하린Nikolay Ivanovich Bukharin이 그들을 맞았다. 부하린의 유쾌한 태도와 명석한 두뇌, 그리고 확신은 버제스의 마음에 크게 각인됐다. 부하린은 젊은 영국인들에게 코민테른과 연합한 강력한 투쟁만이 파시즘을 무찌를 수 있다는 신념을 굳게 했다.

사실 앤서니 블런트는 소련 여행의 목적을 약간 다른 시각에서 보았다. 그는 근본적으로 소련의 문화생활 실상에 관심이 있었다. 그는 레닌그라드의 예르미타시*와 모스크바의 크렘린에 소장된 예술품을 보고 싶었다. 예르미타시는 블런트를 황홀하게 만들어, 문화와 예술을 지키는 이데올로기로서의 마르크스주의에 대한 그의 믿음을 강화시켰다. 그러나 그에게 소련은 전반적으로 아름답고 감동적인 나라이기는 하나 비참한 운명에 빠질 것으로 보였다. 그는 뒤에 나에게 인민들, 생활관습, 풍경, 무엇보다도 예술 분야에서 우리나라가 비극적인 운명에 빠질 것이라는 전조가 도처에서 보였다고 말했다.

그룹원들 모두는 런던으로 돌아오자, 소련이 그들을 실망시켰다고 정직하게 또는 거짓으로 털어놓았다. 그들은 우리의 생활환경을 직접 보고 나서부터는 소련이 그들과는 거리가 멀다는 것을 알았다. 예를 들어 블런트(크렘린을 보여달라는 그의 요청은 받아들여지지 않았다)의 경우, 다시는 자기가 소련 땅을 밟는 일은 없을 것이라고 굳게 다짐했다. 나는 다른 그룹원들도 마음속 깊은 곳에서는 그와 똑같은 생각이었을 것이라고 생각한다.

* 상트페테르부르크(옛 이름 레닌그라드)에 소재한 러시아 미술관 명칭. — 옮긴이 주

그들의 기대와는 너무나 달랐던 것이다. 특히 그들을 실망시킨 것은 소련 인민의 낮은 생활수준과 정치적 핍박이었다. 그들 가운데 어느 한 사람도 소련에서 살아간다는 것 자체를 상상할 수조차 없었다.

버제스는 독일에서 본 것과 모스크바에서 나눈 대화의 영향으로 깊게 생각하지 않고 도이치의 제의를 받아들여 지하활동을 준비하기 시작했으나, 공식적으로는 공산주의적 관점과 결별했다. 그는 자기의 모든 비범한 재능과 결단력을 다해 이 일에 성공 이상의 성공을 거두었다. 버제스는 대학의 친구와 교수, 그리고 그가 마르크스주의 이상을 설복시킨 모든 사람에게 공산주의와 결별하기로 결심했다고 말했다. 그는 자기의 사상적 변화에 대해 이들을 천천히 점진적으로 확신시키며 아주 조심스럽게 이야기를 이어나갔다. 그 결과 누구도 그에게 일어난 변화가 무엇을 뜻하는지 의문을 품은 사람이 없었다. 버제스는 그의 얘기를 듣고 있는 모든 사람들에게 갖은 유머와 풍자를 활용해 공산주의 이상에 대한 자신의 실망과 완전한 신뢰 상실에 대해서 명확히 말했다. 그런 다음 다른 주제로 넘어가 독일의 파시즘은 빛나는 전망이 보인다고 주장했다.

버제스는 큰 어려움 없이 친구인 맥클린이 '광대극 놀음'에 동참하고, 함께 소련의 정보기관을 위해 일하도록 설득했다. 그러면서 그는 새 공작원을 계속 물색했다. 그래서 버제스는 친구인 거런위 리스와 대화를 시작했고, 이번에는 자기가 경험한 확실한 방법을 이용해 파시즘을 무찌르는 가장 좋은 수단은 소련을 적극적으로 돕는 것이라고 언명했다. 리스는 성격이 소심한 사람으로 가이 버제스에게 강한 영향을 받았는데, 그의 제의가 자신에게는 한없는 영광이라고 생각했다. 그럼에도 리스는 버제스의 제의를 거절했고, 이러한 제의에 대해 한 번도 자기의 속마음을 말하지 않았다. 1951년 영국의 MI5에 소환됐을 때, 리스는 자기가 버제스에게 NKVD와의 관계를 끊으라고 설득하려 노력했고, 버제스가 비밀정보를 소련에 넘겨주게 될 것이 확실했으므로 그가 영국의 비밀기관에 취업하는 것을 방해했다고 증언했다.

우리의 공작원이 된 뒤, 버제스는 가까운 친구들만으로 활동하고 자기 혼자만 그들과 연결되어 NKVD를 위해 일하는 그러한 조직을 만들겠다고 생각하고 있었다. 그러나 도이치의 생각은 달랐다. 도이치는 자신의 생각대로 직접 각 공작원을 접선하는 것이 더 편리했고 또한 더 안전했다. 이러한 것에 버제스는 전혀 만족할 수 없었다. 그는 끝까지 자기가 친구들로 긴밀하게 뭉쳐진 한 팀과 연결됐다고 생각했다.

1934년 말 버제스는 취직을 위해, 두 번째 학위를 따기 위한 공부를 포기하고 케임브리지를 떠났다. 그는 과정을 마친 학생들과 함께 학교에 남아 공부를 계속하라는 트리니티 칼리지의 제의를 일축했다. 그러나 사실, 그는 이미 그때 영국에 적잖이 존재하던 친나치 조직에 침투해 파시즘에 타격을 줄 수 있는 직장을 찾아보라는 NKVD의 지시를 받은 상태였다. 그래서 버제스는 런던으로 향했다.

앤서니 블런트는 소련에 다녀온 뒤부터 아널드 도이치와 접촉을 유지했다. 버제스가 그들을 소개한 것이다. 블런트는 직접 물은 적은 없지만, 자기가 코민테른 직원을 가장해서 앞으로 소련 정보기관을 위해 일해야 될 것이라고 의심하고 있었다. 그와 마찬가지로 다른 친구들도 파시즘과의 투쟁이 주된 임무였다. 그는 공산당과는 관계를 끊었다고 떠들어대면서 코미디를 연출할 필요가 없었다. 그는 단지 자신이 전혀 정치에는 관심이 없다는 점을 계속해서 언명해왔던 것이다.

블런트는 버제스의 임무 부여에 따라 케임브리지를 떠나기 2년 전에(당시 NKVD에서는 '토니'라는 암호명으로 알려졌다) 마르크스주의 경향이 있는 학생들 몇 명을 포섭했고 계속 이를 위해 노력했다. 그리고 앞으로 계속 그가 해야 할 임무는 코민테른에 유용하게 쓰일 수 있는 인물을 포섭하는 것이었다. 학생들 가운데 몇몇은 그러한 제안에 대해 동정적인 반응을 보이며 점점 힘을 얻어가는 파시즘을 반대하는 투쟁에 참여하기를 원했다. 비밀임무에 대해서는 전혀 언급이 없었다. 유럽의 히틀러와 무솔리니, 그리고 그들의 지지자들에게 저항한다는 아주 소박하고 고결한 임무가 주어졌을 뿐이다.

앤서니 블런트는 대학에서 고참이라는 입장을 이용해 쉴 새 없이 열 명 가량의 학생들과 접촉했다. 공작원을 포섭하는 일이 적성에 아주 잘 맞아 자주 성공을 거두었다. 얼마 뒤, 그는 자기가 불문학을 가르치던 존 케른크로스라는 학생을 버제스에게 소개했다. 블런트와 케른크로스는 여러 면에서 서로 다른 사람이었다. 블런트는 케른크로스가 프랑스어 실력은 나무랄 데 없을지라도 개인적으로 볼 때 별로 유쾌하지 않고 대단한 능력도 없는 사람으로 특징지었다. 아널드 도이치에게는 블런트가 말한 소극적인 성격이 케른크로스에 대한 포섭을 지체해야 할 아무런 이유가 되지 못했다. 그러나 이는 다른 이야기로서 나중에 다시 말하겠다.

블런트의 두 번째 후보자는 1935년 10월 프랑스어 공부를 위해 케임브리지에 입학한 젊은 공산주의자 리오 롱Leo Long이었다. 그의 아버지는 런던 북부에 살고 있는 목수로, 당시 오랫동안 실업자 상태로 지내고 있어, 롱은 사회적 불공평성에 대해 크게 분개하고 있었다. 그는 즉각 트리니티 칼리지의 적극적인 공산주의 세포조직원이 되어 이 조직에 많은 학생들을 가입시키려고 노력했다. 블런트는 롱을 선동하고 코민테른 일에 끌어들이는 데 전혀 어려움이 없었다. 더구나 롱은 블런트에게 프랑스어를 배우고 있었다.

마이클 스트레이트Michael Straight는 미국인 청년으로 경제학을 공부하러 케임브리지에 왔는데, 그를 포섭하기 위한 블런트의 시도는 큰 성공을 거두지 못했다. 스트레이트는 백만장자의 아들로 그 당시 대단히 많은 사람들이 품고 있던 좌파적 동정심을 감추지 않았다.

1937년 2월 이제 자신들이 누구를 위해 일하는지를 잘 알고 있던 블런트와 버제스는 사전에 본부에 알리지 않고 스트레이트를 자기들의 편으로 끌어들이기로 결정했다. 두 사람은 크게 어렵지 않게 스트레이트로부터 파시즘을 반대하는 이념적 투쟁에 이바지하겠다는 동의를 받아내었다. 물론 처음에는 소련을 위해서 일한다는 문제는 거론하지 않고, 단지 이 방향으로 이 미국인 청년을 살짝 밀어보기만 했다. 마침내 스트레이트는 소련이 옳은 일을 위해 투쟁하고 있으며, 자기는 벌써 오래전에 파시즘과의 전쟁터에 나갔어야 했다고 언명했다. 나치의 위협에 대항할 수 있는 유일한 국가인 소련을 위해 일하겠다는 데 그는 동의했다.

우선 첫 시작으로 마이클 스트레이트는 영국 시민권을 받아 의회 의원이 되기로 결심했다. 그러나 블런트는 미국으로 돌아가 다른 방법을 택하라고 그를 설득했다. 블런트의 생각은 스트레이트가 은행가가 되어 소련 공작원으로서 월스트리트에 침투하는 것이었다. 이러한 계획은 스트레이트의 아버지가 모건 은행의 주요 주식황제들 가운데 한 사람이었기 때문에 완전히 실현 가능한 것으로 보였다.

그러나 스트레이트는 막무가내였다. 블런트는 타협적으로 접점을 찾으려 노력했다. '좋아, 그렇다면 은행은 잊어버리고 단지 코민테른에 협조시키자.' 블런트는 크렘린의 고위층에서 스트레이트의 포섭을 호의적으로 생각하고 있다고 말하면서 이 미국인을 구슬렸다. 스트레이트는 망설였다. 나는 그가 실제로 소련을 위해 일할 생각이 전혀 없었다고 생각한다.

마이클 스트레이트가 영국을 떠나기 전, 앤서니 블런트는 초청장 하나를 구해서 한쪽을 잘라 그에게 주었다. 그리고 나머지 한쪽을 소지한 사람이 앞으로 당신을 찾아가면 이 사람을 믿을 수 있다고 말했다.

미국으로 돌아온 마이클 스트레이트는 국무부에서 일하게 됐고, 그곳에서 독일 나치당의 재정 상태에 관한 서류들을 수집했다. 곧바로 NKVD의 고첩인 마이클 그린Micheal Green이 그와 접선했다. 그들은 몇 번 만났으나, 스트레이트는 그린이 초청장 반쪽을 보여주지 않았기 때문에 그를 의심했다. 그린은 그로부터 별로 중요하지 않은 정보들을 입수했을 뿐이다. 그러나 버제스와 블런트는 이 일로 실망하지 않았는데, 그들은 스트레이트가 장기적으로 '기여'할 것으로 보았기 때문이다.

1939년 11월에 소련-핀란드 전쟁이 일어났는데, 이는 블런트와 버제스의 선전활동을 완전히 마비시켜 버렸다. 소련의 핀란드 공격은 서방 국가들을 격분시켰다. 이 작은 나라가 소련을 위해 국경선을 뒤로 물리라는 '평화적 제의'에 고집스럽게 동의하지 않자, 스탈린은 사전 경고도 없이 군대에 핀란드 국경선을 침범하라는 명령을 내렸다. 마이클 스트레이트는 이 사건을 소련의 배신으로 보았다. 그는 완전히 핀란드의 편에 섰고, 소련인과의 접촉을 최소한으로 제한했다.

그 당시 스트레이트는 국무부에 나가면서 루스벨트 대통령과 하원의원들의 연설문 시안을 준비하는 부서에서 일했다. 스트레이트와 그린은 가끔 만나기는 했다. 그러나 1942년에 스트레이트는 관계를 완전히 끊기로 결심하고, 이 결심을 연락관에게 알리면서 자기가 소련을 위해 행한 이러한 작은 일들을 아무에게도 말하지 않겠다고 약속했다. 그린은 그의 결심을 번복시키려고 하지 않았다.

우리는 더는 스트레이트와 가까이하지 않았고, 그는 지나치게 치밀할 정도로 약속을 지켜 블런트와 버제스에 대해 누구에게도 입을 잘못 놀린 적이 없었다. 내 생각으로는 그는 단순히 그들을 두려워했다. 만약 스트레이트가 블런트와 그의 친구들에 관해서 발설한다면 그들도 그에게 보복할 방법을 찾을 것이라고 생각한 것이 틀림없었다. 스트레이트는 1963년 버제스가 죽은 뒤에야 자백했는데, 소련 정보기관과의 '유희'에 대한 완전히 사실과 부합하는 책을 썼던 것이다. 사실 스트레이트는 KGB를 두려워한 것이 주된 이유인 것이 분명한데도 30년 동안이나 입을 다물고 있었던 이유를 밝히지 않았다. 스트레이트는 프랭클린 루스벨트와 존 F. 케네디가 제의한(한 번만이 아니었다) 미국 행정부의 어떠한 직책도 거절했다.

케임브리지를 떠난 버제스는 곧 첫 번째 일을 찾았다. 그는 트리니티 칼리지 친구들 가운데 한 명인 빅터 로스차일드Victor Rothschild의 어머니의 재무담당 보좌관으로 들어갔는데, 그녀는 버제스에게 "우리 가족은 모두 재무전문가라고 하면서도 돈을 어디에 투자할지 아는 사람이 없어"라고 말하곤 했다. 그는 한 달에 100파운드를 받으며 자금투자 정보를 제공했고, 타고난 재무전문가처럼 재능을 발휘하며 로스차일드 부인의 자본을 불리는 데 대단한 성공을 거두었다.

물론 꽤 괜찮은 봉급을 바라기도 했으나, 버제스에게는 계획이 따로 있었다. 그는 로스차일드 가족들과의 관계를 이용해 고위 권력층에 접근하고, 만약 성공할 경우 영국의 정보기관에 침투할 방법을 궁리하기로 했다. 로스차일드가를 통해서 그는 MI6 부장인 스튜어트 멘지스, 그리고 MI5의 B과 과장인 딕 화이트Dick White와 사귀게 됐다. 또한 외무부 차관이며 MI6의 '경비견'으로 통하는 로버트 밴시타트Robert Vansittart의 신임을 얻게 됐다. 밴시타트는 나치를 아주 싫어했지만, 그럼에도 독일 정부의 고위층들과 대단히 관계가 좋았다. 밴시타트는 개전 초에 외무부에서 선전활동 책임을 맡았으며, 영국 라디오는 여러 가지 방법으로 영국의 민주적 통치제도를 찬양했다. 처칠은 정권을 잡자 밴시타트를 외교문제 보좌관으로 임명했다. 그 뒤 가이 버제스는 처칠과도 직접 사귀었는데, 처칠은 그의 날카롭고 세심한 지능에 매료됐다.

로스차일드가 사람들은 버제스를 보수당의 영향력 있는 다른 인사들에게도 소개했는데, 특히 MI6의 공작원이며 보수당의 (정보)연구센터 창설자이기도 한 조지프 볼Joseph Ball과도 친분을 만들어주었다.

1935년 버제스는 특별한 시도도 하지 않았는데 영독우호협회 회원이며 젊은 극우 보수파 의원인 잭 맥나마라Jack MacNamara의 보좌관 직책을 맡게 됐다. 영독우호협회는 나치에 동조하는 일단의 고위층 인사를 회원으로 받고 있었다. 맥나마라 또한 동성애자였고 두 사람은 서로 사이가 아주 좋아져서 함께 독일 여행을 시작했다. 맥나마라는 독일에 히틀러유겐트 소속의 동성애자 친구들이 많았다. 버제스의 주소록은 유럽 각국에 있는 사람들의 이름으로 빠르게 두툼해졌다. 파리에서 그는 국방장관 에두아르 달라디에Édouard Daladier의 선임 보좌관인 '비둘기파' 에두아르 파이퍼Édouard Pfeiffer와 사귀었다. 파이퍼는 실은 프랑스 정보기관 제2국Deuxième Bureau과 영국 MI6의 공작원이었다. NKVD의 공작원은 아니었다. 맥나마라와 버제스 및 파이퍼는 앙리마르르탱가街에 있는 파이퍼의 아파트에서 대담한 섹스 판을 벌이곤 했고, 파리의 아주 유명한 동성애자 전용 나이트클럽에서는 그들을 반갑게 맞이하는 일이 잦았다.

1935년 말 버제스는 맥나마라의 보좌관을 그만두고 영국 BBC방송으로 옮겼는데, 그곳에서 주로 국내정치와 르포르타주를 담당했다. 그가 진행한 〈웨스트민스터의 일주일〉은 곧 인기 프로그램이 됐다. 버제스는 의회 토의에 대해 해설했고, 스튜디오에 초청된 손님들과 일상생활과 관련된 다양한 문제에 대해 토론했다.

버제스의 인터뷰는 곧 특수한 성격을 띠게 됐다. 인터뷰는 비밀기관들과 연계하거나 관계 있는 사람들이 대상이 됐다. 그 가운데에는 데이비드 푸트먼David Footman이 있었는데, 버제스는 그가 MI6와 직접적인 관계가 있다고 확신했다. 그러나 푸트먼이 무슨 일을 담당하는지는 정확히 알지 못했다. 그는 단지 푸트먼이 목적달성을 위해 테러를 정당화하는 러시아의 나로드니키◆ 운동에 관심을 두고 있다는 것만 알고 있었다. 버제스는 푸트먼에게 전화를 걸어 그의 라디오 프로그램에 출연해 나로드니키 운동에 대해 이야기해달라고 제의했다. 푸트먼은 응낙했고 버제스는 그 손님이 무엇을 하는 사람인지 알아내는 데 많은 시간이 필요하지 않았다. 곧 푸트먼이 다름 아닌 MI6의 정치정보국 제1과 부과장이라는 사실이 밝혀졌다. 물론 버제스는 푸트먼이 라디오의 골든타임에 출연할 수 있도록 갖은 노력을 다했다. 매우 박식한 푸트먼으로서도 버제스가 어디에서 국제정치 분야에 대한 그토록 폭넓은 지식을 습득했으며, 어떻게 그러한 예리한 분석을 할 수 있는지에 관심을 갖지 않을 수 없었다.

드디어 1938년 초에 버제스의 활동이 풍요로운 결실을 보게 됐다. 그는 케임브리지 5인방 가운데 처음으로 견습기간을 거친 뒤 MI6에 공작관으로 입사했다.

버제스가 아직 정식 인사명령을 받은 것은 아니었지만, 푸트먼은 그에게 동성애자들과의 관계를 이용해 영국 총리 네빌 체임벌린Neville Chamberlain과, 1938년 4월 10일 레옹 블룸Léon Blum의 뒤를 이은 프랑스의 신임 총리 에두아르 달라디에를 눈에 띄지 않게 연결해줄 것을 요청했다. 체임벌린은 노골적으로 정부의 몇몇 인사들, 예를 들면 그가 해임한 로버트 밴시타트와 같은 외무부 인사들 가운데 고위직급자들이 보이는 나치에 대한 적대관계를 역겨워했다.

1938년 봄에는 독일 제국의 군 총수가 되어 단 한 발의 총성도 없이 오스트리아를 합방시킨 히틀러의 행동에 모든 서방 국가가 심각하게 우려하고 있었다. 이제 그들은 히틀러가 이에 만족하지 않을 것이라는 점을 아주

◆ '대중 속으로'라는 뜻의 제정 러시아 때의 반제정 지하운동단체. — 옮긴이 주

잘 알고 있었다. 체코슬로바키아의 상황도 악화되고 있었는데, 수데텐란트 주의 주민 대다수를 차지하고 있던 독일계 주민이 나치당의 지원 아래 이 주를 독일에 병합하라고 요구하고 나섰다. 도버해협 양안 국가의 지배계급 대표들은 만약 이 독재자의 공격이 동쪽으로, 즉 소련 쪽으로 확대된다면 아주 기뻐했을 것이다. 그러나 그들은 영국-프랑스 양국의 여론이 아직 방향을 정하지 못했기 때문에, 이런 것을 공개적으로 언명하기를 꺼렸다. 한편에서는 독일이 동쪽으로 팽창하는 것을 지지하고 있는 반면, 또 다른 편에서는 단호히 이에 반대했다. 그들의 입장이 어떻든 영국과 프랑스 지도자들은 단 한 가지, 어느 한 쪽에 올라탈 수 없는 상황에 대한 공포심 때문에 서로 가까워졌다.

달라디에와 체임벌린 간 극비의 대담 성격은 이렇게 설명됐다. 양국 의원들은 양국 정부의 장관들보다 실제로 일어나는 일들에 대해 더 많이 알고 있지 못했다. 만일 히틀러가 전쟁의 예봉을 소련으로 향한다면, 서방 국가들은 일정 기간일망정 나치의 위협으로부터 피할 수 있다. 당시 불가피하게 보였던 소련의 패배는 공산주의의 끝장을 의미하고, 히틀러는 전쟁으로 약화될 수밖에 없다. 그야말로 영국-프랑스 양국은 일거양득을 바랐던 것이다. 체임벌린과 달라디에 정부의 일부 요원들이 비밀리에 현실화시키려고 노력했던 정책의 핵심은 이러했다.

버제스는 아주 미묘한 이 대담의 중요한 중개자 역할을 했다. 양국 정부 수뇌 간의 교류는 문서를 통해 이뤄졌는데, 영국은 문서를 버제스를 통해 에두아르 파이퍼에게 전달했다. 버제스는 파이퍼를 매우 신임했다. 버제스는 1938년 여름 NKVD에, 달라디에가 파이퍼와 페르낭 드 브리농 Fernand de Brinon(프랑스-독일위원회 창설자이며 미래의 비시Vichy 정부 요원)을 나치와의 비밀 회담을 위해 독일로 파견한 사실을 알렸다.

나치에 빌붙는 이러한 범죄적 정책은 1938년 9월 뮌헨협약으로 발전하는데, 체임벌린과 달라디에가 양보하면서 히틀러로 하여금 수데텐란트 주를 병합하도록 허용하고 말았다. 이어서 12월에는 프랑스-독일우호협력조약이 체결됐다. 이후 몇 해 동안 소련은 서방이 1938년부터 독일로 하여금 소련을 공격하도록 사주하고 있다고 굳게 믿었다. 이러한 믿음은 선전이나 역정보가 아니고 가이 버제스가 우리에게 넘겨준 문서가 확인시켜준 틀림없는 진실이었다. 소련 정부는 그 문서들 덕분에 영국과 프랑스가 추구하는 동기들이 무엇인지 알게 됐던 것이다. 소련 정부는 서방의 주요 과업은 바로 공산주의를 무너뜨리기 위한 투쟁으로서, 이를 위해 영국과 프랑스는 바로 아돌프 히틀러라는 이름의 악마와 음모를 꾸밀 준비가 되어 있다는 것을 알고 있었다.

버제스는 도이치(오토)와 말리(하르트)가 모스크바로 소환됐기 때문에 런던 거점을 통해 우리에게 수집한 정보를 보내는 것을 중단했다. 그는 개인적인 프랑스 여행 기회들을 이용해 파리 거점을 통해서 NKVD에 문서를 전달했다. 버제스는 또한 아직 영국에 남아 있는 몇 안 되는 우리 공작원을 위해 밀사密使 역할도 했다.

이 모든 것은 다 지나간 일이지만, 그 시절의 긴박한 상황을 돌이켜볼 때 소련 정부가 제2차 세계대전이 시작되기 전 겨우 몇 년 사이에 해외에서 활동하던 자국의 거의 모든 공작관을 실제로 어떻게 소환할 수 있었는지, 도대체 이해할 수가 없다. 바로 이 기간에 다른 모든 국가의 비밀기관들은 미친 듯이 활동을 벌이고 있었다. 정신 나간 스탈린의 계속되는 숙청은 다른 일에 대한 고려는 안중에도 없었다. 그래서 우리의 자랑스러운 공작관들이 케임브리지 대학에 조직한, 가장 유능한 공작원들로 구성된 공작망은 얼마간 방치되고 있었다.

가이 버제스는 계속해서 체계적으로 열심히 일했다. 그는 정부의 다양한 기관이 하는 일을 알고 있었기 때문에, 그의 경력과 우리의 첩보활동을 위해서도 유용하게 사용할 수 있는 인맥을 조성해나가고 있었다. 버제스는 로스차일드가 사람들이 소개해준 딕 화이트와의 관계를 끈질기게 강화했다. 비밀공작 담당 신설 D과 과장인 로렌스 그랜드Lawrence Grand는 그에게 시온주의운동의 분열을 조장하는 임무를 주었다. 사실 누구도 버제스가 이 임무를 해내리라고 기대하지 않았으나, 그는 이 일을 해냈다.

영국 방첩기관은 팔레스타인에서의 영국 실패와 밸푸어Balfour◆ 선언 붕괴에 대한 보복으로 시온주의자들을 서로 적대시하는 그룹으로 분열시키려는 계획을 세웠다. 나는 이것을 확인할 수는 없으나, 영국은 시온주의자 지도자인 차임 바이츠만Chaim Weizmann에 대항하는 강력한 반대세력의 창설을 원했다고 생각한다.

가이 버제스는 빅터 로스차일드의 도움으로 이 일을 시작했다. 그는 친구에게 이미 시온주의운동은 적극적으로 활동할 수 있는 상태가 아니며, 그 지도자인 차임 바이츠만은 상식을 벗어났으므로 진정한 시온주의자들은 그를 신임해서는 안 된다고 단호하게 역설했다. 빅터는 아버지 로스차일드 경과 같이 불안감을 느꼈다. 바이츠만이 완전히 신임을 잃어 로스차일드는 반시온주의 운동을 창설했으나 사실 얼마 가지 못했다.

버제스는 대단히 성공적으로 이 공작을 완수했다. 그러나 NKVD는 영국 방첩기관이 획책한 이 음모와 아무런 관계도 없었다.

1939년 1월 친구인 데이비드 푸트먼의 천거로 버제스는 D과에 채용이 됐고, 바로 나치의 선전을 무력화시키고 독일인의 전의를 떨어뜨릴 라디오 방송국을 설립하라는 임무를 받았다. 라디오 방송은 유럽의 여러 도시와 마을에 비밀 라디오 송신소를 운영해야 했다. 버제스는 유럽의 많은 친

◆ 아서 제임스 밸푸어(Arthur James Balfour, 1848~1930). 1902~1905년 영국 총리, 1916~1919년 외무장관. 팔레스타인 내 유대인 '민족 발생지' 창설에 관한 선언을 작성했다.

구들을 이용하고 개인적인 노력을 통해 대단히 빠른 시간 안에 송신소를 설치할 장소들을 물색했다. 라디오 방송국은 봄이 되자 벌써 활동을 시작할 수 있었다.

비밀 라디오 방송국을 활용한 역정보와 역선전 분야에 일가견이 있다고 자랑해왔던 NKVD에서는, 영국이 결국은 우리 조직에서 직업적 용어로 말하는 '적극적 조치' 분야로 빨려들고 있다는 사실에 말없이 만족스러운 웃음을 지을 수 있었다.

1937년 학기 말에 앤서니 블런트는 케임브리지 대학을 떠나 런던에 있는 바르부르크 연구소Warburg Institute에 들어가서 예술 강의를 시작했다. 1939년에는 일을 집어치우고 군에 입대해 모든 사람을 깜짝 놀라게 했다. 블런트는 정말 애국자였다! 전쟁이 곧 일어날 것이라는 상황을 알고는 조국에 실제로 봉사하고자 했던 것이다. 만약 우리 요원이 그 당시 그를 만났다면 입대를 말렸을 것이라는 것을, 개인적으로 나는 매우 확신한다.

1939년 8월 23일 급박한 뉴스가 전 세계를 흔들어놓았다. 소련과 나치 독일이 상호불가침조약을 체결했다. 그 조약은 모스크바에서 스탈린의 참석하에 양국의 외무장관, 리벤트로프와 몰로토프가 조인했다. 이 조약 제4조에서는 조인 당사국의 어느 쪽도 상대국에 반대하는 어떠한 동맹도 가입하지 않는다고 선언했다.

나치즘에 반대해서 몸 바쳐온 우리의 런던 공작원들에게 불가침조약의 체결은 폭발해버린 폭탄과 같았다. 프랑스에서 휴가를 보내고 있던 블런트와 버제스는 곧장 영국으로 돌아왔다. 버제스는 너무나 혼란스러워 유일한 보물로 여겼던 그가 좋아하는 자동차를 칼레의 주차장에 내팽개쳐버렸다. 그들은 자동차를 배에 실을 시간이 없을 정도로 서둘렀던 것이다. 버제스는 사흘이 지나고 난 뒤에야 자동차를 가지러 칼레에 돌아왔다. 이 사건은 별로 중요한 일이 아닐 수도 있으나 버제스에게 얼마나 큰 영향을 미쳤는지를 말해주고 있다.

이들은 필비를 불러 런던에서 함께 모였다. 그들은 조약을 각 조문의 의미와 가능한 결과를 저울질하며 모든 방향에서 살피고, 침착하게 토론하면서 몇 시간 동안 꼬박 난상토론을 벌인 뒤 일치된 결론에 도달했다. 즉, 이 조약은 단지 평화적인 혁명으로 가는 길에 일어난 하나의 지나가는 사건이라는 것이다. 현재 조성된 국제 상황에서 이 조약이 소련과 관계를 단절해야 할 정도로 완전히 확신할 수 있는 핑곗거리는 아니므로 이 조약을 충분히 정당화할 수 있었다. 간단히 말해서 이들은 어떠한 일이 일어나도 파시즘과 투쟁을 계속하기로 결정했다.

우리들은 여러 해가 지난 뒤에야 소련에서 이 모임에 대해서 알게 됐다. 이 모든 기간 동안 케임브리지 5인방은 우리들과 한 번 맺은 관계를 단 한 번의 행동으로도 배반한 적이 없었다.

몇 개월 동안의 군복무를 마친 뒤, 앤서니 블런트는 형 크리스토퍼 블런트Christopher Blunt의 영향력을 이용해 햄프셔에 소재한 민리 매너 학교 Minley Manor School에서 5주간의 방첩교육 과정을 이수했다. 그러나 비밀기관에서 근무할 수 있는 기회는 불발로 끝날 뻔했다. 그즈음 런던에 있는 국방부에서 그를 호출했다. 블런트가 과거 공산주의자들과 관계가 있었다는 투서가 들어갔던 것이다. 그러나 당시 그러한 관계를 맺었던 사람이 한둘이 아니었으며, 블런트는 자기가 전적으로 충성을 다하고 있고 결코 위험한 인물이 아니라는 점을 상부에 확신시키는 데 성공했다. 어쨌든 군 정보기관은 안심했고 그를 민리 매너로 돌려보냈다.

교육과정을 마친 블런트는 대위 계급장을 달고 런던으로 돌아와서 곧 원정군의 일원으로 프랑스로 향했다. 그곳에서 블런트는 힘든 시간을 보내야만 했다. 탈영병 체포 임무를 맡은 헌병 부대장으로 임명됐던 것이다. 그의 부대는 벨기에 국경에 주둔했다. 국경수비대의 생활은 블런트와 전혀 맞지 않았다. 그 임무는 오히려 자질구레한 일들로서, 정보장교의 일과는 전혀 상관없었다. 이곳에서는 모든 시간을 순찰계획을 세우고 의심스러운 술집과 클럽을 감시하며 술주정뱅이나 외출증을 소지하지 않은 병사들을 유치장에 가두는 일로 보내야만 했다.

애국심으로 불타는 그였지만 참을 수 없는 환경에 처한 것이었다. 그는 병사들과 공통점이 전혀 없었다. 주요 관심사라고는 하루하루의 일상생활과 관련된 것뿐인 평범한 사람과 늘 함께 지낸다는 것은, 귀족교육을 받고 예술계에서만 활동한 그에게 전혀 어울리지 않았다.

블런트는 벨기에 체류가 너무나 혐오스러워 친구인 빅터 로스차일드와 가이 버제스에게 군에서 빠져나올 수 있도록 도와달라는 편지를 썼다. 버제스는 즉시 그를 도왔고 블런트는 런던으로 돌아왔다. 그는 빅터 로스차일드가 버제스를 위해 임대한 벤틴크가街의 아파트에 머물렀다. 아마도 그 당시 블런트와 버제스의 애정관계는 이미 끝났던 것 같다. 그들은 전과 다름없이 친한 친구로 남았으나 애인들을 연달아 바꾸기까지 했다. 예를 들면 젊은 병사 잭 휴잇Jack Hewitt 같은 자들인데, 휴잇은 외출을 나올 때마다 두 사람의 아파트에 나타나곤 했다.

분명히 말해두건대, 나는 이러한 측면에 특별한 관심을 두지 않았고 미묘한 문제에 대해 질문하지도 않았으며, 그들도 나와 이에 대해 이야기하지 않았다. 우리의 참고자료도 그들의 이러한 단점들에 관해서는 거론하지 않았는데 이는 당연한 것이다.

블런트는 동성애자였지만 친구 중에 여성도 많았으며, 그들 가운데 몇몇과는 연애 행각을 벌이기도 했다. 충실하게 그만을 바라보며 살아간 여자 친구들도 있었다. 1930년에 블런트는 한 귀족 출신 여성와 약혼을 하고 그녀와 결혼까지 하려 했으나, 그들의 사랑은 길게 계속되지 않았다. 그녀는 기업가인 제임스 던James Dunn 경의 아들인 필립 던Philip Dunn과 결혼했다. 앤서니 블런트는 또한 뒷날 빅터 로스차일드의 아내가 되는 테레사(테스Tess) 메이어Teresa Mayor와도 깊은 친분을 유지했다. 전쟁 중 그녀는 벤틴크가에서 블런트의 아파트 옆 길모퉁이 집에서 살고 있었다. 버제스도 이따금 여자들과 연애를 했다.

데이비드 푸트먼은 자기가 부여한 임무를 아주 훌륭하게 해낸 버제스에게 만족해했다. 버제스도 새로운 임무를 수행할 준비가 되어 있었다. 푸트먼은 MI6의 5과장인 밸런타인 비비언과 처음으로 대면한 자리에서 버제스를 아주 높게 평가했다. 이때 그는 버제스가 과거에 공산주의자들과 관계가 깊었고, 공산주의운동 역사를 알고 있으며, 마르크스주의 이론을 잘 이해하고 있다는 사실을 숨기지도 않았다.

1940년 6월에 밸런타인 비비언은 버제스를 모스크바 주재 영국 대사관에 외교관 신분으로 가장한 공작원으로 파견하겠다는 생각이 떠올랐다.

버제스는 물론 NKVD도 그러한 조치가 반갑지 않았으나, 그는 거절할 수가 없었다. 본부로서 가장 좋은 것은 버제스가 런던에 남아 있는 것이었다. 그리고 버제스 자신도 이전에 잠깐 모스크바에 머물면서 이 도시가 자기에게는 맞지 않는다는 것을 잘 알았다. 전시라 할지라도 영국 수도에 남아 있는 것이 모스크바보다는 훨씬 낫다고 느꼈을 것이다. 뒤에 버제스는 내게 자신은 영국을 떠나기 싫으며, 외국 수도들, 특히 파리에 대해서는 아예 육체적인 혐오감을 느낀다고 말한 적이 있다. 그는 탕헤르*나 스페인에는 갈 수 있으나, 그것도 단지 짧은 휴가를 위해서나 그렇다고 말했다.

* 아프리카 북서쪽 모로코의 항구도시. ─ 옮긴이 주

그러나 할 수 있는 일이 아무것도 없었다. 갈 수밖에 없었다. 버제스는 가방에 짐을 꾸려 대사관의 공보관으로 임명받은 외무부 직원인 아이자이어 벌린Isaiah Berlin과 함께 런던을 떠났다. 벌린 역시 이 여행이 불만스러웠는데, 그는 모스크바에서 일반 국민들과 교류하는 일이 전혀 불가능했기 때문에, 그곳에서 할 일이 아무것도 없을 것이라고 생각했던 것이다.

당시 모스크바 직행 노선이 없어서 이들은 워싱턴을 거쳐 태평양을 건넌 뒤 계속 철도 편으로 시베리아를 통과해 임지에 도착하지 않으면 안 됐다. 미국에 도착해서 2일이 지났을 때, 그들은 다시 귀환하라는 속달 전보를 받았다. 모스크바 주재 영국 대사인 스태퍼드 크립스Stafford Cripps가 외무장관에게 신임 직원을 사전에 자신과 상의 없이 대사관에 임명한 데 대해 강력하게 항의한 것이 분명했다.

비비언은 또 다른 새로운 아이디어를 떠올렸는데, 버제스를 영국 공산당에 침투시켜 선동가로 활동시키는 것이었다. 그는 푸트먼으로 하여금 버제스에게 영국 정보기관의 지원을 받아 공산당에 침투해서 내부로부터 '와해' 시키기를 제의해보도록 했다. 버제스는 이 제의를 귀 기울여 들었으나, 잠시 생각한 뒤 단호하게 거절했다. 화가 치민 푸트먼은 새로운 전술로 버제스에게 런던 주재 소련 대사관 앞에서 선동적 집회를 수차례 조직할 것을 제의했다. 버제스는 앞서 제안을 받았을 때와 똑같이 반응했다. 잠시 동안 잠자코 생각한 뒤 거절했던 것이다. 가슴속에 확신을 품은 공산주의자로서 그는 말할 것도 없이 자신의 명예를 훼손할 일을 할 수는 없었다.

많은 세월이 지나서 나는 버제스가 전쟁 초에 한 친구에게 보낸 편지를 보게 됐는데, 그는 이렇게 썼다.

"무엇보다도 나를 괴롭힌 것은 과거 동지들과 공산당에서 함께 일한 사람들이 나를 배반자로 생각하는 것일세. 그들은 내가 정부기관에서 근무하는 사람으로서 경력 관리를 위해 공산주의에 충실하지 않고 거부했다고 생각하고 있네."

나는 모스크바에 보관된 문서철에서 우리의 런던 거점장이 1937년에 남긴 메모를 읽은 적이 있는데, "버제스는 자신을 공산주의자로 알았던 친구들이 자기가 그들과의 협력을 거부한다고 확신하는 것을 대단히 괴로워하고 있다"라고 적었다.

그러나 이 일에서 우리에게 가장 중요한 것은, 버제스의 상관들이 그가 공산주의에 반대하는 일을 거부했는데도 전혀 의심하지 않고 쉽게 동의했다는 사실이다. 그 대신 버제스를 브리켄던버리홀에 있는 학교의 폭파 파괴공작 교관으로 보냈다. 누가 보더라도 이 업무는 경력 관리의 막다른 골목처럼 보일 수도 있으나, 버제스는 그 일을 아주 만족스러워했다. 그는 인맥을 동원해 친구인 필비를 이 학교에 정착시킬 수 있었다.

버제스와 필비는 자주 만나기 시작했다. 그들은 함께 파괴업무의 다양한 발전 방법들을 고안해냈고 정치문제들을 협의했으나, NKVD와 연결된 자신들의 업무에 대해서는 거의 한 번도 이야기하지 않았다. 그 당시는 실질적으로 관심 있는 정보에 접근할 길이 없었기 때문에, 그러한 업무에서 특별히 결실을 본 것이 없었다. 필비는 친구의 사생활에 결코 참견하지 않았다. 그는 언젠가 한번 내게 말하기를 버제스의 동성애 성향을 병으로 보지만 자신이 상관할 일이 아니라고 했다. 나는 버제스와 이 문제에 관해 이야기하는 것이 아무런 의미가 없다는 점을 바로 느꼈으며, 그에게나 블런트에게 내가 그들의 행각에 대해 알고 있다는 느낌을 한 번도 주지 않았다. 나는 그들의 행동에서 특별한 무엇을 눈치채지 못한 것처럼 처신했다. 나의 처신은 옳았다고 본다. 이 문제를 건드리지 않으면서 우리가 서로 좋은 관계를 맺도록 해주었다.

바로 이때 케임브리지 그룹과의 연락업무를 맡았던 오토와 하르트를 교체하기 위해 아나톨리 보리소비치 고르스키(헨리)가 영국에 도착했다.

고르스키는 도착하자마자 자기 관할의 공작원들이 가장 기초적인 안전 규칙조차도 무시하고 있다고 불평하는 보고서를 모스크바로 보내왔다. 특히 그를 놀라게 만든 일은 버제스와 블런트가 벤틴크가의 한 아파트에서 동거한다는 것이었다. 그는 전력을 다해 그들이 헤어지도록 설득했으나 누구도 그의 말에 조그만 관심도 보이지 않았다. 고르스키는 모스크바에 보내는 보고서에 동감하는 사람들이 없다는 통보를 간접적으로 받았다. 버제스와 블런트는 요지부동이었다.

1940년 초가을 비밀정보기관의 재편성 후 D과는 SOE로 합병돼 특별공작을 위한 새로운 조직이 됐다. 이 조직은 주로 나치 독일에 점령당한 지역에서 파괴공작을 수행하는 것이 목적이었다. 필비는 이 조직에서 계속 근무했으나 버제스는 이 조직에 포함되어 있지 않았다. 우리는 그 원인을 알 수 없으나 그의 동성애적 성향과 관련된 것으로 생각된다.

그래서 1941년이 되자마자 버제스는 다시 BBC로 돌아왔다. BBC의 토론 프로그램인 〈클럽〉을 맡고 있던 케임브리지의 오랜 친구들 가운데 하나인 조지 반스George Barnes가 함께 일하고자 그를 데려왔다. 버제스는 보도업무에 적극적으로 임했다. 정치가와 기타 영향력 있는 유명 인사와의 토론과 인터뷰를 주선했다. 그는 자신의 프로그램을 위해 윈스턴 처칠 총리를 직접 인터뷰할 수 있도록 조치해줄 것을 지도부에 요청했다. 총리는 인터뷰의 성격을 사전 협의하기 위해 버제스를 자기 사무실로 초청했다. 그들은 상당히 오랜 시간 대화했으나, 어떤 기술적인 이유로 인터뷰 자체가 이루어지지 않아 결국 아무 성과 없이 끝나고 말았다. 그럼에도 전에 버제스를 만난 적이 있는 처칠은 이번 만남에서 큰 만족을 얻은 것 같았다. 한때 그는 다음과 같이 말한 적이 있었다.

"왜 영국의 청년 정치가들 가운데에는, 가이 버제스 같이 내가 의지할 수 있는 판단을 내릴 만한 친구들이 그토록 귀하단 말인가."

1941년 6월까지 버제스는 자신을 거의 드러내지 않았는데, 독일이 소련을 공격하자 영국의 새로운 연합국인 소련에 관한 보도와 방송 시리즈들로 전면에 나올 기회를 잡았다. 그는 라디오를 통해 소련의 문학, 경제, 예술, 과학 등과 같은 대단히 다양한 주제에 대해 이야기했다. 버제스는 지도부에 앤서니 블런트를 예술 분야의 해설가로 추천하면서 교활하게 덧붙였다.

"블런트 박사는 공산주의자가 아니기 때문에 아주 재미있는 예술 강사가 될 것입니다."

BBC를 통한 그의 친소 선전활동을 도운 것은 역시 NKVD의 공작원인 오스트리아 태생의 영국 기자 피터 스몰렛Peter Smollett이었다. 스몰렛은 1934년에 오스트리아에서 필비와 사귀었고, 가끔씩 케임브리지 그룹 멤버들과 자리를 같이했다. 1940년 그는 공보부에 취업하는 데 성공했다. 1941년 6월 처칠의 연립정부에서 친구인 브렌던 브래컨Brendan Bracken이 장관으로 있을 때 스몰렛은 소련과장의 직책을 얻었다. 스몰렛은 전쟁 기간을 통틀어 경제, 문화, 정치 또는 군사 문제 등 모든 분야에서 소련의 이익을 방어했다. 그는 영국 전역에 걸쳐 소련을 알리는 상설 또는 이동 전시회를 조직했다. 자연히 그는 BBC 방송국 내 주요 동지인 버제스의 도움으로 BBC에서 이러한 전시회들과 관련된 아주 많은 시간을 배정받을 수 있었다. 이들 두 명은 헨리가 관리했다.

그 당시 버제스는 또 하나의 업무를 빈틈없이 아주 훌륭하게 수행했다. 그는 동료기자들 가운데 한 사람인 언스트 헨리Ernst Henri(NKVD의 흑색공작원)와 인터뷰했는데, 그는 확신에 차서 지금 소련군이 모든 전선에서 후퇴하고 있지만 소련군의 승리에 대해 의심하지 않는다고 단언했다. 그는 겁도 없이 무모하게 소련 정보기관을 '세계에서 가장 훌륭한' 기관이라고 단정하면서 허풍스럽게 아첨을 늘어놓기까지 했다.

1943년 버제스는 다시 그의 재능을 발휘했다. 이때 스탈린은 코민테른을 해산했다. 소련의 새로운 면모를 보여주기 위해서였다. 소련체제를 가장 인도적이고 비공격적이며 연합국의 관점에 더욱 부합하는 것으로 보여줄 필요가 있었다. 그 당시 소련은 무슨 수를 쓰더라도 처칠이 제2전선을 열도록 하지 않으면 안 됐다. 서방을 공포에 몰아넣은 세계혁명의 상징인 코민테른을 해산함으로써 소련과 기타 국가들 사이의 관계에 새로운 시대가 도래했다는 것을 세계에 보여주어야만 했다. 자신이 맡은 방송에서 버제스는 이러한 인식을 청취자들에게 심기 위해 전력을 다해 노력했다.

'헨리'의 지시에 따라 버제스는 외무부나 국방부와 같은 부처에서 중요한 직책을 맡은 사람들과 친분을 키우면서 접촉선을 넓혀갔다. 전쟁이 진행되는 동안 그는 이들 부처의 주요 건물에 어느 때라도 자유롭게 드나들 수 있었다. 모든 보초와 수위는 그의 얼굴을 알았고, 의회의원들에게도 금지된 장소에서 거리낌 없이 산책하곤 했다.

이 당시 버제스는 우리에게 큰 관심의 대상이었던, 전 총리 스탠리 볼드윈*의 개인비서였던 데니스 프럭터Dennis Proctor와 수년간 친분을 쌓았다. 프럭터는 버제스처럼 케임브리지 출신으로 케임브리지 사도회의 회원이었으나, 버제스가 대학에 입학하기 한참 전부터 아는 사이였다. 프럭터는 영국과 미국 간 정치적 관계의 다양한 측면을 버제스에게, 순진하게 친구 사이에 잡담을 하듯 털어놓곤 했다. 그는 버제스에게 무심코 1943년 1월 카사블랑카에서 개최된 회담 동안에 이뤄진 루스벨트와 처칠 간의 비밀회합에 대해서 상세한 내용을 모두 이야기했다. 프럭터는 또 가치를 따질 수

* 스탠리 볼드윈(Stanley Baldwin, 1867~1947). 1923~1929년과 1935~1937년 영국 총리.

없을 정도의 귀중한 정보를 알려주었다. 즉, 연합국이 1943년 6월에 시칠리아 상륙을 계획하고 있고 프랑스 영토로의 대규모 진격은 1944년까지 연기됐다는 정보였다.

1943년 8월 독일은 소련 쿠르스크 전투에서 대패했는데, 바로 이때 프럭터는 버제스와 대화하며 퀘벡에서 이루어진 처칠과 루스벨트와의 비밀접촉Quadrant에 대해서 거론했다. 이 접촉에서 두 지도자는 종전 단계의 주요 작전으로 노르망디상륙작전(탱크와 장갑차를 동원한 군대의 프랑스 노르망디 해안 상륙작전으로, 오버로드 작전이라고도 칭한다)을 감행하기로 결정했고, 또한 이탈리아 반도 상륙을 염두에 둔 아이젠하워의 지중해 계획을 승인했다. 이 귀중한 정보는 버제스를 통해서 스탈린에게 전달됐는데, 이는 두 연합국이 그들의 계획을 통보하기로 합의한 것보다 훨씬 이전이었다.

프럭터는 업무상 위치 때문에 비밀문서에 접근할 수 있을 뿐만 아니라, 영국인 특유의 조심성 때문에 문서보다도 더 신뢰할 수 있는 비밀 구두정보도 접근할 수 있었다. 문서화된 것은 모두 흔적을 남긴다. 문서로 몇 글자를 써도 곧장 정보의 유출이 발생한다. 각각의 문서에는 그들 고유의 특정한 생명과 누구도 통제할 수 없는 미래가 있다. 극비 기관들은 아예 결정적인 위험을 피하기 위해 문서화하는 것을 허용하지 않는다. 이와 같이 위험을 피하는 유일한 방법은 정보를 구두로 전달하는 것이다. 이러한 방법은 세계 모든 국가가 응용하고 있다. 정치가들과 실무 책임자들이 만나서 업무에 대해 토의하고 결정을 채택하지만 어떠한 메모나 회의록도 남기지 않는다. 데니스 프럭터는 이미 언급한 대로 그러한 자료에 대한 접근성이 있었고, 아무런 의식 없이 이들 자료를 버제스를 통해서 우리에게 전달했던 것이다. 공작원의 가치는 비밀문서에 대한 접근성뿐만 아니라 구두정보 수집 가능성에 의해 결정된다는 실례를 보여준 것이다.

버제스는 이러한 사실을 한두 번 증명한 것이 아니다. 버제스는 사회 각

계각층 출신의 사람들과, 공작원으로서 필요불가결한 접촉관계를 확립하는 데 남다른 재주가 있었다. 해를 거듭하면서 그가 NKVD 공작원으로서 갖는 주요한 가치는, 최고급의 공작원을 포섭하는 능력에서 출발해 아무런 의심을 전혀 일으키지 않으면서 정보를 수집하는 단계로 진화해가고 있다는 것이었다. 버제스는 청소원, 택시 운전사, 정부부처 연락관, 수위, 귀족, 대학자, 관리, 정치가 들과 친밀한 관계를 유지했으나, 이들 가운데 어느 누구도 그의 공작원이 아니었고 그럴 필요도 전혀 없었다.

버제스와 같이 앤서니 블런트도 자기 나름대로 적극적으로 '투쟁했다'. 빅터 로스차일드는 블런트가 벨기에에서 돌아오자 영국 MI5 차장인 가이 리들Guy Liddel에게 소개해주었다. 리들이 MI5에 자리를 마련해준 것이기 때문에 블런트의 신뢰성과 관련한 기본적인 어떤 의심도 제기될 수 없었다. 그는 그곳에 정착하자 헨리가 부여한 임무의 일부를 완수했다.

블런트는 곧바로 자기의 지휘부, 주로 그의 가까운 친구가 된 가이 리들의 호감을 얻었다. 리들은 영국 MI5 요원 중에서도 중요한 인물이었다. 그는 자기 업무에 애착이 강했고 또한 빈틈없이 세밀하게 처리했다. 그 역시 블런트가 마음에 들었기 때문에 정상적인 상황에서는 아내에게도 말할 수 없는 일들에 대해서 그에게 말할 정도가 됐다. 얀(블런트의 암호명)은 뒷날 MI6의 부장이 된 딕 화이트와도 아주 좋은 사이를 유지했다. 그들은 자주 만나서 식당에서 점심도 함께하고 여러 가지 다양한 주제에 대해 대화하곤 했다. 블런트는 화이트와 이야기할 수 있는 기회는 한 번도 놓치지 않았다. 둘은 예술에 대한 열정으로 달아오르곤 했다. 화이트는 교양 있는 사람으로서 블런트가 관심을 가지고 있는 대상들, 특히 건축과 문학, 그리고 주로 회화에 대한 관심이 컸다. 그들은 그러한 것들에 대해서 피로해질 때까지 이야기하곤 했다. 그렇게 함께 자주 만남으로써 전시 정보업무의 긴장으로부터 휴식을 취할 수 있었던 것이다. 그리고 화이트로서는 자기가 좋아하는 부문에 대해 부하와 대화를 나눔으로써 한숨 쉴 수 있는 기회를 갖게 되는 것이 기뻤다. 화이트도 리들처럼 마음속 깊이 품은 생각을 아주 자연스럽게 블런트와 같이 나누게 됐다.

여러 해가 지나 블런트가 소련 공작원이라는 사실이 밝혀지자 딕 화이트는 큰 충격을 받았다. 그는 블런트가 그들의 우정을 배반한 것에 슬퍼했다. 그는 사실상 블런트를 대단히 신뢰해 아주 작은 부분들에 대해서까지 이야기하곤 했으며 이것들은 각개가 개별적으로 보면 해로울 것이 없었으나, 다른 것들과 함께 모이면 대단히 중요한 첩보가 될 수 있는 것들이었다.

가이 리들과 딕 화이트는 앤서니 블런트와 마음을 터놓는 대화에 완전히 빠져버리곤 해, 내가 아주 조심하지 않으면 안 될 정도였다. 나에게 도착한 문서들을 볼 때, 영국인이 고의적으로 우리에게 거짓 정보를 제공하고 있는 것은 아닌가 하는 의심이 들기도 했다. 블런트는 일반적으로 젊은 방첩기관 요원들이 알아내기 힘든 것들을 대단히 많이 알고 있었다. 그래서 그가 우리를 바보로 만들 수도 있다는 생각이 내 마음속에 점점 깊이 자리 잡았다. 그러나 실제 사실들은 나의 생각이 틀렸음을 증명했다.

블런트를 통해서 런던 주재 소련 대사관은 영국 MI6가 소련에 대해 벌이는 모든 음모 활동을 사전에 보고받을 수 있었다. 우리는 영국이 소련 대사관 직원 누군가에게 관심을 두고 있고 언제 어떻게 접근해올지 알았다. 우리는 영국 기관에서 소련을 배신할 가능성이 있다고 보는 직원 모두의 이름을 알게 됐다.

또한 영국공산당을 반대하는 영국 방첩기관의 사전 활동을 상세한 내용까지 모두 파악할 수 있었다. 그들이 '개'들을 어디에 심어놓는지, 선동가들 이름이 무엇인지, 누가 그들의 공작원으로 일하는지, 그들이 방첩기관들을 위해 어떠한 첩보를 수집하고 있는지를 우리는 알고 있었다. 한 번은 영국인의 반反 덴마크공산당 공작준비에 관한 상세한 자료까지 받았다. 이 모든 중요한 정보는 블런트가 제공한 것이다. 이러한 정보들이 국가적 비밀이나 세계전략적인 문제에 관한 것은 아니었지만, 어찌 됐든 런던의 우리 입장을 대단히 확고하게 만들어주었다.

지난날을 돌이켜볼 때 전쟁의 대부분 동안 이렇게 사전에 위험요소를 거의 다 제거할 수 있었다는 이 단순한 이유 때문에, 영국의 수도에서 아주 이상적인 조건 아래서 일할 수 있었다고 나는 절대적으로 믿고 있다. 우리는 대단히 큰 특권을 누렸던 것이다. 우리는 자신이 추진하는 업무를 어느 정도까지 밀고 나가야 하는지 사전에 알았다. 세계 다른 지역에서 그토록 마음을 놓을 수 있는 환경에서 일하는 공작관은 극소수뿐이다. 블런트는 우리에게 헤아릴 수 없는 가치를 지닌 보물이었지만, 자국의 정보기관 지도층들과 좋은 관계를 유지하는 방법을 알고 있었기 때문에 그렇게 무탈하게 기관에 남아 있을 수 있었다. 그들은 결코 블런트에 대한 신뢰를 멈춘 적이 없었다.

블런트가 영국 기관에서 받은 첫 임무는 방첩기관 감시요원의 대상자 감시방법을 연구해 어떠한 결함도 없는, 완벽한 개선안을 만들어 내놓으라는 것이었다. 모든 정보기관에는 정치가나 언론인 또는 자국에서 활동하는 외국 공작원 등의 미행임무를 띤 부서가 있게 마련이다.

블런트는 감시담당자들이 실제로 어떻게 업무를 수행하는지 몇 달 동안 면밀히 관찰하면서 부여받은 임무를 눈부실 정도로 완벽하게 해냈다. 그는 가장과 적응에 대한 방법을 주도면밀하게 연구했고, 다양한 임무를 띤 '감시'가 어떻게 교대하고, 발각될 위기가 닥쳤을 때 어떻게 접촉을 중단하는지를 관찰했다.

그 뒤 그는 보고서를 만들어 감시조의 활동에서 드러난 취약점을 지적하는 한편, 그들의 업무를 더욱 효과적으로 할 수 있는 몇 가지 방법을 제안했다. 그는 여러 가지 다양한 상황에서 목표물을 감시하는 교묘한 방법 외에 일련의 새로운 방법들을 제시했다. 감시자들은 걷기도 하고, 차를 타고 가기도 하며, 한 지역을 몽땅 조망할 수 있는 매복초소들 가운데 한 곳에 꼼짝없이 앉아 있기도 하고, 혼자 또는 그룹으로 활동할 수도 있었다. 블런트가 고안한 방법들은 승인을 받고 암호화돼 공작원들에게 제시됐다. '얀'이 자신의 보고서 사본을 '헨리'에게 넘김으로써 NKVD가 자기 몫의 수확을 얻은 것은 당연하다.

나는 큰 관심을 가지고 그의 보고서를 읽었고, 실제로 쉽게 적용할 수 있는 방법이 많다는 것을 알 수 있었다. 예를 들면 길을 따라가면서 누군가를 감시할 때, 눈에 띄지 않으려면 당신은 어디에 위치해야 하는가? 같은 쪽 보도에서 목표물 뒤에? 또는 길 건너편 반대쪽 보도에? 반드시 그렇지는 않다. 당신이 목표물 앞에서 가는 것이 가능한 상황이라면, 그것이 가장 좋은 방법이다. 왜냐하면 미행(꼬리)당할 수 있다고 생각하는 사람은 보통 뒤를 돌아다보고 자기 등 뒤에만 무엇이 있는지에 신경을 쓰기 때문이다. 또 다른 술책이 있다. 이번에는 '꼬리'를 잘라버리려(탈미하려) 한다면, 당신은 예상치 못하게 별안간 뒤로 돌아서서 오던 길을 다시 되돌아가는 것이다. 이렇게 하는 경우 당신이 미행자와 별안간 맞닥뜨리게 되고 미행자 옆으로 거의 스칠 정도로 붙어 지나가면, 미행자는 자신을 노출시키지 않고는 다시는 당신을 따라올 수가 없게 되는 것이다.

앤서니 블런트의 보고서는 적들이 사용하는 방법을 우리의 업무에 적용할 수 있도록 해주었다. 더더욱 중요한 것은 우리 공작원이 접선을 앞두고 반드시 이행해야 하는 확인 시스템을 완벽하게 진화시킬 수 있었다는 점이다. 이 자료는 우리에게 대단히 유익했다. 우리는 그때부터 우리 외교관들 가운데 누구를, 언제, 누가 미행하고 있는지 곧바로 판단할 수 있게 된 것이다. 그때부터 우리는 아주 수월하게 '감시'를 속였고, 미행자는 전혀 감을 잡을 수 없게 됐다. 그들은 기관 내부의 우리 공작원이 그들의 모든 비법을 우리에게 알려줬다는 사실을 상상조차 할 수 없었던 것이다.

가이 리들은 블런트의 업무수행에 대단히 만족해 그에게 새로운 임무, 즉 포로로 잡힌 독일 스파이로부터 추출한 정보를 연구하라는 임무를 부여했다. 리들의 요원들은 영국 영토에서나 아프리카, 중근동 등 해외에서 독일 스파이를 체포하는 데 매우 큰 성공을 거두고 있었다. 런던으로 파견된 스파이를 열심히 신문해 그들의 진술을 녹음한 뒤에 전문가들이 분석하고는 다른 출처에서 입수한 자료들과 비교했다. 종국적으로 국방장관의 책상 위에 놓이는 완결된 통합보고서가 작성됐다. 블런트는 곧 타고난 분석가라는 평판을 얻었고, 그의 직관, 수학적 정확성과 어우러진 예술가의 민감성은 그를 아주 귀중한 전문가로 만들었다.

두 번째 성공을 거둔 뒤 딕 화이트와 가이 리들은 더욱더 중요한 임무를 맡겼는데, 이번에는 좀 위험한 것이었다. 그들은 런던에 소재한 여러 망명정부, 교전 중인 국가들, 중립국들(스위스와 스웨덴)의 대사관 간에 이뤄지는 교신 내용(독일과 이탈리아 정보기관도 관심을 가졌다)을 파악하고자 했다.

그 당시 외교우편을 전달받는 방법은 단 한 가지밖에 없었다. 문서들은 국가 압인으로 봉인된 외교행낭*으로 발송됐다. 누구도 개봉할 권리가 없고 이 외교행낭을 가로채는 것은 더더군다나 말할 것도 없다. 망명정부들은 이러한 외교행낭을 이용할 수단이 없었기 때문에 외교 문서들을 담은 행낭을 아주 튼튼하게 봉인해 일반우편으로 발송하곤 했다.

* 외교문서 수발원의 우편행낭으로 불가침권이 인정된다.

블런트의 공작원들은 물론 그것들을 중간에 가로채 즉시 전문가들에게 맡겼고, 이들은 어떤 흔적도 남기지 않고 행낭을 개봉했다. 자료들을 끄집어내어 촬영한 뒤 다시 집어넣고 봉인해 평소의 법절차를 거쳐 발송했다. 정보원들이 가로챈 포획물들은 그 내용이 아주 풍성했다. 행낭 속에는 재미있는 외교가의 유언비어뿐 아니라 망명 중인 여러 국가 외교관들의 영국 정치에 대한 의견, 영국 지도자들에게 받은 원조금액, 기타 사람들이 보인 반대의견에 대한 보고서 등이 있었다. 그 안에는 그들의 조국 내 반항운동조직과 이 운동단체의 내부불화에 대한 보고서와, 이러한 국가들이 점령국 독일로부터 해방을 준비하고 있던 전시戰時에 NKVD가 큰 관심을 보일 수 있는 수많은 다른 정보들도 들어 있었다. 그래서 폴란드 망명정부가 소련-폴란드 간의 장차 국경인 '커즌라인Curzon Line'◆을 인정하려 하지 않는다는 사실을 우리는 1944년 2월 훨씬 이전에 알았다.

그렇게 안은 외교우편물의 개봉, 두 나라(영국과 소련) 가운데 어느 쪽의 관심을 끌 수 있는 문서에 대한 연구, 그리고 그 문서의 사진촬영에 전문가가 됐다. 스위스, 스웨덴, 덴마크, 벨기에, 폴란드, 체코슬로바키아 등의 외교우편물은 항상 그들이 먼저 개봉하고 난 뒤에 주소지로 발송됐다. 우리의 관심을 끌 수 있는 모든 문서의 복사본은 변함없이 헨리에게 전달됐음은 물론이다. 가끔 블런트 자신이 동전의 이면을 밝히는 해설을 작성해서 문서 내용을 보충했다. 즉, 그는 여러 망명정부, 영국 비밀기관들의 수장과 폴란드, 체코슬로바키아, 벨기에, 덴마크의 몇몇 거물급 인사들 사이의 동정심·반감에 대한 영국 정부의 의견을 덧붙여 알린 것이다.

한번은 블런트가 망명정부 수반들 가운데서 방첩기관의 공작원을 포섭

◆ 1919년 12월 연합국 최고회의가 폴란드의 동쪽 국경으로 권고한 조건부 국경 이름.

하는 일을 지휘하기도 했다. 이 일에서 그는 대단한 성공을 거두었고, 그들의 명단을 우리에게 넘겨주었다.

지금 내가 그들 망 요원들 가운데 누가 우리에게 가장 큰 기여를 했다고 말하기는 어려워도, 전쟁의 2~3년차 기간에 얀이 공급한 정보들은 그를 우리의 가장 훌륭한 영국인 공작원들 가운데 한 명으로 만들었다. 블런트는 맥클린과는 다른 영역에서 일했다. 다른 한편으로 그는 필비의 정보와 성격이 비슷한 정보들을 제공해왔고, 이는 우리가 그 출처의 신뢰성을 대조할 수 있도록 해주었는데, 이것이 우리에게 큰 이익이 됐음은 말할 필요가 없다.

앤서니 블런트는 밤새도록 책상에 앉아 양쪽 업무 지시자들, 즉 영국 방첩기관과 우리를 위해 일했다. 그는 이러한 이중생활 때문에 허둥지둥한 일이 전혀 없었던 것 같고, 늘 평소와 같이 자기의 동료들과 붙임성 있고 정중한 태도로 지냈으며 동시에 그들과 일정한 거리를 유지했다. KGB에는 그에 대한 서류철이 있는데, 그 안에는 호기심을 끄는 당시의 문서 하나가 들어 있다. (어느 누구에게도 그러한 일은 결코 없었는데) 정말 이유를 알 수 없으나 우리 본부는 무슨 일이 있어도 블런트가 일의 대가로 돈을 받길 원했다. 아마도 그에게 치욕을 주기 위해서였을까? 몇 년 동안 그는 우리 돈을 받으라는 '헨리'의 제의를 완강하게 거절했다. 그러나 다분히 설명이 안 되는 일이지만, 한번은 그가 많지 않은 금액인 200파운드를 받겠다고 했다. 블런트가 모스크바를 위해 한 일들에 관한 서류철의 문서를 넘기다 보면 그의 서명이 곧장 눈에 확 띄지만, 왜 그곳에 서명이 보관되어 있는지 누구도 추측할 수가 없다. 그러나 단 한 번의 서명이 우리가 그를 매수했고 정기적으로 그의 노력에 대해 돈을 지불했다는 증명이 될 수는 결코 없는 것이다.

본부는 헨리를 통해 여러 차례 블런트에게 그가 눈부신 성과를 거둔 데 대해, 특히 그가 우리에게 상세한 영국 방첩기관들의 정식 공작 시간표와 해외주재 공작원들의 완전한 명단을 보냈을 때 치하의 뜻을 전했다. 그는 소속 기관의 일상적인 업무나 친구 또는 동료로부터 수집한 사소한 것들에서 추출한 모든 정보를 비할 데 없이 분명하고 정확하게 적어서 런던 거점에 전달했다.

최고위층부터 낮은 계급까지 모든 동료의 신뢰를 얻을 줄 아는 블런트의 평범치 않은 능력은, 그로서는 아주 하찮은 재주에 속한다고 할 수 있다. 그를 신뢰하기 때문에 사람들은 모두 자신의 생각을 그에게 아무런 의심도 없이 말하곤 했다. 일례로 그는 여러 번 나치 독일군의 전략과 소련에서 벌이는 작전에 관한 자료를 우리에게 보내왔다. 이러한 자료를 입수하기 위해, 케임브리지에서 같이 공부했고 버제스 자신이 1935년에 포섭한 친구 리오 롱의 도움을 활용했다. 국방부에서 근무한 롱은 블레츨리파크에서 해독 업무에 접근할 수 있었고, 서두름 없이 블레츨리파크 전문가들이 해독한 보고서를 읽을 수 있었다. 롱을 통해서 흘러나오고 블런트가 우리에게 보내온 첩보들은 종종 필비가 전해준 사실을 보충하거나 확인시켜주었다. 정보의 세계에서는 어떤 주제에 대해 출처가 다양한 정보가 많으면 많을수록 신뢰성은 더욱더 높아지는 것이다.

NKVD는 롱과 한 번도 직접 접촉한 적이 없다. 우리는 그를 블런트의 가장 중요한 제보자로서만 알고 있을 뿐, 나 개인적으로도 어떤 자료가 롱을 통해 입수된 것인지 알 수 없다. 당연한 것이지만 모든 것이 블런트라는 이름으로 보고되어 있기 때문이다. KGB 문서보관소 안에 보관된 우리의 영국 공작원들이 보내온 문서의 연대별 철에는 리오 롱이라는 이름은 기재되어 있지 않다.

블런트는 런던 주재 소련 외교관들에 대한 영국 방첩기관의 업무기록을 읽을 수 있었기 때문에 우리에게는 두 배로 값어치가 있었다. 그리고 그는 한 번도 이 기록들을 읽을 것인지 말 것인지 주저한 적이 없었다. 내가 알고 있는 한 이러한 기록들이 내용 면에서 실질적으로 중요한 것은 없었지만, 영국이 소련 시민에 대해 어떤 공작들을 기도할 때, 예를 들면 그들 가운데 누구를 포섭하거나 체포하려고 할 때, 블런트가 이에 대해 즉각 알려줄 것이라고 기대할 수가 있었다.

내가 무제한 접근할 수 있었던 또 하나의 서류뭉치는 도널드 맥클린과 관련된 것으로, 그는 때에 따라 '스튜어트', '와이즈', '리릭', '호머'라는 암호명으로 활동했다. 내가 알고 있는 케임브리지 공작원들의 사생활 중에서 맥클린에 관한 것이 가장 적다. 나는 그가 공작원으로서의 생애를 이미 마친 뒤 모스크바에서 처음 만났다. 그러나 나는 그가 본부로 보고한 모든 문서의 상당 부분을 처리했기 때문에 그가 어떤 사람이었고, 어떻게 일했으며, 어떤 정보를 보고했는지 아주 잘 알고 있다.

도널드 맥클린의 아버지 맥클린 경Sir Donald Maclean은 장로교 교인이며 변호사로서 생애 초기에 정치에 몸담았다. 그는 자유주의자였으며 램지 맥도널드* 정부에서 교육부 장관을 지냈다. 맥클린 경은 아버지로서 자기 자식들에게 다분히 무관심했다. 도널드 맥클린은 감성적이고 비사교적이며 깊은 생각에 잠기는 아이로 자랐다.

그는 아주 어릴 때 노퍽 주 홀트에 있는 그레셤 학교Gresham's School에 들어갔다. 그는 재능이 많았지만, 제임스 클루그먼James Klugman을 제외한 동급생들과 친하게 지내지 못했고, 아이들도 그를 무리에 끼워주지 않았다. 상처받은 어린 시절을 따라다닌 외로움은 계속해서 그의 생애에 씻기

* 제임스 램지 맥도널드(James Ramsay MacDonald, 1866~1937). 1924년, 1929~1931년 영국 총리.

지 않는 흔적을 남겼다.

그레셤 학교를 마친 뒤 그는 1931년 케임브리지 대학 트리니티 칼리지의 외국어 문학부에 입학했다. 그곳에서 그는 어디든 나타나지 않는 곳이 없는 가이 버제스를 만났고, 그와 종종 밤늦게까지 정치와 마르크스 이론에 대해 이야기했다. 버제스의 영향에 점점 더 빠져들면서 그는 특히 미국, 아예 자본주의 전체에 대한 강한 증오감에 물들어갔다.

그는 오만하고 멸시하는 듯한 자세 때문에 학생들 사이에 사이비 신사로 알려졌으나, 사실 그의 거만함은 끓는 열정을 숨기는 방패로 작용했을 뿐이다. 그 당시의 케임브리지나 옥스퍼드 대학생 대부분과 같이 그도 주로 스포츠와 정치에 관심이 컸다. 1930년대 노동자들의 빈곤한 처지는 그에게 강렬한 저항심을 불러일으켰고 공산주의자들과 쉽게 가까워지도록 만들었다. 자신의 정치적 신념을 솔직하게 표현하지 않는 블런트나 정치에 대해 목이 쉬도록 논쟁하면서도 개인적인 관점을 표현하지 않는 버제스와 달리, 맥클린은 시위에 참여했으며 자신을 정의를 위해 타협할 줄 모르는 강경한 투사로 생각했다.

언젠가 나는 영국 신문에서 사진을 보았는데, 도널드 맥클린이 결의에 찬 모습으로 노동자 행렬의 맨 앞에서 행진하고 있었다. 그는 옳은 일을 위해서는 모든 것을 희생할 각오가 되어 있는 사람이었다.

맥클린은 자기가 죽는 날까지 공산주의 신념에 충실했다. 그는 마르크스-레닌주의가 유일하게 올바른 가르침이라고 믿었다. 케임브리지 학생일 때에도 그는 종종 소련 청소년들에게 영어를 가르치는 것이 소중한 꿈이라고 말했다. 왜 하필 영어냐고 물으면 "세계혁명은 영어로서 완성될 것이기 때문이야. 소련 사람들은 영어를 알아야 해"라고 답변하곤 했다.

그는 선생이 되어 평생 젊은이들을 계도하고 계몽하는 꿈을 남몰래 키워왔다. 그는 천생 끝없는 참을성이 요구되는 정보원의 고된 활동 분위기

속에서 살기 어려웠다. 스파이 생활은 줄곧 그를 억압했다.

많은 사람들과 달리 맥클린은 공개적으로 공산당을 지원하지 않았다. 이미 그때에 자기의 장차 운명이 어떻게 결정될지를 예측이라도 했던 것처럼 지하 세포조직에 가입했다. 그의 생애에 이중적 측면이 제일 처음 나타난 것은, 당시 램지 맥도널드 정부의 교육부 장관에 막 취임한 아버지에게 자기가 무신론과 사회주의를 얼마 전 받아들였고 그 옹호자라는 사실을 숨길 수밖에 없던 때였다. 그러나 사정은 반전되어 아버지가 장관직에 오래 머물지 않게 됐다. 1932년에 별안간 아버지가 죽은 것이다.

맥클린은 케임브리지 망에 받아들여진 1934년까지 지하에서 일했다. 어떻게 그렇게 됐는지 세 가지 가설이 존재한다. 첫 번째는 그레셤 학교 친구이며 좀 뒤에 같은 트리니티 칼리지의 학생이 된 제임스 클루그먼이 그를 이 망에 가입시켰다는 것이다. 두 번째 가설은 맥클린과 잠깐 동성애적 관계를 가졌던 버제스가 그를 포섭했다고 주장한다. 세 번째는 필비 자신이 맥클린을 파시즘에 반대해서 소련을 위해 일하라고 설득했다는 것이다. 나는 이 세 가지 가설 가운데 어느 것이 맞는지 모른다. 나는 이 문제에 관해 관심은 컸지만 결국 그가 어떻게 포섭됐다는 그 어떤 단서도 발견하지 못했다. 그 당시 NKVD의 런던 주재 공작관들의 업무 수행이 별로 신통치 않았다는 것을 인정할 필요가 있다. 그들은 늘 내용이 엉성하며 완결되지도 않았고 노력이 부족한 보고서를 모스크바로 보냈는데, 맥클린의 포섭과 같은 중요한 이야기에는 관심도 없었다.

1934년 6월 도널드 맥클린은 일등으로 학위를 받고 케임브리지를 졸업했다. 그 이후 그와 우리의 관계는 필비를 통해 유지됐다. 몇몇 전문가들은 테오도르 말리와 아널드 도이치가 이 기간에 맥클린과 접촉을 유지했다고 생각한다. 맥클린이 도이치의 강요로 공산주의자들과의 관계도 끊었다고까지 확언하고 있다. 그러나 이 사람들은 잘못 알고 있는 것이다. 도이치는 1934년 5월에야 런던에 도착했으며, 한참 뒤 거의 연말이 되어서야 맥클린을 소개받았다. 그리고 말리는 1936년 초까지 런던에 없었다.

본부는 그에게 버제스의 경우와 같이 정부기관에, 가능하면 외무부에 들어가 정착할 것을 제의했다. 맥클린은 동의는 했으나 이러한 제의가 확실히 마음에 들지 않았던 것으로 보인다.

1934년 여름 그는 어머니에게 소련에서 영어를 가르칠 생각이 이제 없으며 외교 분야에서 한번 일해보고 싶다고 말했다. 아들의 정치적 성향을 알고 있던 메리 맥클린은 깜짝 놀랐으나, 그때는 생각지도 못했던 그러한 변화에 대단히 기뻐했을 뿐이었다.

그는 1935년 8월로 잡힌 외무부 채용시험을 준비하기 시작했다. 그는 대학에서 좋은 성적으로 학위를 받았으나 공산주의자와의 관계 때문에 가능성은 별로 크지 않았다. 대충 100명 정도(이 숫자는 이미 너무 많았다)가 도널드가 공산주의 비밀 세포조직에 속해 있다는 사실을 분명하게 알고 있었다. 채용위원회도 물론 이에 대해 이미 알고 있었다.

그는 모든 시험을 쉽게 그리고 성공적으로 통과했다. 계속 이어서 면접이 시작됐다. 면접관은 그에게 단도직입적으로 선언했다.

"맥클린 씨, 당신이 공산주의 사상을 옹호하고 있다는 소문이 무성한데, 이는 당신도 알다시피 외무부 채용을 불가능하게 합니다."

맥클린은 이러한 질문에 준비가 되어 있었다.

"맞습니다. 얼마 동안 저는 정말 공산주의 이상을 믿었습니다. 그러나 이는 저 혼자만이 아닙니다. 지금도 아직 완전히 단절하지 않고 있습니다만, 이미 제 자신은 분명한 결론을 내렸습니다."

이러한 답변은 그의 운명을 결정할 늙은 신사들의 의혹을 해소시키기 위한 것이었을 뿐이다. 그리고 1935년 10월 도널드 맥클린은 정말로 외무부에 입사했고, 네덜란드·스위스·스페인·포르투갈 업무를 담당하는 서방국의 서기로 일하게 됐다. 그는 네 명의 동지들 가운데서 최초로 영국 권력 최고위층에 침투한 것이다.

1936년 초에 런던에 도착한 테오도르 말리는 도널드 맥클린을 직접 맡았다. 말리는 맥클린에게 정보업무의 기본과정을 가르쳤다. 정보는 어떻게 수집하는지, 본부로는 어떻게 보내는지, 감시자의 감시를 어떻게 따돌리는지를 가르쳤다. 말리는 젊은이에게 참을성을 강조했다. 그는 맥클린의 능력을 시험하기 위해 케임브리지 그룹의 다른 멤버들과 함께 그에게 영국의 지배층 내 친파시스트 성향의 인사들을 관찰하라는 첫 임무를 부여했다. 맥클린은 이 임무를 성공적으로 수행했다. 그는 그 밖에 2류급밖에는 안 될지라도 스페인내전에 관한 몇몇 첩보를 수집하는 데 성공했다. 그런데 내가 알고 있는 모스크바의 자료에는 그 내용이 나타나지 않았다.

그렇지만 NKVD도 도이치와 말리도 그 당시 맥클린이 수집하는 정보의 질에 대해 초조해하지 않았다. 그들은 맥클린을 적절한 때, 즉 외무부에서 확고한 위치를 차지할 때 활동할 수 있도록 잘 '보관'하기로 결정했다. 도이치와 말리는 곧 비극적인 종말을 맞았지만 도널드 맥클린에게 큰 기대를 건 진정한 전문가였다. 맥클린은 외무부에서 뛰어난 능력을 발휘하기 시작했는데, 1938년 초에 외무부는 그를 파리 주재 영국 대사관의 서기관으로 임명했다. 맥클린은 이 임명을 받고 기뻐서 어쩔 줄을 몰랐다. 맥클린의 최고위 상관인 외무장관은 프랑스 주재 영국 대사에게 보낸 편지에서 다음과 같이 썼다. "외무부에서 2년 동안 근무한 도널드 맥클린은 대단히 훌륭한 직원임을 보여주었습니다. 이 직원은 붙임성 있고 똑똑하며 단련된 사람입니다." 그러나 외무부 내 맥클린의 동료들은 그의 성격에 그토록 큰 찬사를 보내지 않았다는 점을 말해두지 않을 수 없다.

맥클린은 파리를 아주 좋아했다. 그는 예술적으로 방종한 프랑스 수도의 분위기에 빠르게 빠져들어 예술가들과 미국의 부호들, 학생들과 접촉했다. 종전으로 치닫는 스페인내전에 대한 그의 정보는 이제 더욱 값지게 됐다. 그 정보는 피난민, 전쟁포로, 프랑스 정부와 프랑코 정권 관계 등에 관한 것이었다. 그는 관심을 끌 수 있다고 생각하는 모든 것을 어려움 없이 NKVD 파리 거점으로 보냈다. 그러나 KGB의 문서보관소에는 맥클린이 제보한 내용의 어떠한 서류도 흔적을 찾아볼 수 없다. 독일군이 모스크바에 가까이 다가오자 철수하면서 모두 파기한 것으로 보인다.

맥클린은 자기의 새로운 직책에서 쉽게 동료 외교관들을 추월하면서 열성적으로 일해 성과를 올렸다. 1940년 봄에는 벌써 삼등서기관이 됐다. 친구들과 동료들은 그가 영국 외교관 직제에서 가장 높은 외무부 사무차관 직책에 오를 것이라고 미리 점치곤 했다.

이 시기에 맥클린은 당시 파리에 살던 부유하며 똑똑한, 장차 아내가 될 멀린다 말링Melinda Marling을 만났다. 그는 정신을 잃을 정도로 그녀에게 빠졌지만, 막상 멀린다는 그에게 처음부터 차갑게 대했다. 그러나 곧 그녀의 냉담한 반응은 약해지기 시작했고, 두 젊은이는 그르넬가街의 시청 제7국에 혼인신고를 했다.

결혼하기 며칠 전, 맥클린은 미래의 아내에게 자신이 NKVD의 공작원이라는 사실을 솔직하게 고백했다. 그녀는 이 사실을 쉽게 받아들였고, 무슨 일이 일어나더라도 그를 전적으로 지지하겠다고 약속했다. 멀린다는 성스러울 정도로 남편에게 한 말을 지켰다. 자기의 어깨에 그토록 무거운 평생의 짐을 진다는 것은 웬만큼 그를 사랑해서는 불가능한 일이었다. 나는 정말로 그렇다고 생각한다. 멀린다는 남편이 1951년 영국에서 갑자기 도망갈 때까지 그와 NKVD의 관계를 몰랐다고 지금까지 주장하고 있다.

1940년 독일군이 프랑스 국경을 넘어서 파리의 문 앞에 다다랐다. 허니문을 즐기기는커녕 맥클린 부부는 자기들의 목숨부터 구하지 않으면 안 됐다. 영국 대사관은 공포의 그림자가 짙게 깔려 있었다. 대사도 그의 참모들도 상황에 대처하지 못했고, 각자는 어떻게 하면 빨리 영국으로 돌아갈 수 있을지에만 골몰했다. 오직 젊은 맥클린과 대사관의 몇몇 동료만이 정신을 차리고 있었다. 그들은 명료한 철수계획을 작성했고, 대사관의 문서를 모아 그 가운데 일부는 파기하고, 가장 중요한 것들은 반출했다. 맥클린의 침착함과 기지와 용감함은 뒤에 인정을 받았으며, 지휘부로부터 칭찬도 받았다.

맥클린과 그의 아내는 독일군에게 아무것도 남겨놓지 않고 맨 마지막으로 대사관 건물을 떠났다. 그들은 자동차로 해안에 도착했다. 딱 제시간에 도착해 마지막 모터 어뢰정이 영국 해안을 향해 떠났다.

런던에 도착한 뒤 곧 그는 외무부 총무국의 이등서기관으로 발령됐다. 이 자리는 특별히 권위 있는 자리는 아니지만, 그에게 다양한 문서들, 특히 조달부, 국방부뿐 아니라 해군부와 외무부 사이의 상호 연락 문서에 접근할 수 있도록 해주었다.

런던에 가정을 꾸리고 나서 멀린다는 부모와 지내기 위해서 미국의 집으로 향했다. 1940년 12월 멀린다는 아이를 유산했다. 맥클린은 런던에 혼자 남아서 깊은 우울증에 빠졌고 이는 그의 일에 반영됐다. 그렇지만 그는 새 연락책인 헨리에게 값진 정보를 많이 전달했다. 그에게는 외교우편, 즉 영국과 미국이 교환하는 문서에 자유롭게 접근할 수 있는 권한이 있었다. 외무부 고위급들의 사무실을 돌아다니면서 그곳에서 들은 대화 내용도 우리에게 보냈다.

히틀러가 소련을 공격한 뒤 맥클린은 우울증을 털어냈다. 그러는 가운데 그는 내각 군사국에서 나오는 전보와 문서를 포함해 훨씬 더 중요한 정보에 접근할 수 있는 권한을 부여받았다. 이 새로운 기관은 전쟁의 일상적인 진행과 관련한 모든 문제의 해결을 위해 조정하는 역할을 했다. 독일에 대한 영국의 전쟁정책을 결정하는 책무가 부과된 군사국 회의에는 내각

장관들이 참석했다.

도널드 맥클린은 합참으로부터도 수많은 문서들을 받았고, 또한 외무부 본부와 외무부 해외 대표부들 사이에 오가는 통신문들을 읽을 수도 있었다. 워싱턴과의 교신은 우리에게 그야말로 큰 호기심을 불러일으켰는데, 이는 영국에 배치되어 있는 연합국 군대 대표들과 영국 외무부 간의 교신들과 같은 수준의 가치가 있었다. 사람들은 스탈린이 폴란드 망명정부 수반인 브와디스와프 시코르스키Wladislaw Sikorski와 공식적인 연맹관계를 맺었다고 생각했지만 막상 스탈린은 깊은 의혹을 갖고 그를 대했다. 그래서 스탈린은 어느 날 아침 자기 책상 위에 시코르스키와 영국 사이의 회담에 관한 상세한 내용의 보고서가 놓여 있는 것을 보고 말로 표현할 수 없을 정도로 기뻐했는데, 그 보고서에는 영국이 스탈린을 거칠게 비난하는 내용이 들어 있었다. 이러한 모든 자료는 맥클린이 우리에게 제공한 것이다.

1943년 4월에 맥클린은 시코르스키가 카틴에서 저질러진 대량학살(카틴 숲 학살 사건)에 관한 소련의 발표를 한마디도 믿지 않는다는 내용의 보고서를 본부에 전달했다. 소련 언론은 당시 카틴에서 수천 명의 폴란드 장교들을 사살한 것은 독일이라고 주장했다. 물론 이와 관련해 시코르스키가 무슨 생각을 하든 스탈린에게는 아무런 의미가 없었고, 단지 전 세계적 규모의 문제들만을 자신의 문제로 보았다. 그럼에도 런던 주재 폴란드 정부가 국제적십자사에 카틴 사건을 조사하도록 요구했을 때, 스탈린은 즉시 시코르스키와 모든 관계를 끊었다. 그 뒤 폴란드 탈취계획을 세우기 시작했을 때에야 스탈린은 다시 이 나라에 대해 적극적인 관심을 보였다.

몇몇 신문과 케임브리지 망에 대해 책을 쓴 작가들은 맥클린이 제공하는 특보를 스탈린이 초조하게 기다리곤 했다고 말하고 있다. 이는 사실과 다르다. 나는 스탈린이 이 공작원의 이름을 알기나 했는지 의심스럽다. 그의 이름에 대해서는 관심이 없었고 단지 정보만이 중요할 뿐이었다. 정보 출처가 맥클린이었는지 또는 다른 공작원이었는지는 의미가 없었다.

스탈린은 원래 아주 의심이 많아 우리의 이념적 영국인 공작원들로부터 그에게 직접 올라온 정보를 제외하고는 그에게 보고하는 모든 정보에 대해 의심을 품었으며, 그들의 보고서를 아주 주의 깊게 읽었다.

맥클린은 소련과 직접 관계된 문제에는 제한되어 있었다. 그가 다른 자료에 접근할 수는 있어도 모든 것을 손에 넣기는 불가능했다. 그렇지만 특별임무를 부여받을 때에는, 특히 우리가 관심을 가지고 있는 다른 첩보들도 제공했다. 예를 들면 1943년에 헨리는 그에게 영국-프랑스 관계에 관심을 집중해달라고 요청했다. 당시 영국과 프랑스 사이에는 프랑스 식민지와 중근동 국가의 전후 운명에 관해 심각한 의견대립이 일어났다. 소련은 여봐란 듯이 신속하게 프랑스 민족해방위원회와 드골◆ 장군을 인정하고, 프랑스가 종전 후에 제국을 재창건할 것인지 알고 싶어 했다. 영국은 다소 공개적으로 몇몇 프랑스 식민지가 독립하기를 바란다는 희망을 표명했다. 맥클린은 이 문제와 관련해 정확한 첩보를 우리에게 제공했다.

1944년 3월 내가 케임브리지 망을 담당하게 됐을 때, 맥클린은 워싱턴 주재 영국 대사관의 일등서기관으로 승진했다. 이는 KGB에게는 깊은 감명을 주는 승리였고 맥클린 자신에게는 개인적인 영광이었다. 아마도 그는 미국에 대한 자신의 반감을 교묘히 숨기는 데 성공했던 것 같다. 맥클린 가족이 미국에서 입국통제소를 통과할 때 멀린다는 아주 자연스럽게 주소를 워싱턴 주재 영국 대사관이라고 말했으나, 맥클린은 장인인 던바 씨Mr. Dunbar(멀린다 어머니의 두 번째 남편)와 뉴욕에서 살 것이라고 말했다.

◆ 샤를 드골(Charles de Gaulle, 1890~1970). 1959~1969년 프랑스 대통령. 1940년에 런던에 '자유프랑스(1942년부터는'투쟁하는 프랑스')'라는 애국운동 단체를 설립, 1941년에는 프랑스 민족위원회, 1943~1944년에는 알제리에서 결성된 민족해방위원회의 지도자가 됐다.

본부는 맥클린의 업무에 대단한 의미를 부여했고 그에게 큰 희망을 걸고 있었기 때문에 런던의 접촉선인 헨리와만 접촉하겠다는 맥클린의 요구에 동의했다. 그래서 헨리는 1944년 10월 미국으로 가서, 당시 본부로부터 '호머'라는 새로운 암호명을 받은 맥클린만 전적으로 담당했다. 항상 똑같은 사람과 일해야 한다는 것은 맥클린 나름의 약점 가운데 하나였다. 그는 자기 안전에 대해 좀스러울 정도로 안절부절 못하는 태도를 보였다. 지나치게 경계심이 강한 도널드 맥클린은 이미 잘 알고 있는 사람이 아니면 우리의 워싱턴 거점 요원들 가운데 누구와도 만나기를 단호하게 거절했다.

KGB의 지도부는 기쁨을 감출 수 없었다. 맥클린이 워싱턴에서 어떻게 일을 할 것인지 예상할 수 없었으나, 지금까지의 성과로 보아서 그가 결국 큰 성공을 거둘 것이라고 확신했다. 우리는 장래성을 보고 참을성 있게 기다려 전쟁의 결정적인 시기에 우리 공작원을 중요한 직책에 박아놓은 것이다. 연합군의 노르망디 상륙이 가까워옴에 따라 우리는 사태가 어떻게 진전될지 초조하게 기다렸다.

내가 케임브리지 공작망을 떠맡았을 때, 해외정보총국의 모든 요원은 아주 유능한 공작원인 도널드 맥클린과 킴 필비 두 사람을 성공적으로 정착시킨 데 대해 큰 자부심을 느끼고 있었다. 이들은 냉전의 문턱에서 워싱턴 주재 영국 대사관이나 반공산주의 투쟁을 지휘하는 영국 비밀기관과 같은 핵심적인 자리에 침투해 있었던 것이다.

세계의 그 어느 정보기관도 전쟁 전이나 후를 막론하고 그토록 큰 성공을 거둔 적이 없었다.

킴 필비 *Kim Philby*

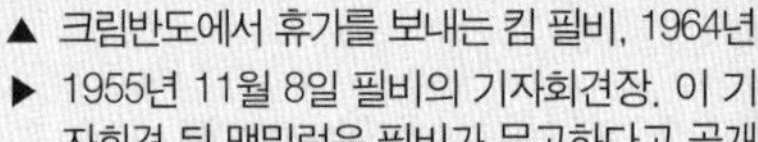

▲ 크림반도에서 휴가를 보내는 킴 필비, 1964년

▶ 1955년 11월 8일 필비의 기자회견장. 이 기자회견 뒤 맥밀런은 필비가 무고하다고 공개적으로 인정했다.

▲ 블레이크 부부의 집에 초대를 받은 필비와 그의 아내 루피나. 조지 블레이크는 소련공작원으로 적발되어 런던의 감옥에 갇혔다가 탈옥해 1966년 소련에 도착했다.

◀ 모스크바, 1968년 5월

가이 버제스 *Guy Burgess*

▶ 모스크바, 1957년 4월

▶ ≪데일리익스프레스≫의 기자 테런스 랭커스터와 함께, 1957년 11월

▼ 소치에서 휴가를 즐기는 가이 버제스, 1962년 여름

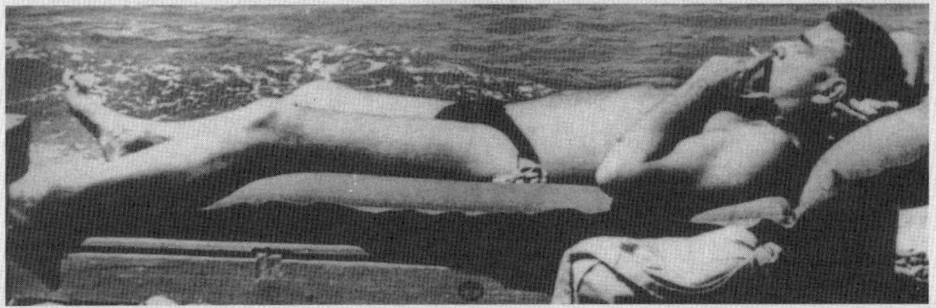

앤서니 블런트 *Anthony Blunt*

◀ 앤서니 블런트. 영국 왕실의 친척이며 조지 6세의 친구였다. 제2차 세계대전이 끝난 뒤에는 버제스·필비와 KGB 사이의 연락책으로서 활동했다.

▶ 앤서니 블런트, 1960년대 후반. 세계적으로 유명한 18세기 회화 전문가로서 여왕의 고문이기도 했던 블런트는 1962년까지 MI6의 의혹을 모두 부정했다. 케임브리지 망에 블런트가 포함됐다는 사실이 세간에 밝혀진 것은 1979년 마거릿 대처 총리 때였다.

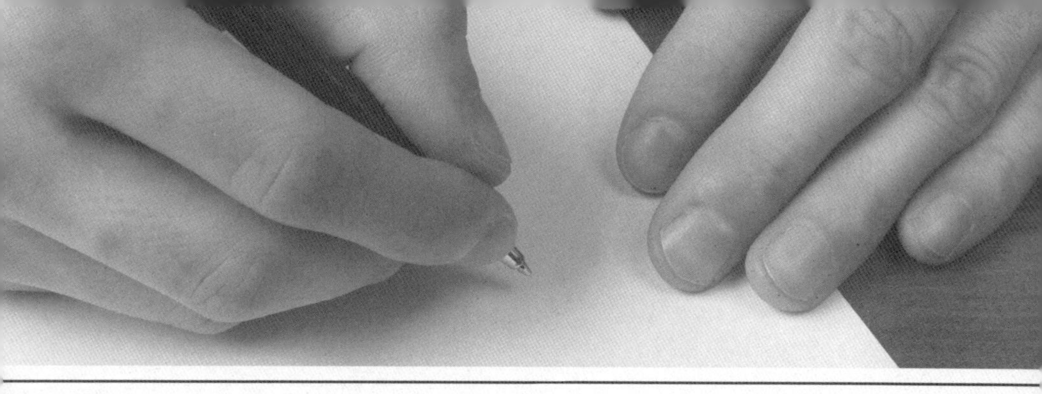

04

그늘 속의 사람들

04

나는 케임브리지 공작원들이 보내온 문서를 처리하던 1944년까지만 해도 내가 그들을 만나볼 수 있게 되리라고는 꿈도 꾸지 못했다. 나는 단지 기존 KGB의 문서철과 런던 거점 요원들이 보내온 매우 단편적인 첩보에서 생산한 보고서로만 그들을 알았을 뿐이다. 나는 당시 그들을 통제한 아나톨리 보리소비치 고르스키(헨리)가 그들을 별로 신통치 않게 생각하고 있다는 것을 즉시 깨달았다. 고르스키가 특히 버제스를 사기꾼, 모험가, 거짓말쟁이, 술주정뱅이라고 생각했던 것이다. 원래 고르스키는 NKVD의 평범한 기능요원에 지나지 않았으나, 전쟁이 나기 훨씬 전에 대사관에서 근무하다가 1938년 숙청 덕분에 기관의 정보업무를 담당하게 된 사람이었다. 그에게는 그 나름의 장점이 있었는데, 집요함·외교적 감각 같은 것이다. 그러나 각 공작원에 대한 판단과 그들과의 친교는 개선할 점이 많았다.

고르스키는 공작원들을 거칠게 쥐어짰다. 이는 특정 공작원으로부터 최대한 뽑아낼 수 있도록 해주었으나, 통제자로서 그가 머릿속에 담고 있던 "더욱더 요구하라, 그러면 더 나올 것이다"라는 원칙은 사람들에게 모욕감을 주지 않았나 하는 생각이 든다. 그는 대단한 상관인 것처럼 행세하며 공작원들에게 거만하게 굴었으며, 그들이 아주 훌륭한 자료를 제공했을 때에도 그들의 업무 성과를 얕잡아보았다. 이러한 행동은 우리의 영국 공작원들을 격노케 했다. 그들은 기꺼이 우리를 돕고 있었으며 우리를 위해 결정적인 위험을 감당할 각오가 되어 있었으나, 고르스키는 존경하지 않았다.

나는 처음에는 고르스키의 보고를 곧이곧대로 받아들였다. 그러나 보리스 미하일로비치 크레텐셸트Boris Mikhailovich Kretenshield(크레신Kreshin, 뒤에 크로토프Krotov로 불렸다)가 헨리의 후임으로 온 뒤, 케임브리지 공작원들에 대한 나의 생각은 완전히 바뀌었다. 크레신은 전임자 못지않게 효율적이고 명석했다. 헨리와 크레신을 서로 비교하면 공통점이라고 할 만한 것은 이것 말고는 없었다. 크레신은 항상 예의 바르고 호감을 주며 우리 공작원들이 그와 함께 만족감을 느끼고 일할 수 있도록 하는 데까지는 성공해, 좀 뒤에 그들은 아주 따뜻한 마음으로 크레신을 대하게 됐다. 크레신은 그들을 친한 친구처럼 대했고 결코 명령하지 않았으며, 늘 예의 바르게 "이렇게 좀 해주신다면 정말 좋을 것 같습니다"라고 말했다. 이렇게 하여 모든 것이 잘 풀려나갔다.

크레신의 의견에 따르면, 버제스는 정말로 중요한 문제가 무엇인지 깊이 있게 이해하는 사람이었다. 그는 특히 버제스의 폭넓은 교양에 매료됐다. 내가 크레신을 모스크바에서 만났을 때, 그는 내게 자기 생각에는 버제스가 진심으로 우리에게 몸을 바쳤으며, 세계혁명을 위한 일에 자신을 던져 이 혁명의 성공을 위해 목숨을 기꺼이 바칠 것이라고 말했다. 그렇다. 이는 사실이었다. 그는 주정뱅이이고 동성애자이며, 변덕이 심하고 자주 공격적이고 난폭했다. 그럼에도 크레신이 그린 버제스의 초상화는 분명히 매혹적이었다.

1944년 말 내가 담당하는 네 명의 공작원에 또 하나의 이름 존 케른크로스(카렐)가 추가됐다. 그는 케임브리지 공작망의 '다섯 번째'가 됐다. 케른크로스는 과거에 이따금씩 우리의 다른 공작원과 만나곤 했으나 그룹에 들어오지는 않았다.

케른크로스 건에 대한 연구를 마치고 나서, 나는 그가 다른 공작원들과는 전혀 다른 생애를 걸어왔다는 인상을 받았다. 이 사람은 1913년 글래스고의 중산층에서도 하류계층에 속하는 가정에서 태어났다. 그렇지만 우리와 전혀 관계가 없었던 그의 형 알렉스는 크게 성공했다. 경제 전문가로서 그는 한 정부기관에서 아주 높은 지위에 있었다. 두 형제는 항상 우애가 깊었다.

케른크로스는 글래스고에서 멀지 않은 해밀턴 아카데미를 마치고 케임브리지 대학의 현대언어학부에 입학했다. 입학 초기부터 그는 '하류' 출신의 신분으로는 사회에서 성공할 수 없다고 느꼈다. 그는 주위 학생들의 경멸적인 조소와 적대감을 어렵게 이겨나갔다. 그럼에도 그는 공부를 잘해서 프랑스 소르본 대학에서 학업을 계속할 수 있는 장학금을 추천받았고 그곳에서 불문학을 공부할 수 있었다. 그 당시 그러한 기회는 좀처럼 없었다. 젊은 케른크로스는 옥스퍼드나 케임브리지의 특권층과 경쟁하지 않으면 안 됐고, 경쟁자들은 좋은 인맥이 있어 이를 부끄럼 없이 이용했다. 그는 뒤에 이를 분개하며 내게 말하곤 했다. 나는 바로 이러한 사회적 불공정이 그를 공산주의자가 되도록 결심하게 만들었다고 생각한다.

마침내 케른크로스는 추천을 노골적으로 반대한 대학행정처의 입장과 달리 장학금을 받아 소르본행 기회를 거머쥐었다. 그는 1933~1934학년도를 소르본에서 보냈다. 그는 파리에서 사는 것이 즐거웠고, 공산주의자 학생들 중에서 친구를 사귀었다. 그 당시 좌우세력 간의 투쟁이 공개적으로 일어나고 날이 갈수록 점점 더 잔인해지는 성격을 띠었다. 1934년 2월 6일 콩코르드광장에서 파시스트들이 조직한 데모는 경찰과의 격렬한 격투에 이르렀고, 그 결과 열여섯 명이 죽었다. 2월 9일 공산주의자들은 보복 데모를 조직했고, 역시 유혈사태로 끝나서 일곱 명의 사람이 죽었다. 케른크로스는 이러한 사태들을 주의 깊게 관찰했다. 독일에서는 노동조합이 금지됐으며 1934년 1월 1일 자로 강제불임법 등 차별적인 법률들이 효력을 발휘했다. 히틀러는 유럽에서 끈질기게 전쟁을 도발하며 적극적인 국가 군비강화에 들어갔다

케른크로스는 진정한 사회주의자로서 의견을 펴나갔다. 친구들은 그를 공산당으로 끌어들이지도 않았고 대학에서 열심히 공부하는 데 방해가 되지도 않았다. 그는 학업에서 빛나는 성공을 거두었고 제1등급의 졸업장 licence ès lettres을 받았다. 바로 그때 케른크로스는 몰리에르에게 빠졌고, 후에는 이 위대한 극작가의 작품을 연구하는 뛰어난 학자가 됐다. 1934년 가을 케임브리지 대학 트리니티 칼리지로 돌아왔다. 2년이 흐른 후 그는 졸업장을 받았다. 그의 관련 기록들을 살펴보면 그가 그 당시 이미 공산주의자였음을 알 수 있다.

케른크로스를 포섭한 것은 영국에 있는 우리 흑색요원인 테오도르 말리도 아니고 우리의 케임브리지 공작원들 중 그 누구도 아니다. 버제스와 그의 친구들도 아마도 케른크로스의 얼굴을 알기는 했을지라도 전혀 그에게 관심을 둔 적이 없었다. 케른크로스는 그들과 속한 사회계급이 달랐으며, 그래서 케임브리지의 귀족학생클럽에 가입할 수 없었다.

1936년 런던의 거점장은 케임브리지에서 포섭된 네 명에게 존 케른크로스에 대한 의견을 제시하도록 요청했다. 그들은 대학의 각종 참고자료를 뒤지며 자신들이 할 수 있는 범위 안에서 양심껏 케른크로스에 대한 평가를 매겼다. 그러나 그들 가운데 누구도 그의 포섭에는 관여하지 않았다. 네 사람은 물론 우리가 케른크로스에게 관심을 가지고 있으며, 그들이 그에게 접근하기를 기대하고 있다는 것을 눈치채고 있었으나 그 이상은 아무것도 없었다. 어쨌든 그들의 답변은 그들이 케른크로스에 대해 아는 것이 별로 없다는 사실을 보여주었다. 본부에서 받아 본 보고서에는 "사회생활에서 어떤 태도를 취해야 하는지, 사람들과 어떻게 어울려야 하는지를

모른다"라고 지적하고 있었다. 그럼에도 버제스, 필비, 블런트, 맥클린은 케른크로스가 교육을 잘 받았고 똑똑하나, 자기들과 가까워지지는 않을 것이라고 했다. 그래서 결국 결정적으로 케른크로스에게 접근한 사람은 바로 과거 맥클린의 그레셤 학교 친구로 케임브리지 대학생인 부유한 클루그먼이었다.

클루그먼은 영국공산당에서 일했는데, 확신에 찬 마르크스주의자였다. 케임브리지에서 공산주의자 세포조직을 만든 그는 우리와 직접 일한 적은 한 번도 없지만, 우리 정보기관과 가까운 관계를 유지했다. 때때로 어떤 일을 요청하면, 그는 통상 이렇게 말하곤 했다.

"나는 우리 당의 직접적인 지시로만 행동할 것입니다."

이러한 조건은 클루그먼과 우리의 관계를 어렵게 만들었다. 그를 움직이려면, 영국의 공산당 총서기인 해리 폴릿Harry Politt에게 먼저 접근해야 했다. 폴릿이 명령하면 클루그먼은 복종했다.

이번에는 해리 폴릿이 케른크로스를 포섭하라는 강력한 임무를 부여했기에 클루그먼이 그를 포섭한 것이다.

클루그먼은 묘한 사람으로서 종잡기가 어려웠다. 그는 대학 시절 누구에게도 마르크스주의 신념을 감추지 않았는데도 1939년 군 정보요원이 되는 데 성공했다. 그 뒤에 그는 이탈리아의 도시 바리Bari에 작전공작원으로 파견됐는데, 바리에는 발칸반도 내 독일인과 이탈리아인을 대상으로 한 레지스탕스 활동을 조율했던 라디오 센터가 있었다. 그는 유고슬라비아 저항운동을 지도했던 요시프 브로즈 티토Josip Broz Tito와의 접촉 관계를 확립하라는 임무를 부여받았다.

명백한 공산주의자가 특별한 어려움 없이 영국의 군 정보기관에 입대할 수 있었다는 것이 이상하게 보일 수도 있다. 그렇지만 이는 클루그먼에게만 해당하는 예외적인 것은 아니었다. 비밀기관들이 그들의 과거를 빈틈없이 조사할 수 없었다는 단순한 이유로 여러 공산주의자들은 그 당시 정부기관과 군 정보기관에 침투하는 데 성공할 수 있었던 것이다. 1930년대에는 공산주의에 깊이 동조한 대학생이 많았다. 전쟁이 시작되고 특수기관들이 인사문제의 질서를 회복하려고 상당한 노력을 기울이자, 과거 공산주의자였던 사람들은 자신들의 정치적 신념을 단순히 젊은 시절의 일시적 미망으로 치부하기 시작했다. 나치 독일이 런던을 폭격했을 때, 1966년에 우리 공작원 조지 블레이크George Blake가 탈출한 곳이기도 한 웜우드 스크럽스Wormwood Scrubs 감옥에 화재가 일어났다. 이 화재로 영국 정보기관들과 방첩기관들이 감옥 구내에 보관했던 모든 서류가 타버렸는데, 이는 이들 기관에 크나큰 고뇌덩어리가 됐다. NKVD는 이 소식을 듣고 대단히 기뻐했는데, 적극적으로 활동하던 공산주의자들과 동조자들의 명단 모두가 그들에 관한 상세한 자료가 들어 있는 철들과 함께 몽땅 타버려 우리가 마음 놓고 일할 수 있게 됐기 때문이다. 영국은 그 문서들을 결코 재생할 수 없었다. 이제는 클루그먼과 다른 몇몇 공산주의자들의 과거에 그늘을 드리울 수 있었던 사실들이 더는 존재하지 않았다. 그들의 명예를 훼손하는 모든 문서가 불 속에서 사라져버린 것이다. 1939년 클루그먼이 철저한 조사에 부쳐졌을 때, 그의 이력서에는 그가 케임브리지에서 공산당 세포조직을 지도했다는 언급마저도 남아 있지 않았다.

클루그먼이 바리에 체류하고 있을 때, 본부는 그가 값진 비밀정보에 대한 접근로를 확보했다는 사실을 잘 알고 있었다. 그러나 클루그먼은 그러한 정보들을 우리와 나눌 생각이 없었다.

그가 존 케른크로스를 포섭했을 때, 이 스코틀랜드인은 이미 확신에 찬 공산주의자였으나 정보요원으로서 적극적인 역할을 하려는 준비는 아직 미흡했다. 여기서 한 가지 덧붙여야 할 것은 케른크로스가 당에 충성을 서약하려는 특별한 열성은 보이지 않았다는 사실이다. 그래서 그는 클루그먼의 지시를 이행하는 것, 즉 마르크스주의와 공개적으로 결별하는 것이 전혀 어려운 상황이 아니었다.

케른크로스는 현대언어학 공부에 몰두해 1935년에는 제1단계의 학위를 수여받았다. 그의 불문학 지도교수는 앤서니 블런트가 됐다. 오로지 인간적 측면에서만 볼 때, 그들 사이에는 공통점이라고는 없었다. 케른크로스와 가이 버제스의 관계는 그래도 좀 나은 편이었으나, 기본적으로 그는 계속해서 그들에게 이방인으로 남아 있었다. 케른크로스는 한마디로 사람들과 어울릴 줄을 몰랐고, 이러한 단점은 그의 전 생애를 따라다녔다.

케임브리지에서 영광스럽게 학업을 마친 뒤 케른크로스는 외무부에 지원서를 제출했는데, 영국의 당시 관례와 달리 필수 시험도 보지 않고 즉시 채용이 됐다. 첫해를 보내는 동안 그는 여러 다양한 과들, 특히 미국과에서 일을 했으나 동료들 가운데 누구와도 친분을 쌓을 수 없었다. 동료들은 그가 촌스럽고, 옷을 입을 줄도 모르며, 오만불손하고, 외교적이고 사교적인 품위 있는 예절을 경멸적으로 대한다고 생각했다. 그들은 그가 "우리와는 달라"라고 말하곤 했으며, 그가 이를 분명히 알아차릴 수 있도록 했다. 솔직히 말해서 나는 NKVD와의 협력도 동료들의 조롱이 그의 가슴에 불러일으킨 끝없는 증오심에서 유래됐다고 생각한다. 영국인들의 말대로 케른크로스에게는 항상 싸울 태세를 갖춰야 할 이유가 충분했다.

외무부에서 도대체 왜 케른크로스를 채용했는지 나는 항상 의아했다. 그 당시에는 그와 같은 사람들은 채용되지 않았다. 케른크로스가 대단히 똑똑한 것은 틀림없었지만 이것은 직원을 뽑는 유일한 기준이 결코 아니었다. 응시자의 사회적 출신성분, 좋은 매너와 단단한 인맥관계가 더욱 중요한 장점으로 생각됐다. 케른크로스의 아버지는 누구도 아는 사람이 없는 스코틀랜드의 한 사무원에 지나지 않았고, 케른크로스 자신은 거북스럽고 성마르며 사회에서 결코 적응이 불가능한 사람이었다. 그와 자주 충돌했던 도널드 맥클린은 우리에게 "케른크로스는 그렇게 유쾌한 타입의 사람은 아니며, 외무부에서 누구와도 대화하지 않는다"라고 보고했다.

그럼에도 겨우 몇 달밖에 안 된 사이에 케른크로스는 NKVD에 독일과 관련된 많은 정보를 제공했다. 테오도르 말리와 아널드 도이치가 그와 접촉했다. 실제적으로 케른크로스는 그의 시야에 들어오는 모든 것을 우리에게 보고했다. 그의 정보는 짧고 실질적이라는 특징이 있었다.

케른크로스는 조직 안에서 동료들의 호감을 얻을 수 없었기 때문에 이 과에서 저 과로 옮겨 다녀야만 했다. 그는 막다른 골목으로 쫓기는 느낌을 받아왔으며, 1938년 말 재무부로 밀려났을 때에야 비로소 안도의 한숨을 내쉴 수 있었다. 그 당시 NKVD는 그와의 접촉이 끊겼는데, 그렇지 않았다면 아마도 틀림없이 외무부에 그대로 남아 있으라고 그에게 권했을 것이다. 우리는 재무부보다는 외무부에 훨씬 더 관심이 컸기 때문이다.

나는 그가 외무부 재직 시절 어떤 정보를 보내왔는지, 아니면 아예 보낸 적이나 있는지 여부를 알 수가 없다. NKVD가 숙청으로 몸살을 앓았다는 사실을 잊지 말아야 한다. 루뱐카에는 얼마 되지 않는 직원들만이 남아 있었을 뿐이며, 이들은 살아남기 위해 케른크로스에게까지 신경을 쓸 여유가 없었다. 서방에 있는 신참 공작원까지 어떻게 돌본단 말인가. 자신의 생명을 구하는 것이 최대의 임무였다. 이 기간에 런던에는 아예 거점이 없는 것 같았고 그곳으로 보낼 사람도 없었다.

1938~1940년에 케른크로스가 보내온 정보로 이루어진 KGB의 연도별 문서철에서 나는 공백 기간을 찾아낼 수 있었다. 그러나 전쟁이 일어난 뒤 그의 위치는 근본적으로 바뀌었고, 즉각적으로 우리 정보기관이 사활을 거는 중요한 출처가 됐다. 그뿐만 아니라 그는 행키 경Lord Hankey의 개인 비서로 임명되기까지 했던 것이다.

행키 경은 20세기 영국 정치사에서 가장 흥미로운 인물 가운데 하나이다. 그는 영국 해군의 정보장교로 경력을 시작했고, 시간이 흐른 뒤 영국의 비밀기관 창설자들 가운데 한 사람이 됐다. 1930년대 초 그는 독일의 미친 듯한 군비경쟁에 대해 대단히 상세한 보고서를 만들었고, 나치가 생물학무기 실험을 진행하는 것을 처음으로 경계했다. 1938년 독일의 오스트리아합방* 직후 그에게는 중요한 임무가 부여됐는데, 비상상황 시의 국민방어조직계획에 따라서 국내에 특별 부대들을 창설하라는 것이었다.

케른크로스가 행키 경의 비서가 됐을 때, 처칠은 이미 정권을 잡았다. 과거 체임벌린 정부에서 무임소장관이었던 행키는 영향력을 약간 잃기는 했지만 비밀업무에 계속 중요한 인물로 남아 있었다. 영향력이 있던 시절에 그는 체임벌린을 위해 영국의 방첩기관과 정보기관, 암호해독 비밀기관 들의 상태에 관한 대단히 중요한 보고서를 만들었다. 이 보고서에서 행키는 일련의 개혁을 수행하고 완전히 새로운 기관, 즉 유격-파괴 그룹 특별작전이행위원회SOE9의 창설을 제안했다.

행키는 비밀기관 업무와 아울러 국방, 안보, 과학연구, 우편까지 포함해 최소한 10여 개의 위원회에서 위원장 일을 맡아 일을 처리했다. 한때 그는 우편전보부 장관직도 맡았다. 어떠한 문제가 일어나기만 하면, 영국 내각은 지칠 줄 모르는 행키를 위원장으로 하는 위원회나 소위원회를 창설했다. 행키는 다른 장관들이 생각하기조차 끔찍하게 여기는 산더미 같은 일을 항상 떠맡을 준비가 되어 있는, 끝없이 일하는 일벌레였다.

그러한 행키의 특별한 위치는 그가 모든 부문에서 특권을 누릴 수 있게 해주었다. 그는 문자 그대로 정식 장관은 아니었지만, 극히 중요한 정부의 모든 문서에 접근할 수 있었다. 그는 가끔 외무부의 전보까지도 읽었다. 대외정책, 국방, 공업과 과학연구의 조율과 관련된 말할 수 없이 중요한 보

* 안슐루스라고도 부른다. 1938년 3월 11~12일.

고서들은 늘 그의 책상 위에 놓여 있었다. 그리고 행키의 개인비서인 존 케른크로스는 귀중한 가치가 있는 것들을 바로 우리에게 제공했다. 상관의 이름이 극비문서 수령자 명단에서 빠져 있을 때마다 그는 직접 외무부 장관에게 항의서한을 보냈다. 결과는 오래 기다릴 필요도 없었다. 문서 수발원이 곧바로 나타나서 문서를 우리 공작원의 손에 직접 넘겨주었다.

대충 이 시기에 케른크로스는 헨리와 연락을 취하고 있었다. 그가 모스크바로 보내는 그토록 중요하고 내용이 풍부한 정보가 제대로 활용되고 있지 않았다는 것을 케른크로스는 상상도 할 수 없었고, 이는 우리로서는 다행이었다. 그 당시 우리에게는 서부전선의 전황과 관련된 첩보, 그리고 1941년 6월부터는 연합국 간의 상호관계에 관한 첩보가 매우 필요했다. 즉, 과학연구에 관한 보고서를 분석하는 일보다 우선순위에 있는 더욱더 시급한 일들이 밀려 있었다.

그러나 어느 날 갑자기 모든 것이 변해버렸다. 행키 경의 개인비서는 공작원들 가운데 처음으로 NKVD에 미국과 영국이 1940년 말부터 원자폭탄 개발을 위해 합동작업을 하고 있다고 제보했다.

케른크로스의 보고에 따르면 연합국은 우라늄-235를 기본으로 한 원자폭탄 제조가 완전히 가능했다. 우리에게는 행키 경이 영국의 과학협의위원회의 위원장에 임명된 것이 정말로 다행이었다. 이는 케른크로스가 이제 소련이 특별히 관심을 둔 수천 개의 다양한 문서를 읽을 수 있고, 사본을 만들 수 있으며, '빌릴' 수도 있다는 것을 의미했다. 이상하게 들리겠지만 그는 사진기를 전혀 사용할 줄 몰랐다. 뒤에 내가 기본적인 촬영기술을 가르치려 애를 써보았으나 아무런 성과도 얻지 못했다. 그는 전혀 요령이 없었다.

나는 케른크로스의 개인 서류철을 읽으면서 그가 본부에 보내온 문서의 목록과 내용에 특별히 관심을 가졌다. 모든 문서의 양은 그야말로 굉장했다. 예를 들면 1940년 말 행키 경이 작성한 「앞으로의 전쟁 전개에 대한 진단」이 들어 있었다. 과거 해군 정보장교였던 행키는 이 전례 없이 중요한 문서에서 영국 영토로 진격하려는 독일의 그 어떠한 시도도 실패할 것임을 예상했고, 대서양에서 잠수전이 확대될 것임을 미리 점쳤다. 두 경우 모두 그가 옳았음이 밝혀졌다.

처칠은 영국 남해안에 대한 독일의 공격 가능성을 항상 배제하지 않고 그 방어를 강화하도록 명령했다. 즉, 지뢰를 설치하고 참호와 대전차 참호를 파도록 했다. 그러나 이러한 것들은 돈이 대단히 많이 드는 대책으로, 행키가 독일은 결코 영국 공격을 시도하지 않을 것이라고 확신하면서 반대한 것들이다. 전쟁이 끝난 뒤 나는 이 요새들을 보기 위해 영국 남부를 여행했다. 정말로 장관이었다.

영국 전략에 관한 케른크로스의 보고는 우리에게 대단히 유익했다. 영국의 많은 정치가들 사이에 존재하는 전략문제 관련 이견에 대한 행키의 평가 또한 그러했다.

1941년 6월 독일이 소련을 공격했을 때 카렐은, 소련에 대한 군수물자 투입을 조율하기 위해 조직된 영국-소련위원회의 영국 측 활동에 관한 상세한 첩보를 보내기 시작했다. 그는 소련군에 특별히 필요한 무기들을 보내는 것을 영국 측이 내키지 않아하고 노골적으로 거부한다고 보고했다. 이 당시 공동의 적이 된 독일은 소련의 북쪽부터 남쪽에 이르기까지 모든 전선에서 공세를 강화하고 있었다. 케른크로스는 어려움 없이 이 정보를 수집할 수 있었는데, 이는 앞에서 말한 위원회의 장이 바로 모든 곳에 감초같이 끼는 행키 경이었기 때문이다. 우리는 이 존경할 만한 영국 정치가의 정중한 표면과 협력 준비의 가면 아래에 소련에 대한 어떤 원조도 반대하는 뻔뻔함이 숨어 있다는 것을 알고 있었다. 그는 소련과의 관계에서 참을성을 보이는 처칠을 비난할 기회를 결코 놓치지 않았다.

1942년 3월 헨리는 케른크로스에게 정보에 대한 다른 접근로, 즉 블레츨리파크에 있는 GC&CS에 침투해보라고 요청했다. 영국이 많은 무선통신을 도청하고 있다는 것이 우리를 불안하게 만들었다. 그들이 독일은 물론 소련의 전보들도 해독하고 있다는 소문이 돌았다. 사실 나는 그렇게 생각하지 않았다. 아마도 한두 개의 전보를 해독할 수는 있겠으나 그 이상은 아니었다. 그러나 일단 그러한 추측이 나돌고 있다면 그것을 확인하지 않을 수 없었다.

그래서 존 케른크로스는 GC&CS에 들어갔고 도청된 독일 공군의 보고를 분석하는 임무를 받았다. 케른크로스의 이 새로운 자리는, 1940년부터 영국이 나치 총참모부의 암호화된 통신과 그에 대한 전선의 답신을 해독할 수 있다는 것을 생각하면 특히 중요했다.

독일은 제1차 세계대전 직후 대단히 영리한 독일인이 만든 아주 편리하고 쉬우며 빠른 암호기계 '에니그마Enigma'를 이용하고 있었다. 발명가의 의도는 그 기계를 평화적 목적에 사용하는 것이었다. 얼마가 지난 뒤 독일은 제조특허를 사서 전쟁에 활용하려고 기계를 개조했다. 그 뒤 1930년대 초 독일의 공작원 한스틸로 슈미트Hans-Thilo Schmidt는 10년 동안에 걸쳐 영국과 프랑스에 독일의 재무장 상황과 히틀러의 의도에 대한 중요한 첩보를 제공했는데, 프랑스에 에니그마의 사용방법과 해독을 위한 몇 가지 열쇠를 넘겨줄 수 있었다. 그러나 프랑스는 그 내용을 잘 이해할 수 없어 영국에 도움을 요청했다. 영국은 재빨리 사안의 중요성을 깨닫고, 그 당시 암호해독 분야에서 뛰어난 기술력으로 명성이 높았던 폴란드를 이 사업에 끌어들였다. 세 나라는 함께 노력해 얼마간의 성공을 거두었으나, 그들이 한 발짝 전진하면 독일은 암호화 과정을 완성하면서 또 새로운 요소를 부착시키곤 했다. 그때 영국 MI6 부장인 스튜어트 멘지스는 에니그마 연구에 뛰어난 수학자 앨런 튜링Alan Turing을 투입했다. 영국과 프랑스, 폴란드

간의 협력은 1939년 9월 유럽 내 전쟁 발발과 소련 군대의 폴란드 영토 진입 때까지 계속됐다. 전쟁 과정에서 폴란드는 전리품으로 몇 개의 많이 부서진 에니그마를 손에 넣었다. 그러나 독일은 계속해서 그 시스템을 개선해나갔다. 1940년 여름 블레츨리파크의 튜링과 그의 동료들은 최초의 컴퓨터 가운데 하나(콜로서스Colossus)를 이용해 마침내 에니그마의 암호를 푸는 데 성공했다. 이 성공의 중요성은 아무리 강조해도 지나침이 없는데, 이 성공으로 연합국은 독일 정부와 최고군사령부 사이의 모든 무선통신에 접근할 수 있었기 때문이다. 당시 독일군 부대에는 모두 에니그마가 공급되고 있었다.

스탈린그라드 전투 중에 소련 군대는 26대 이상의 에니그마를 탈취했으나 모두 쓸 수 없게 된 것이었다. 이는 위험할 경우 파괴하라는 엄격한 명령이 독일 운영기사들에게 하달됐기 때문이었다. 독일 전쟁포로들이 이들 기계에 적용했던 문자를 내놓은 뒤에 소련 전문가들은 독일 전보의 몇몇 단편을 해독할 수 있었으나, 블레츨리파크 전문가들이 그 시기 획득한 에니그마 시스템의 주요한 열쇠를 발견하지는 못했다. 영국 전문가들은 도청한 코드화된 텍스트를 자기들 사이에서 '극비 정보'라 불렀다.

독일 해군과 공군 암호를 알고 있는 영국의 비밀기관은 절대적인 신뢰를 받는 소수의 운용자만 극비를 취급할 수 있도록 허가했다. 해독된 전보들은 엄격히 제한된 수신자들—정보기관의 수뇌들, 총리와 몇몇 정부요원들—에게만 배달됐다.

그때는 이미 정보기관 안에서 높은 직위를 차지한 필비마저도 이 문서들에 접근할 수 있는 권한이 없었다. 그는 단지 지나다니며 자기 직속상관의 캐비닛 안에 있는 모습을 잠깐 보았을 뿐이다. 영국 정부는 해독된 자료의 보관을 면밀하게 감시 추적했고, 앞에서 말한 단계 밖으로 전달되는 것을 허락하지 않았다. 특히 연합국에 관한 문서들과 소련이 관심을 가질 만한 일체의 모든 것이 이러한 자료에 속했다.

에니그마의 암호 해독 사실을 감추기 위해, 영국은 보통 그러한 일은 독일이나 나치에 점령당한 국가에서 활동하는 독일 공작원만이 해낼 수 있다고 말하곤 했다. 그들은 문서에 '오스트리아 X로부터 접수' 또는 '우크라이나 Y로부터 접수'와 같이 표시했다. 블레츨리파크의 제한된 요원들만 이러한 자료들의 실제 출처를 알고 있었다. 튜링과 그의 조수들 외에는 처칠과 한두 명의 정보기관장, 그리고 우리 공작망 덕택으로 소련만이 이 비밀에 관해 알고 있었던 것이다.

영국은 자신들의 정보를 우리와 공유하기를 거부했는데, 이는 정치적인 이유뿐만이 아니었다. 그들은 독일 스파이가 소련 적군赤軍 상층부에 침투했다고 확신했다. 이러한 확신은 그들 나름대로 약간의 근거가 있었다. NKVD에도 이와 관련한 의혹이 있었다. 전쟁 중 소련 총참모부의 요원 두세 명이 독일의 공작원으로 체포되어 사살된 적이 있는데, 형벌을 피한 또 다른 자들이 있었을 수도 있다.

케른크로스는 업무를 수행하면서 영국 정부가 자국만을 위해 보관하고 있는 모든 것을 우리에게 넘겨줄 수 있었다. 일례로 그는 1942~1943년 겨울 극히 중요한 문서 몇 건을 입수했는데, 이것들은 이른바 '치타델레Zitadelle' 작전이라는 1943년 여름 독일의 최후 공격 때 수만 명의 소련 병사들을 구했다.

곧 헨리는 케른크로스를 크레텐셸트(크레신)에게 넘겼다. 새 연락책의 업무 스타일이 카렐의 마음에 들었고, 그는 비밀정보를 이전보다 두 배 이상 제공하기 시작했다. 크레신은 케른크로스를 대단히 따뜻하게 대했고 이는 최상의 결과를 얻게 했다.

케른크로스는 우리에게 두 종류로 나눌 수 있는 문서를 제공하기 시작했다. 첫 번째는 새로운 독일 탱크인 '티거Tiger(독일어로 호랑이)'에 대한 기술적 자료였다. 1942년에 제작된 이 탱크는 쿠르스크 전투에서 독일의 세 번째와 마지막 공격 때 처음 대규모로 투입됐다. 이 탱크의 주요 특징은 장갑裝甲이 우리 포탄으로는 뚫을 수 없을 정도로 두텁다는 것이다. 당시 독일은 소련이 이 신형 탱크를 막을 힘이 없다고 확신했다. 케른크로스가 보내준 문서들 덕분에 소련은 강철의 질과 장갑의 두께를 연구한 뒤, 티거를 무찌를 수 있는 포탄을 만들 수 있었다.

1943년 7월, 프로호로프카 근교 쿠르스크에서 벌어진 대규모 탱크전 때 밤낮을 가리지 않고 이틀 동안 지속된 혈전에서 2,000대의 탱크가 맞붙어 싸웠는데, 이 전투에서 소련군이 승리할 수 있었던 것은 부분적으로는 존 케른크로스 덕택이었다.

두 번째 종류의 문서는 독일 측의 자체 전투계획들이었다. 1943년 봄, 영국 정부는 소련 총참모부에 쿠르스크에서 독일이 준비하고 있던 공격에 대해 통보했다. 또한 독일이 이 지역 주둔 모든 소련군 부대들의 정확한 배치상황을 알고 있다고 통보했다. 그러나 케른크로스는 훨씬 더 나아갔다. 그는 크레신에게 도청된 통신문을 전달했는데, 이 통신문에는 소련 부대들과 관련된 모든 자료(부대 병력 수와 정확한 배치지역 위치)가 표시되어 있었다. 그러한 통지를 받고 부대 사령관들은 마지막 순간에 진지를 재배치해 적을 속일 수 있었다. 그러나 이보다 더 중요한 것은 크레신이 이 지역에 집결한 독일 공군의 모든 비행중대 명단을 받은 덕분에 소련 사령부가 수십 개의 지상 비행장에 대규모 집중 공습을 할 수 있도록 해주었다는 사실이다. 그 결과 독일은 500대의 비행기와 제공권을 잃었다. 그것도 독일이 쿠르스크를 공격하기 몇 주 전의 일이었다!

쿠르스크 전투 승리 이후 우리 군대는 막강한 반격으로 점령군을 소련 국경 밖으로 내쫓았다.

존 케른크로스는 이 두 건의 놀라운 공적으로 적기공로훈장赤旗功勞勳章

을 받았다. 훈장은 런던으로 보내졌고, 그곳에서 크레신은 이것이 소련의 가장 높은 훈장 가운데 하나라고 말한 뒤 엄숙하게 케른크로스에게 수여했다. 케른크로스는 훈장이 담긴 작은 벨벳 상자를 잡고 두 눈에 눈물을 글썽이며 바라보았다. 대단히 만족해하는 것 같았다. 그러고 나서 크레신은 훈장을 되받아 다시 포장해 거점으로 가져와서 모스크바로 보냈다.

크레신과 만난 뒤 케른크로스는 곧 자기 상관에게 블레츨리파크에서의 일을 그만두고 정보 분야의 다른 일을 하고 싶다고 말했다. 처음에 그는 제5처의 독일국으로 옮겼다가 다시 그곳에서 제1처(정치담당)로 가서 전쟁이 끝날 때까지 일했다.

내가 케른크로스를 통제하기 시작한 이후, 그는 되도록 모든 것을 우리에게 보내왔다. 그러나 그때 이미 그가 보내는 자료는 중요성이 무無에 가까웠다. 케른크로스의 첩보는 정보기관에서 대단히 높은 직책을 차지한 필비가 보내오는 것과 비교가 될 수 없었다. 그러나 자국을 위해 열심히 일한 케른크로스는 만년 하급공무원으로 남아 있었다.

나는 연한 갈색 표지의 두 개로 된 서류철의 마지막 장(존 케른크로스의 개인적인 일들)을 넘겼다. 그의 생애 전반의 모든 것을 상상해보았으나, 언젠가 내가 이 사람에게 모든 시간을 쏟아붓게 될 것이라고는 전혀 상상조차도 못했다.

런던에서 보내오는 보고서는, 특히 중요한 것은 대부분 암호전보 형식으로 모스크바에 도착했다. 그때 해외정보총국은 기본적으로 당 정치국, 즉 스탈린, 몰로토프, 베리야를 위해서 일했다. 우리의 문서들은 아주 드문 경우에만 외무부의 하급 부서와 다른 기관들에게까지 전달됐다.

군사비밀정보를 포함한 문서들은 정보총국으로 보내지거나 아니면 직접 소련군 최고 사령부로 보내졌다. NKVD 지도부는 자신의 일들이 되도록이면 다른 국가기관에 알려지지 않도록 했다. 지도부는 자신의 정보가 아니면 안 되는 경우에만 타 기관에 정보를 주어야 한다고 생각했고, 크렘린을 위한 정보 수집에 해외 공작원들의 노력을 집중시키고 있었다.

세계의 다른 모든 국가의 비밀기관들은 다양한 문제에 관한 수많은 정보를 되도록 많이 입수하려고 노력하고, 입수한 정보는 평가를 거쳐 이를 필요로 하는 각급 정부 조직들에 분배한다. 그러나 우리의 업무 방식은 이들과 완전히 달랐다. 우리는 항상 상부로부터 엄격하게 정해진 분야의 정보만을 입수하라는 명령을 받았다. 일례로 스탈린이 처칠과 루스벨트의 대화 내용을 정확하게 알고 싶어 하면 우리의 해외 공작원들에게는 어떠한 경우가 되던 바로 이러한 첩보들만 입수하라는 지시가 내려가곤 했다. 그러한 고도의 권위적인 행태는 아주 만족스러운 성과들을 만들어냈다. 우리가 런던 거점으로부터 받은 정보는 말할 수 없이 유익한 것들이었다. 예를 들면 1942년 연합국이 제2전선 구축과 관련한 문제들을 협의할 때, 처칠은 스탈린에게 틀림없이 다음 해에 이것이 실행될 것이라고 말했다. 그러나 그가 미국과 대화한 자리에서는 성격이 전혀 다른 공동결정이 채택됐다. 즉, 제2전선 구축을 위한 시기가 아직 무르익지 않았으며, 서방 연합국은 유럽에 상륙할 준비가 아직 미흡하다는 것이었다. 그 당시 전시 상황이 연합국에는 만족스러웠다. 1년 정도 더 독일이 동부전선에서 전투를 계속하도록 해야 했다. 연합국은 소련에 대한 독일의 압박을 약화시킬 공격을 시작하기 전에 소련이 무릎을 꿇고 결국에 가서는 빈사상태가 되기를 바라고 있었다.

처칠의 수차에 걸친 확인이 있었지만 스탈린은 1943년 연합국의 제2전선 구축을 기다릴 수 없다는 점을 재빨리 이해했다. 그래서 런던에서 도착한 비밀정보는 앞으로의 전쟁 방향을 진단한다는 견지에서 무한한 가치를 지녔던 것이다.

같은 일이 1944년 소련이 연합국에 폭발물 공급을 요청했을 때 일어났다. 전쟁의 끝이 다가오고 있었던 데다 우리 군대가 서쪽으로 공격을 개시하려고 준비하고 있었기 때문에, 우리는 폭발물이 절대적으로 필요했다. 그러나 영국과 미국은 계속 방해했다. 화약을 실은 배는 무르만스크에 한 척도 나타나지 않았다. 스탈린은 미친 듯이 화가 폭발했다. 그러나 연합국이 일부러 그렇게 행동하고 있다는 사실을 버제스와 필비를 통해 알고 난 뒤에는 마음을 가라앉혔다. 소련 군대가 독일 국경에 빨리 진군해오는 것을 연합국은 전혀 탐탁지 않게 생각하고 있었던 것이다. 사전에 이런 정보를 얻은 스탈린은 연합국의 원조를 기다리지 않고 결정을 내릴 수 있었다.

영국 처칠 총리가 연설할 때나 소련 대표들과 접촉할 때 거침없이 소련을 돕겠다고 공식적으로 약속했지만, 스탈린과 크렘린 관리들은 처칠을 믿지 않았다는 것을 우리 KGB 요원들은 잘 알았다. 우리는 왜 스탈린이 그토록 영미 회담에 관심을 두었는지 이해했다. 그는 연합국이 서로 무엇에 관해 합의했는지 알아야만 했다. 1944년 독일, 영국, 미국이 스웨덴과 스위스에서 접촉했다는 소문이 퍼지기 시작했을 때, 스탈린의 조바심은 다시 시작됐다. 그는 전쟁의 끝이 명확히 보이는 지금, 연합국이 배신의 길로 나갈 수 있다는 의혹을 품었다. 영국, 독일, 미국이 반소련 연합으로 뭉친다는 것은, 제2차 세계대전 중에 희생된 수백만 명의 소련 군인들이 아무 의미 없이 죽었다는 의미일 수 있었다.

그 당시 전개된 상황을 본다면, 연합국의 대외정책이 왜 우리에게 그와 같은 관심을 불러일으켰는지 쉽게 이해할 수 있다. 소련 비밀기관들의 기본적인 역량이 이 국면에 집중된 것은 우연이 아니었다.

1945년 초에 미국이 스위스에서 독일과 회담을 진행 중이라는 첩보가 들어왔다. 나는 이러한 사실을 확인하는 몇 가지 문서를 내 눈으로 직접 보았다. 게다가 분리된 평화가 아닌, 독일이 모든 군대를 소련을 적대시해 동쪽에 집결시키도록 한다는 조약 내용에 관한 것이었다.

이 중요한 시기에 나는 그 당시 영국과 미국 간 총참모부들 사이에 진행된 비밀 회담들에 관한 보고서를 정기적으로 받았다. 만약 소련군이 베를린 점령 후 서방으로 계속 공격해오는 경우 소련과 전쟁도 가능하다는 내용이었다. 그러나 스탈린은 이 정보를 믿을 만한 것으로 생각하지 않았다.

연합국이 고안해낸 실제 혹은 상상의 반反크렘린 올가미가 크렘린의 주인을 괴롭히고 있었다면, 몰로토프에게는 제일차적으로 필요한 정보 목록에 원자폭탄 제조에 관한 영미 회담이 버티고 서 있었다. 해외의 우리 공작원들에게 이 문제에 매달리라는 지시가 내렸다. 아주 별 볼 일 없는 정보로 보이는 것들까지도 우선적인 의미가 부여됐다. 우리가 받는 암호문에는 통상 기술적인 자료는 포함되어 있지 않았고, 주로 정치적 토론 관련 기록과 개략적인 회담 내용이 보고됐다. 참석자들의 도덕적 상태가 평가됐고 숨겨진 동기들이 밝혀졌다. 1942년부터 우리의 공작원, 특히 케른크로스로부터 영국과 미국이 캐나다의 참여 속에 핵 프로그램의 비밀 연구를 진행 중이라는 첩보가 들어오기 시작했다. 미국은 되도록 조속히 원자폭탄을 제조하기 위해 저명한 학자들을 미국으로 끌어들이려고 노력했다. 우리 역시 미국이 매 단계마다 영국을 속이고 있다는 것을 알고 있었다. 미국은 이론 부문에서 영국에 한참 뒤떨어졌는데, 연합국이 이루어낸 성과 및 독일의 물리학자로서 미국으로 망명한 클라우스 푹스Klaus Fuchs(뒤에 소련을 위한 스파이 활동으로 감옥에 갇혔다)와 같은 학자들의 도움으로 진전시킬 수 있을 것으로 기대하고 있었다. 뒤에 미국은 영국을 앞지르고 난 후 영국과 관계를 끊기 위해 노력했다.

나는 조금도 과장하지 않고 말할 수 있는데, 소련은 원자폭탄 제조에 이르기까지 필요한 여러 단계의 기술적·정치적 측면에 관한 모든 것을 완전히 다 알고 있었다.

우리의 정보 출처 가운데에는 영미 핵 프로그램에 관한 정치 정보를 수집하는 데 잠재력이 막강한 사람이 있었다. 바로 도널드 맥클린(호머)이었다. 1944년 초 그는 워싱턴 주재 영국 대사관의 일등서기관이었다.

멀린다는 자신의 공식주소가 대사관이라고 했지만 맥클린을 뒤따라 워싱턴으로 가지 않았다. 그녀는 아들 퍼거스Fergus를 데리고 계부와 어머니 던바의 집이 있는 뉴욕으로 갔다. 그때 그녀는 둘째 아이를 임신 중이었다. 사람들은 맥클린이 미국에 있으면서 아내와 살고 싶어 하지 않는다고 말했다. 그러나 사실 멀린다가 뉴욕의 친척집에서 살았던 이유는 단지 뉴욕에 호머의 연락책이 있기 때문이었다. 일주일에 한두 번씩 맥클린은 가족을 방문한다는 더할 나위 없이 완벽한 핑계로 워싱턴에서 맨해튼으로 여행을 했던 것이다. 가끔 그는 런던으로 가서 가이 버제스와 만나 수집한 정보를 넘겼다.

워싱턴에 부임하자 맥클린은 곧 이탈리아와의 평화조약 시안을 준비하는 영미 위원회 구성원에 포함됐다. 한때 맥클린의 아버지와 가까운 친구 사이였던 영국 대사 핼리팩스 경Lord Halifax은 젊은 맥클린을 눈여겨보고 그가 유능하고 근면하며 위임받은 업무에 모든 힘을 쏟을 마음의 준비가 되어 있다고 확신했다. 맥클린에게 민감한 비공개 문서가 맡겨졌고, 들어오고 나가는 극비의 통신문을 거의 아무 제한 없이 접할 수 있게 됐다.

1945년 3월 폴란드에서 런던을 향해 '조국군대Armia Krajowa: AK'◆ 지도자 열여섯 명이 탄 비행기가 이륙했는데, 그 가운데는 시코르스키도 포함되어 있었다. 소련군은 비행기를 잡아 모스크바에 강제 착륙시켰다. 이 사건 뒤에 처칠과 트루먼은 엄청난 양의 전보를 주고받았다. 그들은 스탈린에게 이 '공중해적' 행위에 대해 강력한 항의를 표명했다. 폴란드의 운명은

◆ 1942~1945년 런던 주재 폴란드 망명정부 지도 아래 나치 독일에 점령된 폴란드에서 활동했다.

항상 영국 총리에게 걱정을 안겨주었다. 그는 동서관계에서 차지하는 폴란드의 중요한 역할을 이해했기 때문에, 트루먼과의 회담에서 자주 이 주제를 거론했다.

워싱턴 주재 영국 대사관에는 두 지도자가 교환한 전보의 원문이나 요약본의 사본이 통보됐다. '호머'는 자연히 이것들을 읽고, 뉴욕에 올 때 연락책에게 그 내용을 성실하게 전달했다. 연락책은 이를 암호화해 본부로 보냈다. 이 전보들 가운데 1945년 6월 5일 보낸 No.72와 No.73 두 개는 실로 역사적인 의미를 내포하고 있었다. 그러나 이에 대해서는 나중에 이야기하겠다.

1945년 여름 합동정책위원회에서 일한 도널드 맥클린은 미국의 '맨해튼 프로젝트'와 영국의 '튜브 앨로이스 프로젝트Tube Alloys project'를 조율하는 극비의 임무를 부여받았는데, 이 두 조직은 원자폭탄 제조문제를 담당하고 있었다. 영국 측 조직의 기초는 1941년 여름 행키 경이 위원장을 맡았던 과학자문위원회였는데, 당시 행키 경의 비서가 존 케른크로스였다. 내가 이미 말한 것처럼 KGB는 서방측 원자폭탄 프로그램의 정치적 발전 상황을 시초의 순간부터 뉴멕시코의 앨라모고도와 가까운 곳에서 실시한 첫 번째 폭발실험 때까지 관찰할 수 있었다. 나는 프로그램의 과학적 부문에 대해서는 말하지 않겠다. 여기서 클라우스 푹스, 브루노 폰테코르보Bruno Pontecorvo, 대니얼 그린글래스Daniel Greenglass 등의 과학자들이 우리에게 모든 것을 알려주었던 것이다.

맥클린이 물리학자가 아니었기 때문에 그는 과학정보에는 접근할 수 없었다. 그러나 핵에너지 분야의 영미 정책과 관련된 것은 대사관의 그의 책상 위에 이내 모두 빠짐없이 놓이고 있었다.

영국에 유감스럽게도, 따라서 당연히 우리에게도 그렇지만, 1946년 미국은 순전히 미국만을 위한 핵 프로그램의 연구를 위해 '핵에너지위원회'

를 조직했다. 이 일이 있기 1년 전 클레멘트 애틀리Clement Richard Attlee는 처칠의 후임이 됐고, 트루먼은 루스벨트의 후임이 됐다. 영미 관계는 백악관의 주도로 냉각되기 시작했고, 결과적으로 영국은 미국 핵 프로젝트 개발과 관련된 모든 정보와 단절됐다. 할 수 있는 일이 아무것도 없게 된 영국 정부는 고유한 프로그램을 시작해야만 했다. 영국은 미국이 채택한 결정을 심각한 모욕으로 받아들였고, 도널드 맥클린은 미국에 대해 더욱더 불쾌하게 생각했다.

몇 년 동안 영국 정부는 주요 전문가들을 미국에 보냈으나, 그곳에서 이루어지는 과학 연구를 바라보기만 했을 뿐, 도움이 될 만한 것은 아무것도 찾아낼 수 없었다. 영국은 전문가들을 다시 불러들였고, 그들에게 이 놓쳐버린 것들을 추월할 방법을 찾아보도록 했다. 그러나 정보의 전반적 이용에 대한 제한조치는 제2차 세계대전 기간 중 합동으로 진행한 연구결과들에까지 적용되지는 못했다. 이 제한조치는 전략물자에 대해서는 건드리지 못했다. 그래서 맥클린은 제한된 범위 내이긴 하지만, 본부를 위해 계속 비밀정보를 수집할 수 있었다. 워싱턴 주재 영국 대사관 내 핵 문제에 책임이 있는 사람으로서, 그는 미국 '핵에너지위원회'가 일하는 사무실을 방문할 권한이 있었다. 맥클린은 그러한 권한을 100퍼센트 모두 이용했고 몇 달 동안은 한밤중에도 이러한 장소들을 방문했다. 어려움이 많았음에도 핵에너지위원회 사무실에 스무 번쯤 드나들었고 많은 값진 첩보들, 특히 미국이 이미 끝냈거나 준비 중인 원자폭탄 제조에 꼭 필요한 품질에 관한 자료들을 수집했다.

도널드 맥클린은 업무를 훌륭히 수행해 1947년 2월에는 영-미-캐나다 핵정책조정사무국 국장이 됐다. 이 자리에서 일하면서 그는 끊임없이 비밀첩보를 무더기로, 대부분의 경우 미국과 영국이 교환하는 특별보고서들을 계속 우리에게 공급했다.

맥클린은 워싱턴에 있는 동안, 스탈린이 전략적으로 중요한 보스포루스와 다르다넬스 해협을 통해 흑해에서 지중해로 나가는 출구를 확보하기 위한 시도로 발단한 '신경전'에 대해, 연합국이 어떠한 반응을 보이는지에 관한 정보를 받아서 우리에게 전달했다. 스탈린은 차르 시대 러시아의 전통을 지속하며 인도양까지 나갈 수 있는 출구 확보를 꿈꿨고, 이는 터키에 대한 통제도 유지할 수 있도록 해주었다. 전쟁으로 약화된 영국은 더는 소련을 심각하게 방해할 수 없었다. 스탈린의 생각으로는 트루먼만이 그의 목적 달성에 방해가 될 수 있었다. 그러나 런던과 앙카라는 미국 대통령이 소련의 끊임없는 기도에 대항하려 하는지 여부를 분명하게 알 수가 없었다.

본부는 호머에게 서방이 이 문제와 관련해서 앞으로 어떻게 나올 것인지 확인하라는 임무를 내려보냈다. 이 임무는 맥클린이 앙카라, 런던, 워싱턴 사이의 비밀 회담에 직접 접근할 수 있었기 때문에 그가 완벽하게 수행할 수 있는 것이었다. 호머는 합동위원회가 작성한 보스포루스 해협 통제에 대한 영미 측의 제안문을 통째로 우리에게 보내왔다. 우리가 이 중요한 문서를 받은 지 며칠 뒤, ≪뉴욕타임스≫는 1면에 영국과 미국 정부는 양 해협을 손에 넣으려는 소련의 시도에 반대한다는 일반적인 입장에 대해 터키와 합의했다고 보도했다. 몰로토프는 그러한 '협잡'에 화를 내는 시늉을 하면서 해명을 요구했다. 연합국은 어떻게 ≪뉴욕타임스≫가 이 합의에 대해 냄새를 맡았는지를 모르고 무척 곤혹스러워했다. 긴장은 고조되어갔다. 스탈린은 체코슬로바키아 국경에서 소련군 3개 사단을 뽑아 루마니아와 불가리아로 보냈고, 터키는 이에 대항해 불가리아와 그루지야 국경으로 군대를 집결시켰다.

앙카라 주재 미국 대사인 에드윈 윌슨Edwin C. Wilson은 소련 대사 세르게이 알렉산드로비치 비노그라도프Sergei Alexandrovich Vinogradov와 접촉해 그와 회담을 진행하라는 임무를 부여받았다. 윌슨은 보스포루스 해협과 관련한 영미의 제안을 비노그라도프 앞에 내놓고 다르다넬스 수역에 중립국가들의 군함 정박소 설치를 인정한다는 중요한 조건 하나를 덧붙였다. 이는 영국과 미국의 함대들이 이 지역에 영구 주둔할 수 있다는 것을 뜻했다. 미국 대사는 소련 외교의 일반적 관행(본국과 사전 상의 없이는 어떠한 결정도 채택하지 않는다)에 따라 별도의 공식 접촉을 예상했다. 그러나 그의 기대는 빗나갔다. 비노그라도프는 해협 수역에 외국 군함의 정박소 설치를 합법화하겠다는 시도에 특별히 주의를 기울인 뒤, 미국 측의 제안에 대한 강력한 의견(소련이 전적으로 받아들일 수 없다)을 자신 있게 표명했다. 소련 대사는 이미 준비된 답변들로 잘 무장한 상태로 회담에 나왔다. 윌슨은 회담 직전에 호머가 우리에게 미국 측 제안의 사본을 보내온 것을 알 턱이 없었다.

화가 난 미국 측은 비밀을 유지할 줄 모르는 영국 측을 공개적으로 비난하면서 정보 유출에 대해 비난을 퍼부었다. 과거와 달리 이들 연합국 사이에 관계가 많이 악화되어 그들은 다르다넬스 해협과 관련한 공동입장 조율에 참석하지 않기 시작했다. 터키와 영국은 국제위원회 창설에 대한 미국 측 제안에 더는 귀 기울이기를 원치 않았다.

그 당시 공산주의의 전 세계 확산 방지를 목적으로 봉쇄(트루먼 독트린)를 제안한 트루먼이 스탈린의 패권 정책과 타협할 수 없으며 결코 소련에 터키의 이익을 침해하도록 허용하지 않을 것이라는 점을 호머는 알려왔다. 결과적으로 스탈린은 후퇴했다. 이 경우 호머의 정보는 새로운 세계 살육전이 일어나지 않도록 세계를 구원했다.

비유적으로 표현하면, 루뱐카는 매일 신선한 수확물(정보)을 거두어들이고 있었다. 그리고 우리가 질문한 바로 그대로 구체적인, 어느 것이나 모두 마찬가지로 '치수대로 바느질이 된' 보고서를 받았다. 우리에게는 재량

껏 갖고 있는 모든 수단을 동원해 지도부가 꼭 필요로 하는 사실들을 찾아내라는 지시가 내려왔다.

나는 비좁은 사무실에서 영어-러시아어 사전을 두고 동료 두 명과 함께 서류철이 산더미같이 쌓인 책상 앞에 앉아, 밤낮으로 짧은 정보보고서를 번역하고 작성했다. 그 밖에 나에게는 아주 괴로운 일이 있었는데, 나 혼자만이 마이크로필름을 받고 있었기 때문이었다. 우리 모두는 정보 유출을 막기 위해 실시한 엄격한 조사를 통과했지만, 나는 자주 나 자신이 직접 현상소에서 필름을 현상하곤 했다. 가끔 시간을 아끼기 위하여 네거티브 필름이 아직 마르기도 전에 중요한 부분을 읽고 표시를 해두곤 했다.

일 자체가 아주 급한 것이 아니라면 마이크로필름을 인화했다. 그러면 나는 러시아어로 번역하기 전에 여유 있게 텍스트를 읽고 중요성의 원칙에 따라 등급을 매겼다. 매우 중요하다고 생각되는 문서는 내가 직접 번역했다. 이 얼마나 막중한 일인가! 첫째, 만약의 경우 번역에 잘못이 있으면, 이 잘못은 문서의 내용을 완전히 왜곡하는 결과가 되기 때문이다. 둘째, 내가 이 자료들을 제대로 잘 평가하려면, 항상 최근 사건들을 잘 알아야 하고, 역사와 외교, 경제까지도 잘 파악하고 있어야 했기 때문이다.

어떤 문서의 중요성을 지나치게 높게 평가(이에 대해서는 야단만 맞으면 되지만)하는 것보다는 수천 명의 운명이 달려 있는 한 가지 사실을 놓쳐버릴 수 있다는 것이 나를 항상 불안하게 만들었다. 그러한 불행이 일어날 수 있다는 가능성은 잠잘 때 악몽으로 나타나 나를 항상 괴롭혔다.

짧고 간단한 보고서 작성이나 문서 해독을 마치면 나는 상관인 코겐에게 갔다. 너무나 아는 것이 많은 그는 항상 일에 묻혀 있었고, 내 공작원들과 비슷한 공작원들로 이루어진 몇몇 그룹들의 활동을 통제했기 때문에 항상 정신없이 바빴다. 코겐이 회의를 소집할 때 짧으나마 자유시간이 생기면 그는 내가 가져온 자료를 읽었다. 가끔 이러저러한 점을 지적하지만 통상 내 의견에 동의하고, 상기시키는 것을 잊지 않았다.

"유리, 이 문서들이 세 군데에 보고될 수 있도록 조치하게."

이는 스탈린과 몰로토프, 베리야를 뜻하는 것이었다. 그 뒤 우리가 봉한 봉투를 크렘린으로 보내라는 지시가 KGB 장교에게 내려졌다. 일단 봉투를 발송하고 나면 우리는 매번 반응이 어떠했는지 초조하게 기다리곤 했다. 런던 공작원들이 보내온 정보는 소련 지도자들의 마음에 들었고, 그들은 우리 과의 업무수행에 만족스러워했다.

그 당시 영국의 비밀 정보기관 내에서 명성이 자자했던 킴 필비는 우리의 가장 중요한 정보제공자였다. 1944년 내가 케임브리지 망 업무를 인계받았을 때, 그는 곧 대공산주의 투쟁을 담당한 9과에서 과장 자리를 맡을 예정이었다. 그러나 이 직책을 노리는 것은 필비만이 아니었다. 그의 직속상관인 필릭스 코길도 같은 자리를 바라고 있었다. 결국 필비는 밸런타인 비비언과의 친분을 활용해 경쟁자를 물리칠 수 있었다. 코길은 실망이 너무나 커 아예 정보기관을 사직하고 말았다.

필비의 연락책인 헨리는 기쁨을 못 이겨 어쩔 줄 몰라 했다. 필비는 빈틈없이 행동했다. 소련의 공작원이 영국 정보기관의 부서장이 됐고, 더군다나 KGB에 대한 투쟁과 전 세계 공산주의 확산을 사전에 분쇄하는 것이 유일한 임무인 부서의 총책이 된 것이다.

필비를 임명하기 전에 실시된 그의 과거에 대한 신원 조사 중 개인생활과 관련된 질문이 다시금 쏟아졌다. 그는 다시 한 번 비비언에게 아내 리치가 열렬한 공산주의자라고 상세하게 설명했다. 마르크스주의에 대한 그녀의 충성심은 바로 직접적인 이혼 사유가 됐으며, 이혼이 아직 공식적으로 확정되지 않은 것은 전쟁이 시작되면서 리치에 관한 소식을 들을 수 없었기 때문으로, 필비는 연락이 되는 즉시 리치와 이혼하고 바로 에일린 퍼스와 결혼할 결심임을 거듭 확인했다.

비비언은 이 설명을 침착하게 다 들었다. 그는 필비가 자기 생각대로 잘 처리해나가기 바란다며 개인생활이 임명에 아무런 영향을 주지 않을 것이라고 답변했다.

필비는 실제로 리치의 행적을 찾을 수가 없었다. 그가 에일린과 산 지 벌써 오래였으며, 그들에게는 이미 세 아이가 태어났고 아주 행복했다. 필비는 이상적인 남편이었고, 착한 아버지였으며, 에일린의 집안일도 도와주었고, 부엌에서 자주 일했다. 그는 통상 가정생활에 충실했고 이와 관련해서 비난받을 일이 없었다. 특히 필비는 큰아들 토미Tommy를 사랑했다.

전쟁이 끝날 무렵 결국 필비는 리치를 찾아내었다. 그들은 편지를 주고받았으며 마침내 그녀는 이혼에 동의했는데, 그 이혼은 1946년 9월에 공식화됐다. 리치에게는 이것이 전혀 문제가 되지 않았는데, 그 당시 이미 그녀는 당 활동가이며 KGB와는 전혀 관계가 없던 게오르크 호니그만Georg Honigman과 살고 있었다. 베를린이 해방된 뒤 리치는 동베를린에서 살았다. 그녀는 호니그만과 살며 딸 하나를 낳았으나 1966년에 이혼했다. 필비는 죽을 때까지 리치와 편지를 주고받았다.

나는 리치가 아직 살아 있다고 생각한다. 몇 년 전 나는 리치가 1980년대에 서베를린으로 이사했고, 좀 더 뒤에 딸과 손자들과 함께 오스트리아나 독일 어느 곳에서 살고 있다는 소식을 전해 들었다. 나는 이 부인이 지닌 신념의 힘에 놀랄 뿐이며 그녀에게 깊은 감탄을 표한다.

필비는 늘 새롭게 시작하는 것처럼 힘과 열정을 갖고 일했다. KGB에서는 그를 거의 신성시했다. 그는 영국 비밀 정보기관의 장이 될 만한 모든 자질을 갖추고 있었다.

그러나 필비의 경력에 짙은 얼룩을 남길 수 있는 사건이 일어났다. 1945년 9월 4일 이스탄불의 영국 영사관에, 앙카라 주재 소련 대사관 영사과에서 영사라는 '가장'으로 있던 KGB요원 콘스탄틴 볼코프Konstantin Volkov가 나타났다. 그는 상당히 당황한 것으로 보였고 신경과민이 되어 자기를 샨트리 페이지Chantry Page 총영사에게 데려가 달라고 요청했다.

페이지는 우연히 영사관에 들른 앙카라 주재 영국 대사관의 일등서기관인 존 리드John Reed가 있는 자리에서 볼코프를 맞아들였다. 러시아어가 유창한 리드는 통역을 맡았다. 볼코프는 하루이틀 망명을 계획한 것이 아니지만 당시 그는 심한 공포에 질려 있었다. 그는 2만 7,500파운드와 자기와 아내가 키프로스에 갈 수 있는 공짜표만 주면 영국에서 대단한 고위직에 있는 소련 공작원 세 명의 이름을 말해주겠다며, 이 가운데 두 명은 외무부에서 일하고 세 번째는 방첩기관 간부라고 말했다. 그는 이렇게 페이지에게 말한 뒤 모스크바 내 몇 개의 안가들을 알려줄 수 있고, 터키에 있는 모든 소련 공작원 명단도 주겠다고 덧붙였다.

기강이 바로 선 외교관인 리드는 근무수칙대로 즉각 모든 것을 모리스 피터슨Maurice Peterson 대사에게 알렸다.

피터슨은 불을 두려워하듯 스파이 일과 관련됐다면 모든 것을 두려워했다. 그래서 그는 볼코프의 접견을 거절하고 거점장 시릴 매크레이Cyril Machray에게 볼코프의 방문 사실을 런던에 보고하도록 했다. 이 건에서 피터슨은 손을 떼었다.

볼코프가 제의한 정보는 그가 루뱐카에서 미국과 영국 담당인 해외정보총국 제3과에서 일할 때 읽은 문서들에 근거한 것이었다. 그가 극비자료에 접근이 허용됐다는 것을 나는 공식적으로 확인할 수 있다.

리드는 대사의 결정을 볼코프에게 전달했다. 그는 자기의 제의를 런던으로 보고하는 것에 동의했으나, 세 가지를 지켜야 한다는 조건을 붙였다. 리드가 직접 런던으로 편지를 보내되 이를 대사의 암호를 취급하는 사람에게 맡기지 말아야 했다. 암호 취급원를 믿을 수 없기 때문이었다. 그때는 소련에 영국 암호의 일부가 알려져 있었기 때문에, 보고서는 전보가 아니라 외교우편으로 런던으로 보내야만 했다. 모든 공작은 3주 이상 계속되면 안 됐다.

리드는 볼코프의 조건을 받아들였고, 볼코프는 뒤에 접촉하겠다고 말한 뒤 아무도 모르게 영국 영사관을 떠났다.

시릴 매크레이의 보고는 9월 초에 런던에 도착했다. 필비는 9과장으로서 외교우편으로 도착한 편지를 읽었는데, 그 편지에는 볼코프의 제의가 정리되어 있었다. 송아지가 제 발로 도살장에 들어온 격이었다. 그러나 필비는 극히 조심스럽게 행동하지 않을 수 없었다. 이미 최상층부에까지 알려진 이 공식적인 문서를 그냥 그대로 내버려둘 수는 없는 일이었다.

그날 저녁 '스탠리'는 밤늦도록 보고서를 써서 자기의 연락책인 크레신에게 전했는데, 그는 막 헨리와 교체한 상태였다. 필비는 크레신에게 사태를 상세하게 이야기하고, 본부와 급히 연락할 것을 요청했다.

보고서를 본 뒤 모스크바에서는 일이 얼마나 심각하게 발전할 수 있는지를 재빨리 이해했다. 볼코프는 영국 비밀기관의 중요한 과의 과장을 맡고 있는 소련 공작원이 킴 필비이고 외무부에서 일하는 다른 두 공작원이 가이 버제스와 도널드 맥클린이라는 것을 분명히 알 수 있었을 것이다. 볼코프는 다른 공작원들도 팔아넘길 수 있었다. 그러나 누구도 공포에 질리지 않았다. 볼코프는 KGB가 필요한 조치를 취할 수 있는 3주라는 시간을 주었다. 크레신은 본부가 아직 잠재적 배신자이며 반역자인 볼코프를 정확하게 무력화해서 사로잡을 수 있는 방법을 고안해낼 수 있도록, 스탠리에게 되도록 상황을 길게 끌어 시간을 벌라고 조언했다.

통상적으로 해외에서 일하는 우리 정보관들은 매우 조심스러웠고, 반역을 기도한 볼코프도 자신의 행동이 얼마나 위험한 일인지 잘 알았다. 불발의 경우 그를 기다리는 것은 총살뿐이었다. 그래서 본부는 경보가 처음 나왔을 때 볼코프가 사라져버리지 않도록 모든 수단을 취하기로 결정했다.

런던에 있는 영국 방첩기관의 지도층들은 즉각 볼코프의 제의가 엄청난 것임을 알아차렸다. 그러나 그들의 생각으로 3주라는 기간은 공작을 완전히 무산시킬 수 있었다. 필비가 참석한 비상회의에서 몇몇 간부는 즉시 행동을 취하자고 고집했다.

필비는 MI6의 수장인 스튜어트 멘지스에게 지체 없이 이 일을 처리하도록 경험 있는 요원을 이스탄불로 보내자고 제의했다. 멘지스는 러시아어가 유창하며 몇 년 동안 터키에 주재한 적이 있고 중근동 안보 관련 부서에서 근무하는 더글러스 로버츠Brigadier Douglas Roberts를 지명했다. 이는 필비를 불안하게 만들었지만 그에게는 다시 행운이 찾아왔다.

로버츠는 비행기로 이동하는 것을 두려워해 선박 말고는 해외로 나간 적이 없기 때문에, 이번 임무수행 제의를 거절했다. 그래서 멘지스는 필비에게 직접 이스탄불로 가라고 임무를 맡겼다.

시간과의 싸움이 시작됐다. 그러나 영국 비밀기관은 우리가 이미 시간을 앞지르는 데 성공했다는 것을 몰랐다.

필비에게는 계속해서 행운이 따랐다. 몰타 상공에 폭우가 몰아쳐 그가 탄 비행기가 튀니스에 착륙했다. 필비가 카이로에 도착했을 때는 이미 이스탄불행 비행기가 떠난 뒤였다. 결국 필비는 금요일에 이스탄불에 도착했으나, 대사가 그 사이를 못 참고 주말을 즐기러 흑해로 떠났다는 이야기만 들었을 뿐이었다. 대사는 월요일 오후가 되어서야 영사관에 나타나 존 리드와 함께 볼코프와 연락을 취하기 위해 노력했다. 그들은 페이지와 볼코프가 수행하는 업무가 같았기 때문에 페이지로 하여금 소련 영사관에 전화를 걸도록 했다.

페이지는 교환원에게 콘스탄틴 볼코프와의 전화연결을 요청했다. 볼코프라고 하는 어떤 사람이 수화기를 잡았으나, 페이지는 즉각적으로 영사관 사무실에서 자기와 이야기했던 그 사람이 아님을 알아차렸다. 하루 종일 몇 번 더 전화를 걸었으나 볼코프는 이제 나타나지 않았다. 화요일 아침 페이지는 볼코프가 모스크바로 귀국했다는 연락을 받았다.

이스탄불에서는 외교단 요원들 사이에 소련 외교관 하나가 심각한 병에 걸려 앰뷸런스에 실려 공항에 도착한 뒤 첫 비행기로 모스크바로 갔다는 소문이 퍼져나갔다.

나는 모스크바에서 볼코프에게 무슨 일이 일어났는지 정확하게 모른다. 모르긴 몰라도 즉결 재판을 받은 뒤 총살됐을 것이다. 공식적으로는 그가 터키에서 병을 얻었다고 보고됐다. 나는 그가 마취 주사를 맞고 병자로 위장되어 귀국했다고 생각한다. 이것이 통상적으로 있는 일이었다.

킴 필비는 MI6의 과장 임명을 기다리고 있었다. 이 직위는 그의 이중 스파이 경력에서 앞으로 가장 큰 영광을 약속해줄 수 있는 것이었다. 그러나 그는 당분간 소련에서 활동하는 MI6 공작원들의 지휘관으로 임명됐다. 또한 공작원들을 포섭하고 소련과 다른 나라의 공산당에 대한 파괴공작을 수행해야만 했다. 통상 영국이 수행하고 아주 가끔씩 미국도 참여했던 이러한 공작들에 대해 필비가 우리에게 상세하게 정보를 제공한 것은 물론이다. 각별히 조심해야 했기 때문에 우리가 그의 보고를 활용해 항상 스파이망 모두를 타진하지는 않았다. 영국의 행동이 우리에게 큰 피해를 준다면 상응하는 조치를 즉각 취했으나, 그 반대의 경우에는 아무런 대응도 하지 않았다. 필비도 그의 상관에게 내세울 것이 있어야 했다. 당시 소련은 스파이와 각종 반국가 사범으로 넘쳐났는데, 이들은 주로 1940년 이후 소련 구성국이 된 발트 해 연안 공화국의 주민들이었다.

필비는 여러 공작들에 대해 매번 우리에게 사전에 예고해주었다. 가끔 그는 공작원들 이름을 알려주었고, 우리가 미리 포위망을 배치할 수 있도록 낙하산부대의 낙하장소와 시간을 보고했다. 스파이들은 발트 해 연안 공화국들, 우크라이나, 벨로루시, 터키 등을 통해 보내졌다. 우리는 공중과 바다, 또는 산중과 지나갈 수조차 없는 지역에서 행해지는 이 모든 작전에 대해서 미리 알고 있었던 것이다.

영국은 습관적으로 공작원을 공중에서 발트 공화국들로 침투시키고 있었는데, 그곳에는 모든 것이 아주 잘 준비된 기지들이 있었다. 필비는 리투아니아와 에스토니아에서 벌이는 모든 작전을 상세하게 보고했는데, 공작원은 보통 무기 공급과, 또한 스웨덴과 발트 공화국들을 통해 전투원과 연락책을 침투시키는 임무를 맡고 있었다. 우리는 누가 언제 도착할 것인지 알았기 때문에 이 공작원들을 무력화시켰다. 그들 대부분은 체포됐는데, 그 가운데 몇 명은 전쟁이 진행 중인 만큼 처형해야만 했다. 필비를 위험에 빠뜨리지 않기 위해 몇몇 공작원들은 얼마간 우리의 감시 속에 활동하도록 내버려두었다. 또 다른 공작원들은 역포섭해 이중 공작원으로 만들었다. 이러한 작전들은 아주 정교하게 진행됐기 때문에 영국은 필비의 성공적인 업무 수행에 의혹을 품지 않았다. 본부의 궁극적인 희망은 영국 정보기관 계급사다리의 정상에 있는 그를 보는 것이었다. 그래서 킴 필비가 소련으로 보낸 스파이를 잡도록 명령을 받은 KGB의 국경수비대(요원들은 용의주도하게 선발됐다) 사령관에게 대단히 정확하고 엄격한 명령이 내려졌다. 그들의 업무에 조그만 실수가 있어도 모든 것을 망쳐버릴 수 있는 것이었다.

1946년 말이 다가오자 전문가로서 필비의 장래는 의심의 여지가 없었다. 그는 대영제국 훈장을 받았다.

스튜어트 멘지스는 사직할 생각이었다. 그는 공작정보관으로서 대단한 능력을 발휘했다고는 볼 수 없었으나 런던의 상류사회에서는 눈에 띄는 인물이었다. 그는 미녀들과 파티를 좋아했고, 왕의 절친한 친구로서 영향력이 큰 사람이었다. 멘지스는 사람들이 그의 후계자로서 자주 거론하고 있는 필비에 대해 호감을 가지고 있었다. 그러나 당시 MI5 차장이었던 로저 홀리스Roger Hollis는 필비가 물망에 오르지만 아직 경험이 충분치 못하고 이론가적인 측면이 더 크다고 생각했다. 내가 봤을 때도 이는 옳은 판단이었다. 그래서 필비를 후보에서 제외시키고 소련에 대한 공작을 추진하도록 그를 터키로 보냈다. 비밀기관의 지휘부가 그를 이 높은 자리에 앉히기 전에 터키에서 실제적인 경험을 축적하기를 원한 것은 의심할 여지가 없었다.

1944~1947년에 나는 모든 시간과 관심을 케임브리지 공작원들이 보내온 자료를 연구하는 데 바쳤다. 나는 그들의 연락책들이 모스크바에 올 때를 활용해 그들과 정기적으로 대화했다. 빈틈없이 업무를 처리하자 이 사람들을 점점 더 제대로 이해할 수 있게 됐다.

처음부터 나는 KGB에서 업무를 배우는 수습으로서 관심을 가지고 내 손에 들어오는 것은 모두 읽고 기억했다. 우리 비밀업무의 공작 방법을 알게 됐고, 그들이 저지른 잘못들을 찾아내고 평가하기 시작했다.

전쟁 기간과 종전 직후 KGB 간부들은 각양각색이었다. 이들은 경험 많은 전직 외교관들, 외무부의 고위급 직원들, 그리고 숙청 기간에 간신히 살아남은 나이 많은 특수기관 요원들이었다. 이들 마지막 부류는 이미 10월 혁명부터 각급 기관에서 일했고, 1920년대에는 그 당시 '인민의 적들'의 다른 호칭인 '강도들'을 대상으로 투쟁했다. 그들은 철저한 원칙주의자들일 수는 있지만 정보 업무에는 잘 맞지 않았다. 그들은 요원이 되기 위한 특별한 준비 교육이 부족했고, 전반적으로 정보 문화에 깊이 적응하지 못했다. 그들이 안고 있는 가장 치명적인 결점은, 비록 정치 감각은 어느 정도 지니고 있다 하더라도 자신의 생각을 서면으로 옮길 때는 어찌할 바를 모르는 것이었다. 그러나 상관들은 항상 서면으로 정보를 보고할 것을 고집하고 있었다.

KGB의 옛 문서들은 암흑과 같은 혼란 상태에 있다. 나는 서방 기자들이 1917년부터 1950년까지의 KGB 활동과 관련한 충격적인 문서들을 찾으러 필사적으로 루뱐카를 방문하려 한다는 이야기를 듣고 단지 웃음을 머금을 수밖에 없었다. 실제로 그곳에는 조금이라도 그들의 흥미를 끌 만한 것들이 거의 없다.

소련을 아는 사람들은 모두 이를 역설적으로 받아들일 수도 있다. 그러나 전쟁이 끝난 뒤인 1948~1950년쯤부터 관료제도가 KGB를 점령하기 시작했는데, 이는 고등교육기관에서 학위를 받고 이제 자기 자신의 경력만을 생각하는 새로운 요원들이 기관에 들어오던 때와 일치한다. 대략 바로 이때부터 소련의 정보기관은 퇴락의 길을 걷기 시작했다.

4년 동안 나는 일반직원으로서 일했다. 루뱐카의 분위기는 그런대로 괜찮았고, 상관과 우리의 관계도 아주 친밀했다. 정오가 되면 우리 모두는 무리 지어 식당으로 내려가서 계급과 직책에 상관없이 식탁에 함께 앉아 감자로 점심을 먹었다. 전쟁과 스포츠, 여자, 일상생활에 대해 이야기했으나 결코 업무에 대해서는 입 밖에 내지도 않았다.

이따금씩 휴일이 주어지면 우리는 도시 밖으로 나갔다. 겨울에는 스키를 탔고, 여름에는 숲 속에서 산책하거나 강에서 수영을 했으며 가끔 '휴식의 집'에 다니곤 했다. 우리에게는 오로지 우리를 위한 스포츠 시설과 '문화의 집'이 있었다. 1945년에 나는 KGB 제1국의 스케이트·스키 경연대회에서 1등을 차지했다.

업무를 떠나서는 당시 대부분의 소련 시민처럼 별일 없는 평범한 일상생활을 보냈다. 나는 주로 직장 동료인 친구들과 만났으며 사무실에서 만나는 아가씨들과 사귀곤 했다. 몇몇 동료들에게는 무관심했다. 특히 그들 가운데에는 영미과의 기술 업무에 대해 조언하는 유명한 학자가 있었는데, 그가 늘 우리 앞에서 자신이 유식하다는 것을 뽐내려고 했기 때문에 나는 화가 치밀어 오르곤 했다.

전쟁이 일어나기 전에 나는 방학 중 몇 번 크림반도의 수다크에 갔는데 그곳에서 한 여성과 사랑에 빠졌다. 우리는 자주 편지를 주고받았으나, 전쟁이 시작되자 편지 연락은 중단됐다. 1944년 모스크바로 돌아와서 나는 그녀를 찾기로 했다. 주소는 금방 찾았다. 그녀는 여교사인 어머니와 함께 같은 도시에 살고 있었다. 나는 하늘색 계급장이 달린 KGB 정복을 입고 그녀에게 갔다. 그러나 그녀는 나를 냉랭하게 대했는데, 틀림없이 나의 옷차림 때문이었을 것이다. 우리가 다시 사귀게 된 것은 말할 필요도 없다.

그 당시 KGB 요원을 대하는 인민의 태도는 날카롭게 바뀌어 있었다. 사람들은 KGB 요원에게 혐오감을 느끼며 대했다. 처음에 나는 이 조직에 몸담고 있다는 것을 숨길 필요를 느끼지 않고 정복을 입은 채로 길거리를 걸어 다녔다. 내 일반사회 친구들에게 이를 감추려고 하지 않았다. 시중에 유포되던 소문과는 달리, KGB 장교들에게 친구들과 시내에서 만나는 것이 금지된 적은 없었지만 상황은 곧 바뀌었다.

KGB 장교 가운데 꽤 똑똑하고 젊은 한 친구는 모스크바를 떠나고 싶다고 말했다(이는 1945년 일이었다). 그때는 실제로 모든 사람이 수도에서 살고 싶어 했기 때문에, 나는 그의 결정을 아주 이상하게 생각했다. 그는 자기가 유대인 출신이기 때문에 도시에 남아 있을 수 없다고 설명했다. 나는 물었다.

"아니, 그게 뭐 어떻다는 거야? KGB에도 유대인이 꽉 찼잖아. 내 상관 코겐도 유대인인데 아무런 문제가 없잖아?"

내 친구는 그저 머리만 저었고 결국 드네프로페트로프스크로 떠났다.

나는 내 가족밖에는 누구에게도 특별한 관심을 가지지 않았다. 나는 일에 파묻혔다. 필비와 맥클린은 KGB의 관점에서 스타로 남아 있었지만, 다른 공작원들은 그들과 비교해볼 때 이미 전과 같은 의미는 없었다. 이미 전쟁은 끝난 것이다.

'파울', '메트헨'이라고도 했으며, 당시에는 '힉스'라고 불린 가이 버제스 또한 우리에게 중요한 정보를 보내지 않았다. 1944년 10월 헨리는 미국으로 떠나기 전에 버제스에게 되도록 온 힘을 다해 외무부에서 일할 수 있도록 하라고 요청했는데, 이는 맥클린이 떠남으로써 외무부에 우리의 사람이 아무도 남아 있지 않기 때문이었다. 버제스는 이 임무를 완수했으나 이를 위해 거의 1년을 보냈다. 처음에 그는 공보과에서 근무하게 됐는데, 여기에서는 유익한 정보에 접근할 수가 없었다. 그는 간신히 크레신에게 '밥은 먹어'줄 뿐이었으나 크레신은 전혀 걱정하지 않았다. 그는 버제스를 잘 알았고, 버제스 자신이 아무 도움이 되지 않는 그 자리에 붙어 있을 사람이 아니라는 점을 확신하고 있었기 때문이다.

크레신은 옳았다. 1946년 버제스는 클레멘트 애틀리의 노동당 정부에서 외무부의 제2인자인 헥터 맥닐Hector McNeil의 개인비서가 됐다. 막강한 새 직무는 그에게 헤아릴 수 없는 많은 양의 정보를 제공해주었다. 이제 그는 외무부의 모든 외교 통신에 접근할 수 있게 됐다.

버제스와 크레신은 통상 런던 밖에서 만났고 도시 안에서 만나는 일은 아주 드물었다. 버제스는 자기가 직접 큰 봉투들을 가지고 왔다. 그는 문서를 촬영한 뒤, 아무도 알지 못하도록 헥터 맥닐의 사무실에 다시 갖다놓았다. 가장 흥미를 자아내는 자료는 바로 모스크바로 보내졌다.

한번은 버제스와 만난 뒤 크레신의 가방이 별안간 열려 술집의 온 바닥에 외무부의 극비 문서와 전보가 깔리게 됐다. 크레신은 마부짐꾼처럼 상스럽게 욕지거리를 하면서 달려들어 그것들을 주워 들었다. 한 젊은 영국인이 친절하게 그를 도왔다. 누구도 의심스러운 점을 눈치채지 못했으며, 크레신은 무사히 자리를 떠났다. 외무부에서 훔친 문서들로 꽉 찬 가방을 가진 소련의 공작원이 런던에서 체포됐다면, 얼마나 큰 정치적·외교적인 스캔들이 폭발했을지 생각만 해도 끔찍한 일이 아닐 수 없다. 그 당시 '냉전'의 첫해가 히스테리적인 열정의 불꽃처럼 지나가고 있었다는 것을 잊으면 안 된다.

제2외무장관(제1장관을 돕도록 노동당 당원이 임명됐다) 헥터 맥닐은 대단히 똑똑하고 직선적인 사람이었다. 게다가 그는 순박하게 행동했고 자신의 중요성을 돋보이려고 하지 않았다. 그는 버제스와 아주 좋은 관계를 유지했다. 헥터 맥닐은 장점이 많았지만 약점도 있었는데, 바로 게으름이었다. 그는 책상에 끈기 있게 앉아 있기보다는 식당, 영화관 또는 극장에 다니기를 좋아했다. 버제스는 즉각 이를 알아차리고 한마디 불평도 없이 맥닐의 모든 일을 자기의 어깨에 짊어졌다. 장관은 보고서 작성이나 문서철 전체에 대한 평가를 요청받을 때는 이러한 일들을 버제스에게 맡겼다. 또한 버제스는 자기 상관에게 봉사하는 것이 즐겁기만 했다. 모든 것이 능률적으로 행해졌다. 맥닐에게는 단지 문서에 서명만하고 이를 정부나 총리에게 보내는 일만 남았다. 시간이 흐를수록 점점 더 버제스를 인정하게 된 맥닐은 국제전후회의에서 도착하는 모든 보고서와 전보에 대한 평가를 버제스에게 맡길 정도로 그를 더욱 신뢰하게 됐다.

1946년 4월에 버제스는 파리에서 개최될 4강 외무장관 회의에 대비해 작성된 문서들을 모두 손에 넣었다. 뱌체슬라프 몰로토프(소련), 어니스트 베빈Ernest Bevin(영국), 제임스 번스James Byrnes(미국), 조르주 비도Georges Bidault(프랑스)는 과거 나치 독일 연맹국의 운명을 결정하게 되어 있었다. 몰로토프는 버제스 덕택에 이미 그때 루르에 대한 4개국 위임통치를 실시하고 트리에스테에 대한 통치는 유고슬라비아에 넘겨주자는 소련의 제의가 받아들여질 가능성이 전혀 없다는 것을 알았다.

1947년 3월에 모스크바에서 열린 회의에서 비슷한 일이 일어났다. 몰로토프는 다른 회의참석자들이 자신만 빼놓고 무엇을 논의하는지에 대한 정보를 보고받았다. 그는 신임 국무장관 조지 마셜George Marshall이 대표로 온 미국 측이 독일의 장래와 관련된 소련의 제의에 반대하고 나올 것임을 알았다. 그들은 아예 회의를 결렬시킬 작정이었는데(실제로 결렬됐다) 몰로토프의 주장에 동의할 리가 있겠는가.

그렇게 버제스는 전후 초기에도 우리를 계속 도왔다.

그러나 앤서니 블런트는 다른 길을 택했다. 그와 KGB의 연결은 거의 끊겨 있었다. 영국 방첩기관에서 블런트가 맡은 업무는 임시적 성격을 띠고 있었고, 그마저도 전쟁 중에만 고용하는 것이었다. 전쟁 동안 비밀기관은 기관에 필요한 기술자, 대학교수, 지식인 등 민간인 전문가를 고용했다. 다른 고려사항이 적지 않았는데 정부는 '나라의 꽃'을 '총알받이'로 만들기를 원하지 않았던 것이다.

전쟁에 승리하자 이 사람들은 그들의 옛날 근무처로 돌아갔고, 비밀기관에는 직업적 전문가만이 남았다. 블런트는 다른 많은 사람들처럼 MI5를 떠나 왕실 소장 미술품 관리자가 됐는데, 그는 이를 대단히 만족스러워했다. 이 직책은 1625년 찰스 1세가 설치했다. 관리자는 왕실이 수집한 회화들을 보관·유지하며 새로운 작품을 구입할 때 왕에게 조언하는 자리였다. 그 당시 블런트는 36세밖에 되지 않았는데, 이러한 권위 있는 직책에 임명된 것은 예술사가로서 큰 영광이었다. 그는 크레신과 협의했고, 크레신은 곧 KGB는 그가 MI5의 적극적인 업무에서 떠나는 데 반대하지 않는다는 답변을 주었다.

나는 모스크바가 블런트의 MI5 사직에 동의하면서 본부 나름의 특별한 고려가 있었다고 생각한다. 본부에서는 블런트가 조지 6세와 친밀한 관계라는 것을 알았다. 두 사람은 자주 만났으며 함께 많은 시간을 보냈고, 미술관을 방문했으며 예술에 대해 의견을 나누곤 했다. 지도부는 블런트가 버킹엄 궁에 직접적인 접촉선을 확보해 새로운 값진 정보들을 얻을 수 있다고 생각한 것이 틀림없다.

어쨌든 크레신과 블런트는, 블런트가 어떤 중요한 것을 알게 되면 우리와 직접 또는 버제스를 통해서 즉각 연락하기로 결정했다.

KGB가 블런트의 MI5 퇴직에 동의한 것은 뒷날 영국 기자들은 물론 정보기관 간부들까지도 당혹하게 만들었다. 피터 라이트Peter Wright는 자기 책『스파이 사냥꾼Spycatcher』에서 KGB는 단지 MI5에 이미 다른 공작원을 침투시켰기 때문에 블런트의 퇴직을 허락했다고 추측하고, 다소 성급하게 바로 '다른 사람'이 로저 홀리스라는 결론을 내렸다. 내가 사실이 아니라고 증명할 필요는 없지만, 라이트는 여기서 큰 잘못을 저질렀다고 생각한다. 1987년 라이트의 책이 나왔을 때, 영국 정보기관은 면밀한 조사를 벌였지만 라이트의 추정을 확인할 수 없었으며, 라이트 자신도 이에 대한 어떠한 증거를 찾지 못했다. 충분히 믿을 만한 근거도 없이 동료에게 치명적 피해를 줄 수 있는 의혹을 퍼뜨리는 것은 그리 바람직한 일은 아닐 듯싶다.

내가 봤을 때 KGB가 이렇게 행동한 데에는, 블런트가 왕과의 친분으로 값진 정보를 수집할 수 있을 것이라고 기대한 것 외에 또 다른 중요한 이유가 있었다. 사실 블런트는 일반적인 공작원과는 달리 대단한 미술사학자였고 그의 저작들은 전 세계에 유명해졌다. 그러한 전문가가 방첩 업무와 관련된 기관에서 일할 수 없는 것은 당연했다. 이는 불합리하고 오히려 의혹을 사게 될 수도 있었다. 모든 사람이 그가 온 정열을 쏟으면서 자기의 전문 분야에 매진했다는 것을 알고 있는 터에 전쟁 이후에도 그가 MI5에 남아 있다면, 이것은 공공연한 의혹을 불러일으키기에 충분한 여지가 있는 것이다.

더욱이 우리가 헨리와 그 뒤 1945년 크레신에게서 받은 모든 보고서에는 블런트가 극도의 신경과민 상태에 있고 '분해될' 위험을 감수하고 있다고 보고되고 있었다. 그러한 심각한 상황이 정보 업무를 하는 모든 사람에게, 특히 블런트에게는 더욱더 위협이 되고 있었던 것이다.

전쟁 중에 그는 우리에게 가치를 따질 수 없는 귀중한 도움을 주었다. 조금도 과장하지 않고 나는 블런트가 우리를 위해 일하던 여러 해 동안에 실제 수천 건의 문서를 제공했다고 말할 수 있다. 그는 전쟁의 방향을 완전히 바꿀 수 있도록 도왔고, 그의 덕택으로 수만 명의 소련 병사들이 목숨을 건질 수 있었다. 그러나 이것이 끝없이 계속될 수는 없는 일이었다.

그래서 본부는 앤서니 블런트가 안정을 취하도록 했다. 우리는 그에게 이제 봉사를 요구하지 않았고, 평화스러운 연구에 정진할 수 있도록 했다. 1947년 그는 왕실 소장 미술품 관리자의 직책을 유지하면서, 예술사 연구를 전문으로 하는 대단히 권위 있는 커톨드 연구소Courtauld Institute의 소장에 임명됐다. 블런트는 자기의 전 세계적인 찬란한 명성을 연구소와 함께 나누었다.

존 케른크로스(카렐)는 1945년에 임무를 마치고 재무부로 돌아왔다. 크레신이 이임한 뒤 새로 부임한 밀룝조로프와의 관계가 불편해지면서 우리에게 건네는 자료가 줄었지만, 그래도 그는 KGB와의 관계를 끊지 않았다.

1947년 지휘부는 영국 공작원들이 제공하는 자료를 현장에서 처리할 수 있도록 나를 런던으로 파견하기로 결정했다. 지난 4년 동안 나는 KGB에서 '케임브리지 5인방'이라는 별칭으로 불린 공작원들의 업무를 다루는 일에 선임 전문가가 됐다. 그 밖에도 나는 외무부의 업무 양식을 모두 잘 파악하고 있었고, 매월 우리에게 날아오는 수백 건의 긴급 특보들을 재빨리 번역했다.

그 당시 KGB에는 해외에서 적극적으로 활동하는 공작관이 얼마 남아 있지 않았다. 많은 사람들이 전쟁 전 스탈린 숙청 때에 총살됐으며, 또 조국으로 돌아오지 않고 도망가는 경우가 늘고 있었기 때문에, 신참을 파견하는 데 두려움을 느끼고 있었다. 공작관들 대부분은 모스크바에서 일했으며, 해외에 주재하는 소수의 사람들은 끝없는 업무 부담 때문에 가끔 긴장을 이기지 못하는 경우가 있었다. 해외에서 활동하던 공작관들은 모두 소련의 생활이 특별히 행복한 생활을 약속하지는 못할지라도 하루빨리 귀국할 수 있기만을 바라고 있었다. 이는 순전히 러시아적인 향수였고, 지휘부는 이를 잘 이해하고 있었다. 이들을 귀국시켜야만 했으나 먼저 후임자를 찾아내야만 했다.

런던 파견 근무에 동의하느냐는 질문에 나는 즉각 확답했다. 코겐은 외무부의 반대로 나에게 외교관 가장 직책을 줄 수는 없고, 공식적으로는 암호 취급원으로서 일하게 될 것이라고 말했다. 영예롭다고는 말할 수 없지만 다른 방법이 없었다. 그 당시 외무부와 KGB 사이에는 상당한 긴장감이 흐르고 있었다. 만약 당 중앙위원회가 우리 요원에게 외교관 여권을 발급하라고 명령하면, 외무부는 그 명령을 이행하긴 했지만 노골적으로 불만을 표시했다. 하지만 이러한 긴장관계는 런던 주재 대사인 게오르기 자루빈Georgi N. Zarubin에게는 해당되지 않았음을 말해둘 필요가 있다. 그와 KGB와의 관계는 아주 좋았기 때문이다.

내 상관들은 내가 런던으로 출발하는 것과 관련된 대부분의 문제를 해결할 수 있었으나, 모든 것이 쉽게 진행된 것은 아니었다. 첫째, 암호 취급원은 영어를 모르는 것으로 알려져 있었기 때문에 대사관 직원들에게 내가 영어를 한다는 사실을 숨겨야 했다. 둘째, 나는 런던으로 혼자 갈 수 없었다. 왜냐하면 암호 취급원은 서로 감시하기 위해 둘 또는 셋씩 함께 다니는 것만이 허락됐던 데다 영국 정보기관을 끝없이 유혹하는 노획물이 될 수 있었기 때문이다. 그리고 마지막으로 암호 취급원에게는 외국인과 접촉하는 것이 금지되어 있었는데, 이는 나의 업무수행을 아주 어렵게 만들었다. 그러나 나는 젊었기 때문에 이 모든 장해물이 가소롭게만 들렸다.

나는 런던에 도착하면 이 모든 어려움을 극복하겠다고 결심했다.

1947년 6월 29일, 나는 파리를 거쳐 영국의 수도로 향했다. 나와 함께 아내 안나와 젖먹이 딸이 동행했다. 나는 다른 암호 취급원 없이 출국하도록 허가를 받았는데, 이는 아주 예외적인 것이었다.

존 케른크로스 *John Cairncross*

▲ 프랑스 남부, 1991년 9월

◀ 1942년 말부터 1943년 초까지, 케른크로스가 블레츨리파크에서 근무하며 보낸 문서는 수많은 소련 병사의 목숨을 구했다. 일례로 쿠르스크 전투는 케른크로스가 보낸 자료 덕분에 소련이 승리할 수 있었다.

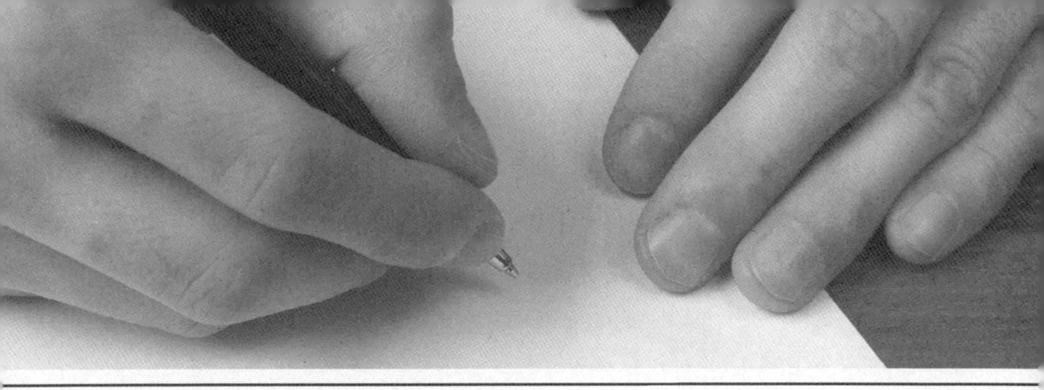

05

런던에서의 접촉

05

지휘부는 모스크바에 출장 온 자루빈의 도움으로 내 런던 부임을 특별한 어려움 없이 마무리했다. KGB는 우리 업무에 꼭 필요한 사람들과 접촉할 수 있도록 대사관이 배려해줄 것을 집요하게 요청했다. 자루빈은 반대하지 않았다.

우리는 바르샤바에서 파리로 날아갔다. 르부르제 공항의 트랩으로 내려와 발이 땅에 닿자마자, 모든 사람이 나를 주목하고 있는 것만 같아 불안했다. 옷을 제외하더라도 모든 면에서 우리는 서유럽 사람과 뚜렷이 구별됐다.

그래서 기분은 그다지 좋지 않았다. 공식적인 선전으로 교육받은 우리는, 프랑스와 영국은 희망이 없는 가난 때문에 죽어가고 있으나 사회주의의 조국인 소련은 미국의 썩어빠진 돈 없이도 노동자가 잘 살 수 있는 세계에서 유일한 나라라고 확신하고 있었다. 그런데 모든 것이 그 반대였다. 사람들은 전혀 우리보다 더 못사는 것이 아니라 오히려 훨씬 더 잘사는 것 같았다. 파리의 불빛들, 사치스러운 진열대들, 샹젤리제의 교통 혼잡과 빽빽한 자동차의 물결이 우리 귀를 멍하게 하고 눈을 부시게 했다.

이 당시 프랑스에서는 마셜플랜Marshall Plan◆에 관한 회담이 아주 빠르게 진행되고 있었다. 점점 더 많은 회담 참석자들이 파리로 모여들고 있어

◆ 유럽부흥계획. 1947년 당시 미국의 국무장관 조지 마셜이 제기한 제2차 세계대전 이후 유럽의 재건 및 발전 프로그램.

서 우리는 적당한 가격의 호텔을 잡을 수가 없었다. 대사관 직원들이 그르넬가에 있는 대사관에서 묵게 해줘 우리 가족은 간신히 곤경에서 벗어났다. 그러나 여기서 갑자기 문제가 생겼다. 아내가 흥분해서인지 아니면 힘든 비행 때문인지 모유가 나오지 않았던 것이다. 우리가 대사관에 거처를 잡자마자 어린 올랴는 배가 고파 참지 못하고 울어댔다.

마셜플랜 회담에 참석할 소련 대표단을 인솔한 몰로토프가 우리와 같은 날 파리에 도착했다. 관례대로 그 또한 대사관에서 묵게 됐는데, 첫날 밤 올랴가 '시끄러운 콘서트'로 끊임없이 숙소의 모든 사람을 눈 붙일 수 없게 만들었다. 하필 바로 우리 방 밑에 침실이 있었던 몰로토프는 대사에게 불평했고, 대사는 마지못해 우리를 위해 그랑오텔 드 라 페Grand Hôtel de la Paix에 방을 얻도록 조치했다. 이 호텔은 오페라 극장 바로 맞은편에 자리 잡은 파리의 최상급 호텔 가운데 하나였다. 이 방 때문에 대사는 큰돈이 들었지만, 이제 몰로토프는 철저한 전투 준비 상태로 회담장에 갈 수 있도록 잠을 푹 잘 수가 있었다.

뒤에 내 친구들은 이때 일을 떠올리면서 올랴를 보며 농담했다.

"아, 바로 이 꼬마 아가씨가 마셜플랜에 관한 파리회담을 사보타주한 아가씨인가?"

사흘 뒤에 우리는 파리 북역에서 기차를 타고 칼레로 가서 그곳에서 영국해협을 거쳐 런던으로 향해야 했다. 우리는 일등칸 표를 가지고 있었으나, 처음에 구분을 못해서 다른 승객들과 같이 세관 검사를 받는 줄에 서 있었다. 그런데 일등칸 승객에게는 지체 없이 세관을 거쳐 나가도록 하는 것이었다. 짐꾼은 고맙게도 재빠르게 우리의 가방 두 개를 집어 들고, 이미 움직이기 시작한 기차로 우리를 그대로 밀쳐 넣었다. 그가 아니었다면 우리는 아마도 플랫폼에서 다음 기차를 기다려야만 했을 것이다.

존경할 만하고 부유해 보이는 관대한 이탈리아인 부부가 우리 가족과 같은 객실에 있었다. 점심시간이 되자 우리는 호기심에 가득 차서 메뉴를 살펴보기 시작했다. 뭐가 뭔지 전혀 알지도 못하면서 한두 가지를 손가락으로 가리키고 음식을 기다렸다. 승무원이 가져온 음식을 맛있게 먹고, 내 접시에 마지막 조각이 남았을 때 나는 같이 가는 이탈리아인 부부가 음식에 손도 대지 않고 있는 것을 알았다. 그들은 얼어붙은 얼굴로 눈을 내리깔고 조용히 앉아 있었다.

승무원이 식기들을 가져가려고 왔을 때에야 나는 무슨 일이 일어났는지 알았다. 승무원은 이탈리아인 부부가 주문한 음식들을 우리 앞에 놓았고 그들 부부에게는 우리가 주문한 음식을 내려놓은 것이었다. 그 부부는 우리가 소련인이라는 것을 알고는 승무원의 잘못을 바로잡으려 하지 않았다. 재미있었다. 왜 그랬을까?

우리는 점점 유럽에서 사는 것이 그렇게 단순하지 않다는 것을 알게 됐고 많은 것을 배워야만 했다. 그 첫 번째 가르침을 얻고 우리는 런던의 빅토리아 역에 도착했다.

나에게는 이번 런던 방문이 두 번째였다. 첫 번째는 전쟁 직후 청소년회의 대표단의 소련 측 단원으로 런던에 왔었다. 그러나 그때 나는 런던을 정확하게 파악할 수 없었으며, 지금도 그때의 기억이 전혀 나지 않는다.

역 광장은 사람들로 붐볐다. 택시를 기다리는 줄이 꽤 길었다. 모스크바에 있는 공항에서는 외국인이 항상 먼저 택시를 타도록 했으나, 영국에서는 그런 차별을 두지 않았다. 그러나 줄 선 사람들은 우리가 갓난애를 안고 있는 것을 알아차리자마자(올랴가 기저귀를 갈 때가 되어 목이 터질 듯 울어대는 통에 사람들이 모를 수가 없었다) 곧 안내인에게 우리를 배려하도록 하여 맨 먼저 오는 택시에 타도록 해주었다.

지금 그때를 생각해보면 '겉돌다'는 단어로 표현할 수 있는 그 당시의 내 느낌이 떠오른다. 모스크바의 상관들은 해외에서 마주칠 문제들을 잘 알고 있었기 때문에, 우리를 해외로 보내는 것은 몇 가지 측면에서 볼 때 위험을 감수하는 것이었다. 누구도 조국에 대한 충성심을 의심하지는 않았지만, 우리가 과연 대중 속에 들어가서 함께 어울릴 수가 있을지, 이것이 큰 문제였다.

런던에 처음 들어섰을 때, 나는 분명히 대중과 분리되어 있었다. 사람들은 나를 뚫어지게 쳐다보았다. 남에게 눈치채이지 않고 공작원과 접촉한다는 것은 생각도 할 수 없었다. 첫 영국 데뷔를 분석해본다면, 나와 아내 안나, 우리 둘은 너무 젊고 형편없이 유약했다는 점을 인정해야만 한다. 소련과 서구의 생활수준 차이가 너무나 커서 우리는 다른 우주에 와 있다는 느낌이었다. 런던의 개들이 모딘을 보고 짖지 않게 되기까지는 적지 않은 시간이 흘러야만 했다.

자루빈은 나를 따뜻하게 받아주었지만, 파리에서 매우 중요한 회담들이 진행되고 있어서 자유시간이 많지 않았다. 16개국이 이미 미국의 원조계획을 받아들이기로 동의했지만, 소련 영향권에 위치한 폴란드와 체코슬로바키아는 미국이 베푸는 하늘의 만나를 받고 싶은 유혹으로 괴로워했다. 스탈린은 미국의 원조계획을 받게 될 수 있는 그 어떤 가능성도 철저하게 거부했다.

7월 중순 몰로토프는 파리를 떠나면서 마셜플랜은 전쟁으로 피해를 본 유럽 국가에서 경제적 독립을 빼앗으려는 음모라고 선언했다.

우리 런던 대사관은 좀 조용해졌다. 자루빈은 나를 불러 오랫동안 이야기했다. 그는 내가 왜 런던에 왔는지 잘 알고 있었다. 그는 공식적인 절차에 따라, 스탈린의 통역을 지낸 적이 있는 파블로프 앞에서 내가 영어를 얼마나 알고 있는지 심사받도록 했다. 그는 내 수준을 중간급으로 평가했고, 생활 속의 다양한 표현들을 이해하고 사용할 수 있도록 몇 주 동안 매일 영화관에 다닐 것을 권했다. 나는 그 제의가 마음에 들어 스릴러영화, 전쟁

영화, 스파이영화, 영국 특유의 코미디 물을 많이 보았다. 좋아하는 남녀 배우가 생기기 시작했다. 로렌스 올리비에Laurence Kerr Olivier, 그레타 가르보Greta Garbo, 비비언 리Vivien Leigh 등등. 나는 정신없이 닥치는 대로 영화를 보았고, 이에 따라 겸사겸사 영어를 제대로 구사하기 시작했다.

대사는 곧 나를 암호 취급원으로 쓰는 데 의미가 없다는 것을 알았다. 그는 누구와도 상의하지 않고 나를 아타셰 지위에 앉힌 뒤 자기 사무실 가까이에 내 사무실을 배정했다. 그 뒤 자루빈은 나를 시험하고자 이탈리아 식민지의 장래를 논의하는 회담장인 랭커스터하우스로 소련 대표단을 수행하도록 했다. 아비시니아와 소말리아, 리비아 문제는 소련의 직접적인 관심 대상이 아니었지만, 어찌 됐든 이번 회담에서 일어나는 일에 대해서 되도록 많이 알아야 했다. 우리는 이 문제에 직접 연관된 이탈리아와 영국의 입장에 관심이 있었고, 미국과 프랑스의 입장에 대해서는 관심이 그다지 크지 않았다.

우리는 대기실에서 어떠한 대화들이 오가는지, 양측이 어떻게 합의하는지, 상황을 유리하게 활용하기 위해 연합국 가운데 누가 누구에게 술책을 써 이기는지를 파악해야 했다. 몰로토프는 이편이나 저편에 지원을 제공하고 능수능란하게 역정보를 흘리면서 양측으로부터 우리와 전혀 상관없는 여러 문제를 양보받았다.

나는 자루빈을 수행하면서 그의 개인비서와 함께 몇몇 회의에 참석했다. 내가 해야 할 일이란 그저 조용히 앉아서 듣기만 하는 것이었다.

그 뒤에 나는 공보과로 배속됐다. 여기서 일하면서 기자들과 접촉하고, 유익한 인맥을 많이 확보해나갈 수 있었다. 물론 나는 누구도 우리의 이념으로 전향시키려 하지 않았으며, 때때로 기자들로부터 몇 가지 정보를 신문에 실리기 전에 입수할 수 있었다. 이는 본부에서 유용하게 사용됐다.

런던에서 일을 시작한 지 몇 달 만에 내 직속상관인 미하일 알렉산드로

비치 시시킨Mikhail Alexandrovich Shishkin은 미국 기자인 러셀Russel을 나에게 소개시켜주었다.

우리는 빨리 친해졌다. 러셀은 친분을 나누기 편한 대단히 유쾌한 사람으로, 전쟁이 시작될 때부터 런던에 주재했기 때문에 기자들 세계에서 아주 큰 권위를 인정받고 있었다. 그는 미국인 특유의 허풍이 없었으며, 소련인을 믿을 수 있는 연합국 사람이라고 생각했다. 나는 항상 그와 대화하는 것이 즐거웠다. 그는 랭커스터하우스의 회담에 대해 물었고, 나는 그에게 내 (때로는 순진한) 의문들, 즉 영국인은 어떻게 사는지, 그들의 사고방식은 어떤지에 대해 물었다. 우리는 좀 더 심각한 문제, 예를 들면 나치의 패배 후 해방된 중유럽 국가들과 특정 지역들의 운명, 파시즘 때문에 고통을 받은 국가들 간의 관계에 대해서도 이야기했다. 가끔 러셀은 나를 웃겼으나, 항상 영국과 미국의 관점을 이해할 수 있도록 도우려 노력하는 진실함을 보여주었다. 우리가 정치에 대해 이야기할 때에는, 부끄럽지만 나는 진짜 관료처럼 말했다. 나는 모스크바의 공식 노선을 과시하고 단호하게 옹호했다. 뒤돌아 생각해보면 내가 그에게 얼마나 순진해 보였을지 눈에 선하다. 더욱 부끄러운 것은, 내가 억울하게 불공정한 대우를 받는다고 생각해 대화할 때마다 우쭐대는 관료의 탈을 떨쳐버리지 않으려고 노력했다는 것이다.

러셀은 우리가 사귄 지 몇 개월 뒤 자동차 사고를 당해 전 생애를 마비환자로 살았으나, 내게 매우 큰 도움을 주었다. 그는 내게 자기 친구들을 소개해주었는데, 그 가운데는 ≪타임스≫의 편집인이 있었다. 러셀은 언론인으로서 그 정치적 식견이 넓었다. 그의 시각은 내게 대단히 흥미롭게 보였다. 그는 나를 처음으로 상류층 회원제 영국 클럽들의 '성전'인 '아테네움Athenaeum'으로 데려갔고, 그곳에서 나는 아주 빨리 영국에 대한 내 인식을 넓힐 수 있었다. 러셀은 또한 나를 좋은 식당들에 초대했고, 세련된 음식에 조예가 깊지 않았던 나에게 식도락가적인 소양을 길러주었다.

나는 그렇게 사람들을 사귀며, 정치적 사건들이 어떻게 돌아가는지 항상 파악할 수 있도록 질문하는 방법(이는 실로 예술이다!)을 배웠다. 여기에서 중요한 것은, 대화 상대방에게 나에 대한 관심이 식지 않도록 하면서, 기타 쓸데없는 얘기를 하지 않고 어떻게 답해야 하는지를 배운 것이다. 겸손한 대화 방법을 배우는 데에는 많은 시간이 필요했고 상당히 어려웠다. 예를 들면 ≪타임스≫에 근무하는 지인이 내가 이탈리아 식민지에 대한 국제회의에 소련 대표단원으로 참석했다는 것을 알았다고 하자. 그는 그곳에서 무슨 일이 있었는지 궁금해할 것이나, 나는 이 궁금증이 기자로서의 직업 때문만은 아니리라 여긴다. 나는 어떠한 비밀과도 관련이 없기 때문에 그에게 해줄 말이 거의 없으나, 내가 실제 아는 것보다 더 많이 안다고 그가 생각하게끔 유도하면서 베일에 싸인 형태로 답변을 해주는 것이 나에게는 유익하다.

좀 뒤에 나는 자청해서 사람들, 특히 기자를 사귀는 방법과 그들과 대화하는 방법들을 배웠다. 나는 그러한 일이 좋았고, 좀 뒤에 외교관 계급이 올라갔을 때에도 언론 관련 업무를 계속 담당했다. 그러한 공식적인 가장은 나에게 아주 적절했다.

처음부터 나는 아내와 함께 대사관에서 살았는데, 암호 취급원에게는 항상 감시가 뒤따르기 때문이었다. 뒤에 대사는 내가 원한다면 시내에서 아파트를 구해도 좋다고 말했다.

이는 나를 신뢰한다는 증거였고, 나는 그를 존경했다. 임시 거처로 런던 도심에 방 두 개짜리 비싼 아파트를 구했으나 곧바로 좀 싼 것을 찾기 시작했다. 우리 가족은 대사관에서 가까운 곳에 살고 싶었다. 나는 출퇴근하기가 편리하고 안나는 좀 더 안심하고 살 수 있기 때문이었다. 어느 날씨가 좋은 날, 아내는 흰 블라우스와 짙은 청치마를 입고 집을 보러 나갔다. 대사관 바로 옆에 있는 조용하고 햇볕이 잘 드는 작은 길이 그녀의 눈에 들어왔다. 아내는 집들을 주의 깊게 바라보면서 길을 따라 걸었는데, 아내 앞에 젊고 착해 보이는 영국인이 나타나서 당황하는 아내를 보고는 무엇을 찾느냐고 다정하게 물었다. 아내는 임대 주택을 찾고 있다고 대답했다. 아내 생각에는 내가 소련 대사관에서 일하니 이 거리가 안성맞춤이었다. 젊은이는 잘 알아들을 수 없게 여기서는 마땅한 집을 찾을 수 없을 것이라고 중얼거리면서 가버렸다.

저녁에 안나는 나에게 집을 찾아본 일과 모르는 사람과의 대화에 대해 이야기했다. 나는 아내에게 그들이 만난 곳을 설명해보라고 했다. 그곳은 나와 우리 기관요원 모두가 잘 알고 있는 MI5 소속의 감시지점들 가운데 하나였다. 안나가 특수기관의 미끼에 곧바로 걸려들었던 것이다.

결국 우리는 런던 노스켄싱턴 배싯로드Bassett Road에서 집을 찾았다. 그 집은 첫 번째 것처럼 아주 편리했으나 훨씬 싸서 우리는 바로 그곳으로 이사했다.

우리가 새 장소에 정착한 뒤에, 바로 어떤 남자가 문을 두드렸다. 아침이었고 내가 출근한 후였다. 아내가 문을 열자 우체부 옷차림의 사람이 서 있었다. 그는 아내에게 편지를 내밀며 편지에 쓰인 사람의 성을 아느냐고 물었다. 안나는 모른다고 했고 곧 문을 잠갔다. 나는 이것이 영국 비밀기관 측의 첫 번째 도발이라는 것을 알았다. 만약 아내가 그 성을 안다고 했다면, MI5에는 편지에 적힌 사람을 불순한 문제인사로 생각하기에 충분했을 것이다.

내가 런던에 사는 동안 쭉 끊임없이, 노골적으로 누군가가 안나를 따라다녔다. 가끔 아내는 비꼬는 투로 따라다니는 사람과 인사까지 하곤 했다.

시간이 흐르면서 이러한 작태는 안나를 신물 나게 했고 신경과민 상태에까지 이르게 했다. 결국 안나는 대사에게 어떻게든 그 뻔뻔스러운 미행

좀 막아달라면서 불평했다. 그러나 그는 껄껄 웃었다.

"따라다닌다고? 저희들 마음대로 하라고 해. 애기 엄마를 더 많이 감시하면 할수록 유리에게 주목하는 시간은 그만큼 더 적게 될 거야. 무슨 말인지 알겠지?"

보통 때는 영국인들과 아주 좋은 관계를 유지했다. 우리는 마침내 그들의 생활상을 이해하고 좋아할 수 있게 됐다. 그들에 대해 무언가 나쁜 얘기를 할 것이 없었다. 그들은 사람을 알게 될 때까지는 의심을 멈추지 않는 성격으로 신중하게 행동하지만, 일단 신뢰하게 되면 사귀고 싶은 친구들이 된다.

배싯로드의 옆집에는 나이가 꽤 든 부인 둘이 살았는데, 전형적인 영국 부인들이었다. 그들은 처음에는 우리를 피하기까지 했다. 그러나 우리가 조용한 사람들이라는 것을 알게 되자 아침마다 층계에서 만나면 정중하게 인사를 했고, 우리가 영국 언론이 모든 일에 사사건건 욕을 해대고 허수아비로 생각하는 소련에서 왔다는 것을 잘 알면서도 '등 뒤에 돌을 숨기지 않으면서' 대단히 상냥하고 착하게 대했으며 뭔가 도와주려고 애썼다.

시절은 바로 '냉전'의 첫 단계에 접어든 때였다. 1년 전에 처칠은 유럽을 가로지른 '철의 장막'이 내려졌다고 선언했다. 양국 간 우호관계는 눈에 띄게 냉각됐다. 안나는 일상생활에서 냉각의 표징을 자주 느꼈다. 영국은 스파이 병에 걸렸다. 모든 소련인은 이제 잠재적인 KGB 공작원이 됐고, 언론은 어떤 소문이라도 적대적이기만 하면 가리지 않고 덥석 물었다. 나는 어떤 소련 원반던지기 챔피언*이 미국 C&A 백화점에서 값싼 신발을 훔친 혐의로 현행범으로 체포됐다는 몇 단에 걸친 기사를 여러 신문에서 보았다.

* 니나 포노마료바(Nina Ponomaryova, 1929년생)를 지칭한 것으로 보인다. 소련 스포츠 선수. 1952, 1960년 올림픽 원반던지기 챔피언.

나는 개인적으로는 특별한 어려움을 느끼지 못했다. 그러나 안나는, 특히 초기에 나보다 훨씬 어려워했다. 나는 거의 집에 있지 않았으며 아내가 이미 잠자리에 든 늦게야 일을 마치고 집으로 돌아왔다. 안나는 나 때문에 마음 졸이며, 영국문학책을 읽는 것으로 시간을 죽이면서 긴긴 저녁 시간들을 혼자 지냈다. 나는 안나에게 내가 무슨 일을 하고 있는지 말한 적이 없었지만, 그녀는 내 일이 위험과 연결되어 있다는 것을 본능적으로 알고 있었다.

안나는 딸을 데리고 런던의 큰 공원들, 특히 하이드파크에서 산책하기를 좋아했다. 이때쯤에 이미 아내는 소련 여성보다는 영국 여성처럼 보였기 때문에, 길에서 유모차를 끄는 할머니들이나 엄마들 누구에게서도 시선을 끌지 않게 됐다. 그녀가 좋아하는 장소들 중 하나가 큰 호수인 라운드 폰드Round Pond였는데, 거기서 아내는 나이 지긋한 신사들이 조그만 배, 수상스키 같은 것들을 타는 것을 몇 시간씩 바라보곤 했다. 어느 날 한 영국 여성이 다가와서 물었다.

"혹시 당신은 처칠의 친척이 아닌가요? 당신의 예쁜 딸은 마음씨 좋은 할아버지 위니(윈스턴 처칠의 애칭 – 옮긴이)와 너무나 쏙 빼닮았어요."

1947년 가을은 안나에게 특히 힘들었다. 안개가 짙게 깔려 있고 뼛속까지 스며드는 찬 가랑비가 내리는 소름 끼치는 영국의 날씨는 그녀를 괴롭혔다. 그리고 안나는 통역으로 일하러 대사관(그곳은 최소한 따듯하기는 했다)에 출근했고 딸은 낮 동안 유모에게 맡겨졌다.

나는 일이 목까지 찼고 밤 2시까지 대사관에 묶여 있는 일이 잦았다. 우리는 세 명이서 긴장하고 정신을 집중해 긴 시간 동안 케임브리지 5인방과 다른 영국 공작원들로부터 들어오는 무수한 양의 정보를 처리했다. 이제 문서들은 사본이 아니라 원본으로 나에게 들어왔다. 모스크바에서와 같이 나는 런던과 워싱턴 사이에 교환되는 외교문서들을 처리했다.

자료가 너무 많이 들어와 공작원들에게 가장 중요한 일에만 집중하라고 요청해야 했다.

그런데 모스크바로부터 온 대사관을 위아래로 완전히 뒤집어놓은 새로운 지시가 도착했다. 대사에게 런던에서 이루어지는 모든 KGB의 정보활동에 대한 책임도 함께 떠맡으라는 명령이 하달됐다. 이날부터 앞으로 계속해서 대사와 KGB의 공식 거점장이 루뱐카와 모스크바의 외무부를 위해 일을 하면서 우리의 활동도 함께 책임져야 했다.

이 지시의 목적은 외교관을 좀 더 적극적으로 정보업무에 끌어들인다는 데 있었다. 자루빈은 이러한 새 제도를 받아들일 수 없었지만, 그에게는 선택의 여지가 없었고 지시를 이행하지 않을 수 없었다. 이제 그는 우리의 업무가 제대로 되어가는지 확인하기 위해 사무실에서 밤늦도록 앉아 있지 않으면 안 됐다. 물론 이는 그에게 대단히 무거운 짐이었다. 대사가 사무실을 떠날 수 있는 것은 가장 늦은 우리 요원이 '업무'에서 무사히 귀환한 뒤에나 가능했다.

어느 날 자루빈은 나를 밤 3시까지 기다려야 했다. 그날 밤 내가 다소 위험한 공작을 수행해야 했기에 그는 평소보다 더욱더 마음을 졸여야 했다. 자루빈은 내가 조심스레 사무실로 들어가는 소리를 듣고는 핏기가 사라진 얼굴로 급히 복도를 지나 내 사무실로 뛰어 들어왔다. 그는 안도의 한숨을 쉬고 나를 껴안으며 눈물까지 흘렸다. 나는 잠시 당황했으나 곧 웃음을 터뜨릴 뻔했다. 자루빈은 외교관으로서 옷을 단정하게 입었는데, 셔츠는 눈보다도 희고 먼지 하나 찾을 수 없었으며 머리는 항상 가지런히 빗겨져 있었으나, 서두르는 바람에 틀니를 잊고 있었다. 나를 기다리느라고 소파에 쪼그리고 누어서 깜빡 잠이 들었던 것이 틀림없었다.

이렇게 사람을 지치게 하는 근무가 하루하루, 한 주 두 주, 한 달 두 달 끝없이 계속되었고, 자루빈은 이렇게 더 계속된다면 자기는 틀림없이 쓰러질 것이라는 것을 알았다. 그래서 대사는 새로운 지시에 두 손을 내젓고 정말로 중요한 경우가 아니면 KGB 일에 간섭하지 않았다. 이제 다른 사람들도 한숨 쉴 수 있게 됐다.

내가 이미 앞에서 말한 것처럼 우리는 긴장 속에서 모든 힘을 다해 일했고, 만약 대사가 알게 되면 틀림없이 심장마비를 일으킬 만한 일들도 위험을 무릅쓰고 자주 감행했다.

버제스는 헥터 맥닐의 개인비서로 있으면서 의회의 여러 위원회와 국방부에서 나오는 문서꾸러미들을 정기적으로 우리에게 제공하고 있었다.

이 모든 자료를 처리하기 위해서는 끊임없는 주의력뿐만 아니라 조심성도 요구됐다. 나는 종이에 손가락 지문을 남기지 않으려 장갑을 끼었고, 문서를 정확히 번역하려고 극도로 노력했다. 나는 타자기로 정보보고서들을 만들어 서명을 받기 위해 거점장에게 넘겼다. 그러면 이것들을 암호화해 무선으로 본부로 보냈고, '빌린 문서들'은 원래 주인의 금고나 책상 서랍 속으로 돌려보내졌다. 자연히 이 모든 과정은 위험과 직결됐으나 우리 공작원들에게 특수 사진기가 항상 있는 것은 아니었다. 그리고 전 세계의 모든 스파이에게 '하늘의 선물'인 제록스복사기는 아직 대규모 생산이 되지 않을 때였다.

KGB 런던 거점장 니콜라이 보리소비치 로딘(코로빈)은 나에게 많은 것을 가르쳐주었다. 그의 런던 파견은 일시적인 듯 보였으나, 그는 1952년까지 런던에 체류했다. 코로빈은 자기 업무에는 유능했지만 성격은 한마디로 참기 어려웠다. 게다가 그는 술을 지독하게 많이 마셨는데, 다행이도 이것이 업무를 방해하지는 않았다. 그는 정보관으로서의 다년간에 걸친 자기 경험을 나에게 전해주었다. 영국인들의 성격을 자기의 다섯 손가락처럼 잘 아는 그는 어떤 구체적인 상황에서도 그들의 행동을 예측할 수 있었다. 나는 그와 곧 좋은 관계를 맺을 수 있었다. 코로빈은 그야말로 정말 전문가였고, 나는 그를 존경했다. 전쟁 중에 그는 이른바 연락거점의 책임자였다. 그 조직의 목표는 세계 모든 국가에서 우리 공작원들이 수집한 전쟁정보를 실제로 활용할 수 있도록 하는 데 있었다. 코로빈은 런던에서 일한 것이 처음이 아니었고 공작원들과 연락을 취하는 데 달인이었다. 그가 만든 안전수칙은 확실하게 믿을 수 있어서 우리는 한 번도 심각한 어려움에 직면한 적이 없었다. 코로빈은 나에게 자신의 방법을 가르쳤고, 나는 여러 해가 지난 뒤 다른 사람들에게 이를 전수했다.

그런데 유감스럽게도 곧바로 코로빈은 대부분의 대사관 직원들과 다툼을 벌이게 됐다. 군대장교와 같이 이의라는 것을 허용치 않는 태도는 사람들의 기분을 긁어놓았다. 나는 이미 그와 같은 사람들을 많이 겪어서 그들과 같이 지내는 방법을 터득하고 있었으나, 많은 내 동료들(그들 가운데 많은 사람이 전선에 가보지 않았다)은 참을성이 부족했다.

그렇지만 시간이 좀 지나자 나 역시 코로빈과 갈등하기 시작했다. 나는 그에게서 자기 부하들에게 오만하고 경멸적으로 대하는 전형적인 못된 관료주의자를 보았다. 혹시 그의 습관적인 경멸적 태도는 자기의 생각을 감추기 위한 계산된 방법일까? 공작원마다 다 자신의 가면을 쓰고 다니고 나 또한 그렇다는 것을 이해하게 될 때까지 코로빈은 내게 수수께끼로 남아 있었다.

코로빈은 완벽하게 세련됐다고는 할 수 없는 번역 업무를 오만한 태도로 경멸했다. 그는 새로운 세계질서의 기초를 놓는 회의에 참석하기 위해 유럽에 왔으며, 비밀정보 수집에 천재인 자기는 다른 국제문제 전문가들과 똑같은 자격으로 회의에 참석할 것이라고 우리에게 말했다.

코로빈은 회기 사이의 활동이 없는 기간을 누구보다도 잘 이용할 줄 알았다. 그는 저녁 칵테일파티와 공식 리셉션을 좋아했다. 그의 인맥은 훌륭했으며, 지인 목록은 각 분야에서 명성을 날리는 사람들로 가득 차 있었다.

때때로 코로빈은 나를 데리고 다녔는데, 나는 자주 파리의 호텔이나 그르넬가에 있는 대사관에 앉아서 코로빈이 루뱐카에 보낼 문서의 번역에 매달렸다. 어쩌다 자유시간이 생기면 우리는 공원 여기저기로 산책을 다녔고 긴 대화를 나누었다.

"유리 이바노비치, 자네는 물론 NKVD에 채용될 때 전쟁이 끝나면 중단된 교육을 마칠 수 있게 해달라고 요청했겠지?"

코로빈이 물었다.

"네, 물론입니다. 그렇지만 1946년 지휘부에 그에 대해 물었더니 아직 이런 얘기를 꺼낼 때가 아니라고 했습니다. 일이 폭주할 때였습니다."

나는 그에게 모든 생애를 정보기관에 바칠 생각이 없으며, 몇 년 뒤 모스크바에 돌아가면 선생이 되고 싶다고 털어놨다. 코로빈은 껄껄 웃었고, 나는 그때 내가 떠날 수 없는 비밀기관과 영원히 결혼했다는 것을 알았다.

파리에서 코로빈은 케른크로스와 밀롭조로프 사이의 관계가 끝장나 버렸다고 나에게 말했다. 나는 케른크로스가 이제 우리에게 자료를 넘기지 않고 있다는 것을 잘 알았으나 이에 대해서는 아무 말도 하지 않았다. 밀롭조로프는 코로빈과도 관계가 좋지 않았다. 둘은 같은 계급이었으나 코로빈은 군사 정보기관에서 자기의 위치를 확보했고 밀롭조로프는 방첩기관에서 일했다. 어쨌든 밀롭조로프는 활동이 적극적이었던 공작원인 '카렐'을 계속 운영하는 데 실패했다. 그는 미국인과 영국인 몇 명을 포섭했으나, 그의 업무방식은 전쟁 중이나 혹은 큰 기대가치가 없는 공작원에게나 적용될 수 있었던 것으로 이제는 맞지 않았다. 밀롭조로프는 주로 케른크로스와의 업무를 위해서 런던으로 파견됐던 것이다. 다른 주요 공작원들은 전적으로 코로빈이 운영했다.

밀롭조로프는 날카롭고 경멸적으로 명령을 내리는 습관이 있었는데, 이는 우리의 스타 공작원들에게는 가당치도 않은 일이었다. 앤서니 블런트에게 '이러저러한 것을 해라'라는 명령이 통한다고? 또는 킴 필비 같은 사람과 핏대가 오른 상태로 대화가 가능하다고? 그리고 가이 버제스와 접촉을 약속해놓고도 타당한 이유 없이 접선 장소에 나타나지 않는다는 것은 물론 상상도 할 수 없는 것이었다.

케른크로스는 밀롭조로프에게 불만이 많았는데, 이에 대해 직접 코로빈에게 얘기했다. 코로빈은 공정한 업무수행자의 위치에서 상황을 주의 깊게 파악했고, 밀롭조로프에 대한 치명적인 평가보고서를 올렸다. 일주일 뒤 KGB는 밀롭조로프를 모스크바로 불러들이기로 결정했다.

1947년 10월 코로빈은 나를 자기 사무실로 불러 우리에게 가장 귀중한 공작원들에 관해 이야기를 나누었다. 그는 그들이 제공하는 정보가 본부와 소련 지도층에게 얼마나 중요한지를 지적했다. 코로빈은 전 세계 어느 나라도 우리와 같이 그렇게 효과적인 공작원 망을 반대편 진영에 가지고 있지 않다는 점을 강조했다. 영국 내 정보 출처의 주요 장점 가운데 하나는 그들이 돈이 아니라 이념을 위해서 일한다는 것이었다. 코로빈은 자기가 본부에 보고한 밀롭조로프의 성격을 가리키면서도 그의 이름은 거론하지 않았으며, 우리가 사용하는 방법이 특별한 성격과 개성을 가진 공작원들의 개인적 특징에 항상 부합되는 것은 아니라고 말했다. 그는 그들의 사고방식을 이해하고 함께할 수 있는 사람이 그들과 일을 해야 한다고 생각했다. 나는 그가 의도하는 바를 이해하기 시작했고, 그의 말은 틀리지 않았다. 코로빈은 이야기를 끝내며 말했다.

"유리 이바노비치, 나는 자네가 '카렐'을 맡아주었으면 하는데……."

나는 이 제의가 조금도 기쁘지 않았다. 공작활동이 펼쳐지는 야전의 정보활동에 대한 실제 경험이 사실상 무無에 가까웠기 때문이다. 코로빈은 나의 반응을 예견했다.

"어떠한 경우에도 이 일은 자네가 하거나, 그렇지 않으면 어느 누구도 손을 대지 말아야 하네. 런던 거점에는 '카렐'과 일하는 데 조금이라도 적절하다고 생각되는 사람이 없기 때문에, 모스크바에서 우리가 어떤 사람인지도 모르는 직원을 서둘러 보내지 않았으면 좋겠네. 우리가 만약 하나라도 비슷한 실수를 또 한다면 모든 공작망을 잃게 돼. 내 얘기를 잘 생각해보게."

나는 코로빈이 케른크로스와의 일에서 나를 단련시키려 하고 있고, 만약 내가 잘해 낸다면 다른 일도 나에게 넘기려 한다는 인상을 받았다. 결국 그렇게 됐다. 코로빈은 케임브리지 5인방에 대한 개별적인 책임을 자기의 어깨에 짊어지기를 싫어했다. 이미 그는 그러한 책임이 크게 권위를 세워주는 일이 아니라고 여겼다. 그들과의 일상적인 업무를 내게 넘기고 그 자신은 한편으로 물러나 지시만 내리는 지휘권을 행사하고 싶어 했다.

그다음에 만났을 때 코로빈은 나에게 온갖 유익하다는 충고를 다 해주었다. 그는 내게 일을 맡기기 전에 '카렐'에 대해 되도록 많이 알게 하기 위해 유령과도 같은 이 사람과의 첫 접촉을 준비하도록 며칠을 주었다. 주사위가 던져진 지금, 나는 모스크바에서 3년이라는 긴 시간 동안 열심히 처리한 '지급至急 특보'들을 보낸 공작원을 본다는 게 기뻤다. 그는 내가 상상으로 머릿속에서 그려온 사람과 닮았을까? 곧 알 수 있게 됐다.

두 번째 접선(첫 번째 접선에 대해서는 이미 제1장에서 이야기했다) 장소에 케른크로스는 30분 늦게 나타났다. 코로빈의 사전경고가 맞았다. 코로빈은 이 사람이 우리 업무에 심각하게 방해가 된다는, 이가 갈리도록 지겨운 기억을 가지고 있었다. 케른크로스는 항상 계속해서 접선 장소와 시간을 잊어버렸다. 나는 확실하게 하기 위해 매번 두 개의 예비 약속을 정하기로 결정했다. 예를 들어 만일 그가 해머스미스그로브에 11월 15일이나 16일에 나타나지 않으면, 꼭 일주일 뒤에 같은 장소에서 만나는 것이다.

되도록 어떠한 우연도 피하기 위해 모든 것을 치밀하게 생각하고 계획해야만 했다. 통상 나는 접촉 장소를 런던 교외인 리치먼드파크나 윈즈워스로 정했다. 런던 도심이나 독 지역, 이스트엔드에서 만나는 것은 피했다. 내가 선택한 장소는 언제나 찾기 쉽고 기억하기 쉬웠다. 그런데도 마찬가지로 케른크로스는 모든 것을 항상 끊임없이 혼동했다. 어떤 때엔 우리가 지난달에 만났던 장소로 가기도 했다. 나는 때때로 참을 수가 없었으나 그의 이상한 성격에 맞춰야 하기 때문에 참지 않을 수 없었다.

케른크로스의 건망증만 생각하지 않는다면 우리 관계는 성공적으로 이어졌고, 서로 접선을 빠르게 진행했다. 나는 그에게 내가 가장 우선시하는 염려사항은 그의 안전이며 그를 전적으로 신뢰한다고 말했다. 케른크로스는 자신의 체포를 굉장히 두려워했기 때문에 나에게 감사를 표했다. 그는 산만한 성격 때문에 자기에게 닥치는 위험을 느끼지 못하는 것 같았지만, 매번 자기가 의심하는 사항이 있으면 나에게 말해주었다.

케른크로스가 밀롭조로프와 일할 때 그들은 가장 기초적인 안전수칙도 전혀 지키지 않았다. 예를 들면, 술집에서 만나 맥주가 흥건한 탁자 위로 문서들을 전달하기도 했는데, 이는 노골적인 광기의 발로였다. 나는 이런 일은 한 번도 하지 않았다. 술집에서는 누구나 당신을 주목할 수 있으므로, 아무도 당신을 모를 것이라고 결코 확신해서는 안 된다. 술집에 들어가서는 서로 눈을 마주친 뒤에 밖으로 나가, 각자 따로 술집에서 좀 떨어진 미리 약속한 장소로 가서 만나는 것이 좋다.

우리가 함께 일한 처음 몇 달 동안 접선이 몇 번 취소된 때가 있었다. 케른크로스는 계속해서 몇 차례 접선을 놓쳐버렸고 날짜를 혼동했다. 그와 연락을 다시 취하는 데 대단한 어려움을 겪었다. 케른크로스의 집으로 찾아갈 수도, 그에게 전화를 걸 수도 없는 노릇이었다. 이 두 가지는 우리의 규칙상 엄격하게 금지되어 있었는데, 정말로 대단히 바보스러운 짓이었다. 그래서 나는 초인적인 인내심으로 며칠을 하루 종일 그를 잡겠다는 생각에 그의 집과 직장 사이의 길에서 보초를 섰다. 이 경우도 우리 직업에서 해서는 안 되는 즉흥 행동에 의지해야 했기 때문에, 상당한 위험을 감수한 것이었다. 그리고 또 겨울 저녁 이미 어두운 거리에서 서둘러 귀가하는 런던의 회사원 무리들 속에서 필요한 사람을 찾아낸다는 것이 늘 그렇게 쉬운 일은 아니었다.

우리는 통상 저녁에 만났다. 케른크로스가 나에게 문서들을 넘겨주면 밤에 이를 촬영했고, 다음 날 아침 일찍 그것들을 돌려주었다. 한 달에 한 번씩 그렇게 했다. 가끔 중요한 문제에 관한 정보가 급히 필요한 때에는 한 달에 한 번이 아니고 2주마다 만났다. 이 경우에는 물론 새로운 접선 장소에 대해 합의해야 했고, 늘 하던 판에 박힌 형식에서 무언가 바뀌면 케른크로스와 다시 합의하기가 어려웠기 때문에 매번 불발사태가 일어났다.

나는 접선하기 전에 미리 10~15개 정도의 문항으로 된 목록을 만들어 외운 뒤 이를 없애버렸다. 나는 도스토옙스키가 "사람들이 무엇을 말하는 것이 중요한 것이 아니라 어떻게 말하느냐가 중요하다"라고 말한 것처럼 문항을 최대한 더욱 분명하고 정확하게 만들려고 애썼다. 문제를 제기한 사람이 케른크로스 자신인 것처럼 내 생각을 표현해야만 했다.

나는 맨 처음부터 케른크로스가 우리를 돕기 위해 있는 온 힘을 다해 노력할 준비가 되어 있다는 것을 알고 있었기 때문에 그러한 방법을 공들여 만들었던 것이다.

그가 재무부에서 하는 일은 우리에게 특별한 관심거리가 되지 못했고 케른크로스도 이를 알고 있었다. 우리가 두 번째 만났을 때 그는 이제 전처럼 가치 있는 좋은 정보를 줄 수 없다고 말했다. 나는 그를 충분히 이해했고 그가 자기 직장에서의 실제 위치를 속인다 하더라도 다른 방도가 없었다. 그에게 압력을 가한다 해도 아무런 의미가 없었다. 그래서 나는 전술을 바꿨다.

"그러면 재무부 내 전화번호부를 가져올 수 있습니까?"

"물론 할 수 있소. 그런데 무엇 때문에? 전화번호를 뭣에 쓴다고?"

그는 의심스럽다는 듯 나를 쳐다보았다.

"물론 쓸 데가 있습니다. 보통 전화번호가 각 근무처의 이름과 함께 적혀 있잖습니까, 바로 그것에 관심이 있습니다."

이제야 그는 이해했다. 얘기가 끝난 것이다.

"내가 일하는 곳을 정확히 알고 싶어 하는군요. 그렇게 단순할 수가 없소."

전화번호부는 오래 기다릴 필요가 없었고 나는 재무부의 행정체제를 연구하기 시작했다. 누가 어떤 부서에서 일하는지, 누가 무엇을 담당하는지 등. 나는 케른크로스의 부서를 찾았고 바로 옆에서 같이 일하는 사람들의 이름과 직책을 알게 됐다. 나는 특히 'PPB-21'이라는 부서에서 일하는 한 사람에게 관심이 갔다. 나는 그에 대해 좀 더 알고 싶었다.

케른크로스는 이 사람을 잘 알고 있었는데, 그들은 여러 해 함께 근무했다. 그는 명목상으로는 '교육'을 맡고 있었으나 실제로는 핵에너지 문제의 전문가였다. 케른크로스가 나에게 이를 말할 때 나는 주의 깊게 그를 바라보았다. 케른크로스는 즉시 모든 것을 이해하고는 웃음을 터뜨렸다.

우리는 지체 없이 새로운 방향으로 탐색을 시작했다. 언제 케른크로스의 동료가 출근하는지, 몇 시에 점심을 먹으러 나가는지 말이다. 케른크로스는 이러한 질문들에 정확히 답변할 수 없었으나, 이 사람의 사무실에는 금고가 있고 가끔 자리를 뜨면서 책상 위에 문서를 치우지 않고 그대로 놓아둔다는 사실을 알았다.

나는 공작원에게 모든 세부사항을 확실히 알아두라고 요청했고, 곧 그 사람이 며칠씩 아예 사무실에 나오지 않으며 나올 때는 일찍 나가버린다는 사실을 알아내었다. 그래서 서두르지 않고 행동에 옮길 수 있었다.

케른크로스가 금고 열쇠를 받아서 복제하는 것은 어려운 일이 아니었다. 이제 다음 단계인 금고에서 문서들을 꺼내서 복사하는 일이 남았다. 위험을 최소화하기 위해 그 자리에서 복사하라고 제의해보았으나 서류 꾸러미로 꽉 찬 봉투를 들고 출입문을 통해 나오는 것보다는 롤필름을 주머니에 넣고 사무실에서 나오는 것이 훨씬 쉬웠다. 이를 위해 나는 케른크로스에게 멋있는 조그만 미국제 사진기를 사주고 신문기사를 촬영하면서 집에서 연습하라고 일렀다. 그러나 완전 실패였다. 문서의 맨 위쪽만 촬영하는가 하면 끝 부분이나 한쪽 귀퉁이를 찍었으며, 아주 운이 좋아 구도를 잘 잡았다 해도 노출이 너무 심하거나 초점이 맞지를 않았다. 케른크로스가 아무리 노력한다 해도 그는 내가 이제까지 본 사람 중 사진에 가장 소질이 없는 사람이었다. 여러 번 실패한 뒤(게다가 매번 그는 점점 더 형편없는 사진을 찍었다)에 그는 난처해하면서 사진기를 나에게 돌려줬다. 그래서 케른크로스는 사무실에서 문서를 직접 가지고 나와야만 했다. 나는 평소처럼 저녁에 이것들을 받아 밤에 촬영했고 다음 날 아침 일찍 케른크로스가 금고에 갖다놓았다.

재무부로부터 받은 정보가 핵에너지와 관련되어 있었지만, 처음에 그냥 보기에는 우리에게 그렇게 관심을 끌 수 있는 것 같지는 않았다. 숫자가 들어선 칸과 예산을 지출한 관청에 무슨 중요한 것이 있을까? 그러나 나는 영국의 재무부 회계보고체제가 소련의 것과는 정말로 확연히 다르다는 것을 밝혀냈다. 국가 재정에서 1실링도 허투루 사용되지 않았다. 지출조항마다 시시콜콜할 정도로 세분화되어 있었다. 우리가 핵에너지에 관한 문서들을 받을 때면, 일정한 숫자 맞은편에 작업마다 그래프로 상세히 설명한 것을 볼 수 있었다. 간단히 말해 이것은 실행된 작업과 과학 실험 그리고 영국의 핵에너지 계획과 관련해 구입한 물품에 대한 상세한 회계보고서를 입수할 수 있다는 것을 의미했다. 이는 우리의 관심을 크게 끌었다.

공작을 시행할 날짜가 정해지고 우리가 막 공작에 착수하려는 찰나, 사전 예고도 없이 별안간 케른크로스가 다른 부서로 발령됐다. 이는 신속하게 공작을 실행해야 한다는 것을 의미했다. 우리는 위험을 감수할 수가 없어 결국 그 공작을 포기했지만, 실망은 오래가지 않았다. 케른크로스가 부임할 부서는, 방위산업과 군비 예산문제 및 군비확충과 군사 실험 프로그램에 대한 앞으로의 지출을 산출하는 일을 담당했던 것이다. 그래서 우리가 함께 발의해서 시작한 공작이 예상치 못한 실패를 했지만, 나는 행운의 여신이 우리에게 미소를 보내고 있다고 확신했다. 그리고 이는 옳았다. 케른크로스로부터 육군과 해군, 공군 재정 부문의 모든 문서와 군사 예산에 대한 구체적인 자료가 파도처럼 끊임없이 밀려 들어오기 시작했다. 특히 소련과 전쟁이 일어날 경우를 대비한 경제 자원의 산출에 관심이 집중됐다.

케른크로스는 귀중한 가치가 있는 정보를 제공해 나를 한없이 기쁘게 했다. 이제 우리는 영국이 탱크와 비행기 제작에 얼마나 돈을 쏟아붓는지, 그리고 얼마나 많은 돈을 핵 연구를 진행하는 데 배정하는지를 알게 됐다. 이러한 모든 것은 우리 군대에 횡재였다.

케른크로스와 나의 합동 작전은 순조롭게 잘 시작됐고, 우리가 함께 거둔 수확은 지휘부로부터 높은 평가를 받았다. 코로빈은 나를 확실히 신뢰하게 됐고, KGB에는 '폴'이란 암호명으로 알려진 두 번째 영국 공작원 가이 버제스를 내가 담당하도록 넘겨주었다. 나는 모스크바에서 그가 앞서 해온 일들에 관한 문서철을 철저하게 연구했는데, 드디어 그와 직접 만나게 됐던 것이다.

코로빈은 다시 나를 불러 멘토 같은 평소의 태도로 이미 신물이 나는 훈시를 시작했다. 그의 말에 따르면 버제스는 내가 생각하는 것보다 훨씬 더 어려운 상대였다. 눈을 크게 뜨고 그를 잘 살펴야 한다는 것이다. 나는 그가 아니라도 이것을 잘 알고 있었다. 버제스는 눈부실 정도의 지성을 갖춘 사람이었지만, 자기가 마땅히 받을 만한 존경심 없이 대해진다는 생각이 들면 노골적으로 인간쓰레기같이 행동할 수 있었다. 나는 고르스키(헨리)가 그렇게 거만한 관료처럼 행동하지 않았다면 버제스를 충분히 잘 요리할 수 있었을 것이라고 확신한다.

버제스에 대해 내가 아는 것은 무엇인가? 이에 대한 대답을 몇 마디로 정리할 수 있었다. 버릇없는 망나니지만 보기 드물게 지능이 비상한 사람, 세계혁명을 위해 목숨을 바칠 준비가 되어 있는 사람, 어려운 상황 속에서도 대단히 믿을 만한 사람, 케임브리지 망원 모두를 함께 단단한 끈으로 묶을 수 있는 유일한 사람.

나는 버제스에게 접근할 방법에 대해 머리를 쥐어짰는데, 그를 친구처럼 대하고 지나치게 압박하지 않으면서도, 필요할 땐 나도 강경해질 수 있다는 점을 이해시켜야겠다고 결심했다.

우리가 처음 만난 것은 1948년 가을이었다. 저녁 8시, 이미 어둑어둑해지기 시작했다. 접선 장소는 런던 외곽이었다. 그날은 날씨가 좋아서 거리들은 먼 데서도 잘 보일 정도였다. 나는 건널목에 서서 기다리고 있었다. 정해진 시각에 정확히 반대편 방향에서 코로빈이 내가 새로 담당해야 할 사람을 데리고 걸어오는 모습이 보였다. 코로빈은 우리를 서로 소개시키고 나서 필요 없는 말은 하지 않고 가버렸다. 근처 어딘가에 자기 자동차를 주차시킨 것은 그에게는 물론 위험한 일이었다. 버제스와 나는 길을 따라 걸었다.

그는 멋지게 보였다. 옷깃에 풀은 먹인 최신 셔츠, 반짝반짝 빛나는 구두, 날씬한 외투를 입은 매력 있는 남자. 그는 자연스러운 태도와 군센 걸음걸이의 진짜 영국 귀족 모습 그대로였다. 점점 어둠이 짙어져서 얼굴은 잘 보이지 않았다. 나는 간략하게 스스로를 소개했다. 잠시 침묵이 흐르고 나는 다시 말을 꺼냈다.

"저는 이런 일에 신참입니다만 선생님께서는 저보다 훨씬 경험이 많으시죠. 많이 도와주시기 바랍니다."

버제스는 아무 말도 없이 빠른 제스처로 내 말을 이해했으며 동의한다는 것을 표시했다. 나는 다음 주에 맞은편 조그만 공원에서 다시 만나는 게 괜찮은지 물었다. 그는 동의했고 우리는 헤어졌다.

두 번째 접선에도 그는 정확한 시간에 나타났다. 나는 멀리서 똘똘 말은 신문을 겨드랑이에 끼고 나무들 사이에서 조용히 걷는 그를 보았다. 우리는 바로 본론으로 들어갔다. 우리의 정기 접선은 절대적으로 안전한 상황에서만 진행될 수 있다는 점을 인식시켰다. 버제스는 내 말을 듣는 둥 마는 둥 하고, 자기는 포수들의 총알에 익숙한 참새라며 자기가 좋아하는 술집들 가운데서 만나자고 제의했다. 이렇게 우리 사이에 첫 갈등이 일어났다. 나는 즉시 그에게 나는 술집에 들어가면 벌거벗은 것처럼 느낀다고 말했다. 그는 시간이 흐른 뒤 내게 익숙해진, 크고 거리낌 없이 울리는 웃음을 터뜨렸다. 버제스는 말했다.

"당신이 술집에 알레르기가 일어나는 것처럼 나는 교외에 나가면 알레르기가 일어납니다."

그는 런던의 중심가에서 멀어지는 것을 대단히 싫어했다. 나는 곧바로 답했다.

"가이, 제가 술집에서의 접선을 반대하는 것은 제 적성에 맞지 않기 때문만이 아닙니다. 술집에서 만나는 것은 아주 기본적인 안전수칙을 무시하는 일입니다. 만일 제 말이 마음에 들지 않는다면 이를 제 지도부에 보고하십시오. 하지만 저는 전임자처럼 당신과 소호*에서 만나지 않겠습니다."

소호는 식당과 나이트클럽이 수없이 많고 거리가 꽉 찰 정도로 사람들이 붐벼서, 항상 경찰의 강력한 감시 아래 놓여 있었다. 바로 여기에서 가이 버제스는 동성애자 친구들과 일을 벌이곤 했다. 그는 자신의 원칙을 고집하면서, 내가 기분 나쁜 감정을 가지지 않고도 그에게 반대할 수 있는지를 특히 살폈다.

"누구보다도 선생님께서 더 잘 알고 계시지만, 우리 소련인은 끊임없이 영국 방첩당국의 감시를 받고 있습니다. 전쟁 전에는 독일이 제1의 적이었지만 지금은 우리가 그렇게 됐습니다."

나는 우리가 술집이 아니라 길거리와 공원, 그리고 숲에서 만나야 한다고 내 의견을 고집했다. 그러고 난 뒤 만약 별안간 경찰이나 MI5 요원이 우리를 세우고 질문한다면 어떻게 대처해야 할지에 관해 그에게 정중히 설명했다. 내가 말했다.

"만일 그런 일이 생긴다면, 저는 길을 잃고 물은 척할 것입니다."

누구도 이를 믿지 않을 것이 분명하나, 그렇게 설명함으로써 생각을 가다듬어 빠져나갈 수 있는 몇 분의 시간을 벌어줄 것이다. 통상 공작원은 놀란 나머지 공포에 빠짐으로써 문자 그대로 몇 초 사이에 심각한 위험에 자신을 노출시킨다. 끊임없는 스트레스로 고통스러워하는 많은 공작원들은 경찰을 만나자마자, 특히 경험 많은 전문가와 맞닥뜨리면 곧바로 실토하는 것이 보통이다.

그러나 버제스는 처음 만났을 때처럼 웃음을 터뜨리고는 내 눈을 똑바로 보고 말했다.

"더 좋은 생각이 있습니다. 당신은 매력 있는 젊은 사람이고 런던의 모든 사람들은 내가 멋있는 젊은이를 낚는 유명한 사냥꾼이라는 것을 알고 있으니, 그냥 간단하게 우리는 애인 사인데 여관을 찾는 중이라고 하면 어떻겠습

◆ 런던에서 관광객이 많이 모이는 지역.

니까."

그 말을 듣고 나는 몸 둘 바를 몰라 머리털 뿌리까지 빨개지는 것 같았다. 버제스는 당황하는 나를 만족스럽게 바라보며 미소 지었다.

"가이, 저는 외교관입니다."

내가 간신히 당황한 모습을 감추며 말했다.

"그럴 수 없습니다. 저는 아내가 있습니다."

"세계혁명을 위해 무엇인들 못하겠습니까, 그렇지 않아요? 아주 적절한 답변 아닙니까? 그들이 이것저것 묻는 사이 우리는 다시 한 번 꾀를 내볼 수 있지 않습니까?"

나는 재빨리 화제를 바꾸었다.

만 3년 동안 지속되고 큰 결실을 거둔 우리의 협력은 그렇게 시작됐다. 이 기간 내내 가이 버제스는 시간을 정확하게 지켰고 안전수칙을 철저하게 지켰으며, 뛰어난 기억력을 보여준 적이 한두 번이 아니었다. 이 점에서 그는 불쌍한 케른크로스와 매우 대조적이었다.

그러나 그와 함께 일하는 데는 본질적인 약점이 있었다. 버제스는 어떤 무리 속에 있어도 눈에 띄었는데, 이는 이 직업에서는 전혀 도움이 되지 않았다. 그의 구두는 너무나 반짝거려 나를 사로잡을 정도였다. 나는 그런 구두를 전에도 후에도 보지 못했다. 그는 변함없이 셔츠를 갈아입었으며 매번 새롭고 반짝이는 흰색 셔츠를 입고 나왔다. 사실 내가 그를 안 지 얼마 안 됐을 때만 해도 그의 재킷과 바지가 더럽혀지고 구겨져 있는 경우가 잦았다. 버제스는 아주 이상하게 옷을 입었다. 그의 복장은 행인들의 눈길을 끌었고 이따금 경찰의 주의도 끌었다. 나는 그의 옷들이 런던의 유명한 재단사가 만든 것임에도 왜 그를 가까이서 보면 방랑자처럼 보이는지 도대체 알 수가 없었다.

접선 전에 나는 매번 그에게 줄 질문 12~15개 정도를 준비했다. 나는 이 모두를 기억하기가 힘들어 내 나름대로의 기억 시스템을 만들었다. 종이에 매 질문마다 특수한 기호로 표시했다.

버제스는 내가 놀랄 정도로 대단히 성실한 공작원이었다. 내 질문에 대해 정확히 제때에 답변했고, 자신의 뛰어난 기억력을 믿기 때문에 전혀 필기를 하지 않았다. 그는 내가 3개월 전쯤에 말한 한 단어 한 단어를 모두 기억했다. 처음부터 그는 나에게 호의적이었다. 문서들을 넘겨주면서 버제스는 매번 그 가운데 어떤 것들은 본부로 지체 없이 보내야 하고 어떤 것들은 좀 기다려도 된다고 강조했다.

우리는 서로 업무적인 이야기를 마친 뒤 가끔 다른 문제들에 대해 이야기를 나누었다. 나는 이러한 대화들을 통해 버제스를 잘 알게 됐다.

애초부터 버제스는 자기를 직업적 비밀 공작원으로 생각했다. 그는 자기 주변에 있는 사람들이나 찾아다니는 보통 공작원과는 달랐고, 밀고자와 같은 역할을 하지 않았으며, 어쩌다 굴러들어오는 정보조각이 있으면 보고하는 그런 유의 공작원이 아니었다. 그는 자기 임무를 훨씬 더 가치 있고 고결한 것으로 생각했다. 그는 단순히 소련만을 위해서 일하는 것이 아니라, 자신을 세계혁명을 위한 전위대로 보았다. 그가 우리와 협력하는 이유는 순전히 이념 때문이었다. 나는 이것이 공작원의 특질 가운데 가장 훌륭한 것이라고 생각한다. 나는 항상 돈만을 위해서 일하는 공작원들을 경멸한다.

가이 버제스는 세계혁명을 피할 수 없는 것으로 보았다. 그는 케임브리지 친구들과 마찬가지로 소련을 이러한 혁명의 요새로 생각했다. 그에게 대안은 없었다. 물론 버제스가 소련의 대내정책이나 대외정책과 관련해 여러 가지 의혹들을 품었을 수는 있다. 나는 그가 우리의 최고 지도자들을 비난하는 것을 자주 들었으나, 그럴 때에도 그는 소련을 전 세계의 희망으로 생각했다. 버제스와 그의 친구들은, 중요한 원칙의 문제가 임금賃金과

특권보다 더 큰 의미가 있다고 생각하는 정직한 지도자가 우리나라에 나타나는 시대가 곧 올 것이라고 확신하고 있었다.

소련을 방문했던 1934년 당시의 인상을 물었을 때 그는 웃음을 터뜨렸다.

"나는 소련에 도착하자마자 나를 영접하거나 만나는 모든 사람에게 소련에서 보는 모든 것이 당황스럽다고 말했소. 물론 거짓말이었지만, 당신 나라의 모든 것이 내가 상상했던 것들과 너무나 거리가 멀었다는 것을 고백하지 않을 수 없소. 그럼에도 인상은 대단히 강했지. 내가 만난 사람들의 에너지와 열정은 나로 하여금 소련이란 나라의 엄청난 잠재력을 믿지 않을 수 없게 했소."

나는 버제스와 블런트를 번갈아 가며 한 달에 약 한 번씩 만났다. 런던 거점이 만들었던 보고서에는 공작원으로서의 버제스(폴)에 대해, 일을 끝까지 해내려는 생각이 없고 피상적이며 결단성과 끈기가 부족한 사람이라 되어 있었다. 그러나 사실 그의 독창적인 지성은 너무 많은 아이디어와 계획을 제시해서, 혼자서는 그것들을 실현시킬 수 없었다. 그는 비밀 업무에 대한 자기의 생각을 외무부의 친구들, 그리고 우리와 함께 나누곤 했다. KGB 동료 몇몇은 버제스가 어려운 상황에 직면할 때, 공포에 빠지는 경향이 있다는 의혹을 품고 있었다. 이는 바보 같은 소리다! 나는 버제스가 공포에 빠졌을 수도 있다고 생각됐던 경우를 단 한 번도 생각해낼 수가 없다.

버제스는 선천적으로 뛰어난 분석가였기 때문에 그가 "이것은 아주 복잡하고 중요한 문제야. 이 문제를 어떻게 처리해야 할지 모르겠어"라고 말한 문제는, 내게는 단순한 것으로 보였으나 실제로는 더욱더 복잡한 것으로 판명됐다. 그는 그러한 문제에 대한 모든 여파를 논의하고 심사숙고했다. 버제스는 나보다 훨씬 더 날카로운 감각을 지녔으며, 보이지 않는 어려움을 어떻게 식별해야 하는지 알았고, 이것들을 분석하고 난 뒤 나에게 설명해주었다.

본부가 폴에게 감사하고 있었을지라도 그와 늘 같은 관계를 유지해온 것은 아니다. 그에 관한 몇몇 보고서에는 그의 성격과 행동에 대한 가혹한 비난이 포함되어 있었다. 그를 비겁자라고 쓴 보고서도 있었다. 정말로 웃기는 얘기였다. 버제스는 단지 조심성이 있었을 뿐이다. 어떤 중요한 결정을 내리기 전에 그는 오랫동안 숙고한 뒤, 친구들은 물론이고 유익하고 권위 있는 의견을 제시할 수 있다고 생각되는 모든 사람의 조언을 묻곤 했다. 문제가 특히 날카로운 성격을 띠었다면 그는 킴 필비와 협의했다.

내 동료 몇몇은 버제스가 어떤 결정을 내릴 때 시간을 끄는 것을 그의 약함과 비겁함의 증거로 생각했다. 그들은 아마도 버제스를 자신들의 잣대로 재고 있었을 것이다. 그들 자신이 비겁하고 거기에다 바보스럽기까지 하면서도, 버제스가 비상하고 정열적이며 새로운 아이디어로 넘쳐나고 항상 친구를 도울 준비가 되어 있다는 점을 쉽게 알 수 있었음에도, 정말 버제스가 얼마나 가치가 있는지 이해하지 못했다. 버제스는 친구들을 위해 자기 목숨을 담보로 모험을 한 적이 한두 번이 아니었다.

어떤 때는 본부가 나에게 필요 이상으로 공작원들과 접선할 것을 강요했다. 나는 그럴 때 코로빈에게 말했다.

"제발 수행해야 할 가치가 있고 심사숙고한 임무를 우리에게 내려주십시오. 저는 30분마다 뛰어가 공작원과 접선할 수 있습니다만, 이런 일이 잦으면 잦을수록 우리의 업무는 그만큼 더 위험해집니다. 우리는 공작원들과의 접촉을 최소한으로 줄여야 합니다. 그러나 정말 제가 공작원들과 더 자주 만나기를 원하신다면, 하루에 두 번이라도 만나도록 하겠습니다."

그리고 정말 버제스와 거의 매일 만나야만 하는 상황들도 있었다.

우리는 아무 때고 항상 연락을 취할 수 있도록 연결을 유지해야 할 불가피한 상황이 있었기 때문에, 그로부터 정보를 받는 기묘한 방법을 고안해 냈다.

우리 전화교환기에는 밤낮으로 항상 우리 요원이 교환수로 근무했는데, 폴은 전화번호를 돌린 뒤 교환수에게 정해진 숫자 암호를 말하고 수화기를 놓았다. 이는 한 시간 내에 우리가 약속한 장소에서 만나야 한다는 것을 의미했다. 코로빈이나 내가 그곳으로 가서 버제스에게 구두로 정보를 받거나 문서를 받았다.

나는 특히 1948년 4월 20일~6월 7일 런던에서 개최되고 프랑스, 영국, 미국, 베네룩스 3국의 대표들이 참석한 회의에 대해서 말하고 싶다. 이 회의에서는 독일에 대한 처우를 공동으로 정해야 했다. 한 달 반 동안 우리는 회담에 관한 모든 것을 알아냈다. 회의 결과 서부 독일을 자치지역으로 구성된 연방공화국으로 전환하도록 결정했다. 버제스는 이와 관련해 서방과 소련의 충돌이 불가피하다고 결론을 내렸는데, 나도 여기에 동의했다. 이에 대해서는 4월 8일 자 ≪프라우다Pravda≫가 독일 연방공화국의 창설에 대한 공식 승인도 기다리지 못하고 벌써 '독일 분할을 목표로 한 순전한 음모'라고 주장한 바 있다.

실제로 1948년 가을 런던에서 개최되고 영국과 미국 그리고 베네룩스 3개국 대표들이 참석한 2차 회의에서 독일의 장래문제에서 마셜플랜까지 유럽의 전후 체제에 관한 협의가 계속됐는데, 이 회의에서 소란이 벌어졌다. 소련은 이 회의에 초청되지 않았고, 이를 포츠담협정의 파괴를 위한 비우호적 조치로 보았다.

모스크바로부터 항의 서한이 파도처럼 밀려왔다. 몰로토프는 자기 사무실에서 천둥번개처럼 책상을 내리치며 매일 새로운 정보들을 요구했다. 그래서 우리는 그에게 정보들을 계속 공급했다. 몰로토프는 영국과 미국이 베를린의 장래 상태에 대해 논쟁 중이라는 사실을 알고는 굉장히 흥분해 있었다. 어떻게 그들이 이를 해결하려고 하는지 알고 싶어 했다.

어떤 핑계를 댔는지는 모르지만, 영국과 미국 대표단은 다음 날까지 회의 참석을 중단하고 즉시 자기들 정부에 전화하기 위해 달려갔다. 몰로토프는 정보를 요구하면서 KGB를 닦달했다.

몰로토프는 발광했다.

"원하는 대로 하시오. 그러나 대표단이 자기네 장관과 무슨 말을 하는지, 런던과 워싱턴이 다음엔 어떻게 행동하라는 훈령을 내리는지 반드시 알아야 하오. 이 정보는 오늘 저녁 6시까지 내 책상 위에 있어야 하오."

무슨 문제가 일어난 것이 확실했다. 두 나라 정부가 분명히 서로 합의할 수 없었던 것이다. 외무장관의 초조함은 1분 2분 분이 바뀔 때마다 커져갔다.

저녁 늦게야 버제스가 전화해 정해진 번호를 대었다. 그와 코로빈이 만났다. 나는 그의 보고 내용은 모르지만, 몰로토프는 다음 날까지 기다릴 수밖에 없었던 영국보다도 훨씬 먼저 암호문을 받았다.

본부의 요구로 나는 가이 버제스에게 자동차를 살 수 있을 만큼의 얼마 되지 않는 돈을 전했다. 나는 있는 힘껏 그러한 조치에 대해 항의했으나, 지도부 의견에 따르면 현대의 정보공작은 공작원과의 접선을 위해 자동차를 이용해야 한다는 것이었다. 나는 자동차로 접선 장소에 가기가 더 쉽고, 자동차 안에 앉아서 이야기하는 것이 더 안전하다는 결론에 굴복할 수밖에 없었다. 그래서 버제스에게 돈을 주었다. 그는 시샘이 날 정도로 자동차 운전면허시험에 빨리 합격했고, 자기 취향에 맞는 자동차를 사러 갔다.

"다음번에는 자동차를 타고 오겠소."

그는 나에게 자랑스럽게 말했다.

그 말대로 됐다. 길고 어려운 길을 지나서 액턴에 도착한 나는 길가에 서 있었다. 몇 초 뒤에 버제스가 운전하는 자동차가 나타났다. 그는 좀 떨어진 곳에 차를 세우고는, 서둘러 나를 데리고 가서 자기가 산 자동차를 감상시켰다. 내가 준 돈은 새 차를 사는 데 모자라서 강력한 2인승 컨버터블

모델인 오렌지색의 중고 '롤스로이스'를 골랐다고 했다.

나는 자동차를 보고 기겁했으나 잠시 혀를 억눌렀다. 우리는 차를 타고 가면서 일에 대해 이야기하기로 했다. 자동차는 고물이어서 창문은 내가 열 때 거의 밑으로 떨어져 내리는 줄 알았다. 엔진이 굉장히 커서 거의 모든 공간을 차지했기 때문에 두 좌석은 서로 바싹 달라붙어 있었다.

그 뒤 2분간은 내 생애에서 가장 큰 공포에 질린 시간이었다. 버제스는 시동을 걸었고 롤스로이스는 몇 초 동안 엄청난 속도를 내며 앞으로 튀어 나갔다. 그는 왼편도 오른편도 보지 않고 미친 사람같이 자동차를 몰았다. 나는 의자에 짝 달라붙어 두 손으로 의자를 꽉 붙잡았다. 두 눈은 뒤집혔고 몸은 굳어버렸다.

얼마의 시간이 흘렀는지 말하기 어려우나, 엔진의 굉음 소리가 멈추었고 버제스는 조용히 자동차를 길가에 세웠다.

"아니, 왜 그러오?"

"가이, 자동차 운전을 항상 그렇게 합니까? 앞을 가로질러 달려오는 차들도 확인하지 않고 네거리를 질주해나간단 말입니까?"

"그렇소. 나는 사실 그렇게 철저하게 양쪽을 확인하지 않는 편이오. 내가 왜 이 털털이 고물을 샀는지 아시오? 만약 사고를 당한다 해도 다치지 않을 것이오. 롤스로이스는 아주 잘 만든 차요."

나는 그 이후 가이 버제스와 함께 자동차를 탄 적이 없었고 오렌지색의 고물 롤스로이스가 어떻게 됐는지도 모른다.

우리는 계속 정기적으로 만났으나 전과 같이 도보로 다녔다. 보통 지하철 입구에서 멀지 않은 곳에서 만났고, 지하철 안에서는 사람이 너무나 많아 만난 적이 없다. 나는 버제스가 어떻게 접선 장소로 오는지 더는 신경쓰지 않았다. 아마도 그는 롤스로이스를 가까운 곳에 세워놓았을 것이다.

나는 항상 버제스의 효율적인 활동, 끈기, 신념의 힘, 넓은 시야, 교양 그리고 관심 대상의 다양성을 높게 평가한다. 아주 논리적이고 확신에 찬 결론을 내리는 반대자와 논쟁을 할 때도, 그는 끝까지 자기의 관점을 지켜낼 수 있었다. 나는 버제스가 어떻게 그토록 많은 사람을 알고, 직선적이고 전통적이며 우아한 전형적인 영국인들이 왜 끊임없이 그와의 교류를 추구하고 그의 유능함에 무릎을 꿇으며 그의 매력에 빠져버리는지 이해하기 시작했다. 나는 앤서니 블런트가 1979년 ≪선데이타임스The Sunday Times≫ 기자에게 털어놓은 말에 전적으로 동감한다.

"많은 사람들이 버제스에 대해 너무나 나쁘게 말하고 있다. '그는 내가 지금껏 만났던 가장 눈부신 지성인들 가운데 하나일 뿐만 아니라 엄청난 매력과 열정을 가진 사람이었다'라고 다시 반복해 말하는 것이 나의 의무라고 생각한다."

나는 버제스에게 경탄해 마지않았으나 이것이 내가 비밀기관의 관리로서 책임을 엄밀하게 이행하는 데 방해가 되지 않았다. 나는 그의 유능함과 높은 자질을 공정하게 평가하면서도 KGB의 임무를 최우선시하는 것을 한 번도 잊은 적이 없었고, 버제스가 가장 생산적인 공작원이 될 수 있도록 내가 할 수 있는 일을 다했다. 내가 그에게 숨긴 것이 거의 없다는 점을 그도 이해했고, 그도 나를 한 번도 속인 적이 없었다고 생각한다. 그렇지만 나는 항상 그가 무엇인가를 솔직하게 터놓고 말하지 않는다는 느낌이 들었다.

버제스는 대단히 많은 사람들의 관심을 끌었다. 그는 영국 사회에서 어떻게 몸가짐을 해야 하고 언제 예의가 필요한지 알았다. 그러나 그가 반대에 부딪히거나 의견이 일치하지 않는 사람들을 만날 때면, 그들은 그에게 가장 저주하는 적들이 되곤 했다. 이 모든 것은 버제스의 극히 복잡한 기질을 말해주는 것이었다.

보통 냉정한 버제스의 표정은 경멸하는 듯 보이기까지 했다. 그의 얼굴은 술 때문에 조금 거칠어져 있었다. 버제스는 오래전부터 술을 마시기 시작했는데, 술버릇이 심하고 끈질기게 나타나곤 했다. 그러나 이상하게도 나는 런던 생활 중에서나 그 뒤 그와 관련된 일을 하는 동안에도 그가 취한 것을 한 번도 본 적이 없다. 버제스는 항상 일정한 목표를 자기보다 앞세웠으며, 어느 모로 보나 낭만주의자라고는 말할 수 없는 사람이었다. 분명히 성경으로부터 인용된 것으로 보이는 "악은 힘으로만 지배할 수 있다"라는 말을 나는 자주 들었다.

버제스는 항상 분명하고 이해하기 쉽게 이야기했지만, 말 속에 숨겨진 생각들은 번쩍번쩍 빛났고, 한 주제에서 다른 주제로 화제를 쉽게 바꾸면서 수은처럼 옮겨갔다. 그는 만약 상대방이 이해하지 못한 것을 눈치채면, 처음으로 돌아가 말했던 것을 반복하고 세부내용 한두 개를 보충해 모든 것이 분명하도록 해주었다. 그는 상상력이 풍부했다.

버제스는 공작원으로서 우리에게 많은 문서를 제공했다. 그 자신이 중요도에 따라 문서의 등급을 매기고 짧게 요약해 우리가 힘든 분석에서 해방될 수 있도록 해주었다. 영국의 외교행낭과 국방부 등 다른 정부부처 사이의 교환 문서 속에 포함된 정보의 규모는 가히 가늠하기조차 어려웠다. 여기에 버제스가 정치가와 비밀정보기관 관료와 대화하며 수집한 구두 정보를 또 추가로 더해야 한다. 이러한 정보는 정부조직의 관료가 작성한 문서보다 더 흥미롭고 중요한 것으로 밝혀지는 경우가 잦았다.

평소와 같이 본부는 영미 관계와 특히 영국과 미국 사이에 일어날 수 있는 어려운 상황에 큰 관심을 보였다. 양측 정치가들의 조그만 불만사항에도 큰 관심을 보였는데, 이는 크렘린이 양국 사이에 싸움을 부추길 수 있는 방법을 찾아낼 단서가 될 수 있었기 때문이다.

한번은 영국과 미국이 버제스가 실질적 의미가 없다고 판단한 바 있는 문제에 대해 논쟁을 벌이고 있다는 것을 모스크바에서 알게 된 적이 있다. 이 문제는 마셜플랜의 실현을 위해 유럽 국가들이 기여하는 것과 관련된,

어떤 분명치 않은 일에 관한 것이었다. 우리는 이에 대해 거의 잊은 상태였는데, 런던 거점은 별안간 루뱐카로부터 이 건에 대한 정보를 되도록 더 많이 입수하라는 지시를 받았다.

나는 관련 자료들을 입수해줄 것을 버제스에게 요청했다. 버제스는 말했다.

"물론 그렇게 해줄 수 있소. 하지만 미리 말해두는데 당신은 단 한마디도 이해할 수 없을 것이오. 영국과 미국은 이 일을 뒤죽박죽으로 해놔 우리도 이해하지 못하고 있소. 그리고 누구도 이 문제를 명확히 정하는 데에 서둘지 않고 있다오. 그러나 당신이 계속 고집하니 이 관료주의 행태를 보여주겠소. 미리 말하건대, 그건 한 궤짝이라도 수집할 수 있소."

모든 요원과 같이 나는 항상 정보에 목말라 있었다.

"그 궤짝은 제가 옮기겠습니다. 그리고 저희들은 그 문서들을 활용할 방법을 찾아낼 것입니다. 저는 되도록 모든 것을 밝혀내라는 명령을 받았습니다."

"좋소. 하지만 후회할 것이오."

우리가 합의한 대로 나는 문서들로 채운 봉투를 받았다. 그것들을 훑어보았으나 나는 전혀 이해할 수 없었고, 그저 성실한 공작원처럼 이 문서들을 모스크바로 보냈다. 2주가 지나자 전보가 도착했다. "아무것도 이해할 수 없음. 폴에게 어디가 시작이고 어디가 끝인지만이라도 우리에게 설명토록 요청하기 바람."

버제스는 이 모든 것을 재미있어했다.

"내가 말하지 않았소? 원한다면 내가 한 번 보고 한두 쪽 정도로 요약하겠소."

그는 자기 말대로 했다. 나는 그 내용을 옮겨 적어 모스크바로 보냈다. 이번에는 모스크바에서 아무 반응이 없었다. 틀림없이 모든 것이 명료해진 것이다.

그 당시 버제스는 우리에게 정보를 제공하는 일 외에 두 달 동안 터키로 출장 간 킴 필비와 KGB의 중개자 역할도 했다. 킴 필비의 공식 업무는 소련에 침투시킬 스파이를 물색하는 것이었다. 일부는 단기 임무를 띠고 파견됐고 일부는 장기 체류를 목표로 파견됐다. 필비의 활동 영역은 캅카스와 돈바스, 우크라이나 전 지역에 걸쳤다. 그는 전쟁 전이나 전쟁 중에 소련의 이 지역에서 떠난 사람들과 그루지야, 아제르바이잔, 아르메니아, 크라스노다르, 스타브로폴, 로스토프나도누, 우크라이나, 크림 지역에 친척이 있는 사람들을 찾았다. 필비는 이들에게 고향으로 돌아가서 그곳에서 영국을 위해 일할 것을 제의했다. 자원자를 찾는 일은 어렵지 않았다. 일부는 기차를 타고 소련으로 향했고 또 다른 사람들은 아라라트 산 근처에서 도보로 국경을 넘었다. 소문에 따르면, 필비는 공작원들이 국경을 넘어 들어가는 것을 관찰할 수 있도록 산 정상에 대형 망원경을 설치했다. 세 번째 그룹의 스파이들은 흑해를 거쳐 소련으로 향했다. 그들은 수후미와 소치에서 멀지 않거나 또는 크림 방향의 북쪽으로 더 멀고 사람들이 거의 없는 지역의 육지로 나갔다.

스탠리의 상설 연락책이 KGB에서 파견되지 않아 버제스가 이 역할을 떠맡지 않으면 안 됐다. 이따금씩 필비가 런던에 들르기는 했으나, 보통 영미 스파이의 도착시간과 장소에 관한 자료와 그들의 이름을 보고해야 할 때는 자료를 그냥 버제스에게 우편으로 보냈다.

버제스는 본부가 자기를 어떻게 생각하든지 간에 산더미 같은 일을 해내었다. 버제스는 임무에 대해 빈틈없는 태도를 취하고 내게 항상 일을 더 할 수 있다는 암시(말로 표현은 하지 않더라도)를 주었다. 그는 자기의 능력을 충분히 발휘할 수 없다는 생각으로 괴로워했다. 버제스가 그렇게 생각할 필요가 없는 일이었고, 이는 물론 그의 조바심으로 나타났다. 나는 그의 건강이 대단히 염려되어 자주 건강에 대해 물었다.

우리는 항상 어떤 문제가 발생하면 해결 방법을 함께 협의했다. 그리고 같이 해결할 수 있는 방법을 발견하면, 버제스는 주저하지 않고 가끔은 대단히 위험한 일일지라도 정해진 시간까지 임무를 완수했다.

버제스와의 대담은 항상 나를 피로하게 했다. 그는 날카로운 지성을 갖추고 있어서 순간순간 생각을 떠올렸으나, 나에게는 항상 그 생각을 숙고할 시간이 필요했다. 그의 머리는 컴퓨터처럼 돌아갔다. 그는 눈 깜짝할 만큼의 시간이면 문제를 해결할 수 있었고, 그래서 종종 그를 좇아가기가 힘들었다. 나는 긴장을 늦출 수가 없었다. 나는 항상 무엇을 놓치거나 제대로 이해하지 못해 큰 실수를 저지르지 않을까 두려운 마음이었다. 그래서 늘 그와 접촉한 뒤에는 즙을 짠 레몬처럼 됐다. 버제스와 헤어지면 나는 가까운 술집으로 발길을 돌려 천천히 맥주 한 잔을 마시곤 했다.

블런트와의 접촉은 그러한 어려움이 없었으나, 역시 대단히 유익했다. 나는 1948년에 케른크로스 및 버제스와 일을 시작한 지 몇 달 뒤 그를 처음으로 만났다.

나는 블런트가 유능한 방첩요원이라는 것을 알고 맨 처음 만났을 때 물었다.

“당신이 전쟁 중 MI5에 제출한 보고서에서 만든 안전수칙을 활용하는 것이 어떻습니까?”

그는 미소를 지은 뒤 현재 영국이 활용하는 외부관찰 시스템을 상세하게 설명했다. 나는 그의 설명을 주의 깊게 듣고 블런트의 방식을 그대로 내 업무에 이용할 수 있었다.

특히 블런트는 접선하면서 나를 불안하게 하지 않은 유일한 공작원이었다. 우리는 영국 '관찰'팀이 활동하는 방법을 잘 알았고, 그래서 어려움 없이 그들의 미행을 따돌린 뒤 안심하고 만나서 일을 협의했다. 우리는 이에 익숙해져 미행이 있을 때를 항상 알 수 있었다.

나는 케른크로스와 버제스에게 실제로 활용했던 수칙을 따라 거리나 공원 또는 녹지대에서만 블런트를 만났고, 술집이나 맥주집 같은 데에서는 한 번도 만나지 않았다. 나는 또한 런던 중심가로부터 적당한 거리에 위치한 접선 장소로 나올 것을 그에게 끈질기게 요청했다.

블런트를 보고 내가 받은 인상은 자존심이 강하고 귀족적이며 좀 엄격하게 보인다는 것이었다. 그러나 블런트에게는 눈에 띄지는 않아도 내가 대단히 좋아하는 자질이 있었는데, 바로 신뢰감이었다. 그가 마르크스주의를 확신하지 않았을지라도 나는 항상 그를 믿을 수 있다고 생각했다.

해럴드 니컬슨 경Sir Harold Nicolson은 그의 책 『외교Diplomacy』에서 믿을 수 있다는 것은 외교관을 특징짓는 가장 중요한 자질이라고 말했다. 이러한 자질은 시간을 잘 지키고 충실하며 겸손하다는 것을 말한다. 이러한 모든 것은 비밀 공작원에게도 정확하게 똑같이 적용된다. 내가 이러한 특질을 기르는 것이 얼마나 중요한지를 깨달았다면, 이는 어느 정도 나를 도와준 블런트의 덕택이라고 할 수 있다.

우리는 자주 만난 편이었다. 만약 버제스에게 뭔가 급한 일이 생겨서 직접 나와 접선할 수 없다면 대신 블런트가 나왔다. 버제스와 블런트는 늘 만났으며 서로에 관해 모든 것을 알았다. 블런트는 사실상 버제스와 나 사이의 영구적인 연락책이었던 셈이다.

나는 MI5에 관해 뭔가 알고 싶은 것이 있을 때마다 여전히 MI5에 친구들이 많이 남아 있는 블런트를 접선 장소로 불러내었다. 나는 종종 영국 방첩기관의 특정한 공작원에 관한 최신자료까지 제공해줄 것을 요청하기까지 했다.

때때로 나는 영국이 우리 소련인 가운데서 누구를 포섭 대상으로 꾀하고 있지는 않은지, 우리 대사관 직원 가운데 어떤 사람을 이중 스파이로 포섭하려고 하지는 않는지 확인해줄 것도 그에게 요청했다. 그래서 조금이라도 우리에게 의심이 가는 일이 생길 때는 그에게 확인을 요청했다. 이러한 도움은 우리 거류민단 안에서 서로를 의심하지 않고 화목한 분위기를 만드는 데 결정적으로 중요한 역할을 했다.

나는 항상 영국의 첩보당국과 방첩당국 사이에 존재하는 그들 나름의 경쟁에 관심이 있었고, 이와 관련해 블런트에게 자주 질문했다. 그는 첩보기관과 방첩기관이 서로를 계략에 빠뜨리려고 일상생활에서 부리는 더러운 속임수에 대해 모든 것을 상세하게 말해주면서 특히 만족해했다. 블런트는 기억력이 뛰어나 누가 무엇을 얻어냈는지 정확하게 알았다. 블런트는 그가 식당이나 파티에서 옛날 요원들과 허물없이 만나는 과정에서 뽑아낸 정보도 가끔 내게 전달했다.

나는 오랜 시간이 지나지 않아, 버제스가 훨씬 더 중요한 정보를 입수한다는 사실을 감안할 때, 블런트를 버제스와 나 사이의 연락책으로 활용하는 것이 더욱 효율적이라는 결론에 도달했다. 1945년 블런트가 MI5에서 해고됐을 때, 크레신은 그가 KGB를 위한 공작원 물색에 다시 나설 것이라고 생각했다. 그러나 나는 그가 이제 적극적 물색에 나서기 원하지 않는다는 것을 분명하게 알았으며, 이 문제로 그에게 성가시게 굴지 않았다.

나는 블런트와 접선하는 것을 특히 좋아했는데, 우리 둘은 똑같이 미행에서 벗어나는 '탈미'를 아주 잘했기 때문이다. 보통 공작원들은 일정한 장소에서 접선하자고 약속한다. 우리는 다른 전술을 사용했는데, 그것은 서로의 모습을 눈으로 확인할 수 있는 지역 범위를 정하되 정확한 위치를 지정하지 않는 것이다. 예를 들어 블런트가 다리 위에 있다면 나는 그 밑에 있고, 공원에서 제각각 떨어져 있거나 또는 가끔 길에서 주택 두세 골목의 거리를 두고 산책하는 식이다.

지정된 구역에서 10분 내지 15분가량 거닐다가 서로를 알아차리면, 나는 길을 건너거나 다른 어떤 방법으로 블런트에게 그를 보았다는 암시를 보낸다. 그러면 그는 내가 일정한 간격을 두고 자기의 뒤를 따를 것이라는 것을 알고, 자기를 어떤 제3자가 따라오지 않는지를 끊임없이 살피면서 계속 걷는다. 시간이 조금 지나서 우리는 역할을 바꾼다. 그는 나를 따라오고 '꼬리(미행자)'가 없는지 살핀다. 그러한 회전이 약 30분 동안 계속되는데, 우리 둘 가운데 한쪽에 조금이라도 의심이 드는 일이 생기면 좀 더 길게 지속된다. 그 뒤 우리는 모습을 확인했던 첫 지점에서 멀리 떨어진 장소에서 만난다. 이러한 방법은 검증된 바 있고 믿을 만하다. 우리는 서로를 시야에서 놓친 적이 한 번도 없었다. 미행에 대한 의심이 들면 나는 본능에 따라서 접선을 포기했다. 이 경우에 상점에 들어가서 무엇을 사거나 영화관에 들어가 약 세 시간 정도, 아니면 더 오랫동안 밖으로 나오지 않았다. 영화 두 편을 상영하는 동안 영화관에 있을 수 있는 영국의 관례는 내 업무 수행에 대단히 유익했다. 모든 프로그램을 보고 난 뒤 나는 집으로 돌아갔다.

물론 그런 일이 일어나면 블런트는 불안을 느꼈으나, 다행히 그러한 접선 불발은 자주 일어나지 않았다. 내가 의심을 품은 대부분의 경우는 상상의 결과들이었다. 드문 일이지만 정말로 미행이 이루어지는 것을 알아차리게 되는 때에 그 미행자는 분명히 애송이었다. 영국의 방첩기관은 그들이 달인이라고 보는 사람을 미행하는 데 결코 경험 없는 미행자를 보내지는 않았을 것이다. 나는 실제 경험에서 신참 애송이들만 만났을 뿐이다.

미행관찰이라는 것은 실로 예술적이어서 이를 배울 필요가 있다. 종종 MI5는 소련 대사관 직원을 미행하기 위해 공작원을 보냈고, 나는 가끔 내 등 뒤를 따라오는 미행자를 알아차렸다. 그러면 나는 결코 그를 '따돌리려고' 애쓰지 않았다. 반대로 나는 공작원이 완전히 만족을 느끼게끔 하면서 되도록이면 그의 임무를 쉽게 해주려고 노력했다. 그러나 이는 접선을 연기해야 하는 것을 의미했다.

나는 버제스나 케른크로스와 관계를 유지하는 방법과는 달리 블런트와는 예외적으로 엄격한 전문가 수준의 방식으로 접선을 계속했다. 그는 항상 의심하는 성향이 있어서 나와 대화하는 중에도 단어 하나하나를 엄선했으며, 되도록 마음을 터놓는 대화는 피하고 구체적 임무라는 범위 안에서만 이야기했다. 이는 우리 관계가 어색했다는 뜻이 아니라, 단지 그렇게 흉허물 없는 사이는 아니었다는 뜻이다. 버제스나 케른크로스와는 흉허물 없이 지내는 친구 사이였으나 블런트와의 관계는 오직 서로 존경을 바탕으로 하고 있었던 것이다.

블런트는 교만했지만 상당히 유쾌한 사람이었다. 큰 키와 강철빛 눈동자의 고상한 외모는 대화 상대자로 하여금 그에 대한 존중감을 불러일으키며 일정한 거리를 유지하게 했다. 또한 동시에 그를 신뢰하게 만들었다. 블런트가 말과 행동이 따로 떨어진 사람이 아니라는 것을 확인하려면 단지 그를 한 번 쳐다보기만 하면 됐다. 우리가 함께 일하는 동안 그는 한 번도 약속을 어기거나 무엇을 잊은 일이 결코 없었다. 블런트는 사람을 그림처럼 둘러보는 습관이 있었다. 예를 들면 그는 사람의 얼굴 표정에 일어나는 순간적인 변화를 관찰하거나 작품을 연구해 그들의 성격을 파악하는 방법을 나에게 가르쳐주었다. 블런트는 유미주의자唯美主義者로서, 화가는 그가 그린 그림으로써, 건축가는 그가 건축한 건물로써, 작가는 그가 쓴 책으로써 판별할 수 있었다. 이러한 점에서 그는 필비와는 상반된 성격이었다. 두 사람은 장점이 다양하고 개성적인 특징을 띠었으나 서로를 좋아했다. 그러나 앤서니 블런트는 우리의 업무와 관련해서 큰 단점이 있었는데, 사람들이 그의 눈을 똑바로 쳐다볼 때 참지 못했다. 만일 누가 이를 막무가내로 한다면 그는 눈길을 돌리곤 했다.

1947년 7월, 내가 런던에 도착했을 때, 도널드 맥클린은 전과 같이 워싱턴에 파견되어 근무하고 있었다. 그는 영국에 자주 왔으나 본부는 안전을 위해 우리 가운데 누구도 그와 직접적으로 접촉하는 것을 엄금했다. 만일 맥클린이 우리에게 건넬 자료가 있다면, 외무부 동료로서 공개적으로 만날 수 있는 버제스를 통해서 전달했다.

이는 내가 맥클린의 활동 내용을 면밀히 추적하는 데 방해가 되지 않았다. 우리는 맥클린이 미국에서 눈부시게 활약하는 젊은 외교관으로서 명성을 떨치고 있다는 것을 알았다. 3년간의 파견근무 후 정해진 외교관 직급이 수여됐고, 카이로 주재 영국 대사관의 총무과장으로 부임했다. 이때 맥클린은 만 35세였다. 아내 멀린다는 런던에 남아 있었으나 두 아들 퍼거스, 도널드 2세와 함께 이집트를 정기적으로 방문했다.

카이로에서는 그에게 배정된 연락책의 바보스러운 행동 때문에 맥클린과 KGB와의 관계가 악화됐다. 런던의 우리는 이집트 동료들에게 아주 중요한 공작원이 가니 조심스럽게 대해 그와 최상의 관계를 유지하도록 노력해야 한다고 미리 알려주었다.

카이로 거점은 우리의 전보에 대해 약간 이상한 반응을 보였다. 거점장이 아예 전보를 읽지 않았을 수도 있다. 맥클린이 카이로에 도착하자마자 그의 연락책은 다짜고짜 명령부터 내렸고, 맥클린으로서는 화를 내지 않을 수 없었다. 그 외에도 외국인이 통상적으로 다니지 않는 아랍인 지역에서 접선이 이루어졌다. 점잖은 의복과 넥타이를 착용한, 키가 크고 금발인 영국인은 야생 거위 무리 가운데 한 마리의 백조처럼 사람들의 눈에 확 띄었을 것이다. 그 어떤 영국 외교관도 이 지역에는 들어갈 생각조차 하지 않기 때문에 그가 이곳에 나타나는 것은 특히나 어리석은 짓이었다.

맥클린은 이 연락책과의 접촉을 끝내게 해달라고 요구했다. 그 대신 연락을 맡을 여성 둘을 제의했는데, 자기 쪽에서는 멀린다였고 우리 쪽에서는 카이로 거점원의 아내였다. 예를 들어 두 여성은 미용실에서 만날 수 있었다. 멀린다는 기꺼이 동의했으나 카이로 거점은 이 아이디어를 한마디로 거부했다.

맥클린은 다른 방법을 찾으려고 애쓰면서 모든 외교관처럼 식당이나 술집에서 공개적으로 만날 것을 제의했다. 그러나 이 방안도 거절됐다.

그때 맥클린은 짧은 편지를 써서 카이로 거점을 통해 본부로 보냈다. 그 편지는 도움을 요청하는 것으로 보였다. 그는 편지에서 자기가 미국과 서방 제국주의에 반대해서 투쟁하는 데는 소련보다 더 좋은 곳이 없다고 생각한다면서 소련에서 근무하고 싶다고 적었다. 맥클린은 KGB에 모스크바로 옮겨주도록 요청했다. 본부에서는 편지를 받았으나 누구도 그 편지에 눈길도 주지 않았을 것이라고, 나는 자신 있게 말할 수 있다. 카이로 거점이 즉각 도널드 맥클린이 가족과 함께 소련으로 갈 수 있도록(멀린다는 이에 대해 완전히 준비한 상태였다) 배려만 했어도 이어서 일어난 엉뚱한 일들은 피할 수 있었을 것이다. 즉, 만일 그때 KGB의 고위층이 영국 공작원의 요청에 귀를 기울이기만 했어도 우리의 영광스러운 케임브리지 그룹은 활동을 계속할 수 있었을 것이다. 우리는 맥클린만을 무력하게 하는 것으로 끝낼 수 있었을 것이다.

도널드 맥클린이 워싱턴을 떠난 지 일주일 뒤에 도착한 바로 이곳 카이로에서 그의 인생은 잘못되기 시작했다.

거의 똑같은 일이 버제스에게도 일어났다. 영국이 소련과 연합해 파시즘과 투쟁하던 전쟁 중에 그가 양 어깨에 기꺼이 짊어졌던 짐은, 평화가 오고 '냉전'이 바로 뒤를 이으면서 점점 더 무겁게 그를 억누르기 시작했다. 나는 버제스에게서 힘이 빠져나가는 것을 내 눈으로 직접 보았다. 런던 거점은 오래전에 버제스가 술을 심하게 많이 마시기 시작했다는 것을 알았다. 그는 면도도 하지 않고 옷도 엉망으로 입은 채 무엇인가 두서없이 중얼거리며 자주 사람들 앞에 나타났다. 그의 행동에 대한 소문들이 본부에까지 들어갔고 본부는 우리에게 설명을 요구했다. 그러나 우리가 무엇을 말할 수 있을까? 공작원의 신경이 날카로워졌고 이중생활의 스트레스를 이기지 못한다고 할 수도 있었을 것이다. 이미 1948년 여름이 가까워오자 모스크바에서는 '폴'의 행동이 임무 수행에도 나타나고 있다는 것을 알았다. 그의 정보제공 횟수가 점점 줄어들고 있었던 것이다.

나는 케임브리지 5인방이 두 주인—영국과 소련—의 요구사항을 성공적으로 만족시키기 위해 힘겹게 노력함으로써 자신들의 건강을 심하게 해치고 있다고 최초로 보고한 사람 가운데 하나이다. 그들은 15년에 걸쳐서 적극적으로 일해주었다. 우리의 영국 공작망을 안전하게 보전하기 위해서 잠시만이라도 버제스와 맥클린의 활동을 쉬게 하고 필비의 어려운 입지를 좀 개선시켜주었어야 했던 시기였다.

그때 나는 이미 너무 늦었다는 것을 아직 깨닫지 못했다. 우리는 늦었던 것이다.

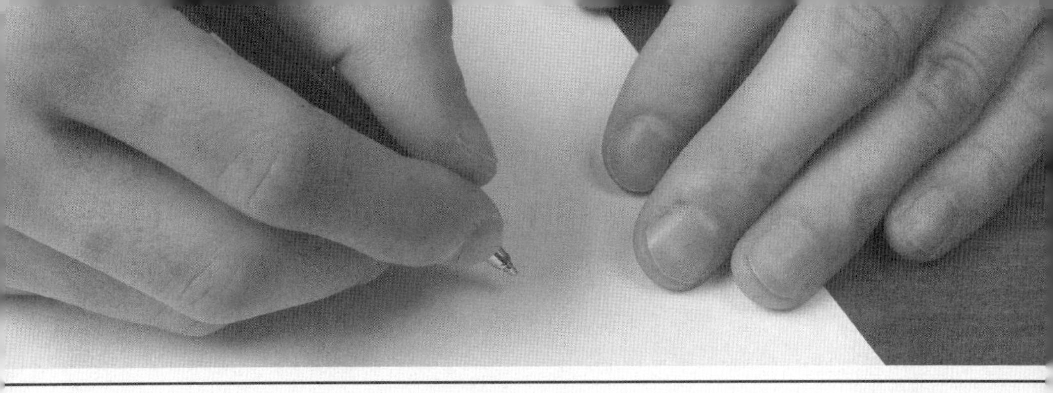

06

경보(警報)

06

버제스는 심각할 정도로 우리를 불안하게 만들기 시작했다. 거점은 버제스가 곤드레만드레 취한 뒤에 처음 보는 사람에게 모든 것을 털어놓을까 봐 하루하루를 공포 속에서 보내야 했다. 나는 개인적으로 버제스 자신이 그러한 상황의 위험성을 인식하고 있으며, 그가 좋아하는 포도주통을 통째로 쏟아붓는다 해도 입을 다물 수 있을 정도로 충분한 능력을 갖추고 있었다는 것을 안다. 버제스의 상관인 헥터 맥닐 역시 외무부에 끊임없이 쏟아지는 버제스에 대한 비난에 지쳤어도 계속 친구를 비호했다. 버제스가 한 동료의 턱에 심한 타격을 가해 그를 병원에 옮겨야 할 정도가 됐을 때까지도 맥닐은 그 소동을 묵살시켰다. 소련에서도 이 같은 일들이 일어날 수 있다는 것은 알지만, 나에게는 이해할 수 없는 수수께끼처럼 보였다.

적극적이던 버제스의 업무수행이 급격히 소강상태에 빠져들었지만 다행히 그 공백을 존 케른크로스가 메워주었다. 1948년 가을 그는 다른 직책으로 전근됐는데, 이 자리는 우리에게 대단히 유익한 곳이었다. 국방부에서는 그를 다음 해에 공식적으로 출범하는 북대서양조약기구NATO*의 재정을 담당하는 과로 보냈다. 이는 KGB에서 상상을 초월할 정도로 케른크로스에 대한 기대를 높게 만들었다. 크렘린은 NATO 창설을 소련에 대한

* 1949년 4월 4일 미국 워싱턴에서 미국, 영국, 프랑스, 벨기에, 룩셈부르크, 캐나다, 이탈리아, 포르투갈, 노르웨이가 조인한 북대서양조약을 기본으로, 공산주의국가들에 대항해 만든 군사·정치 연합체.

서방의 공격으로 간주하면서 미국이 주도하는 이 새로운 조직에 대한 더 많은 정보를 필요로 했다.

존 케른크로스는 매일 NATO의 장래 방위력과 이 방위력의 유지를 위해 각 회원국에게 할당된 기여액에 대한 문서에 파묻혀 눈코 뜰 새가 없었다. 그는 NATO가 군대를 어떻게 확보할 것인지, 무장은 어떻게 할 것인지, 하나부터 열까지 상세한 사항을 모두 알았다. 더욱더 중요한 것은 육군·해군·공군의 지휘체계를 배치할 정확한 표가 그의 손에 있다는 것이었다. 한마디로 케른크로스는 NATO에 대한 모든 것을 우리에게 말해줄 수 있는 자리에 있었던 것이다. 그리고 우리는 그 조직의 모든 구조에 대해 이것들이 현실화되기 이전에 이미 알게 됐다.

나는 케른크로스와의 관계를 서로에 대한 신뢰를 바탕으로 발전시키려 노력해왔기 때문에 나와 그의 관계는 아주 좋았다. 나는 그에게 내가 젊어서 아무것도 모른다는 것을 기회 있을 때마다 자주 상기시키면서 많이 가르쳐달라고 말했고, 항상 그가 이룬 업무성과에 대해 미칠 듯이 기뻐했다. 나는 처음 시작할 때부터 "도와주실 수 있다면 정말로 감사하겠습니다"라고 그에게 말했다.

나는 버제스에게도 똑같이 말했는데, 이러한 말은 그에게도 아주 좋은 인상을 심어주었다.

케른크로스는 본성이 조용한 사람이었다. 그가 자신을 대하는 내 태도를 거론하는 일은 드물었지만, 그를 존중하는 내 태도에 만족스러워했다. 케른크로스는 나를 돕는 데 온 힘을 다해 노력했고, 나의 일반 업무와 관련해 조언해주었다. 이럴 때도 그는 간결함과 담백함을 잃지 않았다. 케른크로스는 강압적인 전임자를 만나지 않은 것에 만족하고 있었다고 나는 확신할 수 있다.

어떤 건에 대한 첩보가 긴급히 필요하게 되면, 나는 그에게 명령조가 아니라 겸손한 어투로 정보 수집을 요청했다.

"선생님의 NATO 관련 자료들 가운데 독일에 핵기지가 배치될 곳에 관해 기술한 것이 없습니까?"

어떤 임무가 떨어지면 나는 이런 식으로 물었다.

"이 문제에 대해서 좀 밝혀주실 수 있겠습니까?"

그러고 나서 한 달이 지나면 나는 상세한 독일 내 핵무기 배치계획을 받았다.

지난날을 돌이켜볼 때, 나는 케른크로스가 런던의 우리 공작원 가운데서 누구보다도 내 마음에 들었다는 결론에 도달했다. 케른크로스는 결코 단순하다고는 할 수 없지만 상당히 점잖은 사람이었다. 버제스와 필비, 블런트는 날카로운 상상력을 가진 사람들이었다. 그들은 개성이 강했고 각자의 자질이 특출했다. 그러나 나는 케른크로스와 같이 있으면 편안함을 느꼈는데, 아마도 이는 우리 둘의 출신성분이 거의 같기 때문일 것이다.

그는 큰 재능이 있었음에도 여러 정부기관에 근무하면서 출세가 빠르지 않았다. 케른크로스는 진급에 전혀 진전이 없는 것 같았다. 물론 그는 나조차도 울화를 치밀게 하는 어떤 면이 있었다. 예를 들면 그는 오른쪽 귀로는 전혀 듣지 못했다. 종종 나는 이를 잊곤 했는데, 우리가 함께 걸어갈 때 그는 좀 더 잘 알아듣기 위해 내 오른쪽으로 옮겨서 걷곤 했다. 시간을 지키지 않는 것 또한 내 열정에 찬물을 끼얹었다. 그러나 나는 이 모든 것들과 타협하지 않으면 안 됐다. 진열장을 들여다보는 척하면서 그가 나타날 때를 기다리며 한곳에서 배회하는 것은 그 무엇보다도 어려웠다. 이쯤 되면 지나는 사람들이 모두 나를 쳐다보는 것처럼 보이기 시작한다.

나는 케른크로스와 접선할 때 내가 그를 먼저 볼 수 있는 장소를 선택했다. 예를 들어 어떤 공원을 접선 장소로 정한 뒤, 그가 작은 공원 문을 밀치고 들어오는 것을 보면 나는 그를 마주 보며 나갔다. 그러나 늦은 저녁에는 보통 불이 밝혀진 큰길에서 반대쪽으로 난 어두운 작은 길에서 기다릴 수 있을 만한 데에 위치를 잡았다. 여기서 나는 누가 그를 뒤따라오지 않나 관찰할 수가 있었다. 만약 '꼬리'가 없으면 내가 나타나는 것이었다. 나는 그가 전력을 다해 늦지 않으려고 노력한다는 것을 잘 알았다. 그가 천천히 뛰는 것을 본 적이 한두 번이 아니었다. 반복하지만 그는 정말 최선을 다하고 있었다.

NATO 관련 문서는 매우 귀중한 것이어서 KGB는 모스크바에서 나를 치하하는 전보까지 보내왔다. 케른크로스는 다시 총애받았고, 본부는 우리의 안전을 강화하기 위해 그가 자동차를 구입할 수 있도록 돈을 전달하라고 나에게 맡겨왔다. 이미 말한 바와 같이 나는 항상 이를 반대했다. 실제 접선 상황에서 공작원들이 옥외에서 관찰되지 않도록, 특정 임무 수행을 위한 '산책'을 느긋하게 한 뒤에 걸어서 접선 장소에 나타나는 것이 무엇보다 좋다고 생각했기 때문이다. 차와 지하도, 공원과 화단이 많은 런던에서는, 특히 출퇴근 시간에는 그러한 방법으로 확인하는 것이 쉽다. 만일 당신이 시내와 넓은 변두리의 지리를 잘 안다면, 이런 확인 작업을 통해 꼬리를 반드시 발견할 수 있고 그로부터 벗어날 수 있을 것이다.

어떠한 경우에서도 케른크로스의 뒤를 밟는 자가 있던 적은 한 번도 없었다. 그러나 본부는 그에게 자동차를 사주기로 결정했고, 나는 그 결정에 복종하지 않을 수 없었다.

코로빈은, 내가 보기에는 주로 그 아이디어가 모스크바에서 나왔다는 이유로, 이 결정이 아주 탁월하다고 생각했던 것 같다.

"유리 이바노비치, 이 결정으로 자네가 받을 우월한 입지를 좀 생각해보게! '카렐'이 자동차를 타고 오면 그 차에 함께 타고 가면서 마음대로 얼마든지 말할 수 있지 않나. 또는 조용한 장소 어디에나 차를 세우고 나와 걸으면서 대화를 계속할 수도 있네. 전에는 할 수 없던 여러 가지 대안을 선택할 수 있게 된 것일세!"

이러한 생각 때문에 코로빈 자신은 대단히 기뻐하는 것 같았다.

그래서 나는 케른크로스에게 돈을 전달했고 그에게 본부의 생각을 설명했다. 그는 하루 만에 자동차광으로 변한 버제스와는 달리 우리의 제안에 대해 별다른 반응을 보이지 않았다.

한 달이 지난 뒤, 우리는 늘 만나던 장소에서 만났다. 케른크로스는 걸어왔다. 아직 차를 사지 않은 것이다. 몇 주일이 지나도 자동차는 나타나지 않았다. 나는 아무 말도 하지 않았다. 드디어 케른크로스는 지시한 대로 했다고 말했다.

"차를 운전하니 어떻습니까, 좋습니까?"

묵묵부답이었다.

"그래 어떻습니까, 재미있습니까?"

"피터, 면허시험을 통과할 수 없소. 매번 미역국이오."

"아니, 자동차면허증이 없단 말씀이십니까?"

"없소. 아무리 해보려 해도 모두 실패했단 말이오. 내 머릿속은 엉망진창이오. 손잡이, 스위치, 페달을 늘 모두 혼동한단 말이오. 나는 모든 것을 반대로만 하오."

존 케른크로스가 드디어 새 자동차를 타고 나타나서 나를 만난 것은 여러 달이 지나서였다. 내 기억으로는 '복솔Vauxhall(영국제 자동차)'이었던 것 같다. 나는 그가 시험에 통과한 이상, 모든 것이 제대로 될 것이라는 생각에 기분 좋게 그의 옆자리에 앉았다.

우리는 천천히 가다가 차가 많은 큰 길로 들어섰다. 운전대를 잡은 케른크로스는 긴장했다. 낌새가 심상치 않았다. 우리가 웨스트엔드에 도착했을 때 가장 번화한 네거리에서 자동차가 구덩이에 떨어져 파묻히듯 서버렸다. 케른크로스는 계속 시동을 걸었으나 결국 헛수고였다. 길모퉁이에서 경찰이 이 광경을 바라보고 있었다. 케른크로스는 당황했으나 시동은 걸리지 않았다. 결국 경찰이 우리한테 다가와서 케른크로스에게 자동차에서 내리라는 시늉을 하고는, 경찰들이 늘 하는 대로 차를 주의 깊게 보면서 한 바퀴 돌았다. 평온을 유지하려고 애쓰면서 케른크로스는 증명서를 꺼내서 그에게 내밀었으나 경찰은 그것은 보지도 않고 운전석으로 몸을 비벼 넣어 내 옆에 앉았다.

내가 놀라 돌과 같이 되어 앉아 있는 동안 경찰은 주의 깊게 계기판을 들여다보았다. 나는 말을 꺼내면 러시아인 특유의 말투 때문에 즉시 탄로 난다는 것을 알고 있었다. 드디어 경찰은 손을 들어 내 무릎 위로 왼쪽 끝에 있는 손잡이까지 뻗고 그것을 내렸다. 이것은 기름을 빨아올리는 손잡이였는데 케른크로스가 풀어놓는 것을 잊어 카뷰레터가 휘발유로 넘쳐난 것이었다. 경찰은 몇 분 동안 기다렸다가 시동을 걸었다. 몇 번을 시도한 끝에 시커먼 연기를 배기구로 뿜어낸 뒤에야 시동이 걸렸다. 나는 내 시련이 끝났다 싶어 안심했으나 그게 아니었다. 경찰은 케른크로스에게 자리를 내주지 않고 문을 쾅 닫고는 1단을 넣고 차를 인도 쪽으로 대었다.

이 사건은 겨우 몇 분 동안이었지만 나에게는 영겁과 같았다. 나는 두려워 떨며 경찰이 내 쪽으로 몸을 돌려 말을 걸어올 순간을 기다렸다. 그러나 아니었다. 경찰은 돌아보지 않고 아무 일도 없었다는 듯이 차를 세웠다. 숨을 죽이고 있던 케른크로스가 자동차로 달려왔다.

"됐습니다, 선생님."

경찰이 또박또박 말했다.

"자동차가 시동이 걸린 뒤에는 손잡이를 내려놓는 것을 잊지 마십시오. 그렇지 않으면 카뷰레터가 꽉 차게 됩니다. 안녕히 가십시오."

케른크로스는 너무 놀라 한동안 아무 말도 할 수 없었다. 그는 말없이 운전대에 앉은 뒤, 차를 몰고 갔다.

나는 이때를 결코 잊을 수가 없다. 내 모든 첩보원 생애 처음으로 식은 땀을 흘린 것이다. 그 짧은 몇 분 동안에 온갖 불길한 일이 일어날 수 있었다. 경찰은 우리에게 증명서를 요구할 수도 있었다. 물론 소련 대사관 공보관이 영국 재무부 관리의 차 안에서 무엇을 하고 있었는지 관심을 가질 수도 있었다. 단지 몇 가지 질문만 했어도 경찰서에서 MI5로 즉각 전화를 걸었을 것이고, 그러면 우리는 꼼짝없이 그물에 걸리고 마는 것이었다. 다른 모든 것은 제외하고라도 케른크로스에게는 '극비'라는 도장이 찍힌 문서들이 있었다. 만약 우리가 체포됐다면, 그가 나에게 전달하려던 문서들이 아직은 내 손안에 없었으므로, 나보다는 케른크로스에게 대단히 미묘한 상황이 벌어졌을 것이라는 것은 당연한 일이었다. 첩보원에게는 확고부동한 불변의 법칙이 있다. 공작원과 일할 때는 헤어지기 직전까지 문제의 문서를 받지 않는다는 것이다.

이 사건이 있은 뒤 우리는 전술을 바꿨다. 만일 케른크로스가 내게 전달해야 할 문서가 있다면, 아무 말 없이 단지 자료만을 넘겨받을 수 있는 아주 짧은 시간만 만났다. 서로 간의 대화는 넘겨줄 문서 없이 만날 다음 접선 때까지 미루었다. 이 새로운 전술에 한두 개의 사소한 사항을 보충한 뒤에 우리는 비로소 비교적 안전하게 활동할 수 있다고 느꼈다. 물론 나는 케른크로스의 만성적인 지각과 건망증에 적응해가며 계속 어려움을 느꼈으나 결국 이것도 습관이 됐다. 그는 쉬지 않고 가치가 높은 정보를 계속 공급했다.

NATO는 1949년에 4월에 창설됐고, 참가국의 대표로 구성되어 NATO의 방위력에 관한 문제를 조정하는 북대서양위원회는 8월부터 기능을 발휘하기 시작했다. 우리는 이미 NATO가 처음 창설될 때부터 모든 것을 다 알고 있었다. 터키, 노르웨이, 아이슬란드, 이탈리아 등 이들 국가 내 미국 기지들의 창설 비용, 장비를 갖추고 기지를 유지하는 데 영국이 기여한 액수의 규모, 민간인 근무자의 숫자와 그들의 유지비용, 식량 공급 담당자, 각국 배치 기지들의 유지비용, 그들의 무기와 가격 및 공급국가에 대한 상세한 정보를 받았으며, 좀 뒤에는 같은 방법으로 서독에 배치된 군부대의 유지비용에 대한 상세한 정보를 받았다.

그렇게 우리들은 1951년까지 일했다. 본부는 대단히 만족해 코로빈을 통해 우리에게 치하 메시지를 보내왔다.

호머는 카이로에 도착한 지 몇 개월이 지나면서부터 우리를 대단히 불안하게 만들었고, 일이 대단히 악화되어갔다. 그는 극도로 피곤한 상태였고, 이집트의 우리 거점과 맥클린 사이에 발생하는 갈등으로 인한 문제들이 더욱더 상황을 악화시켰다.

그가 버제스처럼 폭음을 한다는 소문이 우리에게까지 들려왔다. 이는 맥클린이 평소 프로정신을 가지고 일하는 데 방해가 되지는 않았으나, 그의 과음은 외교단을 난처하게 만들었다. 카이로 거점은 영국 공작원이 바보멍청이처럼 행동한다고 본부에 보고했다. 런던에도 역시 맥클린의 불량한 행동에 대한 소식이 들려오기 시작했다.

첫 번째 큰 스캔들은 나일 강 유람선 위에서 일어났다. 맥클린은 만취가 되어 모든 승객이 보는 앞에서 자기 동료 가운데 한 사람에게 싸움을 걸어 주먹다짐했다.

이 일이 있은 뒤 비슷한 사건들이 꼬리를 물었다. 어느 날 저녁 그는 경제사 교수 아널드 토인비Arnold Toynbee의 아들인 필립Philip Toynbee과 곤드레가 되도록 마시고는 미국 대사의 여비서를 찾아가기로 했다. 두 사람을 집에 들인 여비서도 물론 잘못이었지만, 그들은 그녀의 아파트에서 말 그대로 미쳐버린 파괴자들이 됐다. 가구를 망가뜨리는가 하면 목욕탕을 깨부수고 집주인의 옷을 찢어 그 조각을 수세식 변기로 내려보냈다. 그 소동을 피운 뒤 그들은 아파트에 남아 있던 술을 모두 마셔버렸다. 결국 그녀는 간신히 경찰을 부르는 데 성공했고, 경찰은 이 두 난폭자를 체포했다. 이 사건에 대한 이야기는 여러 주 동안 온 카이로를 사로잡았다.

그러나 이 시기 버제스는 좀 조용해졌다. 상관인 헥터 맥닐이 장관직에서 물러났기 때문에 일 없이 있었다. 버제스는 비밀정보에 접근할 수 있는 새로운 직책을 찾아 인맥을 동원했고, 평소 같은 약삭빠름으로 1948년 10월에는 외무부 아시아과에서 일하게 됐다. 계속되는 술주정 사건들 뒤에도 외무부에 그대로 살아남아 있다는 자체가 그가 진취적이고 적극성이 뛰어나다는 것을 말해줬다. 버제스는 (계급이 전보다 낮은) 4등급으로 떨어졌지만, 외무부의 비밀정보를 분석하고 조율하는 위원회에 접근할 수 있었다. 그는 국방부에서도 비밀정보를 받았다. 결과적으로 버제스는 예전과 같이 다시 정보를 제공했다.

그의 활동영역은 국제회의가 언제 어디서 개최되느냐에 따라서 아시아에서 NATO까지 정말 다양했다. 그는 자기가 취급하는 첩보들 가운데서 우리에게 관심거리가 될 수 있다고 판단되는 중요한 첩보들을 전달했다.

그래서 그는 중국에서 최종적으로 정권을 잡은 마오쩌둥毛澤東의 정책에 대한 영국 정부의 태도를 우리에게 상세히 보고할 수 있었다.

1948년 말 아시아 문제는 서방 강대국의 대외정책에서 중요한 역할을 했다. 전 세계 가운데 이 지역에서 일어나는 사건은 모두 우리에게도 관심거리였다. 그래서 버제스는 필요한 시기에 필요한 장소에 다시 나타났던 것이다. 극동정책은 그의 전문성과는 거의 관련이 없었지만, 맥닐의 개인비서로 일할 때 이 지역을 아주 잘 알게 됐다. 그리고 버제스는 평소와 같이 늘 모든 것을 빨리 배웠다.

1949년 우리의 동맹인 마오쩌둥 군대가 승리했을 때, 이 중국 지도자는 국내 모든 외국 재산에 대해 국유화를 선언했다. 그는 소련의 볼셰비키가

1917년 영국인, 독일인, 벨기에인, 프랑스인의 개인재산을 국유화한 것과 똑같은 일을 했다. 특히 이러한 조치는 미국을 놀라게 만들었는데, 그들은 자국의 이익 방어를 위해 전쟁도 불사할 수 있음을 선언하고 강경한 태도를 취했다.

영국은 좀 더 조심스러운 길을 택했는데, 이는 아마도 영국이 중국을 훨씬 더 잘 알았기 때문일 것이다. 영국의 전문가들은, 중국 공산주의자들이 혁명의 열기가 지나간 뒤에는 정신을 차리고 그러한 정책을 수정하는 길을 찾을 것이라고 예상해 참을성을 발휘했던 것이다. 영국은 미국과 토론하며 몇 년 뒤에는 중국과 소련이 서로 싸우게 될 것이라는 점을 확신시켜 준 적이 한두 번이 아니었다. 이러한 예상 때문에 그들은 트루먼 대통령이 서둘러 너무 공격적으로 행동하면 안 된다고 생각했다.

버제스는 매일 영미 비밀회담의 주요 내용에 대한 최신 첩보를 입수했다. 한번은 나와의 정기 접선에서 다음과 같이 제의했다.

"이제 문서를 많이 가지고 올 수 있지만 나는 일을 좀 더 효율적으로 할 수 있다고 생각하오. 만일 당신이 동의한다면, 중요한 공작 하나를 성공적으로 해낼 수 있을 것 같소. 우리는 영국과 미국의 의견 대립을 이용해 서로 갈등을 일으켜서 그들 관계에 타격을 줄 수 있을 것이오. 성공을 완전히 보장할 수 없지만 영미 사이에 쐐기를 박는 시도는 할 수 있소."

재미있는 제의 아닌가! 그러나 착수하기 전에 모스크바와 협의하지 않으면 안 됐다. 다만 우리에게는 시간이 많지 않고, 그 밖에도 본부에서 제안한 것이 아니기 때문에 승인하지 않을지도 모른다는 의구심이 들었다. 그래서 나는 본부와 상의 없이 내 마음대로 추진하기로 마음먹고, 버제스와 이 계획을 어떻게 행동으로 실천해나갈지 토의를 시작했다. 다시 한 번 모든 대안을 꼼꼼히 검토해보고 난 뒤 나는 이에 동의했다.

"제기랄! 이건 당신 생각이잖소! 모스크바와 협의하지 않아도 된단 말이오?"

버제스는 깜짝 놀랐다.

나는 아무 대꾸도 하지 않았다. 그가 나와 같이 일하면서 한결같이 "모스크바와 협의해봐야 합니다"라는 말을 귀에 못이 박히도록 들어왔던 것이다. 나는 상황을 판단하고 시간을 벌기 위해 이렇게 변명해왔다.

버제스는 바로 다음 날부터 공작에 착수했고 이는 대단히 효율적으로 진행됐다. 그는 외무부를 돌아다니며 동료와 상관 들에게 중국에 대한 미국의 의도와 관련해서 의혹과 악감정을 심어놓았다. 그는 아주 재치 있게 모든 일을 꾸며나가면서 외무부의 고위급 동료 직원들 여러 명을 '열 받게' 만들었는데, 그들은 즉각 '미국의 입장'에 항의하는 서신을 써서 장관에게 보냈다. 이 문제에 대한 영미 불협화음이 노골적인 적대관계로 변하고 좀 지나서는 실질적인 갈등으로 발전했는데, 나는 이것이 버제스 혼자서 해낸 공작의 결과임을 조금도 의심치 않는다. 연합국 사이의 외교 마찰은 점점 악화돼 양측은 서로 악의에 찬 거친 항의 각서를 교환하기 시작했다.

중국 관계와 관련한 이러한 심각한 불화가 버제스가 죽은 뒤까지도, 즉 1970년대까지 계속됐다는 것은 주목할 만하다.

1949년 6월 우리의 관심은 아시아에서 파리로 넘어갔는데, 파리에서는 소련, 프랑스, 미국, 영국 등 4대 강국의 외무장관들이 독일과 오스트리아의 지위에 관한 문제를 토의하는 회담이 열리고 있었다. 각국 대표는 어니스트 베빈Ernest Bevin, 로베르 쉬망Robert Schuman, 딘 애치슨Dean Acheson과 몰로토프를 승계한 비신스키Andrei Vyshinsky였으며, 안드레이 그로미코Andrei Gromyko는 비신스키의 차석으로 회의에 참석했다.

회담은 극히 긴장된 분위기에서 진행됐다. 소련은 바로 얼마 전 베를린 공수작전으로 실패를 맛보았기 때문에 그 이상의 양보는 있을 수가 없었다. 우리는 독일 문제에 대해서 타협할 생각이 전혀 없었으며, 더군다나 동서 지역의 경제적 교류를 약속할 생각은 조금도 없었다. 우리의 목적은 오스트리아에서 패배를 만회하는 것이었다. 회담을 진행하면서 3개 상대국 파트너들은 보통 모든 것을 자기들끼리 서로 협의하고는 단일 전선으로 소련에 반대하고 나섰다. 그러나 다행스럽게도 3개국 대표단들은 각자의 정부에 매일매일의 회담 결과를 전보로 보내고 있었다.

저녁마다 매번, 그들은 소련 몰래 내린 결론을 자국 정부에 보고했다. 영국 총리 클레멘트 애틀리는 런던에서 자국 대표단에 지시를 내리고 그 사본을 내각 장관들에게 보냈다. 이 서방 3개 강국들에게는 자신들이 소련에 반대해서 단일 전선으로 뭉쳐 있는 것처럼 보일 수 있었지만, 우리는 그들의 비밀 협의에 대해서 알고 있었기 때문에, 그들 사이에 불화를 조성할 수 있는 여지가 있었다. 나는 비신스키의 성공이 전적으로 우리의 영국 공작원이 제공한 정보로 확보된 것이라고 확정적으로 말할 수 없지만, 그 정보가 이번 일에 중요한 역할을 했다는 데에는 의심의 여지가 없다. 오스트리아와의 평화조약 체결 대가로 소련은 6년 동안에 걸쳐 전쟁피해 보상비로 1억 5,000만 달러, 그리고 다뉴브선박회사의 모든 재산과 우리의 점령지역에서 생산되는 석유의 60%를 받았다.

이 시기에 나는 버제스나 블런트와 매주 접촉했다. 두 사람이 내게 제공하는 문서가 너무 많아서 이들을 단순히 꾸러미로 운반하기가 불가능할 정도였다. 그래서 우리는 조그만 여행용 가방을 가지고 접선 장소에 나타나서 그것들을 서로 교환했다. 대사관에 돌아와 문서를 촬영하고 다음 날 가방을 돌려주었다.

어느 날 나와 버제스는 인적 없는 조그만 공원에서 이야기에 푹 빠진 채 걷고 있었다. 나는 마지막 순간까지 문서를 받지 않는다는 수칙을 엄격하게 지켰기 때문에, 늘 그랬던 것처럼 버제스 자신이 가방을 가지고 있었다.

그런데 별안간 경찰 두 명이 나타나서 우리 둘을 세웠다.

나는 망연자실했다. 우리를 집으로 퇴근하거나 클럽으로 가는 친구 사이로 생각할 수 있을지언정, 의심스럽게 보일 것이 전혀 없었는데 말이다. 버제스는 전혀 아무 일 없다는 듯이 서서 몇 초 동안 상황을 '정리'하고는 가방을 들었다.

"이것 말입니까?"

경찰이 고개를 끄덕였다. 버제스는 과감하게 한 걸음 앞으로 나가 가방을 열고 그에게 안에 든 것을 보여주었다. 경찰은 손을 문서들 밑으로 넣어 바닥을 더듬거렸고, 문서 한두 장을 들여다보고는 버제스에게 아무 문제 없다는 듯 시늉했다.

"죄송합니다, 선생님. 다 됐습니다."

경찰은 우리에게 경례하고는 다른 곳으로 갔다. 나는 정신을 차릴 수 없었고 긴장으로 발이 땅속에 빠져 들어가는 것 같았다. 이와 비슷한 상황을 만나면, 나는 항상 내 몸뚱어리 전체가 남의 것처럼 느껴졌다.

버제스는 경찰이 왜 우리를 세웠는지 설명했다. 런던의 가택침입 강도들은 우리 것과 비슷한 가방 속에 '일'에 꼭 필요한 연장(쇠지레, 자물쇠 열개, 여러 가지 쐐기)을 가지고 다녔다. 바로 이 때문에 경찰들이 의심했던 것이다.

그 순간에 우리는 파멸 직전에 있었으나 버제스는 당황해하지 않았다. 그는 나에게 자신의 신뢰성과 기지를 확인해주었다. 그러나 일상생활에서 버제스의 행동은 그와 영국 측 지도부뿐만 아니라 우리에게도 역시 불행을 예고하는 위협이 되고 있었다. 그는 나날이 점점 더 사람을 화나게 만들고 공격적으로 변해갔다.

나는 벌어지는 상황에 대해 본부에 보고하는 것 외에 달리 할 수 있는 대안이 없이 무력했고, 아시아과의 새로운 업무가 버제스를 안정시킬 수 있기를 바라는 수밖에 없었다. 나는 그에게 아무것도 요구하지 않았다. 그러나 상황은 더욱더 악화되어갔다.

습관적이면서 계속 늘어만 가는 알코올 소비는 그의 첩보수집 활동을 전혀 불가능하게 만들었다. 1949년 가을이 가까워졌을 때엔 버제스와 같이 일하는 게 문제를 만드는 것이나 다름없어서, 나는 문서를 전달받고 돌려주는 데 될 수 있으면 앤서니 블런트를 더 선호하게 됐다.

나는 위험성이 점점 더 높아지고 있었지만 아직도 우리에게 유익하고 값어치 있는 정보를 제공할 수 있는 이 두 공작원들과 관계를 끊어야 할 시기가 닥쳐왔다고는 생각하지 않았다.

나는 블런트가 접선 장소에 나올 차례일 때는 항상 큰 안정감을 느낄 수 있었다. 특히 그가 적당한 거리를 유지하는 동시에 직접 접근할 수 있는 능력이 있다는 것이 마음에 들었다. 그는 나에게 단 한 번도 작은 불쾌감조차 내비친 적이 없었다. 내가 그에게 말하지 않을 수 없는 내용에 단정적으로 동의하지 않을 때에도 내 이야기를 침착하게 모두 듣고 난 뒤에야 자신의 의견을 말했다.

특히 아직도 기억에 남아 있는 일이 한 가지 있다. 이는 소련과 서방이 급속히 관계가 악화되어갈 무렵, 한 해가 저물어갈 때였다. 11개월 동안의 베를린 봉쇄, NATO 창설, 공산주의자들이 부추긴 유럽평화운동의 출현, 독일연방공화국의 탄생, 미국의 마르크스주의자들에 대한 마녀사냥, 이 모든 일들이 동서 긴장을 폭발지점까지 끌고 갔다. 우리의 여러 첩보기관장들도 소련의 베를린 봉쇄정책이 영국 공작원들에게까지 영향을 미쳐 그들이 완전히 우리와 관계를 끊을 수 있다고 생각했다. 나도 그들과 의견을 같이했고, 지휘부가 나에게 앤서니 블런트와 이에 관해 이야기해보도록 한 지시에 대단히 기뻐했다.

서방에 대한 우리의 방해적·적대적이기까지 한 전후정책과, 몰로토프가 해롭지 않은 제안들마저도 수락하지 않는 것[언론은 이 때문에 그에게 'Mr.

Nyet(No)'라는 별명을 붙여주었다!을 그에게 설명하기란 쉽지 않은 일이었다.

나와 같이 그도 소련 행동의 진정한 동기를 모르는 것 아닌가 하는 의심이 들었지만, 나는 온 힘을 다해 블런트가 우리의 대외정책을 이해하도록 노력했으며, 이 문제에 대한 내 관점을 주장했다. 그 당시 나는 서방이 취하는 정책이 오히려 더 무원칙하다고 생각했다. 나는 서방 국가들이 결과가 어떻게 될지에 대해 아무런 고려도 없이 기회만 있으면 소련의 국경 문제를 거론하기 위해 물고 늘어진다고 느꼈다.

고백하건대 당시 소련의 선전을 그대로 따른 내 논리를 확충하기 위해, 나는 서방의 정책이 영국 외무장관 앤서니 이든Anthony Eden이 1943년 10월 모스크바를 방문한 뒤 거의 변한 것이 없다고 블런트에게 말했다. 그 당시 소련은 영국이 전쟁 초기의 소련 국경을 인정할 것을 고집했다. 이든은 이에 대해 듣기조차 거부했다. 그는 영국은 발트 해 연안 국가들의 병합에 결코 동의하지 않을 것이라고 말했다. 그의 의견에 따르면, 그것은 몰로토프-리벤트로프 협정을 근거로 소련에 편입된 폴란드의 동부지역과 베사라비아까지를 말하는 것이다.

소련 지도부는 영국의 입장이 소련를 분할하려는 시도라고 생각했다. 나는 서방에 대한 불신 사례를 열거하면서 블런트에게 소련-독일 간 전선 상황이 정말로 절망적이었던 1943년, 영국과 미국이 우리에게 전쟁물자 공급을 거절했던 일을 상기시켰다. 우리는 군수공장이 즐비한 광대한 지역을 독일에 점령당한 뒤, 연합국이 우리에게 지원하겠다고 그토록 자주 약속했던 폭탄이 만성적으로 부족했던 경험이 있었다. 비정기적인 데다 어쩌다 우리에게 도착한 보잘것없는 공급물자는 초라하고 빈약해서 모든 전선에서 격화된 방어전을 펼치고 있던 우리 군에 별 이익이 되지 못했다. 나는 블런트에게 서방 국가들이 우리에게 어떻게 행동했는지를 잘 알고 있다는 점을 증명하려고 노력했다. 그들은 소련이 전후 시대에 초강국이 되는 것을 방해하기 위해 되도록 모든 방법을 동원할 것이기 때문에, 바로 이러한 관점에서 우리의 대외정책을 보아야 한다고 나는 말했다.

열강 진영 사이에 계속되는 대결은 가까운 시기에 피할 수 없는 것들이었다. 우리는 그 당시 NATO의 군사력으로 지원을 받는 서방이 극히 공격적인 행동을 취할 것이라고 생각했다.

나는 또한 블런트에게 서방 국가들이 발칸과 우크라이나에서 체제를 전복하려는 시도가 있다면 보고해줄 것을 요청했다. 영국의 대유고슬라비아 정책은 노골적인 적대감을 보여주었다. 그들은 공개적으로 유고슬라비아 공산주의자의 수장인 티토(본명은 요시프 브로즈)가 소련과 다투도록 갖은 시도를 다했다. 처칠은 폴란드와 관련해, 볼셰비키와의 투쟁에 폴란드인을 앞세우려는 의도를 분명히 밝힌 적이 있었다. 그는 또한 우크라이나 서부와 벨라루스를 UN의 통제 아래에 두려는 계획을 세운 적도 있었다.

블런트는 그러한 계획들이 있다는 것을 알고 있었다. 사람들은 그러한 계획들에 관해 공개적으로 이야기하고 있었다. 그러나 그는 비밀로 부쳐진 계획을 알고 있었고, 버제스를 통해 그것들을 우리에게 보고했다.

또한 동시에 독일의 패망 후 연합국 정부들은 소련의 공격이 있지 않을까 의심하고 있었다. 나는 블런트에게 우리는 전쟁 막바지에 이르렀을 때 너무 많은 힘을 소비했고 너무 많은 사람들이 생명을 잃어서 서방에 대한 공격은 생각조차 할 수 없다고 설명했다. 우리는 베를린을 점령해 독일의 군사력을 괴멸시켰다. 우리는 나치의 위험에서 해방된 것으로 충분했다. 나는 소련의 대외 정책은 방어적인 특성이 있다고 그에게 증명하려고 노력했다.

블런트는 내 이야기를 한 번도 끊지 않고 침착하게 들었다. 나는 그를 확신시켰다고 생각했다. 그러나 내가 말을 멈추었을 때 그의 얼굴에 아이러니한 웃음이 스쳐갔다. 그가 말했다.

"그래서 이것이 내게 말할 수 있는 전부요? 모두 반 시간을 우리의 일과 전혀 관련이 없는 일에 허비했소!"

이는 정말 맞는 말이었다. 통상 우리는 업무에 대해서만 이야기했다.

뒤이어 블런트는 내가 말한 모든 것을 잘 알고 있다고 말했다. 내 말 가운데 어느 것도, 소련의 정책은 노골적인 제국주적 성격을 가지고 있다는 그의 강한 믿음을 조금도 바꾸지 못했다.

그는 스탈린이 보스포루스 해협과 다르다넬스 해협을 통과해서 지중해로 나가는 항로를 확보하기 위해 1947년 터키에 매달렸던 일을 예로 들었다. 그는 내가 말도 안 되는 일에 정반대로 그를 믿게 하려고 쓸데없이 시간을 낭비했음을 암시했다. 블런트는 우리의 대외정책을, 러시아제국 때부터 우리의 선조가 실행해온 제국주의적이고 공산주의에 걸맞지 않는 더러운 것으로 생각했다. 블런트는 소련의 정책과 자기의 의견이 일치해서가 아니라, 케임브리지 친구들과 같이 인류의 행복은 전 세계의 혁명이 있은 뒤에만 도달할 수 있다는, 단 한 가지 양보할 수 없는 진실 때문에 우리와 협력하는 것이었다.

버제스와 필비 및 맥클린은 세계혁명을 위한 타협할 수 없는 투사였다. 블런트는 그룹 가운데서 가장 적극적이고 추진력 있는 투사는 아니었으나 친구들과 같은 이상을 나누었다. 그는 소련의 발전이 서방에 달려 있다 해도 세계혁명의 기반은 소련에 놓여 있다고 생각했다.

블런트가 나에게 이 모든 것을 털어놨을 때, 나는 그가 얼마나 자기 관점에 정직한지 알 수 있었다. 그는 아무 일도 없었다는 듯이 내 말에 동의하고, 좀 더 편안한 인생을 살아갈 수 있었을 것이다. 그러나 그는 자기의 견해가 우리 지도부와 완전히 상반될지라도 나에게 솔직하게 말하는 것을 선호했다. 나에게는 블런트가 우리에게 충성스럽고 정직한 것이 가장 중요했다. 그 밖에 그는 그의 신념과 결론이 우리의 관계에 전혀 영향을 미치지 않는다는 것을 이해하도록 했고, 자기의 말에 충실했다.

내가 다시 블런트를 만났을 때 그는 버제스가 준 문서 묶음을 나에게 전달했는데, 그것은 얼마 전 형성된 NATO에 관한 것이었다. 그러나 이번에는 블런트가 단지 버제스의 심부름꾼으로만 온 것이 아니었다. 그는 내게 가져온 문서의 내용을 알고 있었고 그 문서를 풀어 설명했다. 유럽에 NATO 기지를 배치하는 것은 우리에게 큰 위험성을 내포하고 있었다. 무슨 수를 써서라도 서방의 기도가 무엇인지 알아야만 했다. 조약에 서명한 국가에 대한 미국의 무기와 탄약 공급 역시 소련 정부의 경계심을 촉발했다. 그리고 이번에는 이 국가들의 숫자가 12개국에 달했다. 바로 우리의 문턱에 있는 국가들, 예를 들어 노르웨이와 같은 나라가 조약에 서명했던 것이다. 맥클린, 버제스, 케른크로스는 이 문제에 주의를 집중했고 가끔 필비도 이들과 함께했는데 그들의 노력은 헛되지 않았다. 우리는 곧바로 NATO가 모든 분야, 즉 정치적·경제적·재정적·군사적 분야에서 어떻게 행동하는지를 알았다. 일례로 노르웨이와 덴마크에 공급되는 별로 중요하지 않은 무기들의 특징까지도 입수했다.

블런트와 만나기 전에 나는 자주 우리가 받은 문서와 관련해 설명을 듣고 싶은 여러 질문사항을 준비했다. 특히 우리가 1950년 11월, 서독이 서방의 군사체제에 참가할 수 있다는 사실을 알았을 때, 몇 가지 점들에 대해 분명하게 확인할 필요가 있었다. 서독이 그 체제에 참가하는 조건은 무엇이 될 것인가? 종전 직후, 독일의 재무장은 소련 사람들을 대단히 불안하게 할 것이므로 이를 알아내지 않을 수 없었던 것이다. 블런트는 내 질문을 버제스에게 전달했고 버제스는 그에 대한 답변을 나에게 48시간 이내에 보내주었다. 그러한 연결은 우리가 조속히, 최소한의 위험으로 활동할 수 있게 해주었다.

블런트는 종종 순수한 첩보활동 범위 밖에서 봉사하기도 했다. 그는 수

차례 왕실 소장 회화 관리자 자격으로 독일에 가서 독일인이 약탈하고 나치 정권 패망 뒤에 연합국이 되찾은 예술작품들을 감상하곤 했다. 이와 관련해 블런트는 1945년 첩보기관에서 떠난 뒤 독일 내 영국위원회 위원이 된 리오 롱과 접촉했다. 그렇지만 나 자신이 전혀 롱과 접촉한 적이 없었기 때문에, 나는 개인적으로 그가 어떤 정보를 블런트에게 제공할 수 있을 것인지에 대해 감을 잡을 수가 없었다.

나는 1951년까지 일과표에 따라 정기적으로 블런트와 접촉해야만 했다. 그러나 우리를 위한 일이 그를 성가시게 하고 있다는 것을 느낄 수 있었다. 그는 전쟁 시절의 추억으로 지난날을 위해서, 주로 이전과 변함없이 충실한 버제스를 위해서 이 일을 계속했다. 이러한 그의 충실성은 버제스가 심각한 불행에 빠졌을 때 곧 실제적인 기반을 갖추게 됐다. 앤서니 블런트는 버제스를 버리지 않았고, 친구를 돕기 위해 매우 위험한 일을 감행할 수 있는 사람이었다. 그래서 이후 버제스를 방어할 준비가 되어 있는 유일한 사람으로 남아 있었다. 블런트는 자기 생애 마지막 순간까지도 버제스를 떠나지 않았다.

몇 달이 지나갔지만 버제스의 자멸적인 행동은 계속됐다. 어느 날 그는 아일랜드로 휴가를 가서 차를 난폭하게 몰다가 사람을 치어 죽였다. 그는 사건을 무마시키고 법적 제재를 피하기 위해 모든 능력을 동원하는 데 성공했으나, 이번에는 외무부의 동료들이 공개적으로 그의 퇴직을 고집하고 나섰다. 그러나 아일랜드 사건이 버제스를 정신 차리게 만들지는 못했다. 몇 달이 지나지 않아 또 다른 동료 하나를, 이제 "미국인들을 어떻게 사랑해야 하는지 알게 될 것"이라고 소리치면서 폭행했다.

탕헤르에서 버제스는 완전히 방종 그 자체였다. 취한 상태에서 술집을 돌아다니며, 모든 사람이 다 듣도록 영국 비밀기관 공작원들의 이름을 불러댔고, 비용을 지불하지도 않은 채 식당과 호텔을 나가버렸다. 거리에서는 자기 '물건'을 내놓으며 젊은 사람을 대놓고 추근거렸다. 탕헤르에서 영국 거점장으로 근무하는 절친한 친구를 만나서는 다시 싸움을 걸면서 '유럽에 미국 영향력을 끌어들인 데' 대한 벌이라면서 폭력을 가했다. 그 뒤에도 그는 지브롤터로 가서 영국 방첩기관 대표에게 똑같은 행패를 부렸다.

두 피해자가 화를 참지 못하고 런던에다 그를 고소했으나, 버제스의 친구들은 다시 그를 보호했다. 그들은 두 경우 모두 피해자는 오히려 버제스라고 상관들을 설득시켰고, 그래서 지휘부는 더는 이 같은 일을 저지르지 말도록 경고한 뒤 다시 그를 용서했다. 버제스가 아시아과에 남아 있을 수 있는 날들은 이제 손가락으로 셀 수 있을 지경이었다.

내가 어느 날 버제스와 만났을 때, 일이 최악으로 끝나 그가 영국을 영원히 떠나야만 한다면 어떻게 될지 물어보았다. 나는 그가 대답할 때의 얼굴 표정을 생생히 기억한다.

"피터, 나는 소련에서는 살 수 없을 거라오."

버제스는 신경쇠약 상태였으나 그럼에도 계속 우리에게 중요한 정보를 공급했다. 그는 1950년 4월, 한국전쟁 발발 두 달 전에 나에게 영국 군사정보대의 보고서를 길게 손으로 써서 요약한 것을 보내왔는데, 거기에는 중공군에 대한 소련의 원조 규모에 관한 내용이 상세하게 설명되어 있었다. 같은 해 2월 14일부터 중국과 소련은 우호 및 상호협력조약으로써 맺어졌다는 사실을 잊지 말아야 한다. 우리는 이러한 과정을 통해 군사행동 시작 몇 주 전에 소련과 중국이 협력한다는 정보를 서방에 흘리는 데 성공했음을 알았다.

나는 되도록 조속히 이 문서들을 모스크바로 보냈는데, 이 문서가 그 뒤 북한에 보내졌는지 여부는 알지 못한다.

1950년 6월 버제스는 맥클린과 함께 일을 시작했다. 맥클린은 이집트 주재 영국 대사가 그를 이집트에서 쫓아버린 뒤 다시 영국에 와 있었다. 멀린다는 카이로에서 남편이 보인 행동 때문에 무섭게 화를 내긴 했으나, 온 힘을 다해 외무부에서 그를 보호했다. 그녀는 맥클린이 전쟁이 처음 시작된 이후 하루도 숨 쉴 겨를이 없었기 때문에 그의 상태는 과로로 말미암은 것이라고 주장했다. 이 주장이 받아들여져 맥클린은 몇 달간의 휴가를 받았고, 휴가 동안 멀린다는 의사, 특히 정신과 의사의 집중적인 치료를 받도록 했는데, 정신과 의사는 그에게 심각한 우울증과 성적장애가 있다고 진단했다.

반년 동안 휴식을 취한 뒤 맥클린은 6월에 외무부의 미국과장이라는 직책으로 업무에 복귀했다. 카이로에서의 사고는 모두들 잊은 듯했다. 어쨌든 이제 술주정과 난폭행위는 없었다. 도널드 맥클린은 일등급 외교관으로 다시 태어났으며, 항상 그랬던 것처럼 그의 프로정신이 만개했다. KGB는 맥클린을 건드리지 않기로 결정했으며, 바로 이 때문에 나는 개인적으로 런던에서는 그를 한 번도 만나지 않았다. 우리는 그에게 어떤 것도 요청하지 않았지만, 그가 자진해서 버제스를 통해 우리에게 정보를 보냈다.

한국전쟁의 시작과 함께 소련 앞에는, 미국이 이 세계적인 분쟁을 어느 정도까지 확대할 준비가 되어 있는지가 아주 중요한 문제로 버티고 서 있었다.

북한이 남한을 공격한 날인 6월 25일, 버제스와 맥클린은 대단히 적극적인 행동을 보였다. 버제스는 자신이 직접 주석을 단 비밀문서를 보내왔다. 그는 영국 정부의 시각과 군사행동의 확대 가능성을 손으로 직접 써서 문서에 보충했다.

맥클린 역시 자신의 견해를 덧붙여왔다. 그는 미국과 관련해 낙관론과는 거리를 멀리하면서, 맥아더*가 총사령관으로 임명된 뒤 '위험하고 해

* 더글러스 맥아더(Douglas MacArthur,1889~1964). 미국 장군, 일본 주둔 점령군 사령관, 1950~1951년 한국에서 군사작전을 지휘했다.

롭다'고 생각했다. 내 생각으로는 맥클린이 그때 처음 공개적으로 자신의 반미주의를 드러냈던 것이다.

2개월이 지나 동서 사이의 긴장이 최고조에 이르렀던 8월에 버제스가 워싱턴 주재 영국 대사관의 일등서기관으로 임명됐다. 이 직책은 그가 외교관으로서 자질이 특출함을 보일 수 있는 마지막 기회로 주어진 것이었다. 그러나 그는 그 행운의 기회가 제공한 특전을 활용하지 못했다. 버제스의 지휘부는 이번 임명으로 그가 자극받아 정신을 차리게 될 것이라고 생각했던 것이 틀림없다. 아이디어는 나쁘지 않았지만, 모든 사람이 가이 버제스가 양키라면 참지를 못하고 입에 거품을 물며 미국 정책을 비판한다는 사실을 다 알고 있는 마당에 왜 하필 미국을 선택해 파견했을까? 나는 이를 단지 영국인 나름의 유머 감각으로밖에 설명할 수 없고, 그래서 도널드 맥클린도 외무부의 미국과장이 될 수 있었던 것이다.

가이 버제스는 술을 끊기에 적절한 나라로 배치되는 것이 더 나을 수 있었다. 미국에서 그의 상태는 점점 더 악화되어만 갔다. 그는 정말 알코올 중독자가 됐다. 결코 곤드레만드레는 아니었지만 항상 술기운에 젖어 있었고 모든 사람이 이를 눈치챌 수 있었다. KGB는 버제스에게 가장 맞지 않는 장소가 워싱턴이라고 생각했는데, 어찌 됐건 런던 이외의 어떠한 곳이라도 그에게는 런던보다는 나았다. 우리는 당시와 같은 긴박한 상황에서도 맥클린을 통해 정보를 입수할 수 있었기 때문에, 정보 입수라는 관점에서 버제스의 처지는 우리를 그렇게 불안하게 만들지 않았다.

상황이 호전되면 버제스를 다시 불러들일 수도 있었다. 본부는 버제스를 당분간 활용하지 말아야 한다는 의견을 받아들이지 않을 수 없었다. 그러나 나는 그를 너무나 잘 알기 때문에 그가 본부의 결정에 결코 동의하지 않을 것이며 오히려 더욱더 적극적으로 나올 것임을 알고 있었다.

버제스가 미국으로 떠나기 전 우리가 접촉했을 때, 나는 그에게 자신의 문제점을 어떻게 해결할 생각이냐고 물었다.

"문제라니? 나한테는 아무 문제도 없소. 나는 나 하나가 아니오. 나는 친구가 많고 필요하면 그들이 도와줄 것이오."

그는 직장 동료 몇 명에 대해서는 아주 나쁘게 평가했다. 나는 불필요한 일로 남과 싸우지 말아야 한다는 점을 그가 인식할 수 있도록 내 나름대로 애썼다.

그러나 버제스는 내 말을 들으려고조차 하지 않았다. 그는 투사적인 성격이었다. 결코 관용을 빌지 않고 항상 돌파해나갔다. 나는 모스크바로 보내는 보고서에 워싱턴으로 간다고 해서 그의 신경 상태가 조금도 호전될 수 없다고 여러 번 주장했다. 버제스에게 꼭 필요한 것은 바로 집중적인 치료였다. 이런 치료는 그토록 오랜 세월 동안 끊임없이 사람을 지치게 만드는 심적 압박 속에서 힘든 업무를 수행해온 뒤에는 반드시 필요한 것이다. 전쟁에서 공동의 적과 싸우면서 그는 참으로 많은 일을 했고, 전쟁이 끝났을 때에도 변함없는 긴장의 생활리듬 속에서 계속 활동했던 것이다. 이러한 불행을 이길 만한 면역은 강철처럼 신경이 강한 필비와 블런트만이 가질 수 있는 것이었다.

버제스가 떠난 뒤 블런트가 맥클린과 우리 사이의 중개자가 됐다. 새로운 전쟁이 세계를 위협했다. 1950년 말 트루먼 대통령은 모든 소련 사람을 뒤흔들어 놓는 선언을 했다. 그는 원자폭탄을 암시하며 이 무기를 소유한다는 것은 이의 사용을 배제하는 것이 아니라고 말했다.

이 선언은 미국의 군국주의 확장에 심각하게 불안을 느끼던 영국의 총리 클레멘트 애틀리까지도 안절부절못하게 만들었다. 그는 즉각 워싱턴으로 날아가서 트루먼 대통령에게 직접 설명을 요구하기로 결정했다. 맥클린은 이 방문을 준비하기 위해 작성된 자료를 비롯해, 애틀리가 귀국했을 때는 현지에서 참석한 회담의 내용을 상세하게 설명한 문서들을 모두 우리에게 전달했다. 이 자료에 따르면, 애틀리는 안심하고 영국으로 돌아왔다.

그러나 스탈린은 3차 세계대전이 오늘내일 일어나리라고 확신했는데, 당시 내 생각으로는 그가 맞는 것 같았다. 맥아더는 원자폭탄이 북한에 투하되어야 한다고 분명히 선언했다. 긴장은 미군 부대가 중국 국경에 가까이 접근할수록 높아만 갔다. 북한의 남침은 소련이 전 아시아를 차지하기 위한 대규모 계획의 일부라고 서방은 확신했다. 미국은 북한 김일성의 팽창주의적 야망을 만족시키는 것만이 이번 충돌의 유일한 목적이라는 주장을 결코 믿지 않았다. 서로는 상대방에 대해 실제 상황보다 훨씬 더 큰 전투적인 의혹을 부풀려나갔다.

호머의 정보는 스탈린의 확신을 더욱 심화시켰다. 1951년 3월 맥클린은 불안한 상황에 대한 자신의 의견을 덧붙여, 외무부 회의록을 우리에게 보냈다. 영국 정부의 전문가들은 미국의 공격적 성향이 '세계를 의미 없는 전쟁에 밀어 넣고 있다'고 확신했다.

그러나 동서 사이의 긴장은 결국 풀어지기 시작했는데, 아마도 '호머'가 우리에게 가져온 소식 덕택일 수도 있었다. 워싱턴이 맥아더 장군에게 만주 침입과 중국 해안 봉쇄를 금지시키는 결정을 채택하자, 그는 지체 없이 곧바로 우리에게 알렸다. 위기는 트루먼이 맥아더를 사령관에서 해임한 뒤 최종적으로 해소됐다. 맥아더는 미국과 소련 양국에 원자폭탄이 있었음에도 갈등의 확대를 옹호하고 나섰던 것이다.

1950년 8월 4일 버제스는 워싱턴에 도착해 그곳 친구들을 만났다. 그를 기다린 사람은 그 전해 10월부터 미국에 체류하고 있던 킴 필비였다.

얼마 전 창설된 미 중앙정보국CIA에 소속된 영국 비밀기관의 대표자 자리가 아직 비어 있었는데, 영국 MI6의 간부들은 자기들의 부장 후보인 킴 필비가 미국 요원들과 친밀한 관계를 쌓아야 한다고 결정했다.

필비는 이 직책 수락 여부에 대해 우리의 의견을 물었다. 본부는 크게 환영했다.

1949년 8월 필비는 앙카라를 떠나 런던에 나타났는데, 당시 나는 이미 런던에서 2년 이상 일하고 있었다. 나는 그를 만나지 않았다. 모스크바는 우리가 항상 버제스와 블런트를 통해서만 연락할 것을 고집했다. 킴 필비는 자신과 에일린, 자녀 네 명의 공식 수속을 마치고 몇 주 동안 짤막한 교육을 받은 뒤 가족과 함께 워싱턴으로 떠났다.

그는 비행기에 탑승하기 몇 시간 전 버제스를 내게 보내, 우리 모두에게 무서운 결과를 가져올 수 있는 첩보를 전했다. 미국 군 정보기관 ASA Army Security Agency(뒤에 NSA National Security Agency로 개명) 소속 암호 부서의 전문가인 윌리엄 웨이스반드William Weisband가 영국 정보기관에 알려온 바에 의하면, 대단히 유능한 ASA의 동료 메러디스 가드너Meredith Gardener가 전 세계에 박혀 있는 각 KGB 공작원이 전쟁 중 루뱐카로 보낸 전보들을 해독하려고 노력 중이라는 사실을 영국 정보기관의 한 동료로부터 들었다는 것이다.

이 보고는 본부를 대단히 불안하게 만들었다. 우리는 미국이 무엇을 밝혀낼 수 있을지 예상할 수가 없었는데, 그들이 찾는 것들이 우리 머리 위에 다모클레스의 칼처럼 걸려 있었다.

비행기 안에서 필비(스탠리)는 갑작스럽고 심각한 위험이 케임브리지 5인방과 다른 공작원들을 위협하고 있다는 것을 이미 이해했다. 그는 이 타격을 사전에 차단하도록 전력을 다하겠다고 버제스에게 말했다.

미국 수도에 도착하자 곧바로 스탠리는 진정한 프로답게 CIA와 좋은 업무관계를 맺기 시작했다. 그를 도운 것은 영국 MI6의 공작원 제임스 맥카가James McCargar였다.

CIA는 1947년 OSS Office of Strategic Services를 근간으로 창설됐다. 미국은

처음에 조직상의 문제로 심각한 어려움을 겪었다. 튼튼한 비밀기관을 조직하기 위해서는, 전시상황의 업무만을 전적으로 취급하도록 예정됐던 OSS와 차별화된 전혀 다른 방법으로 활동해야 한다는 것을 그들은 아주 잘 알고 있었다.

전혀 새로운 체제가 요구됐다. 나치주의자와 공산주의자를 잡는 비밀공작 전문가인 필비는 미국에 누구보다도 꼭 맞는 인물이었다. 필비는 그들과 자신의 경험을 같이 나누었다. 미국인들은 그의 조언에 대해 감사해했다. 어떤 의미에서는 필비를 실질적인 CIA 창설자 가운데 한 사람이라고 부를 수 있다. 그는 CIA 지도부, 특히 장차 미국 방첩기관장이 될 제임스 지저스 앵글턴James Jesus Anglton과 업무 관계가 아주 좋았으며, 앵글턴은 그의 가까운 친구가 됐다. 필비는 광범위한 문제에 걸쳐 앵글턴을 도왔다. 앵글턴은 필비가 소련으로 망명한 뒤, 자신은 필비가 KGB를 위해 일할 수도 있다고 추측하면서 항상 마음속 깊이 그를 의심했다고 말했다.

이러한 인맥들은 스탠리에게 그가 꼭 필요로 하는 정보를 모두 입수할 수 있도록 해주었다. 단지 필요한 정보를 요청하기만 하면 됐다. 한 가지 문젯거리는 미국 연방수사국FBI◆ 측의 신임을 얻지 못한 것이었다.

필비는 FBI 국장 에드거 후버Edgar Hoover의 호의를 얻는 데 실패했는데, 후버는 처음부터 그를 좋아하지 않았다. 사실 그는 필비를 개인적으로 적대시했다기보다는 아예 '영국인' 자체를 워싱턴에 둘 필요가 없다고 생각했다. 단지 그뿐이었다. 후버는 영국 정보기관이 필비에게 CIA에 침투해 미국 비밀기관들에 관한 비밀정보를 수집하라는 임무를 주었다고 생각했다. 그에게 영국과 미국 정보기관들의 모든 '조정된 계획'은 미국 정보기관

◆ Federal Bureau of Investigation. 사법 경찰과 비밀 정치 경찰 역할을 함께하는 미국의 정부기관.

안에 영국의 둥지를 틀기 위한 '가장' 그 이상도 그 이하도 아니었다. 필비를 반대하는 이유를 물었을 때 후버는 대답했다. 그의 육감이 그 자신에게 필비는 '영국의 스파이다'라고 속삭였다는 것이다.

후버는 필비와의 그 어떤 협력도 반대한다고 공개적으로 선언하고 FBI의 전 요원에게 어떠한 정보도 그에게 넘겨주지 말라고 지시했다.

미국인은 물론 영국인에게도 에드거 후버의 행태는 이해할 수 없는 일이었다. 필비가 소련의 스파이라는 의심을 받고 있다는 이야기를 들었을 때, 그가 얼마나 기뻐했는지 상상할 수 있을 것이다. 후버는 어디서고 이 모든 일을 미리 알았고, 필비의 반역활동에 대해 추측했으며, 개인적으로 CIA에 그를 믿지 말라고 미리 경고했다고 나발을 불어댔다. 이 모든 것은 쓰레기 같은 소리다.

필비는 FBI에는 전혀 관심을 두지 않고 온 정성을 CIA에만 쏟으며 그 영역에서 완전히 자유롭게 활동했다. 그는 영미의 알바니아 체제전복 공작 준비에 참여하기까지 했다.

1949년 12월 영국 MI6와 미국의 CIA는 알바니아에서 특별임무를 띄고 활동할 군대의 첫 상륙작전계획을 작성했다. 그들의 목표는 지독한 스탈린주의자이며 티토를 격렬히 증오하는 엔버 호자Enver Hoxha 정권 타도에 있었다. 알바니아의 경제는 전쟁으로 완전히 파괴됐다. 알바니아인들은 가장 기본적인 생활필수품까지도 부족했다. 그들은 호자가 모스크바에 가서 달리 줄 것이 없으면, 신발 끈이라도 달라고 스탈린에게 요청했을 정도로 가난했다.

알바니아는 기근의 문턱에 있었기 때문에 반공산주의 폭동의 이상적 표적이었다. 계획은 단순했다. 독일 나치 및 이탈리아의 파시스트와 협력한 알바니아 피난민 무리에 섞여서 들어가는 것이다. 그 뒤 첫 번째 전투원 그룹을 조직해서 무장하고, 알바니아 해안 상륙 시 상륙군을 맞아들일 수 있도록 교육을 담당하는 것이다. 이 그룹은 알바니아의 내륙으로 침투해 인민에게 호자와 그의 정권에 반대해서 폭동을 일으키도록 해야 했다.

필비는 워싱턴의 당당한 둥지에 앉아서 이 작전을 준비하는 데 참여했고, 이 음모를 실행에 옮기는 데 꼭 필요한 모든 상세사항을 버제스에게 보내는 편지를 통해서 제때에 우리에게 보고했다. 그는 몇 사람이 상륙에 참여할 것인지, 작전의 날짜와 시간, 무장과 정확한 행동계획을 우리에게 알려주었다.

스탠리는 워싱턴에서 1년 반 동안 체류하며 미국에 근거지를 두었던 KGB 공작원 중 누구와도 한 번도 접촉하지 않았다. 본부는 이런 접촉은 너무 위험이 크다고 생각했다. 여하한 경우에라도 필비의 정체가 폭로되도록 할 수는 없었다. 미국이 앞에 말한 전보의 해독을 위해 온 힘을 기울인다고 할지라도, 우리는 필비가 영국 정보기관 수장이 되기를 간절히 희망했기 때문이다. 우리에게 뭔가 전달할 것이 있다면, 그는 버제스를 활용했다. 그러나 편지나 전보를 보내는 것은 위험했기 때문에 그것마저도 피하려고 노력했던 것이다.

필비가 보낸 정보는 제때에 알바니아에 전달됐고, 이들은 해안에 포위망을 구축했다. 전투원을 포위해 몇 사람은 죽이고 대부분은 포로로 잡았다. 얼마 되지 않는 자들만이 뗏목을 타고 도망하는 데 성공했다.

첫 번째 작전에 이어 1950년 봄에 두 번째 공작이 이어졌다. 이번에는 낙하산병을 침투시켰다. 이 작전 역시 사전에 알바니아에 알려졌고, 침투 시도는 완전히 패배했다.

1950년 8월 버제스가 워싱턴 주재 대사관의 일등서기관 자리를 차지했을 때 필비는 돌이킬 수 없는 실수를 저질렀다. 필비는 버제스를 자기 집에 머물게 했는데, 이는 지극히 불합리한 행동이었다. 만일 내가 그 당시 이를 알았다면, 강력하게 고집해 말렸을 것이다. 아마도 필비는 자신이 친구를 돌볼 수 있다고 생각했을 것이다. 그러나 버제스는 필비의 메시지를 내게 전달해줄 수 있는 유일한 통로였기 때문에 우리에게 대단히 필요한 존재였다. 그는 필비처럼 잘 알려진 사람이 아니어서 휴가나 출장으로 영국에 올 때 나는 그를 종종 만날 수 있었다.

내가 걱정했던 것처럼 버제스는 새로운 장소에서도 변함이 없었고, 오히려 그 반대였다. 런던에서 멀리 떨어져 있고 주변의 상황이 달라졌다고 해서 그가 어떠한 영향을 받지는 않았다. 그는 전과 같이 동료들뿐만 아니라 대사와도 언쟁을 그치지 않았다.

예를 들면 그는 대사관으로 출근하면서 차를 아무 데나 자기 멋대로 세웠다. 경찰은 그에게 항의하기 일쑤였다. 대사인 올리버 프랭크스Oliver Franks 경은 버제스를 몇 번이나 자기 사무실에 불러서 질책했다. 하지만 아무런 효과가 없었다.

모든 대사관은 기밀서류를 사용하는 데 일정한 규칙을 지키게 되어 있다. 아무 때나 보관함에서 꺼내면 안 된다. 버제스는 이를 지키지 않았고, 기밀을 모두 우습게 보았으며, 중요 문서를 자기 책상 위에 흩어놓는 일이 잦았다. 그가 제 장소에 반납하지 않기 때문에 보관 책임자는 보관함을 다시 봉할 수가 없었다. 보관 책임자는 업무가 끝날 때마다 매일 버제스의 이러한 부주의함과 마주쳤다. 그래서 늘 이에 대해 프랭크스 대사에게 보고했으며, 대사도 끊임없이 버제스를 질책해보았으나, 자기 관할인 부하의 버릇을 고치는 일에 어찌할 수가 없었던 것이다.

버제스는 미국에는 자기를 감싸고 나서줄 친구들이 없었음에도, 대사관에서 적을 만드는 데 시간을 허투루 쓰지 않았다. 우연의 일치로 버제스의 미국 도착과 동시에 조지프 매카시Joseph McCarthy 상원의원의 공산주의자 추적이 시작되는 등, 결코 그의 기분을 좋게 할 여지가 없었다.

1950년 가을 영국 MI6와 CIA는 세 번째로 알바니아 침투를 시도했는데, 이번에는 육지로 침투하는 것이었다. 영미 공작원들은 이탈리아를 거쳐 유고슬라비아로 가서 그곳에서 알바니아로 침투했다. 그러나 그 공작 역시 필비의 노력으로 비참하게 실패하고 말았다. 엔버 호자를 죽이려는 영국과 미국의 노력은 좀 잠잠해졌다.

1950년 10월 티라나(알바니아의 수도)에서 공작원 열두 명에게 종신징역이, 두 명에게는 총살형이 선고됐다. CIA와 MI6는 알바니아 침투가 번번이 실패하는 이유를 전혀 알 수가 없었다. 미국은 정보 누설을 의심했으나 그래도 필비는 의심의 대상 밖에 있었다. 그 밖에도 다른 많은 사람들이 알바니아 공작에 관여했던 것이다.

필비는 수차 계속되는 영미 정보활동조정회의에 빠지지 않고 참석했다. 특히 1951년 2월의 발트 공화국들과 관련된 회의를 상기하지 않을 수 없다. 그 회의에 전쟁 중 영국의 스톡홀름 거점장이었으며 뒤에는 영국 정보기관의 북유럽과 과장을 지냈던 해리 카Harry Carr가 참석했다. 필비는 이 회의에 관한 상세한 결과 보고서를 보냈는데, 우리는 이 보고서에서 영국 MI6와 CIA 사이에 근본적인 의견 충돌이 발생한 것을 확인했기 때문에 안심할 수 있었다. 그들이 발트 공화국들 내 상황을 근본적으로 불안정하게 만들 수 없다는 것이 분명해졌다. 그러나 KGB를 불안하게 만든 것은 영미가 우크라이나에서 진행하고 있는 공작들이었다.

그들의 목적은 이 공화국에 수개의 공작 그룹을 공중투하하거나 그 밖의 다른 방법으로 침투시켜, 이들을 우크라이나 영토 곳곳에 심는 것이었다. 필비가 이스탄불에서 근무하면서 우리가 파괴분자의 침투 시도를 사전에 차단할 수 있도록 도운 일은 이미 한두 번이 아니었다. 그는 워싱턴에서도 그러한 도움을 계속 제공했던 것이다.

CIA와 MI6는 미국과 캐나다의 수많은 우크라이나 이주자들 가운데에서 공작원을 쉽게 포섭할 수 있었다. 이러한 이주자들 가운데 많은 사람이 우크라이나에 가족을 남겨놓았는데, 이들을 가족 재결합이라는 명목으로 그곳으로 보낸 것이다.

필비는 1951년 3월 런던으로 돌아오려던 버제스에게 각 그룹이 6인으로 구성된 세 그룹의 공작원 이름과 우크라이나의 착륙 장소를 전달했다. 이 정보는 결국 블런트를 통해서 나에게 전달됐고 나는 즉시 이를 본부로 보냈다. 버제스는 또한 '베노나Venona'라는 암호명으로 진행되고 있던, 도청된 정보에 대한 미국의 해독공작을 상기시켰다. 이제 확실한 사실을 알게 됐다. 메러디스 가드너가 뉴욕에서 모스크바로 보내진 전보 가운데 하나에서 이상한 점을 발견했고, 이를 통해 그의 대조법으로 그 해독의 단서를 찾은 것이었다.

루뱐카에서는 우리 전문가들에게 무슨 잘못이 있었는지 찾아내라는 긴급 임무를 내렸다. 그들은 뉴욕에서 보내온 모든 전보를 대단히 주의 깊게 조사해 그중 두 개를 골라내었다. 아닌 게 아니라 우리 워싱턴 대사관의 암호 작성자가 1942년에 심대한 잘못을 저질렀는데, 그의 상관이 이를 못보고 그대로 넘긴 것이었다. 그는 본부로 보고하는 전보의 암호화를 위한 일회용 암호집을 다 쓴 뒤여서 규정을 어기고 같은 암호집을 두 번 사용했다. 그들이 규정을 어기게 된 것은, 당시 모스크바와 미국 간을 선박 편으로 왕래하던 외교우편이 연착했기 때문이었다. 새로 공급되는 암호집이 들어 있는 외교행낭이 실렸던 배의 선장은 북대서양에서 독일 잠수함의 활동이 격화되자 영국 항구에서 대기하다가 떠나기로 결정했던 것이다.

KGB의 지도자들은, 미국이 보유한 자료로 두 개의 전보를 해독하는 데 시간이 얼마나 필요하겠느냐고 전문가들에게 물었다. '수년'이 걸릴 것이라고 전문가들이 답변했으나, 그들의 예측은 터무니없이 낙관적인 것이었다. 잘못을 저지른 혐의자들은 엄중한 처벌을 받았다. 본부는 그 이상 할 수 있는 일이 없었다.

우리는 이 상황에서 빠져나올 수 있는 방법을 찾아낼 수가 없었다. 물론 우리의 공작망을 폐쇄해야만 했으나 이는 우리가 전후戰後에 전 세계에 구축한 광범위한 공작망을 생각할 때 전혀 불가능한 일이었다.

그런데 필비가 다시 우리를 돕기 위해 나섰다. 버제스는 나날이 우리의 비밀에 더욱 더 가깝게 다가가고 있었던 가드너와 필비가 서로 사귀게 됐다는 사실을 우리에게 알려주었다. 가드너와 필비 사이에는 대단히 깊은 친분이 형성돼서, 필비는 매일 가드너의 작업실에 들러서 해독작업의 진척 정도를 관찰할 수 있었다.

이제 우리들은 베노나가 어느 순간 우리의 공작망을 파괴하고 수 명의, 아니 케임브리지 공작원들의 이름을 모두 확보할 수 있다는 것을 알았다. 그러나 필비가 조성한 가드너와의 친분 덕택에 사전에 경고를 받을 수 있다는 것을 알게 됐고, 우리의 공작원을 제때에 구출하기 위해 최후의 순간까지 상황을 통제할 수 있다고 믿게 됐다.

케임브리지 5인방의 발각이 피할 수 없이 가까워지고 있었으나, 우리는 아직 항해를 계속하고 있었다. 나는 본능적으로 모든 게임이 곧 끝난다는 것을 알았다. 나는 이 무너져 내리는 폐허로부터 되도록 모든 방법을 동원해 모든 사람을 구원할 수 있도록 정신적으로 준비했다. 나의 케임브리지 동지들 모두가 남은 생애를 감옥에서 보낼지도 모른다는 생각은 나를 끊임없이 괴롭혔다.

도널드 맥클린 *Donald Maclean*

◀ 영국 외무부에 근무할 당시, 1940년대 후반

▼ 맥클린 가족, 1940년대 후반

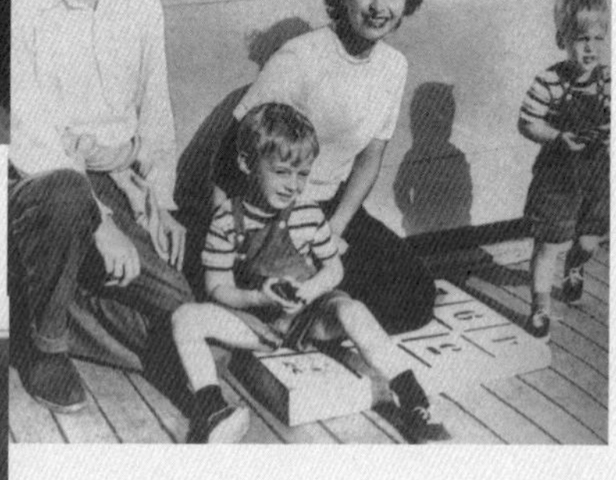

◀ 아이들을 데리고 모스크바에 도착한 멀린다 맥클린, 1952년

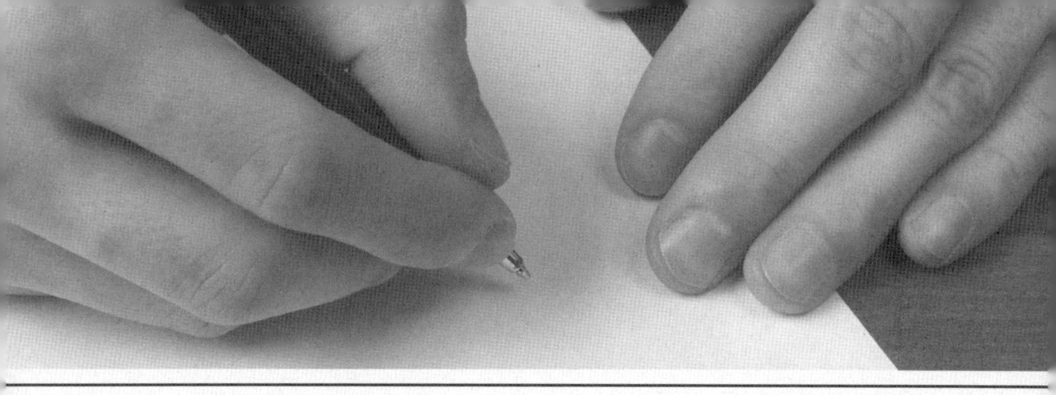

07
마지막 게임

07

1950년 말, KGB는 지구의 반대편에 있는 호주의 깊고 깊은 오지의 아주 작은 한 마을에서 무선통신소가 벌써 10년째 활동하고 있다는 것을 까맣게 모르고 있었다. 이 무선통신소는 소련과 몇몇 국가들 사이, 특히 미국과 소련 사이에 이루어지던 민간·외교·군사 통신 등 실질적으로 모든 영역의 무선통신을 도청하고 있었다.

이 덕택에 1945년이 가까워져 올 무렵, 연합국의 문서고에는 셀 수 없을 정도로 많은 정보가 쌓여 있었다. 그러나 우리의 적들 가운데는 누구도 이들 정보의 높은 가치를 알 수 없었는데, 이는 그들이 해독할 수 없는 암호가 이 정보를 든든하게 보호하고 있었기 때문이다.

우리의 공작원인 주미 영국 대사관의 일등서기관 도널드 맥클린은 대단히 관심을 끄는 문서 하나를 입수하는 데 성공했다. 이것은 1945년 6월 5일 자의 'No.72'와 'No.73'으로 표시된 공식문서로서, 처칠이 트루먼 대통령에게 보낸 두 개의 전보와 관련된 간단한 보고서였다. 이 두 개의 전보에서 영국 총리는 트루먼이 질문한 문제에 대해 답변했고, 트루먼은 미국의 특별전권대사인 해리 홉킨스Harry Hopkins와 스탈린 사이에 이뤄진 회담의 내용을 알려줬다. 해리 홉킨스는 루스벨트 대통령의 가까운 친구이자 가장 신임 받는 고문이었다. 전쟁이 연합국의 승리로 끝났고, 홉킨스는 다음 해 겨울에 사망할 것이라는 진단을 받은 치명적인 지병이 있었지만, 진정으로 존경한다는 '좋은 옛 친구' 스탈린과의 회담을 위해 마지막으로 모스크바로 갔다.

스탈린과 홉킨스 간의 회담은 주로 폴란드, 좀 더 정확히 말한다면 열여섯 명의 AK 요원의 처리문제와 관련되어 있었다. 이들은 바르샤바-런던 항로를 통해 이륙했는데, 공중 납치되어 모스크바로 강제 착륙했고, 소련 정부는 이들을 무기한 억류하고 있었다. 화기애애한 분위기에서 일주일간 진행된 회담의 결과로 홉킨스와 짐작컨대 미국 대통령 모두 스탈린의 태도에 상당히 만족하고 있었다. 스탈린은 '폴란드 국민이 받아들일 만하고 소련 정부에도 우호적인 성격을 띠기만 하면 폴란드에 어떤 정부'가 들어서도 만족한다고 관대하게 선언했던 것이다.

그러나 이 명확치 않은 성명은 트루먼과 홉킨스를 만족시켰어도 결코 처칠을 만족시킬 수는 없었다. 처칠은 트루먼에게 보내는 두 개의 6월 5일자 전보에서 아주 단호한 표현을 사용하며 자기의 관점을 분명히 밝혔다. 그의 생각은 앞으로 예정된 폴란드 선거 결과가 어떠하든 스탈린은 AK의 인질을 석방할 의사가 전혀 없다는 것이었다. 앞으로 어떠한 사건이 일어나더라도 연합국은 모든 힘을 다해 폴란드를 지지하고 여러 가지 방법으로 지원해야 한다고 생각했다. 처칠은 폴란드 문제가 해결됐다는 인상을 준다면, 트루먼이 세계 여론, 특히 소련인에게 좋지 않은 모습으로 비칠 것이라고 생각했다.

우리 손에 들어온 이 짧게 요약된 전보들은 우리에게는 대단히 중요한 의미를 지녔다. 영국이 그다음 달에 개최될 포츠담회담에서 폴란드 문제에 대한 홉킨스-스탈린 타협에 동의하지 않을 것이라는 점을 사전에 확인할 수 있었던 것이다.

호머는 대사관 업무를 통해 자국의 총리가 백악관에 보낸 전보의 내용에 접근할 수 있었고, 이를 뉴욕의 자택에서 자기의 연락책인 헨리에게 직접 전달했다. 맥클린의 아내가 계속 맨해튼의 친정어머니 집에서 사는 데다 임신까지 하고 있었으므로 그는 자주 뉴욕을 방문할 수 있었다.

그러나 바로 이때 지금까지 아무 문제 없이 작동해온 우리의 연락체계가 별안간 무너져버렸다. 뉴욕의 우리 암호원이 헨리의 해설을 포함한 호머의 보고서를 암호화하면서 치명적인 실수를 저질렀던 것이다. 멍청했거나 태만으로, 아니 둘 모두 때문에 그는 전보에 맥클린이 가져온 원본에 적혀 있던 영국 외무부의 내부 암호를 표시했던 것이다. 이 전보를 손에 든 요원이라면 아무리 경험이 없더라도 이 암호를 보고 전보의 출처가 워싱턴 주재 영국 대사관이라는 사실을 곧바로 알아낼 수 있었다. 상황이 긴박했다. 4년 뒤 우리의 공작망을 파괴할 폭발력 강한 시한폭탄을 심은 것이다.

4년 뒤……! 그러나 헨리의 자료를 모스크바로 보낸 지 겨우 8일이 지났을 때 FBI는 맥클린의 흔적을 찾았다.

1945년 6월 15일 유명한 미국 기자 드루 피어슨Drew Pearson은 한 잡지에서 7쪽에 이르는 기사를 발표했는데, 그 기사에는 크렘린에서 열린 스탈린-홉킨스 간 회담과 처칠이 트루먼에게 보낸 전보의 주요 내용이 폭로되어 있었다. 그 기사의 내용이 너무나 상세해 FBI는 강한 의혹을 품게 됐다. 또 다른 이유는 스탈린이 참을성 있고 천재적이며, 진실하고 민주주의를 존중하고, 동시에 폴란드 문제를 서방에 양보할 생각이 전혀 없는 것으로 표현하려는 피어슨의 필사적인 노력이 보였기 때문이다.

FBI는 여기서 즉각 소련의 선전을 의심했는데, 정확히 본 것이었다. 요원들은 기사 내용을 주의 깊게 분석한 뒤 어디에선가 심각한 정보유출이 일어나고 있다는 결론을 내렸다. 그들은 처칠과 트루먼이 교환한 전보 문안을 소지한 백악관이 유출 출처라는 생각은 처음부터 아예 배제했다. 만약 그랬다면 피어슨은 기사에서 그가 요약한 내용에 나오지 않은 다른 세부 사항에 대해서도 이야기했을 것이다. 그래서 유출 책임자는 그 밖의 다른 두 개 기관, 즉 국무부나 영국 대사관 등 전보의 요약 내용이 거쳐 간 기관들의 요원 가운데 그 누구가 될 수 있었다.

후버 FBI 국장은 모든 외교관, 특히 영국 외교관을 경멸했기 때문에 그는 옳다구나 잘됐다는 식으로 영국 대사관에 대해 철저한 조사를 벌였다. 맨 처음에는 대사관 아타셰 존 러셀John Russel이 피어슨의 제보자가 아닌지 의심했다. 곧 러셀의 혐의는 벗겨졌지만 그는 런던으로 돌아갈 수밖에 없었다.

그때 FBI는 다른 방향에서 수사를 진행했다. 피어슨의 기사에서 취급한 내용이 사실과 아주 멀다는 것을 알아냈다. 예를 들어, 기사 중에는 홉킨스와 처칠이 직접 전화 통화를 했다고 거론돼 FBI는 백악관의 전화 통화 관리처를 조사했다. 그러나 직접 통화하지는 않았던 것으로 밝혀졌다. 이에 근거해 FBI는 기자가 상상력을 너무 발휘했다는 결론을 내렸다.

그러나 혐의의 발자국은 맥클린의 꼬리로 다가갔다. FBI가 좀 더 깊이 파고들었다면, 백악관이 그들에게 거짓 정보를 주었다는 것을 알아냈을 것이다. 실제로 처칠과 홉킨스는 사흘 동안 전화로 대화했으나 통화 기록을 트루먼과 백악관의 전화관리처에 보낼 필요가 없다고 생각했다. 이렇게 되어 FBI는 완전히 확신한 채 제3자가 처칠과 홉킨스의 대화에 대해 파악하고 있었다고 결론짓고, 이것은 영국 대사관이 틀림없다고 점찍었다.

그렇다면 실제 사실은 어떻게 된 것인가? 미국 기자는 자기 자신도 모르게 모스크바가 쥐고 있는 무기에 놀아났던 것이다. 그는 자기 기사가 소련 비밀기관의 공작에서 비롯됐다는 사실을 전혀 몰랐다. 맥클린이 입수해서 헨리를 통해 본부에 전달한 보고서에서 정보가 직접 기자에게 흘러들게 했던 것은 물론이다.

그렇지만 뉴욕에서 모스크바로 전달된 이 정보는 바로 지구의 반대편 끝에 위치한 호주의 무선통신소에서 도청으로 잡혀 기록으로 남아 있었던 것이다. 이 정보는 1948년 메러디스 가드너가 소련 암호의 열쇠를 찾는 복잡한 일을 시작할 때까지 아무 일도 없다는 듯 그곳에 보관되어 있었다. 가드너는 전쟁 중 영국, 미국, 호주가 도청한 수백 통의 전보에 머리를 싸매야만 했다.

1941년 6월 불에 심하게 탄 조그만 책자가 핀란드 군의 손에 들어왔는데, 이것은 가드너 팀이 난제를 푸는 일을 쉽게 만들어주었다. 제2차 세계대전이 시작된 뒤에 핀란드는 1940년 소련-핀란드 전쟁 때 소련에 빼앗겼던 페트사모Petsamo(페첸가Pechenga) 시를 다시 찾을 목적으로 카렐리야와 핀란드 만 북쪽을 공격해 성공을 거두었다. 소련군의 암호병들은 암호해독 책자가 어떠한 형태로든 적군敵軍의 손에 들어가지 않도록 필요한 경우 파괴하라는 명령을 받았다. 그러나 페트사모 근처 전투에서 핀란드 군은 한 소련군 암호병이 해독 책자를 불태우는 모습을 발견하고 바로 그를 사로잡았다. 핀란드 군이 그 책자를 불에서 간신히 끄집어냈을 때에는 남아 있는 것이 거의 없었다. 그 작은 책자에는 몇 개의 이름 같은 형태만이 각각 상응하는 암호 기호와 함께 남아 있었다.

핀란드는 원석덩어리 같은 이 값진 보물을 전쟁 기간 내내 보관하고 있었다. 그들은 1944년 이 소련 암호 해독책자가 자국에는 특별히 필요하게 쓰일 데도 없다는 생각에서 미국의 환심이나 얻어보자는 심산으로 미국에 주어버렸다. 이 막중한 문서를 입수한 뒤, 미국의 전문가들은 몇 달 동안 지칠 줄 모르는 노력을 쏟고 나서야 암호문의 몇몇 단편을 해독할 수 있었다. 그러나 가드너와 그의 조수들이 워싱턴 주재 소련 대사관 암호원이 1942년에 동일한 암호집을 두 번 반복 사용했다는 것을 알아낸 뒤에야 해독작업이 크게 진전됐다.

그래서 가드너는 두 개의 아주 중요한 요소를 얻게 됐는데, 핀란드가 손에 쥐어준 암호 해독책자와 소련 암호원이 같은 암호집을 두 번 반복 사용했다는 것을 확인한 사실이었다. 이제 그는 운이 좋으면 앞으로 군인, 외교관, 학자들이 사용하는 특수 전문용어를 추정할 수 있을 정도로 개개의 단어를 읽을 수 있었다. 참을성, 판단력, 상상력, 본능적 감각을 총동원해 이제 한두 개의 암호화된 절을 해석할 수 있었고, 그 뒤 아리아드네*의 실타래를 풀면서 개별 문장들, 종내에는 전 문장의 내용을 풀 수 있었다.

1948년 여름에는 가드너가, 처칠이 1945년 트루먼에게 보낸 전보 72호, 73호의 내용요약 원문에 관심을 가지는 데까지 작업이 진척됐다.

한 개의 문장에서 서로 관련이 없는 요소 한두 개를 해독하는 데는 약 1년이 걸렸으나, 서명을 해독하게 된 것은 전문가에게는 우리 공작원의 비밀을 밝혀내게 해주는 열쇠가 됐다. 이때부터 영국 MI5와 FBI의 사냥몰이가 시작됐다.

1949년 가을, 킴 필비(스탠리)는 런던으로 우리에게 일급의 극비 보고서를 보내왔다. 가드너는 새로 해독된 문서들 가운데 몇 부분을 필비에게 보여주었다. 이 문서에는 처칠과 트루먼이 교환한 전보들과 KGB의 연락책이 문서에 포함시킨 해설이 거론됐다. 정보 출처의 이름이 처음으로 명백하게 보고됐는데 바로 호머였다. 필비는 이 가명 뒤에 누가 숨어 있는지 상상조차 할 수 없었지만, 이 사람이 우리 공작원 중 하나라는 것은 완전히 확신할 수 있었다. 몇 달이 지난 뒤 가드너는 아무런 의심도 없이 필비에게, 자기는 영국 외무부 직원 가운데 소련의 비밀공작원이 숨어 있다는 것을 조금도 의심하지 않는다고 말했다.

우리 암호원의 치명적인 실수가 '탐정이 용의자의 발자국을 찾도록' 해준 것이었다.

ASA 요원은 정보의 맨 앞에 적힌 숫자가 다름 아닌 바로 영국 외무부의

* 그리스 신화에 나오는 크레타의 왕 미노스의 딸. 아테네 영웅 테세우스에게 실타래를 주어 그가 미궁에서 빠져나올 수 있도록 도왔다. '아리아드네의 실타래'를 푼다는 것은 어려운 상황에서 빠져나온다는 것을 뜻한다.

내부 비밀번호라고 추측했다. 필비는 첫 번째 보고서 이후 곧바로 런던의 우리에게 새 보고서를 보내왔다. 그것을 해독해보니 "나는 이 사람이 맥클린이라고 생각한다"라고 쓰여 있었다.

물론 우리는 이를 이미 알고 있었으나 당분간 필비에게는 말하지 않기로 결정했던 것이다. 그의 다음번 보고서는 앞의 것보다는 좀 덜 급했다. 필비의 말에 따르면 미국은 아직 암호의 열쇠를 가려내지 못했고 호머가 누구인지 아직 모르고 있었다. 그러한 가명으로 몇백 명이 숨을 수 있었다. 그러나 혐의자를 찾아내기 위해서는, 단지 1946년의 비밀문서에 접근이 허용됐던 사람들을 가려내기만 하면 충분했다. 그러한 사람들은 런던이나 워싱턴에 있을 수 있었다.

영국 외무부에서 이 '어떤 사람'을 찾아낸다는 것은 업무가 너무나 방대해 영국의 MI5는 의기소침해 있었다. 그러나 후버의 FBI 부하들은 처음부터 그 당시 워싱턴에 주재하던 영국 대사관 직원에게 주의를 집중했다. 그래서 고위급 외교관인 맥클린은 아직은 안심하고 잠잘 수 있었다. 그럼에도 필비에 따르면 베노나는 '심각한 불안 요소'로 남아 있었다.

코로빈과 나는 필비의 모든 보고서를 객관적으로 평가한 후 이 중차대한 위험을 사전 경고하기 위해 본부로 보냈다. 모스크바의 답변은 오래 기다릴 필요가 없었는데, '맥클린은 되도록 현지에 오래 머물도록 해야' 했다.

1950년 말로 들어서면서 압박이 견뎌내지 못할 정도로 짓눌려오기 시작했다. 수사관들은 혐의자의 숫자를 서른다섯 명으로까지 좁혔다. 1951년 1월이 가까워오자 그 숫자는 네 명의 외교관으로 줄었다. 폴 고어부스Paul Gore-Booth, 로저 메이킨스Roger Makins, 마이클 라이트Michael Wright, 도널드 맥클린이었다.

영국 MI5 요원들은, 호머라는 암호명도 러시아어 'Γ(G)'자로 시작되고 영어의 'H'도 러시아어로는 'Γ'로 쓰고 발음되니 호머와 고어부스가 직접적인 관련이 있지 않을까 생각했다.

영국이 고어부스라는 성에 매달린 또 다른 이유는 발테르 크리비츠키Walter Krivitsky가 자백한 것을 기억하고 있기 때문이었다. 크리비츠키는 소련군사정보국GRU에서 서유럽과 과장으로 근무했던 유명한 스파이로서 파리로 파견됐다. 그는 GRU 공작원이면서 스탈린 정권의 숨은 반대자였던 친구 이그나츠 레이스Ignaz Reiss가 죽은 채로 발견되자 자신도 끝났다는 것을 알았다. 결국 모스크바에서 귀국 비행기표와 여권을 받자, 크리비츠키는 이 사태가 무엇을 의미하는지 최종적으로 판단을 내리고 망명하기로 결심했다. 여러 가지 매우 놀라운 엽기적 사건들이 있은 뒤 그는 1937년 11월 뉴욕에 나타나서 FBI에 많은 것들을 이야기했다. 다음 해 크리비츠키는 『나는 스탈린의 공작관이었다I was Stalin's agent』라는 제목의 책을 썼다. 책을 발간한 지 몇 달 뒤에 그는 워싱턴의 한 호텔에서 시체로 발견됐다. 크리비츠키는 머리에 총을 맞고 살해됐다.

크리비츠키는 미국 정보기관에 여러 가지를 폭로하면서 영국 외무부에 이튼 학교에서 공부했고 옥스퍼드 대학을 졸업한 소련 공작원이 근무한다고 언급했다. 이는 고어부스의 학력과 일치하는 것이었다. 의혹은 급소를 정통으로 맞히는 것 같았고 또한 방첩당국은 여기서 (어떤 것인지 나는 알 수 없지만) 그가 고어부스라는 것을 전적으로 정당화할 수 있는 어떤 사실을 찾아냈다.

킴 필비는 이러한 사실과 다른 증거에 전혀 손을 쓴 적이 없다. 몇몇 작가들은 케임브리지 공작망을 다룬 책에서 필비가 의도적으로 방첩요원에게 고어부스를 제보한 것처럼 주장하는데, 이는 전혀 말이 안 되는 이야기다. 그는 이 일에 끼어들 이유가 없었다. 필비는 '베노나' 계획의 진척상황을 추적하는 데 활동을 집중했다. 그가 이러한 활동에 얼마나 큰 노력을 쏟아부어야 했는지 우리들은 쉽게 알 수 있다.

이를 별도로 한다 해도 짧은 혐의자 명단은 세 명으로 더욱 축소됐다. 맥클린은 어느 순간에라도 체포될 수 있었다. 그래서 필비는 아직 자기 집에서 살던 버제스와 상의한 뒤, 우리 KGB와 특히 맥클린에게 미리 알려주지 않으면 안 된다는 결정에 도달했다.

그와 버제스는 보안 문제 때문에 워싱턴 주재 공작원들과 직접 연락을 취하지 않았으므로, 런던 거점은 우리와의 유일한 연락선이었다. 필비가 의혹대상자들의 이름을 인지한 사실을 FBI가 알고 있는 것이 분명했기 때문에 전보를 보내는 것은 너무 위험했다. 버제스는 자기가 직접 영국으로 가서 경고해야겠다고 결심했다. 그러나 미국 측의 의심을 불러일으키지 않고 미국을 어떻게 빠져나갈 수 있단 말인가?

버제스는 단 하루도 대사관을 비울 수가 없었고 어떠한 핑계라도, 예를 들어 올리버 프랭크스 경에게 런던에 계신 그의 연로한 어머니가 갑자기 병원에 입원했다고 보고하는 등의 핑곗거리도 이용할 수가 없었다. 당시 조성된 상황에서는 갓 입사한 방첩기관의 신참내기 요원이라도 쉽게 그 이유를 알 수 있을 정도였다. 따라서 늘 끊임없이 아이디어를 분수처럼 뿜어내는 버제스는 자기의 나쁜 평판을 이용해서 귀국하기로 결심했다. 그에게는 핑곗거리가 필요했다.

대사는 버제스가 변덕 때문에 이미 신용이 땅에 떨어졌다고 보고 있었으며, 그 자신도 버제스를 미워할 뿐만 아니라 그의 독설을 대단히 두려워했다. 단지 최근에 조성된 상황으로 그를 대사관에서 내쫓지 못할 뿐이었다. 버제스에게는 대사의 참을성이 바닥나서 자기를 본국으로 소환시키지 않을 수 없도록, 망나니짓을 더 하는 수밖에 달리 방법이 없었다. 버제스는 곧바로 주어진 기회를 놓치지 않고 큰 소동을 일으켰다.

그는 1951년 2월 28일 찰스턴(사우스캐롤라이나 주)의 사립 시터델 사관학교 학생들이 주최한 국제관계회의에 영국 대표로 참석해달라고 초청받왔다. 버제스는 자기 차 '링컨'으로 아침 일찍 워싱턴에서 찰스턴으로 향했다. 그는 약 901킬로미터를 달려야 했다. 그는 가는 도중에 미국 공군 제복을 입은 제임스 터크James Turck라는 이름의 젊은이를 옆에 태웠다. 워싱턴에서 아직 약 32킬로미터도 못 간 우드브리지(버지니아 주) 근처에서 오토바이를 탄 순찰경찰이 과속을 이유로 차를 세웠다. 버제스는 그에게 외교관증을 보여주었고, 경찰은 그를 놓아주면서 이 사건을 상관에게 보고했다. 버제스는 애슐랜드(버지니아 주)에서도 똑같은 행태를 반복했는데, 그곳에서는 시속 145킬로미터의 속도로 군대 트럭의 행렬을 추월했고, 정확하게 똑같은 결과를 얻어냈다. 교통경찰은 그의 증명서를 검사하고 나서 그에게 계속 가도록 허가했다. 리치먼드에 가까이 왔을 때 버제스는 옆 좌석의 동행자에게 운전대를 대신 잡아달라고 요청했다. 터크는 피츠버그 근처 301번 고속도로에서 지정속도의 세 배나 과속했다. 경찰차가 그들을 따라왔다. 터크는 자기 운전면허증을 내밀었는데, 버제스가 그들의 대화에 끼어들었다. 그는 외교관증을 휘둘러대기 시작했고, 목이 터져라 소리를 지르며 이 미국인이 자기의 '운전수'라고 떠들어댔다. 이번에는 경찰이 관용을 보이지 않고 경찰서로 따라오라고 명령했다. 경찰은 교통국 본부로 전화를 걸어 버제스가 하루에 벌써 두 번이나 교통법규를 위반했음을 확인했다. 지방판사는 현장에서 50달러의 벌금을 그에게 물렸으며, 이 사건을 버지니아 주지사에게 넘겼다.

찰스턴에서 버제스는 터크와 헤어진 뒤 호텔에 방을 잡았다. 다음 날 그는 무사히 회의에 참석했으며 3월 5일 월요일에 워싱턴으로 돌아왔다.

열흘이 지나서 국무부 의전과장은 격노한 버지니아 주지사가 보낸 항의 편지를 받았다. 이는 한 번도 아닌 수차에 걸친 철면피한 교통법규 위반에 관한 것으로 버제스에게 비극적 결과도 초래할 수 있는 것이었다. 더욱이 주지사는 법집행자에 대한 영국 외교관의 교만하고 거친 행동을 비난했다.

예상대로 영국 대사관은 경찰의 사실확인서 사본과 함께 주지사의 편지를 받았는데, 당연히 이 편지는 버제스에게 결코 찬사가 될 수 없는 것이었다. 4월 7일 프랭크스 대사는 외무부 고위층과 협의했다. 아흐레가 지난 뒤 주말여행에서 돌아온 버제스는 대사에게 불려 가서 불명예 본국소환을 통보받았다. 버제스는 화가 치밀어 오르는 체하고 방에서 나오면서 문을 쾅 닫아버렸다. 4월 18일 영국 대사관은 버제스가 본국 외무부의 소환명령을 받아 가까운 시간에 워싱턴을 떠날 것이라고 미국 국무부에 통보했다.

나는 1993년 초에 1951년 버제스 건을 담당했던 FBI 요원들을 만났다. 그들은 버제스가 자신의 희망으로 워싱턴을 떠난 것이 아니며, 교통경찰과의 말썽도 치밀한 계획에서 나온 것이 아니었다고 전과 다름없이 확신하고 있었다. 얼마나 잘못 알고 있는가! 반복하건대 이러한 계책은 버제스가 본국으로 돌아갈 수 있도록 하기 위해 필비와 버제스가 꾸민 의도적인 것이었다.

버제스가 떠나기 전, 두 친구는 점심을 함께했고 필비는 처음으로 버제스에게 상황의 심각성을 모두 설명했다. 전보의 또 한 부분이 해독됐는데, 이는 미국인들이 호머에게 더욱 가까이 다가갈 수 있는 세부적 사항과 관련되어 있었다. 당시 우리의 담당 암호원은 전보문을 설명하는 문장에서 '우리 워싱턴 공작원'이라는 말을 썼다. 그는 전보를 그대로 암호화해 뉴욕에서 발송했다! 가드너가 보기에는 대사관의 이 '호머'가 누구이든 간에, 그는 1945년 6월 5일 이후 72호와 73호 전보를 소련 연락책에게 전달하기 위해 한 도시에서 다른 도시로 특별히 여행했던 것이다. 필비는 즉각 이 사람이 맥클린이라는 것을 알아차렸다. 멀린다가 1945년에 뉴욕의 친정어머니 집에서 살았고, 맥클린이 그녀를 보기 위해 워싱턴에서 뉴욕을 자주 왕래했다는 것을 그는 아주 잘 알고 있었다.

점심을 먹으면서 그들은 계획을 세웠다. 첫째, 런던의 맥클린에게 미리 알려주고, 둘째, 이제 피할 수 없게 된 도주 계획을 세워야만 한다는 것이었다. 일 분도 지체해서는 안 됐다. MI5가 어느 순간에 그를 체포할지 몰랐다. 점심이 끝날 무렵, 필비는 버제스에게 맥클린이 소련으로 떠난 뒤 런던에 남아서 자리를 뜨지 않겠다는 약속을 받았다. 필비는 만일 버제스가 겁이 나서 맥클린과 함께 소련으로 가면, MI5의 당연한 후속조치는 바로 자기 자신, 킴 필비의 체포라고 설명했다. 버제스는 런던에서 떠나지 않겠다고 약속했다. 이런 뒤 친구들은 헤어졌다. 그들은 서둘지 않으면 안 된다는 것을 알았다. '퀸 메리'호가 대서양을 건너는 데에는 5일이 걸렸기 때문이다.

나는 이때 런던에서 바짝 긴장한 채 앞으로 일어날 사태의 진전을 주시하고 있었다. 마지막으로 앤서니 블런트가 4월에 맥클린을 만났다. 맥클린은 불안해하고 걱정이 심한 것 같았는데, 블런트의 말에 따르면 탈진상태와 다름없었다. 물론 맥클린은 사무실 동료들이 자기를 의혹의 눈으로 보면서 피하고 있고, 이제 그의 책상에 비밀문서들이 전달되지 않는다는 것을 이미 알고 있었다.

항상 자신에게 충실한 버제스는 '퀸 메리'호에서 젊은 미국 대학생 밀러 Miller와 사랑의 관계를 맺었다. 둘은 서로 아주 잘 맞았고 버제스는 새로 사귄 친구에게 런던에서 그의 집에 머물라고 초대했다. 고국으로 돌아온 버제스는 바로 블런트와 만났고, 블런트는 언제나처럼 그와 우리 거점 사이의 중개인 역할을 했다. 버제스는 블런트에게 상황의 긴박함과 어떤 조치를 취해야 될지에 대한 자기와 필비의 생각을 알려주었다. 간단히 말하면, 그들은 맥클린이 영국을 떠나 소련으로, 그것도 아주 빨리 도주해야 한다는 결론에 도달했다. 블런트는 이미 나와 아주 가까운 시일 내에 다시 접선하기로 예정되어 있었으므로, 즉시 그들의 결정을 알리는 데 동의했다.

나와 블런트는 그다음 날 만났다. 블런트는 언제나처럼 평온한 상태로 나타났으나, 나는 경악스러운 일이 일어났음을 알아차렸다. 평소와 같은 평온함 속에는 숨 가쁜 걱정이 가려져 있었다. 평상시에는 내가 먼저 대화를 시작했는데, 이번에는 그가 먼저 말을 꺼냈다.

"피터, 아주 큰일이 일어났소. 바로 어제 버제스가 런던으로 돌아왔소. 맥클린이 언제 체포될지 모르오. 방첩기관은 세 명을 주시했지만 지금은 맥클린 한 사람만을 겨누고 있는 것 같소. 그를 체포하는 것은 며칠, 아니 몇 시간의 문제요."

블런트가 계속 말했다.

"버제스, 필비와 나도 맥클린을 위협하는 신문訊問은 우리 공작망의 종말을 고할 것이라고 생각하고 있소. 그래서 우리는 지체 없이 행동해야 하오. 하지만 틀림없이 이미 맥클린을 완전히 감시하고 있을 것이기 때문에 극도로 조심해야 할 것이오."

우리가 미국의 전보 해독 작업이 진척되어 간다는 것을 알게 된 뒤, 나는 이러한 사태급변에 대비하고 있었지만 불안을 떨쳐버리지 못하면서 그의 말을 들었다.

"지금 도널드는 신문이 시작되는 즉시 첫 질문에 모든 것을 다 털어놓을 것 같은 상태라오"라고 블런트는 말을 줄였다.

나는 이 상황에서 어떤 것도 독단적으로 결정을 내릴 수 없었다. 모스크바와 협의해야만 했다. 우리는 이틀 뒤 다시 만나기로 했는데, 블런트에게 그때는 버제스 자신이 직접 접선 장소에 나와달라고 전해주길 요청했다. 나는 버제스가 우리에게 도움이 될 수 있는 어떤 새로운 첩보를 가지고 있을 것이라고 생각했고, 사태의 긴급성을 고려할 때 중계자를 통해서가 아니라 당사자로부터 직접 듣고 싶었다.

나는 우리가 이 사태를 얼마나 심각하게 보고 있는지 블런트에게 보여주기 위해 다음 접선에는 거점장과 함께 나오겠다고 말했다. 물론 코로빈은 나의 동행 요청을 거절하지 않았는데, 이 모든 일은 결과적으로 그의 직접적인 책임하에 놓여 있었던 것이다. 그러나 나는 불안한 마음을 감출 수 없었는데, 최근 코로빈이 우리 거점요원 모두를 위해서 자기 자신이 직접 만든 안전수칙을 지키지 않고 있었기 때문이다. 그는 자신이 그러한 '사소한 일'보다 항상 위에 있다고 생각했다. 그가 대사관 차를 이용해 비밀접선 장소에 나가고, 공작원에게 직접 직장으로 전화를 한 경우가 가끔 알려지고 있었다. 그러한 태만한 태도는 지금의 긴박하고 위험한 상황에서는 치명타가 되기 십상이었다.

나는 이러한 상황에서 아무것도 할 수가 없었다. 부하인 내가 직속 상사에게 어떻게 이래라저래라 할 수 있단 말인가? 게다가 최근에는 코로빈에게 심장질환이 생겨 가끔 심장이 멎기도 한다는 것을 나는 알고 있었다. 아마도 이 때문에 최근 그의 업무태도가 변한 것 같았다. 그래서 나는 그가 겁을 먹고 더욱 조심스럽게 행동하도록, 상황의 심각성을 의도적으로 과장해 보고했다. 내 의도는 적중한 것 같았다. 그때부터 코로빈은 우리의 법칙들을 시시콜콜할 정도로 지켰던 것이다.

우리는 모스크바에 보고한 지 48시간 만에 지시를 받아 행동계획을 짰다. 본부는 대단히 빨리 반응했다. 본부의 답변은 한 치의 오차도 없이 분명했다.

"맥클린의 도주에 동의함. 그가 동의한다면 여기서 받아들일 것이며 필요한 모든 것을 제공하겠음."

코로빈이 동석한 접촉에서 버제스는 블런트가 말한 모든 것을 재확인했다. 우리는 그에게 되도록 빨리 맥클린과 연락해서 상황을 설명하고, 망명 이외에 출구가 없음을 확인시키라고 지시했다.

런던에 도착한 버제스는 외무부 총무과에 며칠간 가사정리를 위한 휴가를 신청했다. 블런트가 맥클린을 만나는 것은 보안상 문제가 있었으므로 이때부터 버제스가 맥클린과 우리를 연결하는 유일한 연락망이 됐다.

버제스는 친구인 맥클린의 사무실을 공식적인 형식을 취하며 방문했다. 그들은 해외에서 돌아온 친구들 사이에서 보통 그렇듯이 이러저러한 이야기로 몇 분 동안 대화했다. 이야기 중에 버제스는 재빨리 맥클린에게 메모를 써서 '리펌Reform 클럽'에서 만나자고 알렸다. 이는 사려 깊은 행동이었다. 맥클린을 밀착 감시하고 있고 그의 전화 통화와 사무실에서의 대화가 도청되고 있는 것이 확실한 상황이었다.

근무시간이 끝난 뒤 그들은 리펌에서 만났다. 버제스는 자신이 아는 상세한 내용을 그에게 말했다. 맥클린은 놀라지 않았다.

"벌써 오래전부터 내 뒤를 밟고 있고, 비밀 전문과 문서를 보여주지 않고 있어. 나는 이를 모두 블런트에게 이야기했어. 언제 지휘부나 MI5에 소환될지 몰라."

그때 버제스는 현재 조성되는 상황에 대해 자기의 의견을 말하고, 또한 필비, 블런트, 본부도 맥클린이 지금 도망하는 것 외에 다른 방법이 없다는 그의 의견에 생각을 같이하고 있다는 언질을 주었다. 맥클린이 기가 죽는 것이 눈에 보였다.

오랜 침묵이 흐른 뒤 그는 앞으로 닥쳐올 고통을 참아낼 힘이 없다고 고백했다. 그는 자기가 연약하며, 신문관에게 굴복하지 않고 모든 것을 부인하면서 몇 달, 아니 몇 년까지 버틸 수 없다는 것을 알고 있었다. 맥클린은 결국에는 자백하게 될 것이라는 결론에 도달했다. 그렇다고 도망을 결정할 수도 없었다. 가족을 생각해야 했다. 3주 뒤에는 멀린다가 해산할 예정이었고 그는 아내를 버릴 수가 없었다.

이렇게 긴장감이 흐르는 와중에 코로빈과 나는 블런트와 버제스를 차례로 접촉했다. 버제스가 코로빈과 만나 바로 몇 시간 전에 있었던 맥클린과의 마지막 대화에 대해서 말했다. 한 시간 뒤 우리는 이를 본부로 보고했고 즉각 답변이 돌아왔다.

"맥클린은 도주에 동의하지 않으면 안 됨."

코로빈은 다시 버제스와 만나서, 맥클린에게 도주에 대한 동의를 받으라고 지시했다. 버제스는 자기가 지금까지 요청받은 모든 일을 완수했다. 그러나 이번에는 맥클린이 새로운 핑계를 대며 거부했다. 그는 파리를 거쳐서 소련으로 가야 한다면 소련 영토에 결코 다다르지 못할 것이라고 말했다. 버제스는 맥클린이 무슨 말을 하는 것인지 이해할 수가 없었다.

"나는 파리에 친한 친구들이 있어. 그래서 만일 그들을 보면 다시 술을 마시게 되어 떠날 수 있는 힘을 잃게 될 거야."

맥클린이 설명했다.

버제스는 그렇다면 동행자를 찾아보겠다는 말로 맥클린의 이러한 주장을 물리쳤다. 그러나 바로 이것이 맥클린이 필요로 하는 것이었다. 그는 혼자서는 한 발짝도 움직일 수가 없었다.

곧 세 번째 아이를 해산할 멀린다는 어떻게 해야 할 것인지, 이는 훨씬 더 복잡한 문제였다. 나는 멀린다가 어떤 태도를 보일지 알고자 버제스로 하여금 맥클린이 망명의 불가피함을 그녀에게 설명하도록 했다. 본부는 이에 반대하지 않았다. 어찌 됐든 멀린다는(뒤에 많은 전문작가들이 쓴 것과는 다르게) 남편이 무슨 일을 하는지 잘 알고 있었기 때문이다. 맥클린은 우리의 직업상 지켜야 할 규칙을 위반하고 결혼 전 그녀에게 자기가 소련의 정보기관을 위해 일한다는 것을 말했다. 맥클린은 그녀가 자기의 아내가 되기 전에 이에 대해 미리 알리는 것이 도리라고 생각했다. 그런데 놀랍게도 멀린다는 맥클린 없이는 죽고 못 살도록 사랑에 빠진 것이 아니었는데도 그와 결혼하겠다는 생각을 바꾸지 않았다. 그리고 1943년 우리가 맥클린과의 연락체제를 바꾸기로 결정했을 때, 맥클린은 그녀에게 그와 우리의 연락책들 사이에서 중개인 역할을 떠맡도록 제의한 적이 있었다. 이러한 전후사정을 서방의 전문가들은 받아들이지 않으나 사실은 사실이다. 멀린다 맥클린은 남편이 소련의 공작원이라는 사실을 아주 잘 알고 있었던 것이다.

맥클린이 멀린다에게 버제스와의 대화와 우리의 제의에 대해서 말을 꺼냈을 때 그녀는 즉시 동의하고 남편에게 말했다.

"그들이 옳아요. 되도록 빨리 도망가요. 일 분도 낭비하지 말아요."

멀린다는 만약 신문관이 한 번만 큰 소리를 쳐도 자기 남편은 곧바로 꺾이고 말 것이 분명하다고 생각했다. 그래서 그녀는 우리가 그를 영국에서 빨리 빼내는 일을 돕기 위해 가능한 모든 일을 다했다.

이제 그의 동행자를 구하는 게 급선무였다. 다시 본부와 협의했다. 본부로부터 "맥클린과 함께 버제스가 감. 그러나 단지 동행자의 자격임"이라는 답변이 왔다.

지금 그때를 회상해볼 때, 이 몇 마디의 짧고 불분명한 말이 우리의 케임브리지 공작원들 운명에 지울 수 없는 낙인으로 남은 것 같다. 맥클린이 혼자 가기로 동의했다면 그들을 적발해내지 못했을 것이고, 가이 버제스도 지금까지 행복하게 말년을 영국에서 보낼 수 있었을 것이다.

다음번 접촉에서 우리는 버제스에게 동행자로서 맥클린과 함께 가겠는지를 물었다. 버제스는 기가 찬 듯 말했다.

"내가 간다면 결코 돌아올 수 없을 것이오. 나는 런던 말고는 어떤 곳에서도 살 수가 없소. 당신들이 잘 알고 있지 않소?"

코로빈은 이러한 그의 거부를 깊이 생각하지 않았다. 그때 버제스는 자기 딴에는 주도면밀하다고 생각한 다른 논거를 댔다.

"이에 대해서는 더 이상 다른 말이 있을 수 없소. 나는 킴에게 떠나지 않겠다고 약속했단 말이오. 내가 워싱턴을 떠나기 전에 그는 나에게 '틀림없이 맥클린에게 알려. 그러나 그와 함께 떠나면 안 돼. 만일 네가 떠나면 나는 끝장이야. 안 떠나겠다고 약속해' 이렇게 말했소. 그래서 나는 그에게 약속했단 말이오."

버제스는 급히 열을 내면서 말했다. 히스테리에 가까웠다.

"좋소. 나는 당신을 이해하오. 그리고 필비를 위험에서 구하려는 당신의 충정도 이해하오. 나는 단지 하나만 요구하겠소. 맥클린을 안내만 하시오. 돌아와서 신문訊問이 있게 될 경우 모든 사람에게 분명히 이해가 되도록 처신만 하시오. 즉, 당신은 망명할 생각이 조금도 없었다고. 당신에게 묻는 어느 사람에게나 당신은 자동차로 국경 밖으로 실어다달라는 친구를 돕고 싶었다고 말할 수 있을 것이오."

코로빈이 말했다.

버제스가 이 엉터리 같은 말을 믿은 것이 정말인지 아닌지를 나는 모르겠으나, 그는 동의했다. 사태가 빠르게 진행돼서 그가 정신을 못 차린 것 같다. 그렇지 않다면 맥클린과 헤어져야 하는 지점에 대해 코로빈이 왜 의도적으로 잠자코 있었는지를 추측할 수 있었을 것이다. 거점장은 버제스가 '철의 장막' 너머로 더 가야 하는지 말아야 하는지에 대해 한마디도 하지 않았다. 버제스 또한 이에 대해 묻지 않았다.

버제스가 단지 친구로서 맥클린을 도왔고 그의 간첩활동에 대해서는 완전히 몰랐다고 말한다면, 도대체 영국 방첩기관이 믿을 수 있겠는가? 나는 왜 버제스가 귀환에 대한 어떠한 보장도 없이 코로빈의 제의에 동의했는지 전혀 알 수 없다. 본부는 버제스가 이제 어떻게 되든 크게 우려하지 않았다는 생각이 든다. 그가 맥클린을 끌어내는 데 동의하도록 하는 것만 필요했고 나머지는 아무 의미도 없었던 것이다. 본부는 다분히 냉소적인 결론에 도달한 것 같다. 즉, 우리 손에는 한 사람이 아닌 두 사람의 '타버린' 공작원이 있었던 것이다. 가능성은 거의 없지만 버제스가 다시 업무에 복귀하더라도 그의 최근 행동을 감안할 때, 그는 이미 우리에게 자기 가치의 대부분을 잃어버렸던 것이다. 그는 이제 KGB에 정보를 공급할 수 없었다. 그는 끝장나 버렸던 것이다.

지금 돌이켜 보면, 다르게 처리할 수도 있었을 것이란 생각이 든다. 맥클린을 프랑스로 안내하기 위해 영국에서 두 공작원을 보내는 대신에 우리 요원들 가운데 하나가, 어쩌면 나라도 그와 얼마간의 거리를 유지하면서 동행해야 했을 것이다. 그러나 유감스럽게도 러시아 속담처럼 좋은 아이디어는 뒤늦게야 나타난다.

다음 날 다시 나는 블런트와 만났다. 그는 나쁜 소식을 또 하나 가져왔다. 필비가 미국에서 버제스에게 전보를 보냈는데, 이러한 위험한 행동은 정당화될 수 없는 것이었다. 이 전보는 버제스가 대사관 주차장에 세워놓은 그의 자동차 '링컨'의 처리에 관한 것인데, 크게 해롭게 보이지는 않았지만 상당히 불길하게 끝을 맺고 있었다.

"여기는 대단히 더워지고 있다."

필비의 경고 뒤에는 우리가 아직 알지 못하던 사건의 전 과정이 숨어 있었다. 호머 건을 조사하는 영국 MI5 요원인 제프리 패터슨Geoffrey Patterson은 필비에게 최종 총결산보고서를 5월 22일이나 23일에 런던에서 받아 보게 될 것이라고 알려주었다. 우리가 공작원을 영국에서 끌어내는 데 일주일밖에 안 남은 것이다. 그러나 앞서 말한 것처럼 그때 우리는 이를 몰랐다.

블런트는 버제스가 흥분해 통제가 불가능할 수도 있다고 나에게 알려주었다. 맥클린과 버제스를 되도록 빨리 보내야 했다. 그러나 어떻게 해야 한단 말인가?

우리는 함께 리젠트 공원을 걸으며 여러 대안을 차례대로 검토했다. 기차와 비행기는 제외됐다. 버제스는 의심받지 않고 국경을 넘을 수 있겠으나, 맥클린의 경우 이미 경찰이 곳곳에서 지키기 시작했다. MI5가 이미 그를 정조준하고 있다는 것을 고려할 때, 국경 근무자에게는 말할 것도 없이 이미 사전 경계 주의 지시가 내려갔을 것이다.

또 하나의 가능한 대안은 거짓 증명서를 준비하는 것이다. 그러나 그 짧은 시간에 영국에서 어떻게 이것을 손에 넣는단 말인가? 고전 스파이소설에서는 해안가 어디에선가 비밀스러운 잠수정이 나타난다. 믿거나 말거나 이지만 그 장소가 영국인 한, 우리는 이러한 대안을 공상적인 것으로만 생각하지 않았을 것이다. 그러나 또다시 이것마저도 시간이 부족했다.

이때 블런트가 휴일에 프랑스 해안을 따라 항해하는 배 가운데 하나를 이용하자고 제의했다. 이들 배는 금요일 저녁마다 영국의 남쪽 여러 항구에서 출발해 두세 곳의 항구에 기항한 뒤 일요일 밤이나 월요일 아침에 돌아왔다. 그러나 중요한 것은 이 배에 대한 출입국 통제가 사실상 없다는 것이었다. 나는 내 귀를 의심했으나 블런트의 설명에 따르면, 이러한 항해는 사업가와 정부 고위 관리, 즉 며칠 동안의 낮과 밤을 여비서나 정부情婦와 같이 보내려는 사람들이 특별히 선호했다. 이러한 이유로 출입국 통제 기관은 특수한 방법으로 출입국 통제를 자제한다는 것이다.

나는 흔쾌히 받아들일 수 있는 아이디어라고 마음속으로 결정했다. 우리는 버제스와 함께 다시 한 번 더 만나기로 하고 헤어졌다. 다음 조치는 실제로 탈주계획을 입안하는 것이었다.

나는 코로빈의 승인을 얻어 이 여행을 선전하는 안내서들을 가져와 시간표와 승선 방법을 익히고, 내가 보기에 가장 적합한 배인 '팔레Falaise'호를 선택했다. 이 배는 금요일 자정에 사우샘프턴 항을 떠나 48시간 동안 프랑스 해안을 따라 항해하게 되어 있었다. 팔레호는 일요일 저녁에 돌아왔다. 시간표에는 두세 번 잠시 기항하는 항구들이 표시되어 있었는데, 그 가운데 하나는 생말로였다. 여행사에 모든 상세사항을 확인하고 나서 나는 특별히 젊은 여성 한 명과 같이 무기명으로 항해할 생각이라고 말했다.

블런트가 맞았다. 이론적으로 배는 영국의 영토로 생각할 수 있기 때문에 여행객의 여권은 조사하지도 않았다. 나는 이러한 정보를 코로빈에게 보고했고 그는 바로 우리가 만든 행동계획에 동의했다.

코로빈은 버제스와 만나서 탈주계획을 설명하고 팔레호에 5월 25~27일로 두 자리를 예약하라고 지시했다. 그는 또한 흔적을 지우면서 이 여행에 대한 거짓 소문을 퍼뜨리기 위해 무엇인가를 생각해내라고 권했다.

코로빈에게는 버제스가 지난번보다 조바심이 훨씬 덜해진 것처럼 보였다. 버제스는 코로빈에게 또 다른 새로운 불길한 일에 대해 이야기했다. 리폼 클럽에서 접촉할 때 맥클린은 며칠째 '꼬리'가 잇달아 자기를 미행하고 있고 클럽으로 버제스를 만나러 오는데 미행자를 따돌리기가 힘들었다고 알려왔다는 것이다. 그의 말에 따르면 '관찰자'는, 맥클린이 퇴근하고 가족이 있는 집으로 가기 위해 빅토리아 역에서 태츠필드(켄트 주)행 열차에 오른 뒤에야 떨어져나갔다는 것이다. 또한 맥클린은 태츠필드에서 빅토리아 역에 도착해 외무부로 출근할 때면, MI5가 매일 아침 역에서 그를 맞이하는 것을 알아차렸다. 간단히 말해 MI5는 어디고 그를 따라다니고 있었지만 단지 런던의 시 경계 안에서만 그러했다. 그림은 완전히 분명해졌다. 나는 경험상 도시 밖에서 관찰한다는 것이 얼마나 어려운지 알고 있었다. 관찰자는 도시의 환경에서는 몸을 숨기기 대단히 쉽지만 시골에서는 문제가 다르다. 관찰자가 태츠필드에서 맥클린의 집 문턱까지 뒤를 밟는다는 것은 적절치 않았다. 맥클린은 몇 년 동안 같은 열차 칸에 앉아 출퇴근했기 때문에 승객의 얼굴을 모두 알았다. 태츠필드의 작은 역에서 관찰자는 즉시 표가 날 것이고, 특히 맥클린이 절대로 역에서 집으로 걸어가지 않고 차를 타고 다녔다는 것을 감안한다면 더욱 그러했다. MI5는 한두 번까지는 집까지 그를 따라가는 데 성공할 수 있었으나 태츠필드에서는 관찰을 끝내지 않으면 안 됐다. 그래서 우리는 영국 방첩기관에는 큰 공백

이 있고, 상황 악화에 빈틈없이 대비했을지라도 아직 우리의 공작원을 완전히 '포위'하지는 못했다는 것을 알았다.

우리는 반反관찰공작, 즉 영국 기관이 어떻게 맥클린을 뒤따르는지 시간을 낭비하지 않으면서 확인하고자 우리 쪽 사람들을 보냈다. 맥클린이 말한 대로였다. 맥클린의 미행자들은 빅토리아 역에서 기차가 떠나는 것을 보고는 어김없이 돌아갔고, 태츠필드에서는 그들과 교대할 누구도 나타나지 않았다. 그렇다면 맥클린은 미행을 걱정하지 않고 집에서 빠져나와 사라질 수 있는 것이었다.

버제스는 멋지게 자신의 진가를 발휘했다. 5월 24일 그는 일요일 선박여행표 두 장을 사서 주위를 속이는 작업을 시작했다. 그는 밀러에게는 친구와 함께 잠깐 여행을 갈 생각이라고 말했다. 그러고 나서 그는 몇 번 리펌 클럽으로 가서 커다란 영국 북부 지도에 달라붙었다. 그는 클럽 직원 중 하나와 이용할 수 있는 고속도로의 장단점에 대해서 이야기한 뒤, "스코틀랜드에 갈 생각"이라고 주위 사람들에게 알리고 자동차를 임대했다.

중요한 5월 25일이 왔다. 버제스는 밀러에게 전화해 저녁에 친구의 요트를 타러 갈 것이라고 말했다. 그 뒤 상점에 들러 계속해서 북쪽 여행에 대해 이야기하면서 여행용 가방과 여행용품 몇 가지를 샀다. 그는 이 모든 것이 그가 다시 돌아올 때 잘 맞아떨어질 것이라고 생각했다.

저녁이 왔다. 버제스는 임대한 차를 가지고 태츠필드의 맥클린 집으로 다가갔다. 이날은 맥클린이 38세가 되는 날이었다. 멀린다는 버제스가 문에 나타나서 큰 소리로 자기를 소개할 때 부엌에서 생일음식을 만들고 있었다.

"안녕하십니까! 저는 외무부에서 도널드와 같이 일하는 로저 스타일스입니다."

버제스를 아주 잘 알고 있는 멀린다는 남편을 불렀다.

"도널드, 나와 보세요. 손님이 오셨어요."

남자들은 자기들끼리 잠깐 이야기를 나눈 뒤 모두 식탁에 앉았다. 저녁 9시쯤 되어서 맥클린은 침실로 올라가 아들들에게 잘 자라고 뽀뽀를 해주었다. 버제스는 홀에서 그를 기다렸다. 맥클린은 멀린다와 인사했고 두 친구는 떠났다.

멀린다는 버제스가 자동차의 시동을 거는 소리를 들었다. 그리고 모든 것이 조용해졌다.

그다음 월요일 MI5 공작관들이 멀린다에게 왔을 때, 그녀는 남편이 친구와 같이 맥주를 마시면서 저녁을 보내러 술집에 갔다고 말했다.

사우샘프턴까지 가려면 버제스와 맥클린에게는 시간이 많지 않았다. 그들은 교대로 운전을 하며 교통법규가 허용하는 데까지 속도를 내서 차를 몰았다.

두 사람은 그날 아침 방첩 당국 고위층과 외무장관 간 회의에서 맥클린을 체포해 신문한다는 결정이 채택됐다는 것을 몰랐다. 그 뒤에 나는 믿어지지 않는 행운이 우리와 함께했다는 것을 알았다. MI5는 이러한 결정을 채택하면서 미묘한 상황에 빠졌다. 사실은 영국 비밀기관(첩보기관)이 '호머'의 유일한 구체적인 범증犯證을 가지고 있는 '베노나' 계획의 결과를 공식 확인해주지 않기로 결정한 것이다. 그래서 수사관들이 그의 책임을 물을 생각이 있다면 혐의자의 자백을 짜내지 않으면 안 됐다. 그러나 그들은 가슴에서 우러나오는 진실된 자백을 받는 것이 얼마나 어려운 일인가를 너무나도 잘 알고 있었다.

이는 MI5 측의 우유부단과 시간지체의 이유를 부분적으로 말해주는 것이다. MI5는 어떠한 방법으로 맥클린을 확실히 '무너지게' 할 수 있을지 결정할 수가 없었다.

외무부 부차관보인 로저 메이킨스는 운명적인 금요일 아침 회의에 참석했는데, 이때 고위급 요원들이 드디어 행동계획을 만들었다. 같은 날 오후에 허버트 모리슨Herbert Morrison 신임장관—어니스트 베빈Ernest Bevin 장관의 후임—은 맥클린이 월요일에 출근하면 곧바로 조사를 시작하라는 명령을 내렸다.

맥클린은 금요일 저녁에 사라졌고 월요일에야 신문이 예정되어 있었다는 사실을 언론이 물고 늘어진 것은 놀랄 일이 아니다. 많은 기자들은 이러한 우연을 대단히 의심스럽게 보았다. 그들 가운데 몇몇은 공개적으로 '망할 놈의 소련 놈들'이 정부 최고위층과 첩보기관에 공작원을 침투시켰으며 이 공작원이 맥클린과 버제스에게 앞으로 있을 조사에 대해 알려주었다고 말했다. 그러나 그들은 착각하고 있었다. 물론 우리는 맥클린이 곧 소환될 것이라는 사실은 알고 있었으나 이것이 언제가 될지는 알 수 없었다. 탈주와 관련된 우리의 정확한 시간 계산은 순전히 운이었고, 그 이상 아무것도 아니었던 것이다.

5월 25일 23시 58분에 사우샘프턴 독dock에 브레이크를 밟는 소리를 내며 자동차가 섰다. 버제스와 맥클린이 차에서 뛰쳐나와 길가에 자동차를 버리고 팔레호로 돌진해갔다. 배의 선장은 벌써 잔교를 올리고 계류삭을 풀고 있었다.

후에 기자들은 버제스가 그의 보고자들에게 신호를 보내기 위해 차를 독에 버렸다고 추측했다. 이는 사실과 전혀 다르다. 두 사람은 단순히 말 그대로 팔레호의 출발 수초 전에 도착했기 때문에 주차할 시간이 없었던 것이다.

5월 26일 아침 맥클린과 버제스는 생말로에 도착했다. 그들은 동승한 승객들과 함께 국경 통제선을 통과해 프랑스 영토에 올랐다. 짐은 부두에 놓았다. 계속해서 가랑비가 내렸으나 이들은 명소를 관광하는 시늉을 했다. 그러고 나서 침착하게 택시를 불러 운전수에게 생말로에서 45킬로미터나 떨어진 렌까지 데려다달라고 했다. 나중에 운전수를 신문할 때, 그는 그들을 기차역에서 내려주었으나 어떤 기차를 탔는지는 알 수 없다고 말했다. 이들은 곧장 파리로 향했고 몽파르나스 역에서 아우스터리츠 역으로 파리를 가로질러 쉬지 않고 제네바를 거쳐 계속 수도 베른으로 갔다.

스위스 수도에 도착하자 버제스는 소련 대사관으로 가서 얼굴이 약간 바뀌고 성이 다른 두 개의 가짜 영국 여권을 받았다. 그와 맥클린은 벌써 24시간을 영국 밖에 있었으나, '경보'를 울리는 사람은 아무도 없었다. 주머니에 새 증명서를 가지고 도망자들은 취리히 공항으로 급히 가서 체코슬로바키아의 수도 프라하를 거쳐 스톡홀름으로 가는 비행기를 탔다. 체코 공항에서 그들은 국제구역으로 나와서 곧장 KGB의 공작원을 만났다. 일요일 늦은 저녁, 버제스와 맥클린은 무사히 소련 영토에 도달했다.

월요일 아침, 공작이 대성공으로 끝났다는 소식이 우리에게 전해졌다. 우리의 임무는 마무리됐다. 우리는 맥클린을 영국에서 끌어냈을 뿐만 아니라 그의 최종 목적지가 소련이라고 말할 수 없게끔 일을 깔끔하게 처리했던 것이다. 물론 그가 어디로 갔는지 추측하는 데 천재적인 지능을 필요로 하지도 않았으나, 우리는 여러 추측에 대해 부정하지도 않았다. 우리는 가능하면 모든 공작이 오랫동안 비밀에 부쳐지기를 원했다.

나는 버제스가 왜 프라하에서 돌아오지 않았는지 놀라지 않을 수 없었다. 아마도 그는 우울증 상태였던 것으로 생각된다. 그에게 가까운 시간 안에 영국으로 돌려보내겠다고 약속하면서 아마도 어떤 보장을 했을 수도 있다. 나는 버제스의 성격으로 보아 그가 자기를 모스크바에서 며칠 쉬게 한 다음 다시 런던으로 돌려보내줄 것으로 알았던 것으로 생각한다. 그는 그곳에서 무엇이 그를 기다리고 있는지 잘 몰랐던 것이다.

월요일, 멀린다 맥클린은 외무부로 두 번이나 전화를 걸었다. 처음에는 미국과로 전화를 걸어 남편이 자리에 있는지, 뭔가 전해달라고 한 것이 없는지 물었다. 두 번째는 외무부 보안처장인 케리 포스터Carey Foster에게 걸어 남편이 금요일 저녁 외무부 동료와 함께 나간 뒤 지금까지 아무 소식이 없다고 말했다.

맥클린이 사라진 지 닷새가 지난 5월 30일에야 MI5에서 사람들이 멀린다를 찾아왔다. 그녀는 켄싱턴(런던의 귀족들이 사는 지역)의 시어머니 레이디 맥클린 집에 와 있었다. 초인종이 울리고 두 명의 조사관이 들어왔다. 멀린다는 남편이 지난 금요일 저녁 외무부 동료인 스타일스와 함께 나갔다고 말했다. 그녀는 스타일스의 겉모습을 설명하면서 대단히 흥분한 척 시늉했다. 조사관들은 이 일에 대해서 누구에게도 아직 말하지 말라고 두 부인에게 당부하고는 가버렸다. 물론 그들은 로저 스타일스라는 사람은 없다고 바로 믿어버렸다.

6월 7일 레이디 맥클린은 그녀를 안심시키려는 전보를 받았다. 이 전보는 맥클린이 어릴 때 그녀가 그에게 지어준 별명인 '틴토Teento'로 서명이 되어 있었다. 그리고 곧바로 멀린다가 편지를 받았는데, 이번에는 '도널드'로 서명이 되어 있었다. 그는 몇 마디로 짧게 자기가 별안간 떠나게 된 것에 대해 용서를 빌면서 자기는 건강하며 전과 다름없이 그녀를 사랑한다고 다짐했다.

버제스와 맥클린의 탈주는 영국 정부를 온통 공포의 도가니로 몰아넣었다. 공무원 수백 명이 정치적 신뢰성에 대한 검증을 받았다. 특히 정보 분야에서 중요한 직위에 있거나 한때 거쳤던 사람들이 특히 주목받았다. 언론은 "모두 체포하라!"라고 귀가 시끄러울 정도로 요구하며 그들 나름대로의 목소리를 보탰다. 특별히 표적이 된 사람들은 1930년대 케임브리지나 옥스퍼드에서 공부하며 좌익 사상에 심취했던 모든 고위 공직자였다.

이것으로 모두 끝난 것이 아니었다. 한 번이라도 버제스와 맥클린을 알고 지낸 적이 있는 사람들은 모두 MI5에 불려 갔다. 블런트를 포함해 과거 마르크스주의자였던 수백 명의 대학 친구들이 신문에 처해졌다. 어떤 사람들은 잘 벗어날 수 있었지만 또 어떤 사람들은 곤욕을 치르기도 했다.

앨런 맥클린Alan Maclean은 그의 형과 같이 중요한 직위를 차지하고 있었는데, 영국의 UN 대표단 단원이기도 했다. 그는 압력으로 사임할 수밖에 없었다. 여동생 낸시의 남편 역시 자리를 빼앗겼다. 스파이 활동과는 아무런 관련이 없는 이러한 사람들의 출세가, 영국 비밀기관이 여러 각급 기관들을 병들게 만든 정신병적 광풍으로 짓밟혔다.

MI5 요원인 피터 라이트와 아서 마틴Arthur Martin은 1951년부터 이른바 버제스가 포섭했다는 공작원 사냥의 주도자였다. 시간이 흐름에 따라 영국의 비밀기관에서 반역자를 쫓아내려는 결의는 강박관념으로 변했다. 그들은 버제스가 광범위한 공작망을 구축해 이를 지휘했고, 해를 거듭하면서 이 공작망은 전 정보기관을 사로잡았다고 확고하게 믿었다. 그러나 이는 지나치게 앞서 나가는 것이었다. 버제스에게는 그 어떤 특별한 전문 제보자가 없었다. 그는 단지 친구와 지인이 있을 뿐이었고, 이들로부터 그들이 전혀 눈치채지 못하게 정보를 낚아 올렸던 것이다. 그럼에도 라이트와 마틴의 부추김으로 영국의 모든 비밀기관에 의심의 그늘이 드리워졌다. 이러한 마녀사냥은 영국 정보기관 직원들에게 견디기 힘든 무거운 분위기를 만들어서 그들 가운데 많은 사람들이, 아니 이보다 더 아쉬운 것은 자질이 대단히 뛰어난 사람들이 MI5와 MI6를 무조건 떠나버렸던 것이다.

피터 라이트는 놀라우리만큼 자기의 조사방법에 대해 자부심이 컸다. 얼마 뒤에 그는 MI5가 영국 내 소련의 스파이에게 아주 특수한 그물을 던져놓았기 때문에, 의심이 가는 모든 활동자를 최대한으로 체포할 수 있음을 보장한다고 허풍을 떨었다. 그러나 실상은 그러한 방법이 단지 아무런 죄도 없는 사람들을 파멸시키는 결과를 가져왔기 때문에, 범죄적이고 우매한 짓이 되고 말았다. MI5와 다른 유사기관들의 공작관 수십 명이 직장에서 쫓겨났고 창피와 모욕을 당했다. 그들 가운데 어떤 사람은 전혀 하지 않은 잘못을 자백했으며, 극한 경우 어떤 사람은 자살했다. 나는 피터 라이트가 소련의 공작원뿐만 아니라 모든 지식인과 교수에게, 특히 케임브리지 졸업생에게 원한을 심어주었다고 생각한다. 좀 더 정확하게 표현한다면 그는 영국의 모든 기관 조직을 무시했던 것이다.

이러한 이성 상실의 분위기는 오래 지속되지 못했다. 비밀기관 지도자들은 이 조사 방법이 위험성을 내포하고 있다는 사실을 곧 이해하고 바로 중지시켰다. 이 조치는 많은 공감을 얻었지만, 피터 라이트의 잘못된 관행의 후과는 이미 나타나고 있었다. 그가 모든 나무 뒤에는 버제스의 협력자가 숨어 있다고 수년 동안 계속 고집스럽게 떠들어댐으로써, KGB와 싸워 이겨야 하는 영국 비밀기관들이 고유 임무로부터 엉뚱한 곳으로 관심을 돌려버린 것이다. 그 당시 우리 소련 기관들도 내부에서 큰 위기를 맞고 있었기 때문에, 이러한 잘못은 결국 그들에게 더 큰 해악을 끼치는 결과가 됐다. 우리는 일련의 배반 사건으로 충격에 휩싸여 있었고, 우리가 전쟁 중에 구축한 공작망의 대부분이 괴멸되거나 불안정한 상태였다. 그러나 영국 정보기관들이 우리에게 돌이킬 수 없는 피해를 줄 수 있었던 시기에 그들 내부의 복잡한 문제가 외부로 드러났기 때문에, 우리는 이들에게서 일어나는 일들을 가벼운 마음으로 바라보는 여유를 가질 수가 있었다.

개인적으로 나는 영국의 비밀 정보기관들이 대단히 효율적이며, 아마도 KGB보다 훨씬 더 효율적인 기관이라고 생각한다. 영국 공작원들과 일하는 동안, 나는 MI5의 활동과 그곳에서 근무하는 사람들의 장단점을 평가할 수 있는 기회가 많았다. 그때 받은 전반적인 인상은 그들의 공작원들이 아주 유능하고 활동도 항상 좋은 결과를 거두고 있었다는 것이다.

1951년 5월 30일 필비의 동료인 MI5의 워싱턴 주재원 제프리 패터슨은 필비에게 맥클린의 도주에 대해 이야기했다. 필비는 얼굴에 놀란 표정을 지었으나 패터슨이 버제스도 함께 도망했다고 덧붙이자 그의 공포는 정말로 감당하기 어려워졌다. 그는 이제 직장에서 명예가 훼손될 수밖에 없는 상황이 되어버렸다는 것을 알았으나 이성을 잃지는 않았다. 필비는 자신에게 불리한 증거로 사용될 수 있는 남아 있는 모든 서류와 문서를 생각해냈다. 이것들을 없애는 건 무척이나 간단해서, 그는 자기 집 벽난로에서 손쉽게 태워버렸다. 두 사람이 도망했다는 소식을 들은 지 며칠 뒤, 그는 한 이틀 동안 '휴식'을 위해 버지니아로 모습을 감추었다. 그곳에서 그는 미국에서 CIA와 MI5의 문서를 촬영할 때 사용했던 카메라를 없애버렸다.

그러나 필비가 워싱턴으로 돌아온 지 일주일이 채 되지 않아, FBI 국장이 그의 즉각적인 영국 소환을 요구했다는 것을 알게 됐다.

평소 그토록 효율적이던 영국 비밀기관이 이 특수한 탈주와 관련해 처음부터 끝까지 갈피를 잡지 못했다는 점을 짚고 넘어갈 필요가 있다. 먼저 그들은 우리가 영국에서 공작원을 탈출시키는 데 성공한 방법을 찾느라 너무 많은 시간을 허비했다. 물론 우리가 파리와 베이루트, 카이로에서 버제스와 맥클린의 가족을 안심시키는 전보들을 보내 두 사람의 행방을 쉽게 감출 수 있었다. 언론은 6월 중순에 가서야 이 탈출에 대해서 알게 됐는데, ≪데일리익스프레스≫ 신문에 영국 외교관 두 명이 행방불명됐다는 기사가 나타나 사람들을 깜짝 놀라게 했다. 외국 신문들은 이를 인용하는 뉴스를 1면에 급히 게재했다. 각 신문사의 편집실에는 몽마르트, 몽파르나스, 칸, 안도라, 브뤼셀, 프라하에서 탈출자들을 보았다는 정보가 물밀 듯이 밀려들었으나, 확신하건대 체코슬로바키아에서의 짧은 체류 시간에 그 누구도 탈출자들을 알아볼 수는 없었다.

버제스와 맥클린이 무사히 자취를 감춘 뒤, 나는 남아 있는 공작원에게 피해를 줄 수 있는, 두 사람이 남긴 증거자료를 파괴하는 일에 온 정신을 집중해야 했다. 이 일은 아직 적들의 신임을 잃지 않고 있던 블런트가 도와주었다.

MI5는 6월 초까지도 버제스와 맥클린의 자택을 수색하지 않았다. 이들은 서두르지 않고 굼뜨게 행동했는데, 이러한 상황에서 벗어나기 위해 블런트(그가 버제스의 가까운 친구라는 것을 모두가 알고 있었다)에게 버제스의 집 열쇠를 얻어달라고 요청했다. 방첩요원들은 아주 조심스럽게 행동하면서 그의 집에서 두 '반역자'에 대한 많은 증거를 입수하고자 한 것이 분명했다. 물론 블런트는 MI5의 친구들을 위해 별로 어렵지 않은 이러한 봉사를 해주기로 동의했다. 버제스의 과거 애인 가운데 하나였던 잭 휴잇이 열쇠를 주었다. 이 절호의 찬스는 버제스의 집에서 우리 혹은 우리 공작원 중 누군가의 명예를 치명적으로 훼손시킬 수 있는 모든 것을 몇 시간 내에 파기할 수 있게 해주었다. 나는 버제스를 잘 알기 때문에 그가 간단한 사전 예방조치마저도 취해놓지 않았으리라고 확신했다. 그의 비밀 활동에 관한 열쇠가 될 수 있는 한두 개의 문건이 발견될 것이 분명했다. 그 외에도 그는 대단히 서둘렀고 두려움에 떨었기 때문에, 자택을 정리할 여유가 없었음이 틀림없었다.

그래서 블런트는 제때에 곰의 굴과 같은 버제스의 집으로 숨어 들어갔다. 온통 내버려진 신문, 서류봉투와 책으로 정신없이 어질러져 혼란스러운 집 안에서, 그는 치명적인 단서가 될 수 있는 자료들을 모두 골라냈다. 발견한 것들 가운데 가장 중요한 것은, 필비가 보낸 "여기는 아주 더워지고 있다"는 여러 의미로 해석할 수 있는 마지막 전보였다. 블런트는 다른 문서 꾸러미와 함께 그 전보를 태워버렸다. 뒷날 모스크바에서 버제스에게 이에 대해 거론하자, 버제스는 모두 부인하고 출발 전 아파트를 아무 흔적도 없이 완전히 깨끗하게 정리해놓았다고 힘껏 강조했다.

블런트가 MI5에 열쇠를 건네자 요원들은 그리로 달려가서 아파트를 위에서 밑바닥까지 샅샅이 수색했다. 뒤에 그들은 1939년 화이트홀(런던의 한 거리 이름, 총리관저 소재)에서 열린 어떤 비밀 회합에 관해 손으로 쓴 메모 몇 장을 얻었다고 발표했다. 발표에 따르면 수색에 참가한 존 콜빌John Colville이 케른크로스의 필적을 알아보았다고 하는데, 나는 이것이 완전히 꾸며낸 이야기이고 공갈에 지나지 않는다고 생각한다. 폴(버제스)과 카렐 사이에는 어떠한 연결도, 특히 그 당시 몇 년 동안에는 전혀 없었다.

그럼에도 케른크로스는 많은 외무부 직원들이 그랬듯이 MI5의 집중감시 아래 놓여 있었다. 이에 대해 나는 버제스와 맥클린이 떠난 지 꼭 1개월이 지난 6월에야 알았다.

날씨가 아주 좋은 여름날 저녁이었다. 나는 케른크로스와 평소처럼 8시에 일링코먼Ealing Common 지하철역 근처에서 만나 문서꾸러미를 받기로 되어 있었다. 나는 내 공작망 가운데 살아남은 몇 안 되는 사람들에게 닥친 위협에도 전혀 동요 없이 침착하고 자신에 차 있었다. 케른크로스가 마지막으로 가져온 NATO에 관한 서류들은 가치가 대단히 높아서 나는 국장에게 치하전문을 받았다.

나는 일링코먼 지하철역 옆의 넓은 대로로 빠지는 거리를 따라 천천히 산책하면서 겨드랑이에 신문을 끼고 상점의 진열장을 들여다보고 있었다. 해가 기울어 인도에는 짙은 그늘이 깔렸다. 행인들은 나를 보기 어려워도, 나는 해가 비치는 넓은 거리에서 무슨 일이 일어나는지 모든 것을 쉬이 관찰할 수 있었다.

케른크로스가 지하철에서 나오면 바로 길 건너 옆에 있는 공중화장실에 들어가기로 이미 약속해놓았다. 내게서 약 100미터 떨어진 곳에 버스정류장이 있었고 나는 두 사람이 버스를 기다리고 있는 것을 보았다. 일상적인 광경이었다. 소매를 젖히고 시계를 보니 3분 뒤면 공작원이 나타날 시간이었다. 그가 화장실로 들어가면 나는 그를 따라 들어간다. 그곳에서 그가 자기 칸에서 내 칸으로 문서꾸러미를 건넬 계획이었다.

내가 케른크로스를 보았을 때, 우리는 50미터가량 떨어져 있었다. 그로서는 전에 없이 일찍 도착한 것이었다. 나는 걸음을 재촉했다.

큰길로 나오면서 버스정류장에 좀 나이가 든 부인과 젊은 사람이 서 있는 것을 슬쩍 보았다. 젊은 보통의 런던 사람들과 다르게 인도의 가장자리에서 조금도 떨어지지 않고, 버스를 기다린다고 볼 수 없는 자세로 맨 끝에 서 있었다. 내가 그때 왜 그렇게 생각했는지 알 수 없다. 단지 그렇게 생각했을 뿐이다. 왼쪽을 힐끗 보니 조금 더 나이가 든 사람을 한 명 더 볼 수 있었다. 그는 화장실에서 몇 미터 떨어진 벤치에 앉아 있었다.

나는 공작 업무에 약 7년 동안 종사하면서 본능이 느끼는 대로 따라야 한다는 것을 깨달았는데, 이 상황이 위험하다고 느꼈다. 이 느낌은 정류장에 서 있는 젊은 사람이 마치 모든 것이 정상이라는 신호를 보내는 듯 몰래 벤치를 보는 것을 알아차렸을 때, 더욱 깊어졌다. 벤치에 있는 남자도 그에게 답변을 보내는 것 같았다. 혹시나 그들이 이미 화장실에 들어간 케른크로스의 뒤를 밟고 있는 것은 아닐까? 나는 길을 건너야 할지 말지 망설였다. 생각할 시간은 운명의 몇 초뿐이었다. 간다? 아니야. 나는 오른쪽으로 돌아서서 골동품과 보석 상점들이 쭉 들어서 있는 길을 따라 걸어갔다. 보석 진열대를 들여다보면서 나는 이제 무엇을 해야 할지 생각해보았다. 이 모든 것이 단지 그렇게 보였을 뿐인데 지나치게 신중했던 것은 아닌가? 사람들이 있는 곳에서 케른크로스와 만나는 것이 처음은 아니었지만, 나는 이번 접선을 무산하기로 결심하고 진열대에서 눈을 돌려 집으로 향했다.

코로빈은 이해할 수 없다는 태도로 일관했다. 전혀 이해하려고 하지 않았다. 앞에서 말했듯이, 코로빈은 기본적인 안전수칙을 지키지 않고 있었다. 물론 나는 그와 다툴 수 없었고 모욕적인 질책을 듣고만 있었다.

"무슨 일인가, 유리 이바노비치? 왠지 무서웠다? 그럴 수 없어! '카렐'의 뒤를 미행자들이 따라다닌 적이 없잖은가? 자네 자신이 그렇다고 말하지 않았나?"

나는 의심한 이유를 자세하게 설명했고, 접선 장소에 누가 어느 곳에 있었는지 위치를 그림으로 그리면서까지 해명했다. 그러나 코로빈은 내가 겁을 먹었다고 믿어버렸다. 그가 내뱉었다.

"사람은 겁이 나면 항상 본능 타령을 하지."

코로빈은 모스크바에 이를 부정적으로 보고했다. 내가 전적으로 잘못해 정말로 중요한 접선이 무산됐다고 단정했다. 나는 비겁하다고 책망하는 엄한 질책을 받아야만 했다.

내가 지휘부에 모든 것이 그토록 잘못되지 않았다고 해명한 뒤에야 일은 수습됐다. 케른크로스와의 접선은 끊어지지 않고 계속됐다. 지난번과 비슷한 경우에 대비해서 미리 접선 방법 세 가지를 합의해두었던 것이다. 8일이 지난 뒤 우리는 다시 같은 장소 같은 시간에 만나도록 되어 있었다. 만약 이 접선도 무산된다면 또 다른 방법도 준비되어 있었다. 결국 장기적 접선 시스템을 마련해둔 것이었다.

우리는 얼마간 안심할 수 있었으나 유감스럽게도 케른크로스는 미리 준비된 모든 접선 장소에 나타나지 않았다. 내가 일링코먼에서 첫 접선을 취소한 일이 정당했다는 믿음이 깊어졌다. 그러나 코로빈은 잠자코 있지 못했다. 그때부터 우리 사이에는 공개적인 전쟁이 시작됐다.

나는 케른크로스와 만날 방법을 찾아내야 했다. 이를 위해 몇 주를 흘려보냈는데, 그가 거리에 나타나는 일이 드물었던 데다, 나타난다 하더라도 항상 누구와 함께 있었기 때문이다. 나는 외무부와 그의 집 사이의 길에서 그를 만나기 위해 몇 시간씩 기다리곤 했다. 그리고 마침내 성공을 거뒀다. 위험하지 않다고 확신할 수 있는 장소에서 그를 따라잡을 수 있었던 것이다. 1~1.5미터 거리를 두고 그를 따라가며 뒷덜미에 대고 몇 마디, 즉 접선 시간과 장소만을 말했다. 케른크로스는 고개를 끄덕이고는 계속해서 걸어갔다.

이번에는 그가 나왔다. 우리는 교외에서 만났는데, 그를 본 순간 나는 뭔가 일이 일어났다는 것을 알았다. 나는 일링코먼 접선을 중지한 이유를 설명한 뒤 그에게 뭔가 알아채지 못했는지 물었다. 케른크로스는 그때 아무것도 보지 못했으나 미리 약속했던 접선 장소에는 너무 겁이 나서 나가지 않았던 것이다.

"피터, 첫 번째 접선 실패 직후 MI5로 불려 가서 신문을 받았소. 처음에는 꽤나 친절한 태도로 나를 대했지만 좀 지나서는 목소리가 변하더니 대단히 불손해졌다오. 그들은 내가 케임브리지 학창 시절 공산당에 가입했다는 점을 걸고넘어졌지. 나는 이 사실을 한 번도 숨긴 적이 없으며 공산주의에 심취했던 것은 단지 젊은 시절의 바보 같은 짓이었다는 말을 한두 번 반복한 것이 아니었소. 그때부터 내 시각은 변했다고 믿도록 그들을 설득했지. 그래서 내가 당신을 만나러 나오지 못한 것이었소."

나는 깊은 생각에 빠졌다. 분명히 케른크로스는 큰 스트레스를 받고 있지만 아직은 버텨내고 있었다. 나는 최선을 다해 그를 안정시키고, 이처럼 장시간에 걸쳤던 신문은 이제 반복되지 않을 것이라고 확신시켰다. 우리는 방첩기관이 물고 늘어질지 모르는 그 어떤 흔적도 남겨놓지 않았던 것이다. 그러나 그와 대화를 계속 진행해가면서 나는 그 이상의 심각한 문제가 터졌음을 알았다. MI5는 각종 정부기관 내 불신이 일반화되는 상황 속에서 그가 재무부의 비밀정보에 접근하는 것을 금지했다. 케른크로스는 이러한 통보를 받자 그것에 전적으로 이해하는 척하면서, 불평하지 않고

국을 옮겨서 일하겠다고 동의했다.

나는 이제 케른크로스와의 관계도 종말이 다가오고 있다는 것을 알았으나, 바로 어떤 결정을 내리기 전에 본부와 상의해야 했다. 케른크로스는 나를 이해했고 우리는 다시 한 번 더 만나기로 했다. 밖으로 나와 약간 등을 굽힌 채 천천히 멀어지는 케른크로스를 바라보면서, 나는 '저 사람이야말로 정말 용감하구나'라고 생각했다. 그는 나보다도 자신의 운명에 무관심한 것처럼 보였다.

나는 대사관에 돌아온 즉시 모스크바로 보고했다. 보고서에는 영국 방첩기관이 가까운 시일 안에 케른크로스에 대한 미행을 계속할 것으로 보인다고 썼다. 곧 답변이 돌아왔다. 케른크로스와의 업무를 중지하라는 지시가 떨어졌다.

케른크로스와 마지막으로 접선하기 전, 지금은 얼마인지 정확하게 기억할 수 없지만 코로빈은 케른크로스에게 전달할 상당한 액수의 돈을 나에게 건넸다. 카렐은 일에 대한 대가를 한 번도 요구한 적이 없었으나, 이때 우리는 그에게 감사의 표시로 상당액의 돈을 주기로 결정했다. 나는 항상 공작원에게 돈을 지급하는 데 반대했다. 돈이 개입되면 우리의 관계가 난처해지기 쉬우며, 돈에 대한 욕심 때문에 진실하고 우호적인 관계를 점점 더 방해할 수 있는 것이다. 그러나 케른크로스와 헤어져야 하는 지금, 우리의 그러한 제스처는 아무 문제가 되지 않는다고 생각했다. 게다가 그는 얼마 전에 젊은 개브리엘라Gabriella와 결혼했기 때문에 가정을 꾸리는 데도 도움이 될 터였다. 최소한 이 정도 돈이면 1~2년은 불편한 것 없이 살 수 있을 듯했다. 우리가 헤어질 때, 나는 케른크로스의 태도에 어떠한 변화도 느끼지 못했다.

"본부는 양쪽을 위해 우리가 완전히 결별하는 것이 좋다고 생각하고 있습니다. 선생님은 저희를 위해 정말로 많은 유익한 일을 해주셨습니다. 이러한 상황에서 선생님을 위험에 처하도록 할 수가 없습니다. 지금 관계를 끝낸다면 적들은 선생님을 비난할 어떠한 근거도 찾을 수 없을 것입니다. 그들에게는 지금 선생님을 불리하게 만들 그 어떤 증거도 없고, 저희들은 모든 것이 무사하게 끝나기를 바랄 뿐입니다."

케른크로스는 나의 말을 침착하게 듣고는 미소를 지었다.

"내가 심각한 실수를 저질렀다고 생각하지 않소."

그가 말했다.

"내게 불리한 증거도 없고 단지 소문만 있을 뿐이오. 그러나 나는 내 행적에 누가 그런 소문을 만들어 붙이는지 정말 알고 싶소. 과거 공산주의 전력이 있던 사람 가운데 누구도 다른 데로 전근된 적이 없었소. 그런데 왜 나를? 아마 어떤 반역자나 밀고자가 생긴 것 같소. 만약 당신 기관이 그런 놈을 찾아낸다면 잘 처리하시오. 그를 없애버리시오."

나는 그에게 돈이 든 봉투를 넘겨주었다. 한마디도 하지 않고 케른크로스는 외투 주머니에 집어넣었다. 나는 떠났고 그는 어스름 속에 남아 앉아 있었다. 우리는 그 이후 단 한 번도 다시 만나지 못했다.

약 2년 전쯤 나는 카렐에 관한 문서를 읽었다. 여기에는 영국 방첩기관이 일링코먼 접선이 무산된 1951년 6월부터 그를 미행하기 시작했다는 기록이 들어 있었다. 우리는 그때 그들의 손아귀에 잡힐 뻔했던 것이다. 나의 본능은 전혀 헛된 것이 아니었다.

뒷날, 나는 케른크로스가 몇 번 더 신문을 받은 뒤 직장을 떠나 해외로 갔다고 들었다. 그럼에도 MI5는 1964년에 그를 "완전히 밝혀냈다"라고 말하고 있다. 나는 그가 실제로 자백했어도, 그것은 훨씬 전 윌리엄 스카든William Skardon이 신문한 1951년이나 1952년이었다고 생각한다. 스카든은 원자폭탄 공작원인 클라우스 푹스를 밝혀낸 바로 그 장본인이었다. 케른크로스의 자백은 단지 한 가지에 의해 확인됐는데, 그것도 부차적인 증거에 의해서였다. 나는 개인적으로 케른크로스가 1950년대 초에 면책의 대가로 많은 정보를 제보한 것으로 믿고 있다.

나는 케른크로스가 해고된 뒤 그를 내 시야에서 잃었다. 그는 처음에는 미국으로 갔다가 그다음 아시아에 간 것으로 보이며, 그 뒤 로마로 돌아와서 UN의 식량농업기구 농업과에 일자리를 구했다. 최소한 KGB의 문서에는 그렇게 되어 있다.

케른크로스가 영국 땅에 없었지만 MI5는 그의 활동을 계속 조사했다. 1967년 그가 로마에 있을 때, 방첩기관은 케른크로스가 케임브리지 학생일 당시 제임스 클루그먼이 그를 포섭했다는 사실을 알아냈다. 그를 다시 영국으로 소환해 모든 정보기관이 잘 아는 방법을 시도했다. 옛날 그를 포섭했던 클루그먼을 역으로 포섭토록 했던 것이다. 케른크로스는 아직도 공산당 지도부에서 일하던 오랜 친구를 방문해 영국 정보기관을 위해서 일해보라고 제의했다. 클루그먼은 케른크로스의 얼굴에 대고 커다랗게 웃음을 터뜨리고는, 그를 보낸 사람들이 무얼 잘못 알고 있는 것이 확실하다고 말했다. 그는 이미 전쟁 중 영국 정보기관의 관리였던 것이다. 이 일은 이렇게 끝이 났다. 케른크로스는 다시 로마로 돌아갔다. 내가 이러한 정보를 어디에서 입수했는지는 말하지 않겠으나, 나는 클루그먼을 직접 본 적이 없어도 그가 이 이야기를 듣고 불쾌한 뒷맛을 느꼈음을 알 수 있다.

로마에서 케른크로스와 개브리엘라는 이혼했다. 1970년대에 그는 프랑스로 건너가, 정년퇴직한 많은 영국인이 그러듯이 그곳에 정착했다. 1988년에는 『몰리에르의 휴머니즘The Humanity of Molière』이라는 전문서적을 발간했다. 그는 젊은 미국인 여자친구 게일Gayle과 함께 책을 읽고 개들을 기르면서 평화롭게 시간을 보내며 살았다. 개 한 마리의 별명은 '블랙메일blackmail(공갈)'이었다. 나는 소련 병사 수천 명의 목숨을 구한 이 사람을 더는 볼 수 없었던 것이 정말로 아쉽다. 케른크로스는 얼마 전인 1995년에 죽었다.

영국 정보기관이 케른크로스에 관해 이미 많은 것을 알고 있었다고 해도, 이 책을 통해 새롭게 알게 되는 내용이 많을 것이다. 영국과 프랑스의 언론은, 1990년 10월 크리스토퍼 앤드루Christopher Andrew와 올레크 고르디엡스키Oleg Gordievsky◆가 『KGB의 내부 역사KGB: the inside story of its foreign operations from Lenin to Gorbachev』라는 책을 발간한 뒤, 그에게 많은 관심을 보였다. 당시 기자들이 케른크로스를 찾아냈는데, 그는 더할 나위 없이 완벽하고 솜씨 좋게 인터뷰를 해냈다.

"나는 영화배우가 아니고 단지 이등급의 평범한 병사에 지나지 않습니다. 내게는 조심하지 않으면 안 되는 책임이 있습니다. 객관성을 위해서라도 내가 활동한 몇몇 분야에 대해서 말할 수 없습니다."

그가 프랑스 신문기자와의 대화에서 구체적으로 언급한 내용은 그의 판단력이 넓고 남다름을 보여준다고 생각한다.

"아마도 우리가 사실 뒤에 숨겨진 진실을 이해하고, 젊은 지식인들이 그러한 일들에 연루된 복잡한 과정을 설명하기 위해 노력하는 날이 올 것입니다."

영국의 법이 케른크로스에게 책임을 물으려 했다면, 이미 오래전에 그렇게 했어야 했지만, 실제로 그런 일은 없었다. 그래서 나는 나와 공통점이 많았고 특히 좋아했던 공작원에 대해 진실을 이야기해야겠다고 결심했다.

1951년 6월 멀린다 맥클린은 딸을 낳았는데, 딸의 이름 역시 멀린다라고 지었다. 맥클린의 아내는 태츠필드에 머무는 자신을 끊임없이 귀찮게 하는

◆ 올레크 고르디엡스키(1938~)는 KGB의 장군으로 1960년대에 해외로 망명, 폭로성 논문들과 책들을 발표했다.

기자들로부터 한숨 돌릴 겸, 얼마간 영국을 떠나고 싶어 했다. 그녀는 감히 집 밖에도 나가지 못했으며, 퍼거스와 도널드는 등교를 중단해야 했다.

멀린다는 MI5의 윌리엄 스카든의 신문을 받은 뒤에야 프랑스 코트다쥐르의 보발론에 있는 언니의 빌라로 갈 수 있었다. 그녀는 남편의 활동에 전혀 관여하지 않았다는 것을 스카든에게 확신시키고 이 시련을 쉽게 넘길 수 있었다. 스카든은 경험이 많았어도 멀린다에게 아무 혐의를 씌울 수 없었는데, 만일 맥클린이 그녀에게 연락을 시도하면 자기에게 알려달라고 요청했다.

그해 7월 멀린다가 애들과 함께 국경을 넘기 얼마 전 멀린다의 어머니 던바는 우편 통지서를 받았다. 딸의 이름으로 스위스 은행에 2,000파운드의 돈이 입금됐다는 것이었다. 우리 본부가 남편의 망명 뒤 사실상 단 한 푼의 돈도 남지 않은 멀린다를 돕기로 결정했던 것이다.

이와 비슷한 시기에 킴 필비가 워싱턴에서 돌아왔고, MI5의 간부인 딕 화이트는 그를 신문에 소환했다. 화이트는 곧바로 필비가 세 번째 소련 공작원이라고 주장하고, 그가 맥클린을 도왔다고 비난했다. 화이트의 의견으로는 바로 필비가 맥클린에게 시시각각 다가오는 발각에 대해 미리 알려주기 위해 버제스를 런던으로 보냈다는 것이다. 물론 그가 말한 이 두 가지 이야기는 틀림없는 사실이었다.

필비는 자주 마음속으로 이러한 장면을 미리 연습했기 때문에 조금도 흥분하지 않았다. 그는 용감하고 힘차게 자기를 방어했다.

"솔직히 버제스가 내 친구이기는 하나 그 비슷한 어떤 것도 요청하지 않았소. 나는 그 어떤 친구 사이라 해도 한 번도 업무와 혼동한 적이 없었소. 만일 그렇지 않다고 생각한다면 당신은 증거를 대야만 하오."

그는 속으로 결심했다.

'될 대로 되라지. 그러나 몇 년이 걸려도 이 주장을 끝까지 밀고 나가겠다.'

내가 1993년에 만난 한 FBI 공작관은 그의 조직이 맥클린이 망명하기 훨씬 전부터 필비가 소련 공작원이라고 의심했다는 것을 확인해주었다. 미국 측은 1951년에 그를 재판에 넘기라고 요구했으나 MI5는 단호하게 거절했다. 또한 FBI의 충고와는 반대로 신문이 계속 이어졌기 때문에, 상대적이기는 했지만 필비는 자유로운 몸으로 남아 있었다. 몇 년 동안 그는 정기적으로 MI5로 소환됐다. 경험 많고 끈기 있는 수사관인 스카든과 헬리머스 밀머Helemus Milmó가 신문을 계속했다. 두 사람은 까다로운 질문을 던지면서 특별한 만족감을 느끼는 것 같았다.

이 학대자들은 간혹 주말이 되면 필비를 교외로 데리고 나가 숲 속을 거닐고 다양한 추상적 주제에 관해 이야기하면서, 무심코 묻는 듯하지만 실제로 그들이 필요로 하는 질문을 던지곤 했다. 밀머와 스카든은 미리 질문을 준비했을뿐더러 필비가 즉흥적으로 답변하지 않을 수 없도록 만들었다. 이는 경험 많은 수사관들에게 잘 알려진 방법으로, 같은 질문을 형식만 여러 가지로 바꿔 필비가 다양하게 답변하도록 만드는 데 목적이 있었다.

한참 뒤 내가 모스크바에서 필비를 만나고 나서, 우리는 그의 생애 중 이 지겨웠던 기간을 자주 회상하곤 했다. 이런 신문이 있을 때마다 실언과 모순을 피하기 위해, 정신적으로 황폐해질 정도로 극도로 긴장해야 했다고 늘 말했다. 그럼에도 필비는 여러 해에 걸쳐서 이를 버텨냈다. 오직 극소수의 사람만이 이 특출한 두 전문가의 압박에서 필비처럼 저항할 수 있을 것이다.

1951년 가을 MI5는 필비에게 버제스와의 관계 때문에 '제1' 혐의자가 됐다고 공식적으로 알렸다. 그는 재판에 대비해서 법적으로 보장된 퇴직금을 신청하라는 통보를 받았다. 예의상 그는 일단 거절했으나 그 뒤에 결국 받기로 하고 신청서를 냈다. 정보기관은 그에게 처음에 2,000파운드, 뒤에 다시 2,000파운드를 지급하고 해고했다. 그 외에 외무부가 2,000파운드를

3년에 걸쳐 매달 일부씩 지급하는 것으로 결정됐다. 필비는 이것을 매우 불쾌하게 여겼다. 외무부는 필비가 가까운 시일 내에 재판을 받고 감옥에 갇히면 송장으로 몇 번만 지급하고 나머지는 중단해도 아무런 문제가 되지 않음을, 그가 분명히 알아차리도록 했기 때문이다.

1951년 12월 MI5의 수사관들이 신문을 위해 필비를 소환했다. 출두를 준비하는 동안 불안해졌으나, 그럼에도 그는 비교적 자신감을 가지게 됐는데, 그가 알고 있는 한 그에게 불리한 완벽한 증거가 존재하지 않기 때문이었다. 몇 가지 의혹만으로는 사람을 고소하는 데 충분한 논거가 될 수 없었다. 그는 첫 번째 질문을 듣고 냉혹한 신문관들이 어떤 중요한 단서도 찾아내지 못했다는 것을 알았고, 덕분에 이번에도 큰 어려움 없이 무사히 나왔다. 단지 문서 몇 장이 문제가 됐으나, 이것들은 MI6의 다른 요원들에게도 해당되는 문제였다. 그 밖에 그의 기분을 좋게 만든 것은, 옛 동료 일부가 그에게 보여준 진실한 배려였다. 이들은 전과 다름없이 필비의 무죄를 믿었고 그를 옹호하는 운동을 현명하게 벌이고 있었다.

버제스와 맥클린이 도주한 뒤에는 앤서니 블런트와 만나는 데 전보다 몇 배 조심하지 않으면 안 됐다. 블런트와 버제스가 절친한 친구 사이였기 때문에 이를 아는 MI5는 그를 주도면밀하게 감시했다. 처음에 블런트는 버제스의 행방불명에 대해 질문을 받으면 이 일에 아무 관련이 없는 체하기로 결심했다. 그는 어째서 이런 일이 일어났는지 도무지 이해할 수 없다며 명확히 말해두었다. 그러나 이런 주장이 오랫동안 계속될 수는 없었기에 본부는 블런트에게 도주를 권유해보라는 지시를 내려보냈다.

나는 런던 서부의 조그만 공원인 노먼드파크Normand Park에서 그를 만났다. 그는 불안해하지도 않았고 흥분하지도 않았다. 그 어떤 영향도 미칠 수 없는 신사의 얼굴은 변함없이 그의 얼굴에 남아 있었다. 나는 친구들의 도주 상황에 대해서 이야기하고, 가까운 시일 안에 그를 모스크바에서 보고 싶어 한다는 본부의 희망을 전달했다.

우리는 오랫동안 대화를 나눴다. 나는 블런트에게 가까운 시일 안에 끝없는 신문에 처하거나 체포될 수 있다고 말했다. 어떠한 방법을 써서라도 MI5의 요원은 줄기차게 그의 뒤를 따라다닐 것이었다. 그러나 블런트는 어쨌든 신문은 이미 시작됐다고 그 나름의 결론을 내린 상태였다. 내가 그의 탈주를 신속하게 준비할 수 있고 실수 없이 이루어질 수 있으며 모스크바에서 크게 환영받을 것이라고 말하자, 블런트는 웃기만 했다.

그는 풍자적으로 중얼거렸다.

"물론 당신은 내가 일 때문에 베르사유 궁을 탐방해야 한다고 하면 그대로 해줄 수 있을 것이오."

나도 웃을 수밖에 없었다. 블런트가 말했다.

"이해해주시오. 한마디로 당신이 제의하는 조건으로는 소련에서 살 수 없을 것이오. 나는 당신네 국민이 어떻게 사는지 아주 잘 알고 있소. 확실히 말하건대 나한테는 그렇게 사는 것이 대단히 어렵고 거의 불가능하오."

나는 무어라고 대답할지 몰랐으나 블런트는 계속 말했다.

"나는 여러 해 동안 방첩기관에서 일했소. 내가 자백하고 싶지 않으면 어떠한 자백도 강제로 끄집어낼 수 없을 것이오. 나는 그럴 생각이 없소. 이유를 알고 싶다면 말해주겠소. 나는 가이 버제스를 깊이 존경하며 애착을 느낀다오. 그래서 그를 위험한 처지에 빠뜨리기보다는 내가 죽는 편이 오히려 낫소. 그가 영국에서 도망쳤다고 하지만 소련의 공작원이라는 증거는 없소. 가이가 언젠가 돌아올 수 있는 가능성이 충분히 있다오. 그리고 이러한 가능성이 나에게 달려 있기 때문에 누구도 결코 증거를 찾아내지 못할 것이오. 나는 결단코 그를 배반하지 않겠소. 간단히 말해 나는 절대로 망명을 거부하오."

우리 둘은 블런트에게 공소를 제기한다는 것이 실제 어렵다는 사실을 알고 있었다. 블런트는 젊을 때 당원증도 없었다. 그래서 나는 영국에 남겠다는 그의 결정을 기정사실로 받아들였다. 나는 그를 납득시킬 수 없었고 필요할 때 서로 연락할 수 있는 방법이나 합의하는 것 외에 할 수 있는 것이 아무것도 남아 있지 않았다.

우리는 공원을 산책하고 있었는데, 별안간 블런트에게 탈이 났다. 그는 가슴을 움켜쥐며 숨을 몰아쉬기 시작했고, 얼굴은 땀범벅이 됐다. 나는 블런트를 벤치로 끌고 갔다. 갑작스러운 그의 상태 때문에 몇몇 사람들이 모여들었다. 한 남자가 앰뷸런스를 불러야 하지 않겠느냐고 했다. 천천히 정신을 차리면서 블런트는 공손하게 그 제의를 거절했다.

10분쯤 지나자 그는 많이 좋아졌으나, 나는 공포감에 강하게 사로잡혀 그를 혼자 집으로 보낼 수 없었다. 블런트가 말했다.

"피터, 이런 일은 여러 번 있었다오. 걱정하지 마시오. 택시를 타면 안심하고 집까지 갈 수 있소. 자, 이제 내가 소련으로 가면 안 되는 확실한 이유가 또 하나 생겼소. 만일 심장 발작으로 죽게 된다면 여기서 죽는 편이 훨씬 나을 것이오."

이렇게 말하면서 그는 벤치에서 일어나 나와 악수하고는 천천히 멀어져 갔다. 나는 그가 무사히 택시를 타고 떠나는 것을 볼 때까지 얼마간 거리를 두고 뒤를 따랐다.

대사관에 돌아와서 나는 접선 내용과 블런트의 건강에 대해서 보고했다. 코로빈은 우리가 고집을 피우면 안 된다는 것을 곧바로 이해했다. 본부는 그를 망명시킨다는 생각을 접었을 뿐만 아니라 폭풍이 잠잠해질 때까지만이라도 블런트와 만나지 말라는 지시를 보냈다.

나는 영국에서 4년 동안 근무하며 버제스, 블런트, 케른크로스와 그 밖의 공작원을 말 그대로 과장 없이 수백 번 이상 접촉했지만, 영국 방첩기관은 그 무엇에도 나를 의심하지 않았다. 나는 활동하면서 어떤 흔적도 남기지 않았다는 것을 확신한다. 정보적 관점에서, 내 업무처리는 우리의 직업적 용어로 '깨끗했다'. 나는 본부에 중요한 문서들을 수없이 보냈고, 우리 정부는 이들 문서를 아주 긴요하게 활용했다. 그 밖에 나는 외무부에서 약간의 권위도 인정받았는데, 1949년 아내가 여름휴가차 모스크바에 갔을 때 이를 확인할 수 있었다. 아내는 행정 절차를 위해 외무부에 들렀는데, 한 직원이 아내의 성을 듣고는 관심을 표명했다.

"아, 모딘 씨 부인이시군요! 이곳에서 근무하는 사람들 모두가 공보과에서 일하는 부군의 업무성과를 높이 평가합니다. 그분은 영국과 관련한 수많은 중요한 보고서와 문서를 보내왔는데, 만약 그것들을 제본해서 책으로 만든다면, 위대한 시인 레르몬토프가 남긴 책들보다 더 많을 겁니다."

코로빈은 우리와 블런트의 관계 중단을 재확인하고자 내게 마지막으로 한 번 더 그와 접선할 것을 요청했다. 모스크바의 그러한 결정은 블런트를 대단히 기쁘게 했다. 또한 나는 그에게 우리는 필비와도 2~3년간 관계를 중단한다고 통보했다. 블런트는 내가 건넨 돈도 받기를 거절했다. 우리는 불가피한 경우를 대비해 연락할 수 있는 방법을 다시 한 번 합의하고, 서로를 따뜻하게 격려하면서 헤어졌다.

우리가 어떤 심각한 실수도 저지르지 않았다는 점을 고려한다면, 지금 단계가 블런트에게는 가장 위험성이 적은 시기였다. MI5가 이미 아주 많은 것을 알아낸 지금, 그에게 불리한 증거가 있었다면 이미 밖으로 드러났을 것이다. 나는 그저 혹시라도 어떤 소련 공작원이 망명해 우리의 공작망을 폭로하지 않을지 염려스러울 뿐이었다.

아나톨리 골리친Anatoli Golitsyn이라는 자가 이미 간접적인 피해를 입힌 적이 있는데, 이자는 양으로는 얼마 안 되지만 우리 공작원이 고통 받을 수 있는 무엇인가를 MI5에 이야기했다. 그러나 골리친은 케임브리지 5인방의 이름과 경력에 관한 자료들을 접할 수 없었다. 모스크바에서도 KGB의 최고위층과 그들과 함께 일한 제한된 사람들, 그리고 정치가들 가운데 몇 명을 제외하고는 누구도 그들에 대해 알 수 없었다. 물론 전혀 예상치 못했던 일이 일어날 수도 있으나, 나는 최소한 한 가지만은 확신할 수 있었다. 그것은 블런트도 필비도 신문을 이겨내어 '불지 않을 것'이라는 점이다.

런던에서 우리는 최대한의 조심성을 발휘했다. 대사관 직원들 가운데 내 업무가 케임브리지 5인방과 관련되어 있다는 것을 알고 있는 사람은 아무도 없었다. 물론 내가 어떤 공작원들과 연결되어 있다고 추측할 수 있어도, 그게 누구인지에 대해서는 단지 세 사람, 즉 나, 대사, 코로빈 말고는 아무도 없었다.

맥클린과 버제스는 1951년 5월 25일 사라졌다. 공식적으로 그들이 어디에 있는지 보도되지 않았다. 6월 말경 신문지상에 소동이 시끄럽게 났어도 이 사건은 점점 신문 1면에서 사라지기 시작했고, 그 대신에 뉘른베르크 재판의 대단원, 한국전쟁, 보수당과 77세의 처칠을 최고 권력에 올려놓은 영국의 10월 총선 등이 차지했다.

1952년 여름, 주영 소련 대사인 게오르기 니콜라예프스키 자루빈이 모스크바로 소환됐다. 이는 나와 아내를 대단히 슬프게 했다. 자루빈은 우리에게 아버지와 같았고, 소련 거류민단 내에 좋은 분위기를 만들 줄 아는 분이었다. 자루빈의 후임자는 그와 성격이 전혀 다른 관료인 안드레이 그로미코였다.

케임브리지 5인방과의 업무를 마감한 뒤, 나는 대사관 공보과 업무에 전념해 영국을 방문하는 소련의 다양한 저명인사를 영접했다. 어느 날 대리 대사인 벨로흐보스티코프Bielokhvostikov는 공포에 질린 채 나를 불렀다. 그날 저녁 사우샘프턴에 서방 외교관들과 함께 그로미코가 도착하기로 되어 있는데, 영접할 사람을 내보낸다는 것을 깜빡했다고 했다. 내가 즉시 그리로 가기로 했다. 대사관 차로 빨간 신호도 몇 번씩이나 무시하면서 미친 듯이 달려 항구에 도착했다. 배는 이미 계류장에 서 있었고 잔교도 내려와 있었다. 공식행사 구역은 높은 철제 울타리로 둘려 있었다. 여러 나라 외교관들이 구역 안에서 자국의 고위층 손님을 기다리고 있었다. 그로미코만이 영접하는 사람이 없었다. 경찰은 더는 아무도 들여보내려 하지 않았다. '이거 뭐하는 거야, 공작관이라는 사람이?' 나는 생각했다. 사방을 둘러보니 보는 사람이 없었다. 순간적으로 담장을 뛰어넘어 예의 바르게 소련의 신임 대사를 맞으러 갔다.

런던으로 들어오면서 우리 사이에는 여러 이야기가 오갔고, 늦은 영접으로 화가 났던 안드레이 그로미코도 마음이 풀어졌다. 그로미코와 나는 자주 런던의 북서부를 산책했는데, 이 지역은 공작원과 여러 번 접촉했기 때문에 잘 아는 곳이었다. 그로미코는 생각에 깊이 잠겨 말없이 걷기를 좋아했지만, 우리는 보통 정치, 문학, 경제, 정보 등에 관해 여유 있게 대화했다. 당시 나는 업무가 잠잠해진 상태였다. 그러나 1952년 가을, 우리는 돌연 산책을 중단할 수밖에 없었다. 나는 다시 본연의 임무와 관련된 긴급한 업무 때문에 꼼짝달싹할 수가 없었다.

우리는 맥클린의 도주를 준비하면서 멀린다와 아이들은 영국에 남아 있게 하고, 소란이 잠잠해지면 맥클린이 있는 모스크바로 보낸다고 계획하고 있었다. 맥클린이 떠난 지 1년 반이 지난 뒤, 약속을 이행해야 할 때라고 결정했다. 멀린다와 연락관계를 복원하라는 임무가 나에게 주어졌다. 나는 방첩기관이 아직도 그녀에게서 눈을 떼지 않았으리라 생각하고, 우선 멀리서 그녀를 관찰하고자 태츠필드로 갔다. 나는 아이들의 학교가 집에서 상당한 거리에 있기 때문에 멀린다가 매일 아침 애들을 자동차로 데려다준다는 것을 알아낼 수 있었다. 나 외에 우리의 고첩망 요원들도 몇 주에 걸쳐 그녀를 관찰했다. MI5 측 미행자는 전혀 보이지 않았다.

우리는 아이들을 학교에 데려다주고 집으로 돌아오는 길에서 그녀를 낚아채기로 결정했다. 좁은 길이 나무가 우거진 곳을 관통하고 있었고, 길가 양쪽에는 그녀를 만나기에 안성맞춤인 관목들이 늘어서 있었다. 우리는 그녀를 추월해 적절한 장소에서 기다렸다가 엽서의 반쪽을 보여주어야 했다. 맥클린은 소련으로 떠나기 전에 아내에게 엽서의 반쪽을 주면서 나머지 반쪽을 보여주지 않는 사람은 절대로 믿지 말라고 신신당부했다. 그 다른 반쪽은 내가 갖고 있었다.

우리는 다른 사람의 이름으로 자동차를 빌려 태츠필드로 갔다. 멀린다의 차 '로버'가 눈에 들어오자 숲 속에서 그녀를 추월했다. 그리고 우리 운전사가 조용히 차를 길가에 세우고 그녀도 차를 세우도록 신호를 보냈다. 멀린다는 서기는 섰으나 우리가 기대한 것처럼은 아니었다. 차에서 염소 새끼처럼 뛰쳐나와 우리가 차운전을 엉망으로 한다고 심하게 투덜대기 시작했다. 나는 그러한 반응에 어리둥절하기까지 했다. 그런 여인이지만 접촉해보지 않을 수 없었다.

평범한 치마와 흰 블라우스를 입은 멀린다는 대단히 호감이 가고 매력적인 여자로 보였다. 정신을 차린 나는 그녀에게 내가 가지고 있던 엽서 반쪽을 보여주었다. 멀린다는 재빨리 안정을 되찾고 차에서 백을 갖고 나와 다른 반쪽을 꺼내 들었다. 우리는 일 분도 채 안 되는 동안 시내에서 만날 것을 약속하고 서로 각자의 길로 헤어졌다.

다른 동료 공작원이 런던에서 멀린다와 접선하도록 하고, 나는 한쪽에서 그들을 바라보았다. 내가 관찰한 바로는 모든 것이 무사히 진행되고 있었으나 동료 공작원은 온몸이 땀범벅이었다. 그는 그 정도로 긴장하고 있었다. 우아하고 밝은 베이지색 옷을 입고 접선 장소에 나온 멀린다와 헤어진 뒤, 동료는 자기를 따르는 꼬리(미행자)가 없는지를 확인하기 위해 두 시간을 지켜보았다.

드디어 거점으로 돌아온 동료 공작원은 사람들이 멀린다를 '따라다녔으며', 그녀와 이야기하는 내내 '어떤 사람'이 그들을 관찰하고 있었다고 보고했다. 나는 눈치챈 것이 없었기 때문에, 그의 보고가 사실인지 또는 상상의 결과였는지 지금까지도 알 수 없다. 멀린다는 남편에게 가겠다고 흔쾌히 동의했다. 그러나 그녀는 천방지축인 아이 셋을 데리고 영국에서 눈치채지 못하게 빠져나올 수 있을지 염려했으며, 이는 우리로서도 마찬가지였다. 멀린다는 모스크바로 가는 방법이 잘 해결되길 바라면서도 우리가 건넨 여행 경비를 단호하게 거절했다. 내 동료는 극도로 긴장해 주눅 들어 있었으나, 만약의 경우를 대비해 두 번의 비상 접선을 포함한 차기 접선 시간과 장소를 약속하지 못할 정도는 아니었다.

멀린다는 미리 약속된 접선 장소 가운데 첫 번째 장소에는 나오지 않았다. 나는 불안해지기 시작했다. 혹시 우리 쪽 사람이 멀린다에게 접근하지 못한 것은 아닐까? 그는 말할 것도 없이 경험이 풍부했지만 약간 침착하지 못한 것도 사실이었다. 보름이 지났다. 그러던 어느 날 아침, 나는 신문에서 멀린다 맥클린이 아이들을 데리고 스위스의 몽트뢰테리테에 있는 어머니에게 간다는 기사를 읽었다. 그녀는 숨김없이 공개적으로 떠났고, 영국의 신문쟁이들은 몽트뢰테리테에서 어려움 없이 그녀를 찾아냈다. 기자 한두 명이 이미 그녀와 대화를 나누기까지 했다. 멀린다는 신문사 허풍쟁이의 끊임없는 주시가 지겨워 영국에서 떠난다고 선언했다.

나는 바로 그녀의 속내를 알 수 있었다. 우리는 언론이 스위스에서 가족들과 조용히 사는 '수줍은' 멀린다 맥클린에 관해 잊어버릴 때까지 기다리기만 하면 됐다. 1953년 5월 나는 런던 파견근무가 끝나서 모스크바로 돌아왔다. 몇 달 뒤인 9월에 본부는 다시 멀린다와 접선하기로 결정하고, 그녀가 동의한다면 스위스에서 탈출시키기로 결정했다. 이 공작은 대단히 간단했다.

9월 11일 금요일, 멀린다는 어머니에게 마시프데모르Massif des Maures에 사는 가까운 친구들과 함께 프랑스에 며칠 동안 다녀오겠다고 말했다. 던바 부인은 기뻐 어쩔 줄을 몰랐다. 두 손자와 벌써 두 살이 넘은 손녀에게 이는 아주 좋은 일이었다. 멀린다는 자기의 검은 '쉐보레Chevrolet'에 애들을 앉히고 길을 떠났다. 그러나 그녀는 프랑스 대신 로잔의 기차역으로 갔다. 멀린다는 저녁 6시 30분 역 주차장에 자동차를 세워놓고, 관리인에게는 일주일 뒤에 가지러 오겠다고 말하고 나서 여행용 가방도 없이 아이들만 데리고 오스트리아로 가는 밤 급행열차에 올랐다. 국경에서 그녀는 기차에서 내려 택시를 타고 브레겐츠에서 몇 마일 거리에 위치한 세관을 통과했다. 누구도 일상적으로 아이들을 데리고 여행하는 어머니에게 질문을 던지지 않았다. 택시 운전사는 그들을 빈으로 데려다주었는데, 거기서 KGB에서 온 우리 요원이 그녀를 기다리고 있었다. 그곳부터의 여정은 일도 아니었다. 그때 오스트리아에서 소련으로 사람들을 수송하는 우리의 시스템은 전혀 문제 없이 작동하고 있었다.

던바 부인은 월요일 저녁까지도 신고하지 않았다. 그때가 되어서야 외무부에 전화해 딸과 세 손주가 사라졌다고 말했다. MI5 요원이 스위스에 도착해서 여러 가지 조사에 착수할 바로 그 즈음, 멀린다는 빈의 소련 구역에서 벌써 만 하루를 체류하고 있었다. MI5 요원들은 두 증인, 즉 주차장 관리인과 멀린다를 아이들과 함께 빈으로 태워다준 택시기사를 찾아내는 데는 성공했으나, 해외 정보기관과 멀린다 맥클린의 도주 사이에 어떤 연관이 있는지 여부는 알아내지 못했다. 신문들은 이제 때를 만났다는 듯이 멀린다가 어디로 갔을지 각종 기발한 추측을 내면서 이 사건을 물고 늘어지기 시작했다. 맥클린에 대한 이야기는 한도 끝도 없었다. 프라하에서, 또는 중동을 거쳐 도착한 만주에서 그를 보았다는 것이다.

추측 게임이 다시 시작됐다. 기자 몇 명은 기사에서 조지프 매카시 상원의원이 멀린다 맥클린의 국적이 미국이라는 점을 들어 당시 그가 재미를 붙였던 새로운 '마녀사냥'을 다시 시작할 것이라고 예상하기도 했다.

그러나 멀린다와 세 아이를 태운 비행기는 그때쯤 무사히 모스크바에 착륙했다.

1954년 초 본부는 일련의 심각한 낭패를 맛보았다. 우리 공작관 두 명이 미국으로 망명했다. 하나는 도쿄에서, 또 다른 한 명은 빈에서였다. 그러나 호주에 주재하던 공작관 두 명이 서방으로 망명한 것은 우리 영국과에 가장 치명적인 일이었다. 바로 블라디미르 페트로프Vladimir Petrov와 예브도키야 페트로프Evdokia Petrov이다. 이 둘은 여러 해 동안 루뱐카에서 근무한 바 있어 프랑스와 영국, 독일 내 공작망에 대해서 적잖이 알고 있었다. 그들은 전쟁이 일어났을 때부터 런던에서 활동해온 영국인 공작원에 관해서도 알고 있었고, 이들 공작원의 암호명에 대해서도 들은 적이 있었으나 천만다행으로 잊어버렸다. 이는 곧 사실로 확인됐다. 그러나 이 두 사람은 새로운 상관들에게 영국이 버제스와 맥클린의 도주 때부터 의심해온, 즉 영국 외무부와 MI5에 우리의 공작원이 침투해 있다는 사실을 확신시켜 줄 수 있었다.

그러나 이들이 줄 수 있었던 첩보들은 영국 기관들이 새로운 조사를 시작하기에는 불충분했다. 유감스럽게도 이들은 버제스와 맥클린이 모스크바 근교에서 편안히 살고 있고, 멀린다는 처음부터 남편과 관련된 활동을 모두 알고 있었다는 사실을 알려주었다. 멀린다에게는 다행스러운 일이었지만 영국 방첩기관은 이 진술을 신용하지 않았다.

그 당시 우리의 영국 고첩망은 필비가 먹고살기 위한 수입원이 아무것도 없다는 것을 확인했다. 영국 정보기관이 그에게 지불한 퇴직금은 가족 부양을 위해 벌써 오래전에 다 써버렸던 것이다. 그를 받아주는 일자리도 없었고 매월 주던 연금도 중단됐다. 내가 아는 한 별로 돈이 없던 필비의 어머니도 그를 도울 수가 없었다.

우리 영국과는 이 문제에 대해 상부에 보고서를 올렸다. 우리에게 매우 크게 공헌했고, 지금은 어쩔 수 없이 잠복하고 있으나 몇 년 뒤에는 대단히 요긴하게 다시 활용할 수 있는 공작원을 어떻게 해야 할지 물었다. 모스크바의 대외정보국은 킴 필비(스탠리)에게 고액의 돈을 전달하라는 지시를 내려 상당히 빠른 반응을 보여주었다. 그러나 모든 접촉선이 이미 오래전부터 매우 위험한 상황에 처해 있는데 어떻게 이 돈을 전달한단 말인가? 필비는 끊임없이 관찰당하고 있었다. 우리의 탐색원들은 MI5가 그를 시야에서 놓아주지 않는다고 몇 차례 보고했다.

본부는 이 문제를 해결하라며 나를 다시 런던으로 보냈다. 나는 코로빈과 모든 것을 상세하게 토의했고, 함께 일하면서 한 번도 안전 문제를 일으키지 않았던 블런트(얀)와 다시 접촉해야 한다고 굽히지 않고 주장했다. 상호 확인 시스템이 기대에 어긋난 적이 없었다는 점을 고려한다면, 누구도 나와 블런트를 잡을 수 없다고 나는 확신했다. 그와 나의 반사적인 행동규칙은 한 번 터득하고 나면, 나중에도 결코 잊어버릴 수 없었다.

그래서 나는 1951년에 마지막에 접촉했을 때 합의했던 대로, 접선을 복원하기 위해 옛날 방법에 의지하기로 했다. 어느 날 저녁 나는 블런트의 집 가까이까지 가서 입구 앞에 분필 조각을 아스팔트 위에 뿌렸다. 청소부가 길을 쓸더라도 아스팔트 위에는 흰 자국이 남아 블런트가 조만간 그 자국을 알아챌 터였다.

그러나 이것은 도움이 되지 못했다. 합의했던 접선 장소에 블런트가 나타나지 않은 것이다. 그는 우리가 평소 접선했던 장소에 나타나지 않았다. 내게는 한 가지 방법밖에 남아 있지 않았다. 매복해서 그를 기다리는 것이었다. 나는 그가 평소 어디를 다니는지 알았지만, 우연히 만나는 척을 한다고 해도 내가 직접 그를 만나러 가는 것은 너무나 위험했다.

앤서니 블런트는 그 당시 영국에서 꽤나 유명한 인사였다. 코톨드 연구소Courtauld Institute 소장, 존경받는 교수이자 언론인으로서 전시회, 예술가 모임에서 자주 볼 수 있었다. 또한 예술 관련 학회의 고정 발표자이기도 했다. 나는 블런트가 참석할 만한 전시회나 모임을 찾아 매일 ≪타임스≫의 문화면을 훑었다. 3개월 동안 일일이 셀 수 없을 정도의 전시회를 방문했고, 에트루리아인, 상이집트, 16세기 이탈리아 르네상스 회화 등, 다양한 분야의 강의에 몇 시간씩 앉아 있곤 했다. 나는 이때의 업무를 내 스파이 경력 가운데서 가장 즐거웠던 막간의 시간이라고 기억한다. 체계 없이 들은 것이긴 하지만, 그래도 예술에 대한 별 볼일 없던 내 지식을 놀라울 만큼 넓힐 수 있었던 것이다.

드디어 한 신문 광고가 내 눈에 들어왔다. 예술 애호가를 코톨드 연구소 집회에 초대한다는 광고였다. 이 집회에서는 이탈리아 정부에 보낼 항의서한을 채택할 계획이었다. 이탈리아 정부는 로마에 소재한 개선문 중 하나를 현대식 주택 건설에 방해가 된다는 이유로 없애버리기로 결정했던 것이다. 연사 명단에는 앤서니 블런트도 끼어 있었다.

나는 정해진 시간에 코톨드 연구소에 가서 방명록에 국적은 노르웨이, 이름은 그린글라스라고 적었다. 그때 나는 아직 꽤 체격이 좋았고 금발머리가 촘촘히 박혀서, 어느 모로 보나 틀림없는 스칸디나비아인이었다. 내가 북유럽 인종과 닮은 것은 내 조상인 체리초프Cherychov 때문인데, 그가 스웨덴 여자와 결혼하자 노브고로드 사람들은 화가 나서 그를 도시에서 내쫓아 버렸다고 한다.

나는 맨 앞줄에 앉았다. 블런트가 나를 발견하고, 왜 여기에 왔는지 알아차리고 집회가 끝난 뒤 시간을 낼 수 있길 바라서였다.

블런트는 제시간에 집회에 나왔는데, 좀 늙어 보였고 눈에 띄게 말랐으며 평소처럼 창백했으나 그래도 전과 다름없이 우아했다. 집회 진행자가 연단 위의 바로 내 맞은편 자리를 그에게 권했다.

나는 블런트가 그토록 귀중하게 생각하는 예술에 대해 연설하는 것을 처음으로 보았다. 그는 우리 모두가 보호하려고 온 개선문의 사진들을 머리 위로 들어 올리고 확신에 찬 표정으로 '강도와 같은' 이탈리아 정부를 비난했다.

나는 연설자가 첫째 줄에 앉은 나를 못 알아볼 수 없다고 생각했으나 이상하게도 블런트는 나를 알아보지 못했다. 이럴 가능성을 염두에 두고 미리 르네상스 회화 엽서를 사놓았던 것은 잘한 일이었다. 엽서 한쪽에 나는 정확한 글자로 '내일 저녁 8시, 라이슬립Ruislip'이라고 썼다. 라이슬립 지하철역 가까이에 블런트가 잘 아는 술집이 있는데, 전에 우리가 자주 만나던 곳이었다.

연설이 끝나자 청중은 홀을 빠져나갔고 한 무리의 열성자들만 남았는데, 그들은 연사들의 주위에 둘러서서 정신없이 질문을 퍼붓고 있었다. 블런트는 특히 많은 사람들이 둘러싸고 있었다. 젊은 여성 셋이 다른 사람은 가까이 다가가서 말 한마디도 붙일 수 없을 정도로 열을 내고 있었다. 블런트는 분명히 그들을 매료시켰고, 그들은 서로 경쟁하듯 자기들이 유식하다고 뽐내려 애쓰고 있었다. 그들이 쓸데없는 말들을 계속하며 블런트와 함께 출구 쪽으로 움직이기 시작했을 때 나는 불안해지기 시작했다. 그들이 문간에 이르러 모두 뿔뿔이 흩어지고 나면 블런트를 길 한복판에서 붙잡아야 했는데, 이는 극도로 위험한 일이었다. 그래서 나는 단호하게 숭배자들을 밀면서 손에는 엽서를 들고 여성들 가운데 한 명의 옆구리를 팔

꿈치로 힘껏 밀어제치고 블런트에게 가까이 갔다.

"죄송합니다."

나는 중얼거리며 말했다.

"어느 미술관에 가야 이 그림을 볼 수 있는지 말씀해주실 수 있습니까?"

블런트는 엽서를 받아들어 주의 깊게 들여다보고는, 나를 한동안 바라보았다.

"예, 예, 예."

엽서에 쓰인 나의 세 마디 말에 대답하면서 그는 짧게 말했다.

나는 이제 그가 나를 알아보았고 틀림없이 접선 장소에 나올 것을 알고 돌아서서 나왔다.

다음 날 우리는 만났다. 그는 1951년 이후 수년 동안 신문에 몇 번 불려갔다고 이야기해주었다. MI5은 블런트가 우리와 연결되어 있다는 것을 확신했지만, 확실한 증거를 확보하지 못했던 것이다. 역시 블런트는 전과 다름없이 결의에 차 있었고 그가 우리를 배반할지 모른다고 의심하는 것은 근거가 없는 일이었다. 블런트와 나는 지속되는 신문에 계속 영웅적으로 버티는 필비에 대해 이야기했다. 블런트는 필비의 경제 형편이 우리가 예상하는 것보다 훨씬 더 나쁘다고 말했다. 그는 가족들과 함께 혹독한 가난 속에 살고 있었으나 굳건하게 남아 있었고 불평하지 않았다.

나는 블런트에게 본부가 필비를 돕고 싶어 한다고 말하고, 그가 중간에서 돈을 전달해주길 요청했다. 블런트는 동의했다. 우리는 모스크바에 이 내용을 보고한 뒤 다시 한 번 만나기로 합의했다. 헤어질 때쯤 블런트는 내가 필비를 만나보는 것이 더 좋지 않겠느냐고 물었다. 나는 두 가지 이유로 거절했다. 첫째, 이것은 우리 모두에게 위험이 크다. 둘째, 나는 당신, 블런트만 만나라는 공식적 지시를 받았다. 블런트가 말했다.

"우리가 생각하는 것만큼 필비가 감시를 당하는 것은 아니라오. 오랫동안 방첩기관에서 일한 전문가로서 분명히 확신할 수 있소. 그렇지만 당신이 원하지 않는다면 상관없소."

다음번 우리가 캘리도니언로드에서 멀지 않은 작은 공원에서 다시 만났을 때, 나는 블런트에게 현금 5,000파운드를 넘겨주고 필비의 일이 어떻게 돌아가는지 정기적으로 알려달라고 요청했다. 나는 짧게 버제스와 맥클린이 어떻게 살고 있는지 이야기하고, 우리가 연락할 수 있는 새로운 방법을 상의했다.

이렇게 블런트와 접촉하면서 나는 예전과 똑같이 우리가 미행당하지 않았다는 것을 완전히 확신할 수 있었다. 우리는 서로가 미행당하지 않는지 확인하는 방법을 알았다. 그런데 나는 여기서 예상 밖으로 경계해야만 했다. 누군가가 우리를 바라보고 있었던 것이다. 나는 이것에 블런트의 주의를 환기시켰다.

그는 한바탕 웃고 나서 말했다.

"피터, 여보게! 그가 바로 킴 필비라오. 당신이 지난번 그를 만나지 않는다고 말했지만, 필비와 나는 아무래도 당신이 마음을 바꾸리라 생각했소. 그래서 그가 여기 와 있는 것이고, 당신이 반대하지 않는다면 우리에게로 올 것이라오."

나는 멀지 않은 곳에서 거닐고 있는 사람을 주의 깊게 살펴보았다. 그렇다. 그가 어떤 사람인가. 전설적인 킴이다. 거의 10년이라는 기간 동안 그의 모험과 공적이 내 생애의 일부가 됐으나, 나는 아직 그를 한 번도 본 적이 없었다. 어두운 그의 그림자는 우리와 멀지 않았다. 공원과 평행으로 나 있는 도로에는 어깨가 넓고 단단해 보이는 남자가 코트는 입었으나 모자 없이 걷고 있었다.

필비의 모습은 그날 저녁 내 기억에 너무나 강하게 박혀서 10년 뒤 내가 모스크바에서 그를 만났을 때 금방 알아보았고, '대단히 강한 사람이다. 바위와 같다'고 생각했다.

필비는 가까이 오지 않았다. 나는 그를 만나볼 수도 있었다. 호기심이 억누를 수 없이 나를 그에게로 끌어당겼지만 마음을 결정할 수가 없었다.

만일 그때 내가 솔선해서 그를 만나겠다고 나섰다면, 그것은 현명한 행동이 됐을 터였다. 내가 그때 필비를 만났다면, 우리는 복잡한 출장과 앞으로 닥칠 수 있는 더 큰 위험한 일을 피할 수 있었기 때문이다.

나는 잠시 망설였다. 만약이라도 우리가 미행당하고 있다면 어찌할 것인지 생각했다. 서로 이야기를 나눴다는 단순한 사실만으로도 우리 관계의 부정할 수 없는 증거가 될 수 있었다. 직업적인 경계심이 앞서서 나는 그와 만나지 않겠다고 했다. 블런트가 실망하는 것이 눈에 보였다. 필비가 나무 뒤로 숨는 모습을 보면서 나는 스스로에게 질문을 던졌다. 이 외로운 사람은 지금 무엇을 생각하고 있을까?

우리의 선물은 그의 기분을 살려준 것으로 보인다. 그 후 곧 필비는 그가 할 수 있는 한 모든 용기를 끌어모아야 했다. 그에게 느닷없이 언론매체들이 들이닥쳤던 것이다.

1955년 10월 26일 영국의 모든 신문은 "해럴드 필비가 제3의 공작원인가?"라는 표제를 달았다.

이러한 공격은 전날 밤 하원에서 노동당 소속 의원인 마커스 립턴 Marcus Lipton이 직접 킴 필비가 버제스와 맥클린을 도주시킨 소련의 공작원이라고 노골적으로 선언하면서 시작됐다. 이는 심각한 고발이었으나 언론은 단어 선택에 신중을 기했다. 이보다 2주 전에 미국 가십 신문에서 다소 비열하게 바로 이 내용을 보도한 사실을 먼저 지적해야 한다. 따라서 영국의 신문 발행인들은 허위 비방에 대한 제소 가능성을 염두에 두고, 립턴의 말을 문자 그대로 옮기는 것으로 스스로를 제한했다.

동시에 한때 FBI가 '호머'라고 의심했던, 불운한 주미 영국 대사인 로저 메이킨스도 조롱의 대상이 됐다. 그는 맥클린을 엄중히 통제하라는 지시를 받은 뒤에, 불행하게도 의심받고 있는 외교관에 대한 비난이 "아무런 근거가 없다"라고 어디엔가 쓴 적이 있었다. 언론은 또한 레딩 경Lord Reading에게도 빈정거렸다. 얼마 전 상원에서, 레딩 경은 과거 자신이 버제스와 맥클린에 대해 "결코 의심의 대상이 아니다"라고 언명했던 것은 "공공의 이익을 보호하기 위해서"였다고 보고한 바 있었다.

영국의 전국지 한두 개는 골수 파시스트 프랑코가 1938년 필비에게 훈장을 수여했고, 조지 6세 역시 그에게 영국 훈장을 수여했는데도 그가 소련 공작원이라면 이상할 수밖에 없다고 지적하고는 립턴의 고발에 동의하지 않았다. 필비는 숨 막히는 용감함과 무모함으로 머리를 짜면서 적들을 공격하기로 결심했다. 얼마간 그는 기자들과 대화를 거부했으나, 11월 8일 어머니의 집에서 언론과 공개적으로 인터뷰했다. 도전적이고 풍자적이며, 멋지게 옷을 차려입은 필비는 자신에 대한 모든 비판을 유언비어와 헛소리라고 몰아붙이면서 기자회견을 시작했다. 그러고 나서 탐욕스러운 미소를 띠운 뒤 공격으로 옮아갔다. 첫 번째로 그는 립턴이 하원에서 한 거짓 고발을 모든 국민 앞에서 반복하라고 요구했다. 그리고 이를 법에 따라 책임을 묻겠다고 했다. 두 번째로 필비는 그의 반대자들에게 어떤 것이라도 좋으니 사실을 거론하라고 요구하고, 기밀이라 대중에게 발표할 수 없다면 추밀원에 제출하라고 보란 듯이 여유를 보이며 제의했다. 그러한 기발한 방법을 사용한 뒤 필비는 자신의 정치적 신념으로 화제를 옮겼다. 흉내 내기 어려울 정도의 도전적인 태도로 그는 다음과 같이 언명했다.

"상대가 공산주의자임을 알고 대화를 나눈 것은 1934년이 마지막이었고, 1951년 4월 공산주의자와 마지막으로 대화를 나누었으나 나는 그 사실을 몰랐다. 상대는 내 집에서 머물던 가이 버제스였다."

이러한 훌륭한 연극 끝에 립턴은 뒤로 물러섰고, 대중 앞에서 필비에 대한 비난을 반복하지 않았다.

필비는 더할 나위 없이 완전한 기교로 자기의 최후 수단을 이용했던 것이다. 우리는 물론이거니와 필비 자신도, 영국 정부는 필비에게 불리한 신빙성 있는 증거를 얻지 못했으며 그의 활동에 대한 비밀 조사에서도 아무것도 찾아내지 못했다고 결론지었다. 외무부 장관 해럴드 맥밀런Harold Macmillan은 결국 대중 앞에 선언하지 않을 수 없었다. 그는 말했다.

"영국 정부에는 해럴드 필비가 나라의 법을 위반했다는 증거가 없다."

1951년부터 그를 지원한 필비의 친구들은 기뻐서 어찌할 줄을 몰랐다. 그들은 필비가 옛 직장에 복귀하는 것은 있을 수 없는 얘기임을 잘 알았지만, 1956년에 필비를 ≪옵서버≫와 ≪이코노미스트≫의 베이루트 특파원으로 파견했다.

바로 그해 흐루쇼프는 버제스와 맥클린이 소련에 체류하고 있다는 사실을 공식적으로 공표하고 이들 두 명은 소련의 시민이라고 선언했다.

베이루트에서 필비는 타고난 재주 때문만이 아니라 레바논의 폭넓은 인맥 덕분에 기자로서 눈부시게 이름을 날렸다. 그의 보도는 생동감 있고 아름다운 문장으로 남달랐으며, 중동 지역에 관한 충실한 기사로써 영국에서 큰 인기를 끌었다. 그는 가끔 KGB를 위해서도 일했다. 그 당시 우리의 베이루트 고첩망은 무서울 정도로 적극적인 활동을 펼치고 있었다. 필비가 보낸 영국의 중동 지역 정책 정보는 아랍 국가들과 관계를 수립할 수 있게 해줘 우리 정부에서 대단한 가치를 발휘했다. 필비는 자료를 단순한 정보 수집 보고보다는 오히려 정치 분석에 더 가까운 형식으로 작성했다. 나도 그 가운데 몇 개를 읽었는데, 그가 아직도 눈부신 스타일을 잃지 않았다는 것을 알게 되어 만족스러웠다.

필비는 때때로 귀국휴가 때마다 만났던 앤서니 블런트에 대한 소식도 우리에게 전해왔다. 필비에 따르면, MI5 요원들은 아직도 블런트에 대한 신문을 그치지 않고 있었다. 그들은 사전 통고 없이 그를 소환해 모순점을 찾으려고 애썼다. 가끔은 전술을 바꿔서 얼마간 그를 잠잠하게 놔두었다. 필비에게 그랬던 것처럼 그들은 블런트에게 똑같은 질문을 여러 번 던졌다. 방첩기관은 블런트가 버제스와 가까운 관계였기 때문에 KGB를 위해 일한 것이 틀림없다고 확신하고 있었다.

필비의 생각으로는 MI5가 블런트를 다루는 데 헤매는 이유는 두 가지 요소 때문이었다. 나도 이 의견에 동의하는데, 첫 번째 요소는 블런트가 버제스의 친구일 뿐만 아니라 그의 애인이었다는 것이다. 이 사실만으로도 그들 가운데 하나는 상대방을 배반할 수 없었다. 두 번째 요소는 블런트는 청년 시절의 이상을 절대로 버리려 하지 않는 명예를 아는 사람이라는 것이다.

블런트가 우리와 관계를 맺은 것을 후회하고 있을까? 필비도 나도 이것은 알 수 없었다. 그의 기분이 어떨지라도 필비는 우리에게 앤서니 블런트가 굳건히 버틸 것이라고 보고했다.

에일린 필비와 그녀의 다섯 아이들 — 존, 조세핀, 토미, 미란다, 해리 — 은 베이루트에서의 생활이 너무 힘들 수 있기 때문에 영국에 남아 있었다. 남편이 떠난 뒤 곧 에일린의 건강은 심각하게 악화됐다. 호흡장애, 심장병과 폐결핵 초기 증상의 합병증이 일어났다. 더욱이 필비는 에일린이 레바논으로 올 필요가 없다고 생각했다.

그럼에도 킴 필비는 레바논에서 외롭지 않았다. 그의 부친 해리 필비는 이븐사우드의 뒤를 이은 사우디아라비아 왕자들과 말다툼을 벌인 뒤, 사우디인 아내 로지와 두 아들 할리드와 파리드(킴의 이복형제들)와 함께 베이루트에서 멀지 않은 아잘토운의 마로니트 산에서 살고 있었다. 필비도 그곳에서 살기 시작했다. 업무 때문에 수도로 갈 때를 제외한 나머지 시간들은 그곳에서 부친과 함께 보냈다. 그는 생애 처음으로 이 괴팍한 노신사와 오랫동안 대화할 수 있었으나 그에게도 자기가 소련을 위해 일하고 있다는 것을 고백하지 않았다. 1956년 11월 해리 필비는 이븐사우드 왕가와 화해하고 아내와 자식들을 이끌고 아라비아로 돌아갔다.

이제 킴 필비는 다시 외톨이로 남았다. 1957년 그는 어머니 도라의 죽음으로 큰 충격을 받았는데, 그녀는 전 생애 동안 킴의 아버지를 사랑했고 그가 자기에게 다시 돌아오리라는 희망을 버리지 않았다. 이러한 타격 이후 필비는 과음하기 시작했다. 또한 그는 서식스 주 동부의 크로버러에서 살고 있는 가족의 형편을 계속 걱정했다. 필비는 그들에게 근근이 살아갈 수 있을 정도의 돈만 보낼 수 있었다.

이즈음 필비는 ≪뉴욕타임스≫의 중동 특파원인 샘 포프 브루어Sam Pope Brewer와 그의 아내 엘리너Eleanor와 친해졌다. 필비는 곧 엘리너를 유혹했고 그녀의 남편은 이를 못 본 척했다. 엘리너가 가족들과 지내기 위해 미국으로 가고 없는 사이 필비는 에일린이 죽었다는 소식을 받았다. 1957년 12월 11일이었는데, 에일린은 47세밖에 되지 않았다.

다음 해 엘리너가 베이루트로 돌아왔다. 필비는 그녀에게 남편과 이혼하고 자기의 아내가 되어달라며 청혼했다. 그녀는 동의했고 1959년 1월 24일 런던에서 결혼식을 올렸다. 결혼식에서 필비 쪽 증인들로 비밀기관에서 근무하는 동료 두 명이 나섰다. 버제스와 매클린이 도주한 지 8년이 지난 뒤 MI5는 필비에 대한 의혹을 거둔 듯했다. 정말 필비를 그대로 내버려두기로 결정한 것일까? 곧 필비는 전혀 그렇지 않다는 것을 알았다.

그는 아이들을 계모에게 인사시키고 함께 베이루트로 돌아왔다. 1960년 9월 30일, 아들과 함께 머물던 해리 필비가 별안간 심장발작을 일으켜 향년 75세로 숨을 거두었다. 이는 필비에게 두 번째 충격이었다. 그는 베이루트의 이슬람 공동묘지에서 성대한 장례식을 치렀다.

이때부터 필비는 술을 심하게 마시기 시작했고 아내는 그의 옆을 떠나지 않았다. 2년이 지나자 그는 알아보기 어려울 정도로 변했다.

MI5는 이를 이용하기로 결정했다.

1963년 새해를 맞이하자마자 과거 MI5의 베이루트 고첩이며 그의 오랜 친구인 니컬러스 엘리엇Nicholas Elliott이 필비를 방문했다. 지난해 그로부터 아무 소식이 없었는데, 특별히 필비를 보기 위해 런던에서 온다는 것은 신기한 일이었다. 그러나 필비는 생활이 너무 문란해져서 경계심을 잃고 이것에 아무런 의미를 부여하지 않았다.

그들이 늦게까지 술병을 앞에 놓고 앉아 있다가 이제 식탁에서 막 일어서는데, 엘리엇이 느닷없이 말했다.

"지금 우리는 네가 소련 스파이라는 부정할 수 없는 증거를 갖고 있어."

필비는 전에 없던 확신에 찬 태도로 그의 말을 반박했다. 그러나 엘리엇은 그에게 플로라 솔로몬Flora Solomon의 진술에 대해 얘기했다.

필비는 오래전부터 솔로몬과 친밀한 우정을 나누고 있었다. 그녀는 대단히 똑똑하고 정치에 관심이 많은 여성으로 은행가 집안인 로스차일드가의 친척이었다. 엘리엇의 말에 따르면, 솔로몬은 킴 필비 스스로가 소련 공작원이라고 그녀에게 말했을 뿐만 아니라 그녀를 KGB에 포섭하려 했다고 진술했다는 것이다.

이 순간 그 많은 신문을 버텨냈고 그 무수한 덫을 피해온 사람이 의외로 쉽게 항복하고 말았다.

뒷날 나와 필비는 모스크바에서 만나면서, 그의 전 생애를 바꿔버리고 그의 모든 세계를 파멸시킨 이 이야기를 자주 회상했다. 나는 지금도 플로라 솔로몬이 그의 비밀을 폭로한 것이 사실인지, MI5가 그녀가 폭로했다고 조작한 것인지, 또는 그녀가 정말 누구에게 그 비슷한 말을 전해들은 것인지 알지 못한다. 그녀의 친구인 에일린 필비가 말했을 가능성도 배제할 수는 없다. 지금은 누구도 진실을 알 수가 없다.

베이루트에서 이야기를 마친 뒤 니컬러스 엘리엇은 필비에게 서면 형식으로 상세한 자백서를 만들라고 제의했다. 그 뒤 엘리엇은 자기 호텔로 갔는데 이상하게도 48시간 동안 누구도 그를 보지 못했으며, 그와 관련한 아무 얘기도 들을 수 없었다. 시간이 지나 상황을 분석할 수 있을 만큼 정신을 가다듬은 필비는 우리 사람들과 연락해서 그가 얼마나 큰 실수를 저질렀는지 말할 수 있었다. 우리의 베이루트 고첩이 앞으로 어떻게 할 작정이냐고 물었을 때, 킴 필비는 주저 없이 그의 유일한 출구는 즉각 소련으로 망명하는 것이라고 답변했다.

필비를 레바논에서 빼내는 것은 아주 간단한 일이었다. 그가 할 일은 짐을 꾸려서 베이루트 항에 정박 중인 소련 화물선 '돌마토프Dolmatov'호에 오르는 일뿐이었다. 1월 23일 배는 닻을 올리고 주니에Jounieh에서 출항했다. 필비는 갑판에 서서 항구가 천천히 선미 뒤로 사라지는 것을 바라보면서 영국과 마지막 연결이 영원히 끊어졌다고 생각했다. 아이들을 제외한다면, 그와 과거를 연결해주는 고리는 이제 모스크바에서 12년째 살고 있는 도널드 맥클린과 가이 버제스였고 이제 곧 이들과 합류할 터였다.

그러는 사이 KGB는 그의 족적을 없애기 위해 재빠른 조치를 취했다. 엘리너는 여러 아랍 국가에서 보낸, 남편이 취재 때문에 출장을 갔다는 내용의 편지들을 받았다. 그러나 이번에는 영국 언론을 바보로 만드는 데 성공하지 못했다. 버제스와 맥클린처럼 필비가 소련으로 떠났다는 것이 모두에게 명백했다. 엘리너는 얼마간 베이루트에 남아 있었으나, 남편이 결코 돌아오지 않을 것이라는 것이 분명해지자 미국의 집으로 돌아갔다. 그곳에서 필비가 모스크바에서 쓴 편지를 받은 뒤 모든 것을 알게 된 엘리너는 답장에서 곧 그에게 가겠노라고 약속했다.

이 사건을 통틀어서, 니컬러스 엘리엇의 역할은 내게 계속 수수께끼로 남아 있다. 나는 MI5가 아예 필비를 체포할 생각이 없었고, 필비의 구두자백을 받아내 정신을 판 사이에 필비가 망명했다는 식으로 발뺌하려고 했다는 인상을 받았다. MI5는 베이루트에서 그를 체포하거나 집중 감시하는데 어떤 방해 요소도 없었다. 어떤 식으로든 이유를 만들어 그를 런던으로 불러들이거나, 그가 변함없이 영국에서 보내는 휴가 기간 중에 체포하는 것은 대단히 간단한 일이었을 것이다.

내 생각에는 이 모든 사건에는 정치적 흑막이 있는 것으로 보인다. 필비의 재판에서 영국 정부가 이겨서 무엇을 얻을 수 있는가? 충격적인 진술 내용과 스캔들로부터 피할 수 없는 반향을 일으킬 공개적인 재판은 온 영국 기관들을 뿌리까지 송두리째 흔들어놓을 터였다. 이 재판은 영국 비밀기관들의 용인할 수 없는 태만은 차치하고라도 1938년부터 1963년까지의 한심한 영국 정부의 무능을 드러낼 수 있었다.

첫 번째 영국 파견근무를 끝낸 뒤인 1953년 본부는 나에게 특별임무를 주어 다시 영국으로 보냈다. 나는 모스크바 주재 영국 대사관이 아무런 거부조치 없이 비자를 발급했기 때문에 무사히 영국에 도착할 수 있었다. 이는 분명히 케른크로스, 블런트를 포함한 내 공작원 가운데 어느 누구도 내 이름을 불지 않았다는 것을 말해주었다. 나는 입국장을 통과할 때 상당히 흥분상태에 있었음을 인정하지 않을 수 없다. 그러나 모든 것은 무사히 지나갔고 다시 익숙한 분위기에 빠져 완전히 안정감을 찾았다.

1955년 나는 다시 런던으로 왔는데, 이번에는 1956년으로 예정된 불가닌과 흐루쇼프의 국빈 방문 준비를 위해서였다. 당초에는 짧은 기간 임시로 출장 온 것이었으나, 대사관 소속의 거점장으로서 책임을 수행하도록 임명받음으로써 반영구적인 것으로 바뀌어버렸다. 이렇게 된 것은 코로빈이 국빈방문 기간 중 혹시라도 사고가 나지 않을까 미리 겁을 먹고 고위층 보호 역할을 내게 떠넘긴 다음, 자기는 이러한 불행한 일에서 손을 떼고 모스크바에 앉아 있기로 약삭빠르게 결정했기 때문이었다. 1956년 5월 아내가 딸 올랴를 데리고 도착했다. 나의 두 번째이자 마지막 영국 파견 근무는 1958년 5월까지 계속됐다.

이 당시에는 버제스-맥클린 사건은 거의 잊혔고, 신문은 더 중요한 문제인 흐루쇼프의 반스탈린 정책, 헝가리 봉기, 수에즈 운하 위기 등에 관심을 집중하고 있었다. 영국은 소련의 정책에 큰 불만을 표하고 적대적인 태도를 취하기까지 했는데, 나는 물론 대사관 직원들도 그렇게 느끼고 있었다. 부다페스트 사태는 영국 공산당원 사이에 분열을 가져왔고, 항의의 표시로 많은 당원이 당원증을 찢어버렸다.

다음 해인 1957년이 되어서야 우리에 대한 서방, 특히 영국의 태도가 부드러워졌다. 이해에 우리의 첫 우주선 '스푸트니크Sputnik'호가 하늘로 날았고, 이는 헝가리 사태로 빚어진 좋지 않은 인상을 어느 정도 완화할 수 있었다.

1957년 10월 4일 소련은 인류 역사상 최초로 우주선을 지구궤도에 쏘아 올림으로써 전 세계를 놀라게 했다. 한 달 뒤 우리는 라이카종 개를 실은 두 번째 우주선을 발사해 6일 동안 우주공간에서 살아남았음을 보였고, 무중력상태가 생명체에 위험하지 않다는 것을 증명했다. 이러한 실험은 영국에 화제를 불러일으켰다. 영국에서는 미국만이 현대의 기술적 문제를 해결할 수 있는 것이 아니라는 말이 공개적으로 거론되기 시작했다. 영국 여론은 더욱더 우리에게 호의적으로 바뀌었다. 헝가리 봉기 진압과, 흐루쇼프가 스탈린의 공포정치를 공개적으로 인정한 것과 관련한 불만이 매우 날카로워지고 있었는데, 이러한 것들이 조금 가라앉았던 것이다.

그런데 이렇게 어느 정도 호의적으로 변한 분위기 속에서 1957년 11월 어느 날 아침, 출근길에 사람들이 맹렬한 기세로 무리를 지어 대사관을 둘러싸고 있는 것이 눈에 들어왔다. 아마 1956년 우리의 헝가리 정책에 항의하던 데모 때보다 적지 않은 수였을 것이다. 여성들이 항의의 함성을 지르며 플래카드를 흔들어댔는데, 거기에는 "빨갱이 놈들! 개를 우주로 보내지 마라!"라고 쓰여 있었다. 대사관은 불안과 무거운 분위기에 휩싸였다.

데모대는 대사와의 면담을 위해 대표단을 보내왔다. 대사 대신 내가 나갔다. 분개한 남녀 일고여덟 명이 문을 비집고 들어왔다. 각자 개를 한 마리씩 데리고 있었다. 나는 그들 앞에서 일장 연설을 했다.

"소련인도 영국인 못지않게 개를 사랑합니다."

그리고 나는 영광스러운 우리의 과학발전에 대한 선전으로 바로 넘어가는 실수를 저지르고 말았다. 돌아온 반응은 침울하고 적대적인 시선들이었다. 나는 당황했다. 그래서 잘못을 바로잡기 위해 본능적으로 불도그의 두 앞다리를 잡고 젖은 콧등에 뜨겁게 뽀뽀했다. 이 제스처가 있자 큰 박수 소리가 터져 나왔고 일은 잘 해결됐다. 대표단은 데모대에 면담결과에 대해 보고했고 그들은 완전히 만족하면서 떠나갔다.

1963년 필비가 베이루트에서 탈주하고 8월 19일 모스크바에서 버제스가 사망하면서 버제스-맥클린 건이 다시 주목받았다. 1964년 초 앤서니 블런트는 영국 당국에 모든 것을 자백했다.

블런트는 버제스가 죽기 전까지 그가 언젠가 영국으로 돌아오리라는 희망을 버리지 않았다. 버제스가 떠난 뒤 12년이라는 기간을 버텨왔던 것이다. 그러나 친구가 세상에 존재하지 않는 지금, 블런트는 자기 생애를 그토록 오랫동안 중독시킨 무거운 짐을 벗어버릴 수 있다고 생각했다. 그는 빈틈없는 치밀함으로 매끄럽게 자백서를 만들어, 검찰총장에게 소련과의 관계에 대해 진실을 말한다면 벌하지 않겠다는 약속을 받아낸 뒤 그것을 영국 당국에 제출했다.

그렇게 블런트가 MI5에 내 이름을 보고했다. 다행스럽게도 내가 영국을 떠난 지 이미 5년이 지난 시점이었다. 버제스, 블런트, 필비와 맥클린을 최근까지 조종한 소련 연락관은 '피터'라는 가명을 사용한 사람이었음이 영국인에게 알려졌다. 블런트는 피터가 다름 아닌 바로 소련대사관 공보과의 평범한 직원인 모딘이라고 보고했던 것이다.

내 이름이 신문지상에 나타나기 시작했으나 어느 신문도 블런트를 인용하지 않았으며, 그의 보고 내용은 MI5의 극비로 남아 있었다. 블런트는 자질구레한 별 의미 없는 자료들을 그를 취조한 MI5의 마틴에게 가져왔으나, 마틴은 보고서에서 "블런트는 전쟁 중 전과 같이 변함없이 공산주의 이상을 품고 소련 비밀기관들과 협력했으나, 1945년 정보제공을 끝냈다"라는 결론을 내렸다.

블런트는 자백하면서 자기가 전쟁 후부터 1951년까지 버제스와 나 사이의 중계자였다는 사실은 숨겼다. 블런트의 진술은 대단히 단순했다. 그는 재판에서 불리하게 이용되지 않을 만큼만 자백했던 것이다. 이는 아주 올바른 선택이었다. 1961년 우리의 다른 공작원인 조지 블레이크George Blake가 체포됐는데, 블레이크는 매우 다른 방식으로 행동했다. 장기징역을 선고할 수 있는 모든 자백에 서명했던 것이다.

블런트와 관련된 모든 것이 비밀에 부쳐졌는데, 이는 엘리자베스 여왕이 그렇게 바랐기 때문이라고 나는 생각한다. 여왕은 1956년 블런트에게 기사작위와 훈장을 수여한 바 있으며, 여왕의 아버지 조지 6세는 블런트와 친구로서 그와 함께 미술관과 전시회를 참관하기 좋아했다는 사실을 잊지 말아야 한다. 블런트는 17세기 미술에 대한 세계의 가장 저명한 전문가 가운데 한 사람이었고, 왕은 예술과 관련해 그의 이야기를 듣기 좋아했다. 무엇보다도 이 때문에 여왕은 그의 공산주의에 대한 신념에 눈을 감았고 사실상 비밀로 그를 사면한 것이다.

1979년이 되어서야 당시 총리인 마거릿 대처는 비밀기관에 대한 책들[특히, 앤드루 보일Andrew Boyle의 『배신의 기후the Climate of Treason』]이 세상에 나오자 다시 이 문제에 손을 댔다. 이 책에서 블런트의 이름은 거론되지 않았으나 작가의 암시로 쉽게 추측할 수 있었다. 마거릿 대처가 블런트가 소련의 공작원이었다는 사실을 밝히자, 블런트는 즉각 기사작위를 반납했고 미술사협회의 공식 직위에서 사임하겠다는 뜻을 밝혔다. 그러나 협회 위원들은 사임을 받아들이지 않았고, 또 다른 뛰어난 미술사가인 스테인버그Steinberg 교수는 앤서니 블런트 경이 미술사 분야에 기여한 업적을 과소평가할 수 없으며, 따라서 자신은 이 힘든 시기에 그를 차버릴 생각이 없다고 연설했다.

그 뒤 블런트는 기자회견을 열었는데, 이 회견은 회견 나름대로 걸작이었다. 특별히 선정된 기자들 앞에서 소련을 위해 일했다는 사실을 확실히 인정했다. 그는 말했다.

"1930년대 중반에 이것은 양심의 문제였습니다. 반파시즘 투쟁을 하지 않는 것은 나라를 배반하는 것을 의미했습니다."

그는 버제스와 맥클린에게 체포될 수 있다고 미리 알려주었다는 비난에 대해서는 단호하게 반박했다. 어떤 정보를 소련에 넘겼는지, 그리고 넘기기는 한 것인지 물었을 때, 그는 긍정적으로 답변했다. 덧붙여 이렇게 강조했다.

"그러나 전시에만 그랬습니다. 또한 그 정보는 당시 내가 MI5에서 있던 직책상 큰 무게는 없는 것들이었습니다. 나는 소련에 독일 비밀기관과 관련된 정보만 보고했고 결코 영국 정보기관들은 건드리지도 않았습니다."

이는 물론 전쟁이 진행 중이었던 시기만 고려한다면 틀림없는 사실이었다. 그러나 한 기자가 케임브리지에서 소련을 위한 공작원을 포섭했는지에 대해 물었다.

"공직자비밀엄수법Official Secret Act에 따라 이 질문에는 답변할 수 없습니다."

블런트는 재치 있게 답변했다.

나는 모스크바에서 이 인터뷰를 보도한 기사들을 읽으면서 블런트의 비상한 재치에 한없이 매료됐다.

블런트의 여러 진술들이 밝혀지자 자연스럽게 영국 언론은 '다섯 번째'는 누구일까 하는 추측에 불을 지폈다. 앤드루 보일은 "지금 살아 있는 스물다섯 명의 영국 시민들(그 가운데 하나는 귀족)이 한때는 소련의 공작원이었다"라고까지 확언했다.

더 나아가서 보일은, 영국 방첩기관이 이들을 모두 신문했으나 그들의 이름은 확실한 증거가 없어 알려지지 않았다고도 말했다. 몇몇 기자들은 보일이 의심하는 사람들 가운데는 1973년부터 1978년까지 MI6 간부였던 모리스 올드필드Maurice Oldfield도 들어 있다고 지적했는데, 이 사람이 버제스 그룹이 발각된 것을 필비에게 통보했다는 것이다. 내 생각으로는 이러한 이야기에는 의미를 부여할 가치조차도 없다고 본다.

이러한 소동은 점점 잦아들었다. 블런트는 조용히 자기 일에 전념할 수 있었다. 그는 예전과 같이 17세기 미술에 대해 강의하며 여러 대학과 학술단체에서 유명한 인물로 남았다. 블런트는 프랑스 화가 푸생*에 대한 관심이 특히 컸는데, 1966~1967년에 그의 그림들에 대해 기념비적인 노작을 써서 출판했다. 이 책은 지금까지도 현대 전문가들의 상용 참고서이다.

앤서니 블런트는 1983년 3월 26일 죽었다. 그는 불과 같이 활활 타오르면서도 비사교적이었고 언제나 수수께끼 같은 인물이었다.

* 니콜라 푸생(Nicolas Poussin, 1594~1665). 프랑스 화가, 고전주의의 대표자.

유리 모딘 *Yuri Modin*

◀ 나는 1960년 모스크바로 귀환했다. KGB 동료들과 함께 찍힌 사진(오른쪽에서 두 번째)

◀ 인도 외교관들과의 대담(가운데), 1967년

◀ KGB정보학교에서 강의하는 모습, 1978년

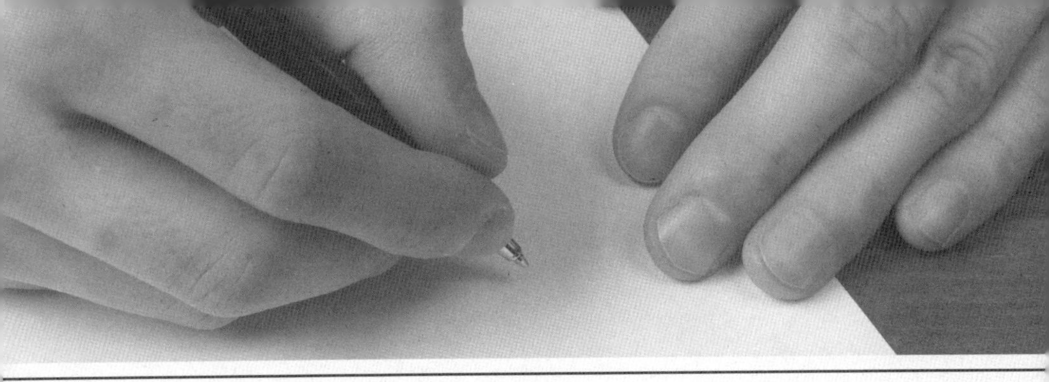

08

세 명의 소련 시민

08

가이 버제스와 도널드 맥클린이 소련에 도착했을 때 나는 아직 런던에 있었다. 나는 첫 번째 영국 파견근무가 끝난 1953년 5월에 가족과 함께 모스크바로 돌아왔다.

그해 여름, 나는 버제스와 다시 만났다. 이제 그는 짐 안드레예비치 엘리오트Jim Andreievich Eliot로 불렸는데, 조지 엘리엇이라는 가명으로 유명한 영국의 여류 작가 메리 앤 에번스Mary Anne Evans에 대한 존경의 표시였다. 버제스는 소련 당국이 1년 이상을 체류시킨 쿠이비셰프(현재의 사마라)에서 그때 막 돌아왔다.

그는 내게 소련 당국이 두 사람을 모스크바에서 멀리 떨어진 곳으로 데려간 이유는 그들이 외국인과 접촉하지 않길 바랐기 때문이라고 말했는데, 이는 사실 맞는 말이었다. 나는 맥클린을 만나러 쿠이비셰프로 가지는 않았다. 나와는 잘 모르는 사이이거니와 맥클린 자신이 KGB 요원 가운데 누구와도 만나려 하지 않았기 때문이다. 맥클린은 러시아어를 배운다면서 방해받고 싶지 않다고 했다.

버제스는 모스크바에서 멀지 않은 셰레메티예보sheremetyevo공항으로 가는 도중의, 큰길에서 멀리 떨어지지 않은 강가의 자그마한 마을에서 살았다. 지금 그곳은 아파트들로 꽉 들어서서 알아볼 수 없게 됐다. 본부는 내게 아무 때나 그를 만나도 좋다고 허락했다.

버제스의 집은 크지 않아도 보기에 아름답고, 나무로 지은 러시아 전통

형식의 조그만 집이었다. 그는 혁명 이전의 옛날식으로 된 집에서 살고 싶다고 특별히 요청했고 그 희망은 바로 받아들여졌다. 그에게는 가정부가 제공됐고 일상생활에서 그를 돕기 위해 KGB에서 나온 경호원이 배치됐다. 버제스는 그 집이 마음에 드는 것 같았다. 가구가 잘 비치된 방 다섯 개와 주방기구가 완비된 부엌이 있었다. 정원은 크고 잘 손질되어 있었고 과일나무가 많았는데, 지식인이 혼자 사는 고적한 은신처로서 모든 것이 그에게 잘 어울렸다.

버제스는 대단히 기뻐하며 나를 맞아주었고, 우리는 포도주를 마시며 이야기를 나눴다.

신기한 일 하나를 소개하자면, 이 직업에 종사하는 사람은 같이 일하는 사람을 다른 어떤 사람보다도 훨씬 더 깊이 그리고 더 잘 알게 된다. 업무로 서로 만나면 변함없이 긴장하고 아주 조그만 제스처나 얼굴의 표정에 대해서도 반응한다. 이렇게 함으로써 우리는 대화 상대자를 대단히 빨리 파악할 수 있게 된다. 우리의 근육과 신경은 긴장하게 되고 모든 감각기관은 더욱 민감해진다.

소련에 도착해서 바로 쿠이비셰프에서 보낸 처음 몇 달 동안, 가이 버제스에게는 새로운 생활이 쉽지 않았던 것 같았다. 그러나 그는 KGB와 좋은 관계를 유지했고 그에 대한 조사도 잘 지나갔다. 루뱐카에서 그를 찾아오는 요원과 가족적인 분위기에서 점심을 먹으며 이야기했다. 그들은 버제스를 이중 공작원으로 의심하지 않았고 어떠한 압력도 가할 생각이 없었다. 그 당시 본부로서는 아직 서방에 남아 있는 필비를 깊이 우려했기 때문에, 우리 요원들은 자주 버제스를 방문해 필비를 도우려면 어떤 조치를 취해야 하는지 등에 대해 의견을 묻고 충고를 듣곤 했다.

그는 그러한 방문을 귀찮아하지는 않았지만, 영국 귀국을 불허하는 이유를 이해하지 못했다. 버제스는 영국이 그에게 불리한 어떤 증거도 가지고 있지 않다고 확신했다. 내게 그의 운명을 해결해줄 수 있는 어떤 방법이라도 있는 것처럼, 눈도 깜짝이지 않고 MI5의 신문을 얼마든지 버텨낼 수 있다고 말했다. 모스크바에서 약 1,000킬로미터 떨어진 볼가 강 가의 침침한 공업도시 쿠이비셰프에서 보낸 생활은 조금도 재미를 느낄 수 없었던 것으로 보였다. 일시적이나마 그곳에 살도록 한 조치로 그가 몹시 화났음을 나는 금방 알 수 있었다. 그는 우리를 위해 모든 것을 바쳤음에도, 그 결과로 얻은 이러한 유형(流刑)에서 자기를 해방시킬 수 있는 것은 자기의 '조언'일 것이라고 생각했다. 버제스에게 지루함과 할 일이 없는 것은 무서운 고문이었다.

이 보수적인 시골 도시에서는 성 문제에서 버제스 자신과 같은 시각을 갖고 있는 사람을 만나기란 여간 어려운 일이 아니었고, 또한 맥클린도 같은 쿠이비셰프에 살았지만 만나는 일은 아주 드물었다. 두 사람은 각기 그 도시의 끝과 끝 반대편에서 살고 있었다. 그들은 때때로 서로 만나기는 했다. 그들이 그토록 외로움을 느끼고 있었다면 왜 자주 만나지 않고 있었는지 참으로 이상하다. 둘 모두 러시아어를 하지 못했으며, 이 넓은 지역에 영국인이라곤 두 사람뿐이었다. 그러나 그들의 행동을 심리학적 관점에서 분석해본다면 모든 것을 잘 이해할 수 있다. 참을 수 없는 조건에서 징역살이나 인질로 잡힌 것과 같이 어떤 극적인 시련을 함께 경험한 사람들은, 모든 일을 함께 겪은 사람을 보고 싶어 하지 않는 경우가 종종 있다. 그들은 의도적으로 과거를 잊으려고 노력하는데, 이는 두려웠던 체험과 연관된 사람을 보게 되면, 지난날의 상처가 다시 자극받을 수 있기 때문이다.

쿠이비셰프에 도착하는 날부터 버제스와 맥클린의 길은 결정적으로 갈라졌다. 버제스는 러시아어 공부를 단호하게 거절했고 그에게 어떤 일도 주어지지 않았기 때문에, 책으로 소일하거나 시내를 돌아다녔다. 그는 그루지야 포도주를 좋아했고 이따금 한두 잔씩 마셨다.

맥클린은 자신이 존경하는 스코틀랜드 인류학자인 제임스 프레이저James Frazer의 이름을 따서 이제 마르크 페트로비치 프레이제르Mark Petrovich Frazer로 개명했다. 그는 버제스와는 달리 새로운 생활환경에 적응하기로 결심했다. 무엇보다도 먼저 러시아어를 공부하기로 했다. 그는 쿠이비셰프에서 가능한 범위 안에서 계속 정치 문제에 관심을 두었다. 맥클린도 역시 그다지 행복한 것은 아니었겠지만 버제스와는 달리 최소한 소련에서의 생활을 피하지 않았다. 소련으로 온 세 명의 케임브리지 출신 가운데서 맥클린은 유일하게 러시아어를 잘 배운 사람이었다.

나는 1951년부터 뇌리에서 떠나지 않았던 질문을 버제스에게 던졌다. 왜 프라하에서 영국으로 되돌아가지 않았는가? 그때쯤 맥클린은 이미 위험에서 벗어났다고 볼 수 있었고, 버제스는 사명을 완수했으니 쉬이 런던으로 돌아올 수 있었다. 버제스에게서 명료한 답을 들을 수 없었으나, 나는 그가 무엇을 해야 할지 결론을 완전히 내리지 못한 상황이었다는 인상을 강하게 받았다. 그는 크렘린에서 그를 위해 화려한 환영회를 열어주리라 상상하며 잠시 즐길 마음으로 맥클린과 함께 모스크바로 온 것이 아닐까? 그래서 영국 귀환을 금지하자 정말로 놀랐던 것이다. 그는 KGB의 결정을 대단히 못마땅하게 여겼다. 버제스는 내가 KGB에서 실제 이상의 중요한 위치를 차지한 사람이라고 생각하면서 자기의 모욕감을 나에게 쏟아냈다.

1953년 이후 나는 철칙이라도 되는 양 항상 시간이 있을 때마다 가이 버제스를 방문했다. 그를 볼 때마다 소련 생활에 적응하지 못하는 모습에 가슴 아팠다. 버제스는 영국으로 돌아갈 수 있는 날이 올 것이라는 환상에 젖어 있었다. 그에게 유일한 한 줄기 희망의 빛은 1954년 초 그의 어머니가 방문한 것이었다.

나는 1953년 9월에야 처음으로 도널드 맥클린을 직접 볼 기회가 있었다. 나는 맥클린과 가족의 만남을 추진하는 소위원회 위원에 임명됐다. 우리는 기자나 외국인 가운데 혹시라도 누가 맥클린 가족을 알아볼까 염려해 공항에서 맞이하지 않고, '디나모' 경기장 근처의 '소베츠카야' 호텔에서 만나도록 주선했다.

그 장소에는 KGB 요원이 많이 나와 있었는데, 내가 입구에서 기다리는 동안 서둘러 나를 맥클린에게 소개했다. 우리는 악수했다. 그는 내가 상상한 대로 냉정하고 신중하며 자존심이 강하고 대단히 귀족적인 것 같았다. 우리는 그의 가족을 기다리는 상황이어서 깊은 대화는 할 수 없었다. 드디어 멀린다가 아이들 — 아들 도널드와 퍼거스, 맥클린이 한 번도 본 적이 없는 딸 멀린다 — 과 함께 나타났다. 나는 한쪽으로 비켜섰다. 그들의 만남은 이상할 정도로 무덤덤했다. 맥클린은 아이들을 덤덤하게 대했으며, 아내도 껴안는 둥 마는 둥 했다. 그 순간 나는 이들 부부 사이에 문제가 있다고 생각했다. 나는 여기서 빈둥거릴 필요가 없어서 남들 모르게 호텔에서 빠져나와 사무실로 돌아왔다. 나는 그 뒤로 더는 맥클린을 보지 못했다.

맥클린 가족은 크지 않은 아파트에서 임시로 살다가 1955년 모스크바 중심의 볼쇼이도로고밀롭스카야 가에 스탈린 시기에 유행했던 스타일로 지은 방 여섯 개짜리 호화스러운 새 주택을 받았다. 주택의 창문은 '우크라이나' 호텔과 모스크바 강을 향하고 있었다. 그때 퍼거스는 10살, 도널드는 8살이었다. 그들은 소련 일반학교에서 공부했고 곧 매우 유창하게 러시아어를 말하게 됐다. 퍼거스는 피오네르pioner◆ 캠프에 몇 번 참석했고, 도널드는 막 피오네르에 입단했다. 그들은 어려움 없이 소련 생활에 익숙해졌다.

◆ '개척자'라는 뜻으로 어린이들을 위한 공산당 조직으로 볼 수 있다. 서방의 소년단과 비교될 수 있다. — 옮긴이 주

1954년 페트로프 부부가 버제스와 맥클린이 모스크바에서 살고 있다고 서방에 폭로했음에도 KGB는 두 사람이 소련에 체재하고 있다는 사실을 전과 같이 부정하거나 긍정할 필요가 없다고 생각했다. 하지만 이와 상관없이 이 사실은 모든 사람에게 알려졌다.

스탈린이 죽었으나 '냉전'은 끝나지 않았다. 미국에서는 소련의 팽창을 막기 위해 가능한 모든 수단을 동원하자는 '봉쇄정책'이라는 단어가 표어처럼 사용됐다. 미국에서는 조지프 매카시 상원의원이 시작한 마녀사냥이 기승을 부렸다. 그는 이제 칼을 미국 군대로 돌려 미군 내부에서 소련 간첩 여럿을 밝혀냈다고 주장했다. 그래서 소련과 서방과의 관계는 결코 좋은 편이 아니었다.

소련 정부는 '배신자'인 버제스와 맥클린이 소련에 머무른다는 사실을 확인해줌으로써 분위기를 더 악화시키고 싶지 않았다. 어떤 것이든 간에 공식발표는, 특히 지금처럼 KGB가 현 상황에서 최대한의 이익을 얻은 때에 굳이 그렇게 할 필요가 없었다. 본부와 정기적으로 연락하는 전 세계의 모든 국가 내 우리 공작망들은 주요 영국 공작원 구출작전에서 거둔 눈부신 공작 결과를 보고 자신들도 전폭적으로 지원받고 있다고 느끼게 됐다. 해외의 우리 공작원들은 우리가 맥클린과 버제스를 그저 내버려두지 않은 것을 감사하게 생각했고 더욱더 큰 신뢰감을 느꼈다. 그들은 우리가 그들의 동료들을 구하기 위해 엄청나고 그토록 어려운 일을 해냈다는 사실을 알게 됐던 것이다. 이것은 그들에게 깊은 인상을 심어주었다. 우리 정보기관의 공적에 대한 찬사를 더욱 높이려 이 순간을 이용할 수도 있었으나, 나는 이런 일이 실행되지 않아 다행으로 생각한다. 그렇지 않았으면 남아 있는 케임브리지 그룹을 이후 3년 동안 더 활동할 수 있는 상태로 유지할 수 없었을 것이다.

이렇게 버제스와 맥클린의 모스크바 체류는 페트로프의 망명과 버제스의 어머니가 모스크바를 방문한 뒤 '공공연한 비밀'처럼 됐다. 그럼에도 공식적 침묵정책은 멀린다 맥클린이 1955년 ≪데일리워커≫의 특파원인 샘 러셀Sam Russell과 만나서 남편의 스파이 활동에 대해서 계속 알고 있었다고 말하는 것을 막지 못했다. 이 일은 그들의 모스크바 체류에 아무런 방해도 되지 않았다. 나는 그녀가 어떤 의도로, 왜 이 말을 했는지 도대체 이해할 수가 없었다. 버제스—맥클린 건이 아직 완전히 잊힌 것은 아니지만, 다행히 러셀의 기사에 주의를 기울인 사람들은 그리 많지 않았다. 내가 앞에서 이미 말한 바와 같이, 1955년 가을 하원의원인 마커스 립턴이 공작원 두 명의 망명을 주도한 '세 번째 인물'로 킴 필비를 지목한 뒤에야 이 건은 또다시 영국 언론의 당면한 주제가 됐던 것이다.

도대체 누가 케임브리지 그룹에 속하는가? 나는 세 번째 공작원, 멀린다의 행방불명, 케임브리지 출신의 네 번째와 다섯 번째 스파이에 대한 수많은 글을 읽었다. 이 문제에 대한 조사는 벌써 40년 동안이나 계속되고 있다. 수백 권의 책, 수많은 기사와 문서가 발표됐는데, 이들 가운데 일부는 정부의 여러 출처에서 나온 자료도 있다. 그중 어떤 것은 이 문제와 관련해 빛을 밝게 비춰주지만, 나머지는 여러 사실을 억지로 믿게 하면서 물을 흐려놓는 역할만 할 뿐이다. 해외 언론의 케임브리지 5인방에 대한 관심은 1956년 흐루쇼프가 드디어 버제스와 맥클린이 소련에 살고 있다는 사실을 공식적으로 시인하자 점점 커져갔다. 흐루쇼프는 이들 두 사람이 소련 시민권을 신청했고 그들의 요청이 받아들여졌다고 밝혔다. 가이 버제스의 영국 여권 유효기간이 1954년 만료됐으나 그는 모스크바 주재 영국 대사관에 새 여권의 발급신청을 꺼렸다.

탈스탈린 정책을 강화하게끔 계획된 제20차 당대회를 몇 주 앞두고 1,424명의 대표가 모스크바로 모여들었다. 기자들 역시 조금씩 모여들기 시작했는데, KGB는 두 공작원과 얼굴을 맞댄 일대일 인터뷰는 허가하지 않았고 얼마간의 시간이 지나야만 했다. 드디어 1956년 2월 11일 '내셔널' 호텔에서 기자회견이 열렸다. ≪선데이타임스≫의 특파원 리처드 휴스 Richard Hughes를 포함한 빈틈없이 검증된 외국언론 대표기자 두 명에게 버제스와 맥클린을 만나도 좋다는 허락이 떨어졌다. 우리 공작원 두 명은 최고급으로 재봉된 영국제 의상을 차려입고 자연스럽게 행동했으며 건강해 보였다. 둘 다 확신에 차 있었다.

그들은 결코 소련 정보기관을 위해 일한 적이 없다고 대담하게 주장했다. 더욱이 주제와 동떨어진 공산주의의 우월성에 대해 장황하게 설명한 뒤 회견 끝 무렵에, 1951년 제3차 세계대전의 발발을 우려했기 때문에 영국을 떠나오게 됐다고 선언했다. 그 당시 중공이 한반도 분쟁에 개입했고, 미국에는 계엄령이 선포됐으며, 맥아더 장군은 중국에 대한 제2전선의 개전을 요구했다. 버제스와 맥클린의 말에 따르면, 전 세계의 분쟁 위험성이 1951년처럼 그렇게 명백한 적이 없었으며, 따라서 그들은 평화주의자로서 전쟁이 삼킬 수 없는 유일한 나라인 소련에 피난처를 찾기로 결심했다는 것이다.

나는 그 당시 영국에 있었기 때문에 이 기자회견장에는 없었다.

모스크바에서 도널드 맥클린은 러시아어 실력 향상을 위해 계속 노력했다. 4년이 지난 뒤 그는 러시아어로 쓰고 유창하게 말할 수 있었다. 맥클린은 공산당 당원으로 계속 남아 있었으며 이상에 따라서 살려고 노력했다. 그는 보통 당 중진이나 기관요원이 당연하게 받아들이는 근무용 차량과 사치스러운 다차를 단호하게 거절했다. 그 대신 모스크바에서 가까운 거리에 있는 조그만 집을 얻어 주말마다 가족과 함께 다니곤 했다. 간단히 말해 검소하게 사는 것을 더 좋아했다. 도널드 맥클린은 생애 한때, 특히 카이로에 파견됐을 때 술을 많이 마셨으나 모스크바에서는 사실상 술을 끊었다. 아주 가끔 스코틀랜드 위스키를 조금 마셨으나 취하도록 마신 적은 결코 없었다.

맥클린은 일을 달라고 강력하게 요청했다. 그래서 신문사 국제경제과에서 일할 것을 제의받았다. 맥클린은 정치문제에서 보통 사람들과는 관점이 달랐다. 그는 결코 소비에트최고위원회가 명한 원칙을 맹목적으로 고수하는 당원이 아니었다. 그는 몇몇의 반체제 인사와도 친하게 지내면서 집으로 초청했고, 자기의 신념을 숨기지 않았으며, 어떠한 순간에라도 신념을 사수할 준비가 되어 있었고, 소련의 대외정책을 비판하면서 이에 대해 공개적으로 의견을 내놓기도 했다.

그럼에도 맥클린은 공산주의자로 남아 있었다. 1956년 그는 전쟁 전부터 알아온 영국의 위대한 역사가 아널드 토인비*와 교류했다. 그들은 편지를 몇 차례 교환했으나 토인비는 맥클린이 소련의 헝가리 사태 개입을 정당화하자 즉각 이를 끝냈다. 그 당시 맥클린은 웬일인지 자택에만 처박혀 있었고, 마당발처럼 돌아다니는 ≪데일리워커≫의 샘 러셀을 제외하고는 만나는 사람이 거의 없었다.

맥클린은 소련 초등학교에서 영어를 가르쳐보고 싶다던 젊은 시절의 꿈은 실현시킬 수 없었다. 1961년 그는 세계경제 및 국제관계 연구소IMEMO에 들어가 가르치기도 했고 영국 노동당 정부의 대외정책 분야를 연구하기도 했다. 그리고 책을 몇 권 집필했는데, 그 가운데 하나는 『수에즈(1956~1968) 이후 영국의 정책』으로서 대단히 반응이 좋았다.

버제스는 교외에 있는 집과 같은 분위기로 내부를 꾸민 아파트로 이사

* 아널드 토인비(Arnold Toynbee, 1889~1975). 영국 역사가이며 사회학자. 주요 역작은 『역사의 이해 A study of history』.

했다. 사람들은 영국의 한 촬영팀이 만든 한 시간 반짜리 논픽션 영화에서 모스크바의 현대화된 주택에서 생활하는 그를 볼 수 있었으나, 이는 사실과 다르다. 버제스는 아주 아름다운 골동 가구로 꾸며진 오래된 집에서만 살기를 좋아했다.

1956년 이후 그는 자주 외국인과 만나기 시작했고 그들에게 자신의 실명을 밝히는 데 거리낌이 없었다. 그는 종종 런던으로 전화를 걸었으며 기자, 작가와 몇 차례 인터뷰했다. 그들 가운데에는 노동당 소속 하원의원 톰 드라이버그Tom Driberg도 있었고, 인터뷰 뒤 곧바로 버제스의 소련 생활에 관한 책을 쓴 기자도 있었다.

고향과 뿌리째 단절되고 소련 사회에서 자리를 잡지 못한 버제스는 더욱더 소련 생활에 적응할 수가 없었다. 그래서 그는 외국인과 교류할 수 있는 방법을 찾았다. 그는 고향의 술집을 그리워했고, 소련에서는 동성애가 법으로 금지됐기 때문에 성적 충동을 발산하기 위한 자유가 그리웠다. 그러나 어쨌든 그는 모든 수단을 다해 상대를 발견했는데, 주로 KGB나 경찰이 눈을 감아주었기 때문에 가능했다. 그는 늘 공식적인 애인이 있었고 비공식적인 애인도 몇 명 있었다.

본부는 버제스와 맥클린의 생활이 편할 수 있도록 최선을 다했다. 그들은 필요한 모든 것을 다 받을 수 있었고 단지 요구만 하면 됐다. 맥클린의 요청은 다분히 검소하다고 할 수 있었으나 버제스는 자주 도를 넘곤 했다. 언젠가 나는 그의 모스크바 아파트의 새로운 서재에 비치할 책을 찾아 온 런던을 뒤져야만 했다. 버제스는 1년에 몇 번씩 치수에 맞는 새 옷을 맞춰줄 것을 요구했고, 우리는 그것들을 소호에 주문해야 했다. 그는 남아돌아서 나쁠 것은 없다고 생각했기 때문에, 종종 여러 경로를 통해 새 옷을 마련하기도 했다. 어느 날 그는 길에서 소련에 관광차 여행 온 극단 단원인 호주 태생의 여배우를 만났다. 그녀의 이름은 코럴 브라운Coral Browne이었는데, 런던에서 살고 있었다. 버제스는 그녀에게 다가가서 도시를 안내해 주겠다고 제의했다.

"그러나 나는 당신이 누구인지 모르잖아요!"

"아니, 그렇지 않아요! 물론, 알고 계십니다."

브라운은 말할 필요도 없이 그의 다채로운 매력 앞에 버티지 못하고 호텔까지 데려다주도록 허락했다. 가는 도중에 서로 통성명했고, 간단히 한 잔 마시기 위해 술집에도 들렀으며, 다음 날 다시 만나서 점심을 같이 먹기로 약속했다. 다음 날 점심이 끝날 때쯤 그녀는 버제스에 관해서 모든 것을 알게 됐으나 피하지 않았고, 그의 치수를 직접 받아 적어 런던의 양복점에 그가 희망하는 옷의 스타일에 관한 상세사항과 함께 전달했다. 새로 알게 된 여자에게 돈을 주었는지의 여부는 알 수 없다. 아마 내가 아는 한 버제스는 KGB에 일전 한 푼도 요구하지 않았다. 아마도 런던에서 그의 어머니가 돈을 지불했을 것이다.

버제스의 새로운 여자 친구는 아무에게도 말하지 않고 양복점 재단사에게 갔다. 이 재단사는 건네준 치수에 능청스러운 눈길을 던지더니 물었다.

"참 이상하네……. 부인, 이 신사분의 이름을 제게 말씀해주시지 않겠습니까?"

"가이 버제스입니다."

재단사의 얼굴이 빛났다.

"그럴 줄 알았습니다. 치수가 거의 변하지 않았습니다. 똑같은 것은 아니지만, 버제스 씨가 마지막으로 저한테 들렀을 때보다 약간 몸이 불으신 것 같습니다."

옷이 완성됐고, 코럴 브라운은 이것을 버제스에게 보냈다. 이 이야기는 앨런 베넷Alan Bennett의 〈국경 밖의 영국인An Englishman Abroad〉이라는 희곡에서 형상화됐다.

버제스에게는 시간을 보낼 대상이 없었다. 그는 독서와 산책을 많이 했고 가끔 섹스를 위해 남자를 꿰차는 데 성공하곤 했다. KGB에서 그에게 상담을 요청해오면 응해주었다. 버제스가 소련에서 많이 일하지 않았다는 비판에 대해, 나는 그의 지식과 지능을 이용할 줄 몰랐던 KGB의 탓이 더 컸다고 본다. 그를 아주 유용하게 활용할 수 있었음에도 아무것도 요청하지 않았기 때문에, 버제스는 아무것도 하지 않았다. 누구에게 일을 간청한다는 것 자체가 그의 성격으로는 생각할 수 없는 것이었다.

버제스가 얼마 전에야 겨우 40세가 됐다는 것을 잊지 말아야 한다. 에너지가 넘치는 그는 자기식대로 살기를 원했고 소련을 지배하고 있는 엄격한 규칙을 따라서는 살 수 없는 사람이었다. 초기의 연금으로는 만족할 수 없었다. 그래도 그는 항상 그래 왔던 것처럼 강한 신념을 지닌 사람으로, 그리고 충실한 친구로 남아 있었다. 그는 이를 1958년에 나에게 증명해 보여주었다.

파견 근무로 런던에 체류하면서 나는 모스크바에 있는 직속상관들과 다투었다. 그 당시 나는 자신을 경험이 풍부하고 능력 있는 요원이라고 생각했다. 아마도 착각일 수도 있었으나 어쨌든 나는 그렇게 믿었다. 나는 거점장인 코로빈과는 참고 지낼 만한 관계를 유지했고 되도록 서로를 도왔다. 예를 들어 나는 그가 만든 공작원과의 엄격한 연락체제를 한층 더 발전시켰다. 코로빈은 이를 대단히 만족스럽게 생각했으며, 다른 모든 사람에게 이를 꼭 지키라고 했으나 정작 그 자신은 이런 데 전혀 무관심했다. 이미 앞에서 말한 것 같이 그는 가끔 대사관 번호가 붙은 차 안에서 접촉하기도 했는데, 내 생각에 이는 범죄행위와 다름없었다.

그러나 가장 불쾌한 것은 자기 실수보다 훨씬 사소한 실수에 대해 부하를 족치는 코로빈의 습관이었다. 드디어 나는 참지 못하고 1958년 모스크바에 휴가 온 기회에 나를 다시 런던으로 보내지 말아달라고 본부에 요청했다. 내게는 아주 좋은 핑곗거리가 있었다. 딸이 런던 주재 소련 대사관 소속의 학교 1단계 과정을 끝냈으나, 그곳에는 2단계 과정이 없었다. 나는 그 애를 다음 학년 초까지 모스크바에 혼자 남겨두어야 했지만 돌볼 사람이 없었던 것이다.

나는 이러한 이유를 해외정보총국 국장인 알렉산드르 미하일로비치 사하롭스키Aleksandr Mikhailovich Sakharovsky에게 설명했다. 더할 나위 없이 사람 좋고 동정심이 많은 사하롭스키는 부하의 이야기도 잘 들을 줄 알았다. 그는 기록적으로 15년 동안이나 자기의 직책을 지켜온 사람이었다.

그는 루뱐카에 있는 커다란 자기 사무실에서 내 이야기를 끝까지 듣고는 말했다.

"이제 내게 솔직하게 이야기하게. 자네의 요청에는 어떤 다른 이유가 있는 것 아닌가?"

나는 사실대로 말하지 않을 수 없었다.

"저는 코로빈과는 더는 같이 일할 수 없습니다. 그에게 많은 신세를 졌다는 것을 압니다. 그는 제게 업무를 가르쳐주었습니다. 그러나 그의 방식을 이제 참을 수 없게 됐습니다. 그는 다른 모든 사람에게는 지나치게 엄격하나 정작 자기 자신은 어떠한 규칙도 지키지 않습니다."

사하롭스키는 크게 놀라는 것 같지 않았다.

"그래, 우리들 모두 알고 있어."

불행하게도 우리가 이야기할 때 다른 과의 과장이 배석해 있었는데, 그는 바로 코로빈에게 연락해서 내 말을 과장해 국장과의 대화를 전했다.

코로빈은 즉각 내 경력을 파괴할 정도의 평가보고서를 작성해서 사하롭스키가 아니라 KGB 의장인 이반 알렉산드로비치 세로프Ivan Aleksadrovich Serov에게 직접 보냈다. 세로프는 개인적으로 내게 악의를 품은 일이 있었는데, 그로서는 바로 나에게 앙갚음할 절호의 기회를 잡게 됐던 것이다.

키가 작고 체조선수 같은 체격에 얼굴 표정이 매우 풍부한 세로프는 주변 사람들과의 관계에서 불신과 의심을 감출 줄 모르는 사람이었다.

그는 나를 자기 방으로 불러 날카롭고 삐거덕거리는 소리로, 그 어느 해에도 긍정적인 업무성과를 올리지 못한 쓸모없는 직원으로 매도하면서 질책하기 시작했다.

나는 1948년부터 시작해 런던에서 이룩한 모든 일을 일일이 들면서 응수했다. 그러나 그는 내 얘기는 들으려고 하지도 않고 자기 보좌관들 가운데 하나를 불러 나를 북쪽 지방이나 시베리아로 보내라고 지시했다.

나는 폭발했다.

"그렇다면 저는 사직서를 내겠습니다."

나는 격분해서 말하고 사무실에서 나와버렸다.

소련 친구들은 내가 해고되거나 일이 잘 풀린다 하더라도 무르만스크나 시베리아로 가게 될 것을 알게 되자 바람처럼 사라져갔다. 어느 한 사람 나를 위해 감히 나서려고 하지 않았다.

나를 돕기 위해 나선 것은 버제스뿐이었다. 그는 사건의 발단에 대해 듣고는 세로프에게 단호하게 항의하는 편지를 썼다. 버제스는 진실에서 조금도 벗어나지 않았으며, 나는 그때야 내가 아직도 그를 제대로 알지 못했다는 것을 깨달았다. 그는 나를 주의 깊게 눈여겨보았던 것이다. 버제스는 행동을 통해, 나를 자기의 소신과 최고 상관에게 반대할 수 있는 권리가 있고 자격이 충분한 KGB의 공작원으로서 여기고 있다는 내 확신을 확고하게 해주었다. 버제스가 끼어듦으로써 나를 옹호하는 사람이 한 명 더 나타났다. 우리 과의 과장이 공작법과 국제정치문제에 대한 나의 깊은 식견을 강조하고 나선 것이다. 결과적으로 세로프는 지시를 취소했고 나는 KGB에 남게 됐다. 게다가 나를 런던에서 불러들임으로써 나는 처음에 뜻했던 바도 이루게 됐다.

모스크바에서의 나와 버제스는 공식 업무로만 만나던 관계를 접고 개인적인 친구 관계로 발전했다. 우리는 자주 만나서 많은 이야기를 나눴으며 이러한 교제에 서로 만족했다. 때때로 나는 그가 향수로 괴로워하거나 어떤 문제가 생기면 그를 도왔다. 이러한 문제는 버제스의 통상 일과를 돕는 KGB 요원을 통해 들을 수 있었다.

1950년대 말, 그는 본부를 위해 1930년대의 영국 대학생에 관한 논문을 쓰기 시작했다. 즉, 그들이 어떻게 행동했으며 무엇에 정신이 집중되어 있었고 그들의 정치적·사회적 열정은 어떠했는지에 관한 것이다. 이 논문에서 그는 그 당시 영국 청년들을 포섭할 때 우리가 채택한 방법을 깊이 분석했다. 버제스는 어떻게, 왜 NKVD가 그토록 막강한 공작원 망을 구축할 수 있었는지 명료하게 보여주었다. 이 논문의 특징은 버제스 자신의 오랜 경험의 결과라는 데 있었다. 버제스가 지닌 회고적인 시각으로 소련의 영국 내 공작망 구축 방법이 분석됐다.

유감스럽게도 그 당시 KGB에는 정보를 무시하는 경향이 있었다. 이 놀라운 논문을 읽고 결론을 내리는 일을 맡으려는 사람이 없었다. 이 논문은 그냥 문서고로 들어가 버렸다.

버제스는 어떤 일을 요청받으면 항상 이행할 준비가 되어 있었다. 그는 일을 빠른 속도로 처리하면서 그 질도 우수했고, 일을 거부한 적이 없었다. 버제스의 그 어마어마한 경험이 활용될 곳이 없었다는 것은 참으로 유감스럽다. KGB는 더 자주 그를 활용할 수 있었다. 또한 필비가 그랬던 것처럼 버제스 자신이 돕겠다고 우리에게 나선 적이 없었던 것 역시 아쉽다.

나는 영국 신문뿐 아니라 소련 신문에서조차도 그에 대한 거짓 보도를 보았지만 항상 가이 버제스를 존경했다. 그를 옹호한 유일한 사람은 앤서니 블런트였는데, 그는 몇몇 신문의 기자와 인터뷰하면서 그에 대해 좋은 점만을 이야기했다. ≪선데이타임스≫ 기자에게 그는 이렇게 말했다.

"그 생애 최악의 시기였던 최근의 일만 가지고 버제스에 대한 추악한 비방이 활개 치므로, 나는 그를 옹호하러 나서는 것이 내 의무라고 생각한다. 그는 내가 지금까지 알게 된 가장 뛰어난 지식인 가운데 한 사람이었다."

1979년 11월 20일 자 ≪타임스≫는 다음과 같은 블런트의 말을 실었다.

"나는 버제스가 아직 대학생일 때 그를 처음 만났다. 그는 만만치 않았으며 뛰어난 지성으로 어떠한 문제도 뿌리째 해결할 수 있는 사람이었다. 실로 모든 것이 그의 관심 대상이었다."

MI5의 장이었고 그 뒤 MI6의 장을 지낸 딕 화이트가 가이 버제스의 개인적인 능력이 없었다면 케임브리지 그룹은 아예 세상에 나타나지 않았을 것이라고 여러 차례 언급한 것 역시 매우 흥미롭다. 이 세포조직의 실제 창설자는 필비일지라도, 나는 화이트의 말에 동의한다. 필비가 버제스를 찾아냈지만, 바로 버제스가 블런트 이하 다른 사람을 포섭했던 것이다. 딕 화이트가 버제스를 실질적인 지도자라고 본 것은 정확했다. 그는 모든 그룹원을 단결시켰고, 자기의 에너지로 사상을 전파했으며, 사람들의 말처럼 이들을 전투 속으로 이끌었다. 1930년대 그룹의 활동 초기에 바로 가이 버제스가 주도권을 쥐고 위험한 일들을 떠맡아 수행하며 나머지 사람들을 이끌어갔던 것이다. 따라서 그는 정신적 지도자라고 불릴 만했다.

이렇게 불꽃같으나 어렵고 만만하지 않은 개성 때문에 그는 소련의 환경에 적응할 수가 없었다. 버제스의 유일한 희망은 영국으로 돌아가는 것이었으므로 고국으로 돌아가게 해달라고 KGB 지도부를 끊임없이 괴롭혔다. 버제스는 배신자로 해석될 수 있는 말은 한마디도 입 밖에 내지 않겠다고 맹세했다. 우리 간부들은 이를 믿지 않았다. 육체적·도덕적으로 쇠약해진 그는 첫 신문이 시작되자마자 무너질 것 같았다. 버제스는 더욱더 술에만 빠져들면서 모스크바에서 횃불처럼 타들어 가고 있었다.

나는 가끔 아침에 버제스에게 들러 한두 시간 최신 뉴스에 대해 대화를 나누었고, 문학에 대해서도 의견을 교환하곤 했다. 버제스는 책을 많이 읽어 영문학에 대한 지식은 백과사전 같았고, 경호원이 가져다주는 영국 신문에 정신없이 빠져버리기 일쑤였다. 버제스는 자신이 읽은 모든 것을 분석했고, 세계에서 일어나는 사건과 강대국의 정책에 대해 변함없이 균형있고 선입견 없이 평가했다.

내가 그의 집에 가면 제일 먼저 눈에 띄는 것은 우울한 광경으로, 식탁 위에 놓여 있는 반쯤 마시다 남은 드라이한 그루지야 포도주 병이었다. 나는 한번 그에게 영국의 불문법에 따르면 정오 전에 술을 마실 수 없다고 말했다. 그는 단지 웃으며 이렇게 대꾸했다.

"여보게, 나는 지금 영국에 있는 것이 아니잖아!"

많은 사람들은 버제스와 일하는 것이 전혀 불가능하다고 생각했다. 나도 시간이 흐르면서 그와 함께하는 것이 점점 어려워지기는 했으나, 어떤 특별한 문제는 없었다. 그러나 예상할 수 없는 버제스의 행동으로 그를 담당하는 사람들은 몹시 어려움을 겪고 있었다. 그는 공격적인가 하면 도발적이기도 했다. 버제스와 함께 남쪽에 있는 KGB의 휴양지를 다녀온 방첩대원이, 그가 어찌나 못되게 굴었는지에 대해 내게 말한 것을 아직도 기억하고 있다. 예를 들어 그는 백사장에서 공기주입식 매트리스를 끌고 다니면서 일광욕하는 사람들에게 모래를 뿌려대는 것을 대단히 즐겼다. 물론 거기에 있던 사람들이 세상에 있는 욕이라는 욕은 다 해댔으나 그는 이에 눈 하나 깜짝하지 않았다. 한번은 모스크바 주재 중국 대사관에서 개최된 리셉션 중에 벽난로에 오줌을 싸서 거기에 참석했던 맥클린이 기겁을 한 적도 있었다고 한다. 이러한 웃음거리가 실제로 일어났는지는 모르나, 나는 버제스가 그러고도 남을 사람이라는 것을 잘 알았다.

1960년대 초 우리 간부들은 가이 버제스를 행복으로 가득 차고 자신만만하며 대단히 부드러운 사람으로 묘사해야겠다고 생각했다. 새 양복을 입고 모스크바의 다리 위를 뽐내며 걷는 그를 촬영한 적도 있었다. 나는 이런 모습이 모두 각색됐다고 생각하는데, 내가 아는 버제스의 말년은 어머니의 잦은 방문에도 우울한 상태였기 때문이다.

1962년 버제스는 영국으로 돌아가기를 원한다고 반半공식적으로 밝혔다. 언론은 어떻게 알았는지 그의 말을 지나치게 부풀렸다. 영국 신문들에는 "버제스와 맥클린, 런던으로 돌아오려 한다"라는 요란한 제목을 단 기사들이 나타났다.

영국의 MI5는 공포에 질렸다. 영국은 이들을 재판에 회부해 '반역자'로 선고할 충분한 증거가 없다는 것을 잘 알고 있었다. 그럼에도 영국 경찰청은 버제스와 맥클린이 영국 땅에 발을 내딛는 순간 그를 체포하겠다고 치안판사 로버트 블런델 경Sir Robert Blundell에게 영장 발부를 요청했다. 영국 당국은 신문 보도를 대단히 심각하게 받아들여, 이 사건이 있기 1년 전에 크로거-론스데일Kroger-Lonsdale 망을 파헤친 유명한 수사관 조지 스미스George Smith 형사에게 사건을 담당시켰다. 크로거 부부와 론스데일은 KGB의 공작원이었고, 더욱이 론스데일은 우리의 흑색요원이었다. 1961년 크로거에게는 25년 징역형이 선고됐고 론스데일에게는 20년이 선고됐다.

4월 17일 전前 외교관 두 명이 비행기에 올랐고 암스테르담을 거쳐 런던에 도착할 것이라는 보도가 나타날 정도로 풍문은 확대됐다. 이 모두가 완전히 엉터리였으나, 이러한 엉터리는 영국 언론에 이 사건을 재부각시킬 수 있는 기회를 주었다. 몇몇 기자는, 소련 영공에서 격추된 미국의 정보수집 비행기U-2 조종사인 프랜시스 개리 파워스Francis Gary Powers에 대한 재판정에서 버제스를 보았다고 주장했다. 1960년에 열렸던 이 재판에 나 역시 처음부터 끝까지 참석했는데, 한 번도 그곳에서 버제스를 본 적이 없었다. 언론은 도널드 맥클린의 어머니가 사망했다는 소식을 접하자 더욱 큰 소란을 불러일으켰다. 일곱 명 이상의 사복 경찰이 1962년 펜 공동묘지에 나타났는데, 그들은 거기서 맥클린을 체포할 수 있을 것으로 생각했다. 모스크바에서 버제스를 만난 적이 있는 노동당 소속 하원의원인 톰 드라이버그만이 이 모든 소문에 대해 웃음을 터뜨리면서 버제스도 맥클린도 살아서는 영국으로 돌아오지 않을 것이라고 확언했다.

버제스가 갑작스러운 간질환 발병으로 쓰러졌을 때 나는 출장 중이었다. 그래서 나는 1963년 1월 마침내 모스크바에 도착한 킴 필비도 만날 수 없었다. 버제스는 병원에서 이 소식을 듣고 필비가 방문해주기를 요청했다. 필비와 만나면 버제스에게 도움이 될 것이라는 생각으로 우리 요원은 버제스의 요청을 전달했으나, 필비는 일언지하에 거절했다. 그는 버제스가 맥클린과 함께 도주한 것을 용서할 수 없었다. 필비는 버제스를 약속을 무시한 배신자로 생각했다. 버제스는 자신이 도주함으로써 친구가 목숨이 왔다 갔다 하는 위험에 빠진다는 점을 너무나 잘 알았다는 것이다.

필비는 자신과 버제스와의 관계를 이렇게 만들어버렸다. 버제스가 수차 요청했음에도 그들은 끝내 만나지 못했다.

가이 버제스는 1963년 8월 15일 모스크바의 보트킨 병원에서 죽었다. 그의 장서는 킴 필비 앞으로 남겨졌으나 필비는 이를 거절했고, 오랜 친구이며 동지이기까지 한 그의 장례식에도 오지 않았다. 나는 화장장에서 치러진 짤막한 영결식에 참석했다. KGB에서는 나 이외에 두 명이 왔고 망자의 동성애자 친구 몇 명이 참석했을 따름이었다. 가이 버제스의 희망에 따라 그의 유해는 영국의 친척에게 보내졌다.

나와 필비의 만남은 1964년에야 이루어졌다. KGB는 나에게 필비의 자서전 집필 사업에 참여하라는 결정을 내렸다. 이 책의 의도는 필비의 생애를 공식적으로 정리하려는 것이었고, 소련과 공산주의 국가들에 배포한다는 방침이 미리 정해져 있었다.

나는 그와의 만남을 오랫동안 기다려왔고 드디어 바람이 이루어진 것이었다.

필비는 모스크바 중심가에서 멀지 않은 곳에 거처를 잡았고, 사는 집은 눈에 띄지는 않으나 잘 유지된 새 아파트였다. 나는 3층으로 올라가서 초인종을 눌렀다. 쉰 살 남짓의 중키에 약간 살은 쪘어도 재미있어 보이며 귀족풍의 위엄을 지닌 남자가 문을 열었다. 나를 소개하자 그는 반갑게 내 손을 낚아채듯 잡았고 만면에 미소가 퍼졌다.

"피터, 우리는 오랜 친구라오. 들어오시오!"

우리는 식탁에 앉아 보드카 병을 따고 대화를 시작했다. 나는 이렇게 서로 공통점이 많은 사람을 처음 만나보았고, 그래서 우리의 대화는 점점 더 흥미로워졌다. 필비도 같은 느낌을 받은 것 같았다. 우리 둘은 두 쪽으로 나뉜 그림을 맞추어놓은 것 같았다. 그가 어떤 사건을 거론하면, 나는 1944~1947년의 모스크바 근무와 1948~1955년의 런던 근무에서 내가 기억하는 내용으로 그의 이야기를 보충했다. 우리 둘은 한쪽이 알지 못했던 것들도 서로 이야기를 나눴다.

나는 곧 필비가 나를 KGB에서 대단히 중요한 인물로 생각하고 있음을 알게 됐다. 그가 나를 너무나 정중히 대했기 때문에 더는 착각하지 않도록 조심하기 시작했다. 필비는 모스크바에 도착한 지 몇 달 뒤에 따라온 아내 엘리너에게 내가 방문할 때에는 방해가 되지 않도록 하라고 말했다.

"피터는 내 상관인데 다른 사람이 보는 것을 좋아하지 않으니 얼씬하지 마시오."

그래서 우리가 점심을 먹을 때마다 그녀는 항상 부엌에 남아 있었다.

처음 만날 때부터 우리 사이에는 아주 오래전부터 친구였던 것처럼 마음으로부터 우러나오는 깊은 우정의 관계가 형성됐다. 나는 거의 20년에 걸쳐 필비가 그토록 많이 쓴 짧은 보고서와 첩보를 읽고 번역했는데, 그 때문인지 말없이도 그를 이해할 수 있는 것처럼 느껴졌다. 버제스도 생전에 나의 좋은 점을 필비에게 많이 이야기했음이 분명했다. 우리 둘은 몇 시간씩 영국과 베이루트에 대해, 특히 그가 1963년 1월 28일에 모스크바까지 도착하는 여정에 대해 이야기했다. 필비는 돌마토프호를 타고 관광객처럼 며칠 동안 바다를 여행한 뒤, 오데사에 도착해 내렸다고 말했다.

오데사에서는 정복을 입은 KGB 요원 세 명과 세르게이라는 사복을 입은 또 한 명이 그를 맞았다. 일반적인 수속을 마치고 세르게이는 그를 모스크바로 안내했다. 필비에게는 모스크바에 있는 자그마한 주택 한 채와 가정부 한 명이 제공됐다. 세르게이는 나머지 모든 일들 — KGB와의 연락, 필비의 안전 문제, 그가 어딘가 가고 싶어 할 때 자동차 문제 등 — 을 도맡아 처리해주었다. 세르게이는 영어를 아주 잘했고 훌륭한 교양을 갖추었으며 유머 감각도 있어서 필비를 즐겁게 해주었다. 세르게이는 생애 마지막 날까지 그의 곁에 남아 있었다.

버제스와 맥클린이 모스크바에 도착했을 때처럼 필비도 KGB의 면밀한 조사 과정을 거쳐야 했으나, 아무 불평 없이 모두 받아들였다. 그 뒤 그는 모스크바에 있는 주택 몇 곳 가운데 하나를 선택할 수 있었는데, 그곳이 바로 우리가 지금 만나는 곳이었다. KGB 요원들이 베이루트의 집에서 책과 가구 들을 가져왔기 때문에 킴 필비는 눈에 익은 물건들과 함께 안락한 분위기에서 지낼 수 있었다. 그에게는 운전사가 딸린 자동차와 모스크바 교외의 다차가 제공됐고, 소련 시민권이 주어졌다. 필비는 일찍 맥클린과 접촉했다. 멀린다는 그에게 모스크바를 구경시켜주었고, 1963년 9월 베이루트에서 탈주한 지 10개월 만에 엘리너가 왔다.

엘리너는 남편의 과거에 대해 전혀 아는 것이 없었다. 남편의 갑작스러운 행방불명으로 어리둥절했던 데에다, 런던으로 돌아온 뒤 화젯거리를 찾는 기자들이 그녀를 포위하자 불쾌할 수밖에 없었다. 필비는 아내에게 걱정하지 말라고 편지를 썼으나, 영국과 미국의 비밀기관들은 그녀가 필비가 있는 소련에 가지 못하도록 강한 압력을 가했다. 엘리너는 모든 어려움에도 소련으로 가기로 결심했다. 그녀는 공개적으로 런던 주재 소련 대사관에 가서 비자를 발급해줄 것을 요청했다. MI5가 한 발짝도 떼지 않고 이 준비상황을 감시했지만, 우리 대사관은 필요한 모든 조치를 취했다.

나와 필비는 두 번째 만남에서부터 정식으로 일을 시작했다. 그는 자기 책에 담을 대강의 줄거리를 보여주었고, 나는 이를 내 상관과 협의했다. 우리는 제1장에 대한 검토 작업에 들어갔다. 필비는 글을 쓰면서 그의 글에 내가 어떤 반응을 보이는지 계속 관심이 컸다. 우리의 의견은 늘 일치했다. 그는 나 못지않게 무엇을 말할 수 있고 무엇을 공개해선 안 되는지 알았다. 가끔 내 상관이 내용 수정을 요구하면 나는 필비에게 기분 나쁘지 않게 문제의 사실을 다르게 해석할 수 없을지 물었다.

필비는 나처럼 우회적으로 답변했고, 한 번도 즉각적인 답변을 주지 않았다. 만일 협의를 마치면서 그가 우리가 지적한 것들에 대해 동의하면 즉각 그대로 처리했다. 그러나 필비가 "그것은 생각 중이오"라고 말하면, 이는 그가 단호하게 단어 한 글자라도 변경시킬 수 없다고 거부하는 것을 의미했다. 그러면 나는 상관 앞에서 어떻게든 빠져나가야만 했다. 우리는 글자 하나하나를 대단히 주의 깊게, 그리고 깊은 생각에 잠겨 아주 사소한 부분까지 협의했으며 결국에는 타협에 이르곤 했다.

필비는 유능한 작가로서 명성을 떨칠 만한 자격이 충분했다. 그의 회고록은 중요하고 재미있는 부분이 많이 생략됐거나 항상 사실과 일치한 것은 아니지만 읽을 만한 가치가 있다.

필비와 친분을 쌓으며 나는 그를 더 많이 알아갔는데, 그는 상대방과 대화하며 신뢰를 얻는 데 특출했다. 그는 내게 직접적으로 반대의사를 표현한 적이 없었으며, 항상 내 생각을 밝힐 수 있는 기회를 열어놓고 있었다. 그러나 그는 자기주장이 대단히 강해서 일단 옳다고 생각하면 결코 양보하지 않았다. 이러한 그의 성격적 특징은 겉으로 드러나지 않았고 항상 숨겨져 있었다. 그러나 나는 이러한 그의 성격이 처음부터 드러날 때는 그가 후퇴한다는 것을 가끔 알아차릴 수 있었다. 그는 내가 양보하지 않을 것을 알면, 일단 충돌을 피하기 위해 반쯤 양보를 했다. 필비는 타고난 정보관, 즉 언제 어디에서 타협해야 하는지를 아는 사람이었다.

우리는 몇 달 동안 함께 일했다. 그 뒤 나는 파견근무를 나갔고, 책을 내는 일은 KGB의 다른 요원이 계속했다. 필비의 책은 1968년 『나의 조용한 전쟁My Silent War』이라는 제목으로 출판됐다.

내가 앞에서 말한 이유로 마주친 적이 없었던 엘리너는 모스크바의 생활에 적응할 수가 없었다. 그녀의 남편에게는 소련의 기후가 잘 맞았지만 엘리너는 추위 때문에 고통스러워했다. 이들 부부에게는 친구가 많지 않았는데 아마 한두 명의 기자를 제외한다면, 때때로 맥클린 부부와 왕래할 뿐이었다. 엘리너는 불행하다고 느끼지는 않았지만 여전히 대단히 무료해했다. 필비는 착한 남편이었고 가끔은 감상적이기까지 했다. 그녀는 부엌에서 음식을 장만하다가 조리대에서 "당신을 사랑해"라고 쓴 쪽지를 발견한 적도 있었다. 엘리너 역시 필비를 사랑했으나 그가 자기에게 한마디도 없이 베이루트를 떠난 일을 용서할 수는 없었다. 그녀는 필비의 행동에서 배신을 떨쳐버리지 못했다.

1964년 엘리너는 여름을 딸과 함께 보내려고 미국으로 갔다. 그녀에게는 근본적인 변화가 필요했다. 같은 때 맥클린 가족과 킴 필비도 발트 국가로 여행을 떠났다. 그들이 9월에 돌아왔을 때, 필비는 엘리너로부터 편지를 받았는데, 그녀는 미국에서 좀 더 머물 것 같다고 썼다.

필비는 많은 시간을 맥클린 가족과 함께 보냈다. 그해 겨울에는 함께 스키를 타러 갔는데, 거기서 필비와 멀린다 사이에 사랑의 관계가 맺어졌다. 나는 맥클린 부부를 만나지 않았으나 부부 사이의 관계가 냉담하고 소원하다는 것은 알고 있었다. 나는 멀린다가 결혼 생활을 잘 꾸려나가리라 생각했으나 잘못 안 것이었다.

도널드 맥클린은 무슨 일이 벌어지는지 곧 알게 됐고 두 친구는 한바탕 싸웠다. 엘리너가 크리스마스에 맞춰 모스크바로 돌아왔을 때, 필비는 그녀를 냉랭하게 맞았다. 이때 필비는 맥클린과 말도 하지 않았다. 엘리너는 자기가 없는 사이 무슨 일이 일어났는지 알았다. 그녀는 큰 충격을 받았고, 1965년 5월 모스크바를 영원히 떠났다. 엘리너는 아무 말썽 없이 필비와 헤어졌다. 3년 뒤 엘리너는 미국에서 갑자기 세상을 떠났다.

엘리너가 떠난 뒤 바로 필비는 레닌훈장과 적기훈장을 받았고 이를 대단히 자랑스럽게 생각했다.

멀린다는 남편을 버리고 필비에게 갔다. 물론 맥클린은 이 모든 일에서 마음이 편할 수 없었으나, 곧 중심을 잡고 평정을 찾을 수 있었다. IMEMO 연구소에서 계속 일했고, 러시아어를 공부했으며, 책을 쓰고, 별로 많지는 않지만 친구들과 만났다. 그러나 필비를 제외시킨 것은 자연스러운 일이었다. 하기야 영국에 있을 때에도 두 사람 사이에는 공통점이 별로 많지 않았다.

멀린다와 필비의 로맨스는 길지 않았다. 1966년 그녀는 필비를 떠났는데, 아마도 그가 다시 과음하기 시작했기 때문이었을 것이다. 그녀는 모스크바에서 완전히 외톨이로 남아 갈 데가 없었고, 이런 이유 등으로 다시 남편에게 돌아갔다. 그들은 이상하게 살았고 1979년에 그녀는 아예 소련을 떠나 미국으로 가버렸다.

모스크바에서 보낸 마지막 13년의 생활은 그녀에게 쉽지 않았는데, 특히 자녀들이 성장한 뒤에 그랬다. 아들들은 결혼했고 딸도 시집을 갔는데, 모두 소련인을 생의 반려자로 맞아들였다. 멀린다와 맥클린은 할머니와 할아버지가 됐다. 아들 퍼거스와 도널드는 소련을 떠나 영국 런던으로 이민했다. 딸 멀린다는 첫 결혼에 실패한 뒤 모스크바의 화가인 알렉산드르 드류친Aleksandr Driuchin과 재혼했다. 1979년 그녀 역시 남편과 첫 결혼에서 얻은, 자신의 이름을 따서 멀린다라고 이름 붙인 딸을 데리고 소련을 떠났다. 이 꼬마 숙녀도 시간이 지나서 미국으로 떠났고 증조할머니인 던바 부인과 함께 살았다.

내가 듣기로는, 수술 뒤 중병에 걸린 도널드 맥클린은 '멜린두시카Melindushka'◆라고 부른 손녀를 대단히 보고 싶어 했다고 한다.

맥클린은 말년의 4년 동안 혼자 모스크바에서 살았는데, 다시 폭음하기 시작했다. 1983년 초 친애하는 동생 앨런이 그를 방문했다. 그들은 1951년 이후 처음 만난 것이었다. 모든 것을 다 잊고 앨런은 여전히 그의 형을 사랑했으며 두 사람은 앨런이 영국으로 돌아갈 때까지 며칠을 함께 보냈다.

도널드 맥클린은 1983년 3월 9일에 죽었다. 그의 시신은 돈스키 수도원에서 두 명의 KGB 대표, IMEMO 동료, 몇 명의 대학 제자, 그리고 킴 필비와 조지 블레이크가 참석한 가운데 화장됐다. 그러나 가족들 가운데는 어느 누구도 장례식에 참석하지 않았다. 관은 "잘 가시오, 도널드 선생"이라고 수를 새긴 적기로 싸였다. 장례식이 끝난 다음에야 장남 퍼거스가 도착해, 아버지의 유골이 담긴 항아리를 영국으로 가져가 펜에 있는 공동묘지의 가족묘에 안장했다. 마지막 장례식 전에 추도회가 열렸다.

도널드 맥클린의 죽음이 서방 언론으로 하여금 케임브리지 5인방 사건의 전모를 다시금 수없이 파헤쳐 보도록 한 빌미가 된 것은 말할 필요도

◆ 매우 깊은 애정을 표시하는 멀린다의 러시아식 애칭. — 옮긴이 주

없다.

1967년 9개월의 인도 파견 근무를 마친 뒤 나는 다시 필비한테 다니기 시작했으나, 이때는 이미 임무 때문이 아니었다. 우리는 단순히 정말 좋은 친구였다. 필비에게는 자유시간이 많았다. 우리 둘은 거의 같은 처지에 있었다. KGB가 우리에게 맡기는 일은 점점 더 줄어들었다. 그러나 나는 지휘부에 그가 무슨 일이든 하게끔 하라고 줄곧 요청했다. 나는 필비가 보기 드문 인물이고, 뛰어난 분석가이며, 국제관계 문제의 전문가이므로 그의 능력을 활용해야 한다고 주장했다. 나는 그를 KGB 교육 업무에 활용하라고까지 제의했다. 이 사람이야말로 살아 있는 스파이 가운데서 가장 저명한 사람이 아닌가?

내 요청은 전혀 받아들여지지 않았다. 그러나 이는 필비가 아무 일 없이 앉아 있었다는 것을 의미하지는 않는다. 버제스처럼 그 또한 러시아어를 배우려 하지 않았지만, KGB의 아주 훌륭한 컨설턴트로 남아 있었다. 대외정보국은 자본주의국가들의 첩보수집 및 방첩문제와 관련해 자문이 필요할 때에는 항상 필비를 찾았다. 그는 언제고 기꺼이 도왔다. 데탕트가 시작됐으나, 이는 결코 다양한 국가 비밀기관 사이의 싸움이 끝났다는 것을 의미하지 않았다. KGB는 가끔 영국과 미국이 관련된 깊은 정치문제나 비밀기관의 특수한 문제에 대해 필비의 의견을 물었다. 필비는 CIA의 활동에 관해 상세한 보고서를 썼는데, 그 보고서에는 CIA의 자체 업무에 대한 완벽한 분석과 국내 및 해외의 CIA 조직체계 구조도가 포함되어 있었다. 그는 CIA 조직을 실제로 목격했기 때문에 그 가치가 매우 컸다. 필비는 사람 이름을 기억하는 능력이 기발했고, 개개인을 평가하는 능력은 놀라울 정도로 정확했다. 예를 들자면, CIA의 방첩부서장인 제임스 앵글턴에 대해서 더할 수 없이 정확한 진술을 해주었다. 그 밖에 영국 MI6의 능력 있는 간부와 고위급의 완벽한 이력을 빠짐없이 우리들에게 제공했다. 그래서 필비가 일 없이 빈둥거릴 시간은 없었으나, 그의 능력을 훨씬 더 폭넓게 활용할 수 있었을 터였고 또 그렇게 해야만 했다.

가끔 나는 이런저런 대화를 나누고자 한두 시간씩 필비에게 들르곤 했다. 우리는 영국에서의 생활은 거의 거론하지 않았는데, 고향에 대한 기억이 그를 우울하게 만든다는 것을 알고 있었기 때문이다. 버제스를 회상할 때에는 두 사람이 다투었어도 여전히 그를 객관적으로 평가하고 있음을 엿볼 수 있었다. 나는 필비가 마음속 깊은 곳에서는 변함없이 버제스를 존경했다고 생각한다. 많은 사람들과 달리 우리 둘은 버제스가 사실은 자존심 강하고 결코 중도에 포기하지 않는 목적의식이 뚜렷한 사람이라는 것을 잘 알고 있었다.

버제스는 술고래였지만 그러면서도 무섭게 일하는 위대한 노동자였다. 그는 가끔 큰 실수를 저지르기도 했지만 그러한 실수는 대개 그의 용감하고 대담한 주도성에서 나왔다. 그는 일단 목표를 세우면 그것을 이루기 위해서 산도 옮길 수 있고, 실제로 옮기는 사람이었다.

나는 필비에게 버제스가 왜 프라하에서 멈추지 않고 맥클린을 따라갔는지 설명하려고 애를 썼다. 버제스는 단순히 자기가 런던으로 돌아올 수 있을 것이라는 코로빈의 말을 믿었다. 필비는 웃음을 터뜨렸을 뿐이다. 그는 버제스가 맥클린과 함께 도주하면 되돌아올 수 없다는 점을 충분히 알고도 남을 만큼 똑똑하다고 생각했다. 오랜 세월을 감옥에 갇혀버린다는 것을 알았다면 그가……. 나는 필비의 생각을 바꿀 수 없었다. 버제스는 그를 배반했다. 이것이 전부였다.

몇 번이고 우리의 화제는 영국에서 우리가 함께 일할 때 일어난 절체절명의 순간으로 돌아오곤 했다. 앞서 언급했던 공포의 볼코프 사건에 대한 상세한 내용은 필비가 이야기해준 것이다.

그는, 우리가 왜 그를 포함한 다른 공작원을 서방에서 맞는 숙명에서 구하려고 그토록 많은 노력을 기울이는지 내게 묻기도 했다. 나는 이 질문에 소련 망명을 원한다는 뜻을 표한 공작원을 구하기 위해서는 가능한 모든 수단과 방법을 다 동원하는 것이 우리의 의무라고 생각한다고 대답했다. 몇몇 경우에는 시간이 부족하거나 또는 심문을 받은 공작원이 자백을 너무 빨리해 갇혀버렸기 때문에 실패한 적도 있었다. 원자폭탄 관련 스파이인 앨런 넌 메이Allan Nunn May와 클라우스 푹스, 1961년 조지 블레이크가 그러한 경우였다. 블레이크는 1966년 탈주해 소련으로 넘어올 수 있었다. 우리는 친구를 내버리는 것은 명예롭지 못한 짓이라고 항상 생각했다.

나와 필비가 주목한 수수께끼는 따로 있었다. 영국은 우리 공작원의 도주를 방해하지 않은 것일까(오히려 도운 것은 아닐까)? 그러나 우리는 MI5가 신문에 소환하기로 했던 맥클린의 경우를 생각하며, 그러한 일은 있을 수 없다는 결론에 도달했다. 영국 방첩기관이라면 이러한 아이디어를 머리에 떠올릴 수도 있겠으나, 미국의 경우는 그 비슷한 생각도 할 수가 없다. 미국은 영국에게 그들의 체포를 그렇게 방해하도록 결코 내버려두지는 않았을 것이다. 그러나 필비는 영국 방첩기관이 문 앞에까지 와서 그를 거의 손아귀에 넣을 뻔했다는 데 동의했다. 아마도 필비를 재판에 회부했다면, 그는 자신에 대한 모든 검사 측 논고를 하나도 남김없이 반박하여 물리쳤을 것이다.

시간이 흐를수록 필비는 점점 더 깊이 추억에 파묻혀 갔다. 그는 자신과 함께 일했던 소련 측 사람들을 모두, 한 사람도 예외 없이 만나고 싶어 했다. 그러나 유감스럽게도 그의 연락책들은 이미 모두 죽고 남은 이는 나 하나뿐이었다. 내가 런던에서 케임브리지 5인방과 일을 시작했을 때 나이는 겨우 만 25세였으나 전임자들은 나보다 훨씬 나이가 많았다.

필비는 회의나 공식적인 기념식 같은 데에 참석할 때는 아는 얼굴을 찾으려고 두리번거렸다. 그렇지만 슬프게도 그들은 얼마 남지 않았던 것이다.

근본적으로 그는 소련에서의 일상생활을 아주 잘 받아들이고 있었다. 그 자신은 생활하는 데 어려움을 느끼지 않고 있었으나(세르게이가 그가 바라는 모든 것을 해결해주었다), 1차 필수품인 식료품이 상점에서 그토록 빨리 사라지는 것을 보면서 너무 슬퍼했다. 고기와 빵을 사려고 선 끝이 없는 줄은 그를 경악시켰다.

나는 필비가 모든 일에 만족하는 듯 시늉했을 뿐이라고 생각한다. 객관적으로 말해서 영국, 미국, 심지어 터키에서의 그의 일상생활 환경은 모스크바와 매우 달랐고, 이는 그도 이미 알고 있었다. 무엇이건 간에 후회하기에는 필비의 자존심이 너무 강했던 것이다. 우리는 모스크바에서 아주 쾌적한 주택을 제공하고 생활하는 데 부족함이 없도록 노력했다. 나는 그가 운명에 굴복했다고 생각한다. 버제스와 달리 필비는 영국으로 돌아가고 싶다고 이야기한 적이 없었다. 아마 그렇게 생각했더라도, 결코 실현될 수 없다는 현실을 너무나 잘 알고 있었기 때문에 입 밖에도 내지 않았을 것이다.

1966년 멀린다가 그를 떠나자, 맥클린과도 더는 말을 하지 않았기 때문에 필비는 완전히 외톨이로 남았다. 필비는 폭음하기 시작했는데, 유감스럽게도 주위에 있던 우리 사람들은 상태가 심각해질 때까지 이를 눈치채지 못했던 것이다. 몇 년 동안 그는 흑해 연안의 특권층을 위한 요양지나 동구권의 여러 나라를 여행하면서 생활의 허전함을 감추고 있었다. 그는 구할 수만 있다면 포도주나 위스키 속에 푹 가라앉아 향수를 달랬다. 이 시기에 그의 유일한 즐거움은 1967년에 아들 토미가 온 것이었다. 토미는 영국에 돌아가서 선언했다.

"우리 아버지는 영웅입니다."

필비는 자기와 같은 도망자인 조지 블레이크(나는 모스크바에서 블레이크와 함께 일한 적이 없었고, 영국에서도 그의 연락책이 아니었다)의 아내 이다Ida가 자신의 가장 가까운 친구인, 동정심 많고 금발이며 반은 러시아인, 반은 폴란드인인 루피나Rufina를 그에게 소개했을 당시 완전히 우울증에 빠져 있었다. 그들은 몇 번 블레이크의 다차에서 만났다. 블레이크는 바로 막 아버지가 된 상태였다. 그에게 아들이 태어났던 것이다.

필비는 여러 차례 그녀를 집으로 초대했으며 곧 프러포즈했다. 그녀는 망설였다(필비는 그녀와 나이 차가 너무나 많았다). 그러나 결국에는 프로포즈를 받아들여 1971년 12월 19일 결혼식을 올렸다. 이때 KGB는 신혼부부에게 영국 본차이나의 멋진 식기 세트를 선물했다. 루피나는 필비의 네 번째 아내가 되었다.

이따금 나는 필비와 루피나에게 들렀는데, 그녀가 남편의 생애에 대해 거의 아무것도 모른다는 사실을 알고는 대단히 놀랐다. 맥클린과는 반대로 필비는 아내들에게 – 에일린, 엘리너, 멀린다, 루피나에게도 – 비밀을 결코 알려주지 않았다. KGB에 협력해서 17년 동안이나 적극적인 활동을 벌였음에도, 그에게서는 아내와 관련된 문제는 단 한 건도 일어나지 않았다. 아마 냉소적으로 들릴지 모르겠으나, 그는 자신의 활동을 비밀에 부침으로써 이들 인생의 반려자들과 공식적으로 이혼하거나 헤어질 때 있을 수 있는 공갈이나 다른 어떤 불쾌한 일을 피할 수 있었던 것이다. 단순히 필비는 아내를 믿지 않은 것 같다.

결혼 뒤 필비는 아내와 함께 전과는 전혀 다른 생활을 하기 시작했다. 어머니와 살던 루피나는 모스크바 중심 지역의 모스크바 강 옆 정부 요인에게 할당되는 건물 5층에 있는 남편의 새 집에서 신혼 살림을 꾸렸다. 방들은 크고 햇볕이 밝게 들었으며 편리하게 가구들이 비치됐고 책꽂이는 가득 차 있었다. 루피나에게는 운전수가 딸린 혼자 쓰는 차도 있었다. 블레이크 가족과 필비 가족은 자주 만났다. 필비와 루피나가 결혼한 그해 태어난 블레이크의 아들 미샤Misha에게 그는 '킴 아저씨'였다. 미샤는 필비를 많이 따랐는데, 꼭 붙어서 떨어지려 하지 않았다.

필비는 음주벽을 버리고 다시 본부를 위해 종종 일하기 시작했으며 국제문제, 주로 그가 잘 아는 근동문제에 대해 KGB에 조언했다. 그는 순수 공작적인 문제의 해결에도 기꺼이 손을 대었다. 공작원의 개인 성향을 확인하기 위해 KGB가 보여준 사진들 앞에 수차 여러 시간씩 앉아 있기도 했다. 본부가 드디어 KGB정보학교에서 새로운 세대의 정보관을 양성하는 업무를 그에게 제의했을 때, 그는 생기를 되찾았다. 그는 교육 업무에 대단히 의욕적으로 나섰으며 만족감과 참을성, 열성을 띠고 자신의 지식을 전해주었다.

휴가 중 필비와 그의 아내는 소련 국내의 많은 곳을 여행했는데, 특히 발트 해와 흑해 주변의 휴양지를 자주 방문했다. 그들은 전국을 여행하면서 최고급 호텔에서 묵었고, 어떠한 어려움도 겪지 않았다. 폴란드, 불가리아, 동베를린도 방문했으며 심지어 쿠바까지도 갔었다. 쿠바 여행은 좀 위험했는데, KGB는 필비와 루피나의 안전을 확보하기 위해 주의를 집중했다. 우리는 그들에게 항공기 이용을 자제할 것을 요청했다. 무슨 일이 일어날지 몰랐기 때문이다. 기체 결함이 있을 수도 있었고, 미국에 강제 착륙 당하는 일도 배제할 수 없었다. 그래서 그들은 여행이 길어지는 것을 감수하고 배를 타고 쿠바로 향했다. 그들을 태운 배는 영국해협을 통과했다. 여러 해가 지난 뒤 처음으로 필비는 고국과 가까운 곳을 방문한 것이었다. 그는 갑판에 서서 켄트와 서식스 주 해안가를 바라봤다. 누구에게도 이 순간 무엇을 생각했는지 말하지 않았다. 쿠바에서 쿠바 정부가 그에게 훈장을 수여했으나 카스트로와의 만남은 성사되지 않았다.

루피나는 우리 비밀기관과 아무런 관련도 없었지만, KGB는 그녀가 필비를 선택한 것을 아주 만족스러워했다. MI5와 CIA가 접촉을 꾀한 것이 거의 확실한 엘리너는 우리에게 그다지 바람직스럽지 않았고, 필비와 멀린다의 관계도 일반적인 견해로 볼 때 처음부터 좋은 결과를 기대할 수가 없었다. 그러나 루피나는 똑똑하고 교육 수준이 높았는데, 무엇보다 중요한 것은 그녀가 필비를 폭음의 수렁에서 건져내는 데 성공했다는 것이다.

1980년대 중반에 나는 필비를 수차례 만났다. 나는 그때 KGB정보학교인 안드로포프 연구소의 일로 대단히 바빴다. 우리 둘의 만남은 내가 원하는 만큼 자주 이루어지지는 않았지만, 대단히 만족스러웠다. 우리는 변함없이 정치에 대해 토론했다. 특히 아프가니스탄 전쟁에 대한 이야기는 우리 둘 모두가 대단히 관심을 두는 화제였다. KGB는 이 문제에 관한 필비의 견해를 요청한 적이 한두 번이 아니었다. 본부의 다른 여러 전문가와 같이, 그는 소련이 아프가니스탄 사태에 깊이 끼어들지 않아야 한다고 강력히 조언하면서, 이 나라에서 영국이 참담하게 실패한 사실을 예로 들었다. 영국은 세 번도 넘게 아프가니스탄을 차지하려고 갖은 노력을 다했으나, 그들의 최후 시도는 이 나라를 외국의 간섭에서 해방시키는 결과를 가져왔을 뿐이다.

1983년에는 두 사건이 킴 필비를 충격에 빠뜨렸다. 하나는 싸우기는 했어도 진실로 존경했던 도널드 맥클린이 죽은 것이고, 또 하나는 얼마 지나지 않아 앤서니 블런트가 죽은 것이다. 필비는 영국 정부가 1979년에 앤서니 블런트를 소련의 공작원이라고 공식적으로 인정한 이유를 그 뒤 오랫동안 이해하지 못했다.

나는 고르바초프의 페레스트로이카(개혁 정책) 시작 이후에도 필비를 방문했다. 그는 고르바초프와 그의 모든 연설, 특히 그 당시 열리던 끝이 없고 바보 같은 전당대회를 날카롭게 비판했다. 그의 의견에 따르면, 소련 지도자들은 오래전부터 공산주의자가 아니었다. 그들 모두의 유일한 목적은 수단과 방법을 가리지 않는 권력 장악이라는 것이었다. 당과 정부의 모든 요원은 위에서부터 말단까지 부패했으며, 모두 뇌물만 받아 챙기면서 자신과 가족들만 생각하고 국민은 거들떠보지도 않는다고 그는 생각했다. 필비는 특히 브레즈네프를 몹시 싫어했는데, 처음부터 끝까지 속속들이 썩어버린 인간이라고 생각했다. 그러나 고르바초프가 정권을 잡자 그는 실망에 빠졌고 소련의 운명에 대해 불안해했다.

나는 킴 필비가 자기 이상에 충실하게 남아 있을 사람임을 잘 알았다. 그는 젊었을 때의 맹세를 한 번도 저버린 적이 없었다. 그는 스탈린과 흐루쇼프, 브레즈네프는 흔적도 없이 망각 속으로 사라지지만, 공산주의의 빛나는 이상은 결코 사라지지 않을 것이라고 나에게 자주 말했다. "혁명의 첫 단추는 잘못 끼웠어도, 공산주의는 인류의 위대한 열망을 표현하고 있다"고 킴 필비는 말했다.

1986년 9월 필비가 오래전부터 알고 지냈고 전쟁 때부터 함께 일해온 작가 그레이엄 그린*이 그를 방문했다. 킴 필비는 그린이 영국 MI6의 시에라리온 파견 흑색요원이었을 때 런던 본부의 직속상관이었다. 두 사람이 친구가 된 것은 뒤의 일이다. 그들은 이따금씩 편지를 교환했다. 그린은 모스크바에 네 번 왔었고 자주 필비와 만났다. 자발적 추방자가 되어 프랑스 앙티브에서 사는 그린과, 자기의 의지와는 상관없이 모스크바 시민이 된 필비는 몇 가지 공통점이 있었다. 둘은 순수 혈통의 영국인이었고, 둘에게는 구시대 학파 학생들의 특징인 자존심과 자제력, 그리고 상당한 냉소주의가 따라다녔다. 필비는 그를 모델로 했다는 그린의 장편소설 『인간요건』 주인공을 별로 좋아하지 않았다. 그는 자신이 모스크바의 날림 집에서 간신히 목숨을 부지하면서 흐느끼는 바보 같은 놈과는 전혀 다르다

* 그레이엄 그린(Graham Greene, 1904~1991). 영국 작가. 『조용한 미국인』, 『권력과 영광』, 『인간요건』, 『제3의 사나이』 등의 장편소설을 썼으며 본문에 나오는 『인간요건』은 1978년에 쓴 것이다. - 옮긴이 주

고 생각했다. 사실 필비가 사는 환경은 소설과 전혀 달랐다. 강가의 전망이 아주 좋은 넓은 아파트, 그가 구독하는 ≪타임스≫, ≪르몽드≫, ≪헤럴드트리뷴≫ 신문 더미, 중요한 크리켓 시합만 모은 비디오테이프들, 그리고 찬장 안에 쌓인 영국에서 보내온 쿠퍼 잼 병들. 킴 필비는 영국 BBC와 〈미국의 소리〉 라디오 방송도 청취했고 존 르 카레의 소설도 읽었으며, 진짜 요리사같이 요리하는 방법까지 배웠는데, 이러한 모습은 그린의 주인공에게는 전혀 연상되지 않았다. 한번은 그린이 방문하고 돌아간 뒤 나는 ≪선데이텔레그래프≫에서 호기심을 끄는 필비의 글을 읽었다. "소련에서의 변화는 가장 우수하고 똑똑한 사람만을 요원으로 채용하는 KGB로부터 도래할 수 있다"라는 것이었다.

1960년대부터 필비에게 심장병 증상이 나타나기 시작했다. 처음에는 심각한 것이 아니었으나 상당히 조심해야 했다. 1988년 봄, 첫 번째 발작이 일어났다. 필비가 어느 정도 회복했을 때 나는 그가 보고 싶어졌다. 나는 동화 같은 그의 모험에 아마도 유일한 증인으로 남아 있었다. 나는 동료에게 내가 필비를 보고 싶어 한다고 루피나에게 전해줄 것을 부탁했고, 그는 즉시 나를 보았으면 좋겠다고 하면서 나와 꼭 이야기할 것도 있다고 했다는 전갈이 왔다. 그러나 이 연락을 받은 뒤 곧바로 나는 그가 병원으로 후송된 것을 알게 됐다. 의사들이 그의 상태가 크게 위험한 것은 아니라고 보았기 때문에, 루피나는 5월 10일 저녁 병원을 떠났고 별로 큰 걱정을 하지 않았다. 그러나 그날 밤 늦게 병원에서 필비가 새벽 2시에 사망했다는 전화를 받았다.

5월 13일 아주 화창한 봄날, 나는 장례식에 갔다. 적기로 덮인 관은 KGB 출신의 친구와 동료 들이 그에게 마지막 존경을 표할 수 있도록 루뱐카의 클럽에 안치됐다. 훈장들이 꽂힌 조그만 쿠션이 적기 위쪽에 놓여 있었다. 필비는 모스크바 서부 교외에 위치한 쿤체보 공동묘지의 장군묘역에 매장됐다. 킴 필비는 (몇몇 사람들의 주장과는 다르게) 장군이 아니었지만, 완전한 예장을 갖춘 KGB 경비대가 세 발의 예포로 그에게 마지막 경의를 표했다. 오케스트라는 〈인터내셔널〉가를 연주했다. 장례식에는 필비의 아들 존, 딸 조세핀 그리고 많은 군중이 참석했는데, 그 가운데는 여러 계급의 모든 KGB 간부와 뒷날 1991년의 쿠데타 지도자 가운데 한 명인 KGB의장 블라디미르 알렉산드로비치 크류치코프Vladimir Aleksandrovich Kryuchkov까지도 참석했다. 나는 추도사를 부탁받았는데 이를 대단히 큰 영광으로 생각한다.

에필로그

킴 필비는 20세기 가장 유명한 첩보망이라고 부를 수 있는 첩보망의 마지막이자 가장 뛰어난 망원이었다. 소련의 비밀기관은, 외국 정부에서 최상위급 직위에 있으며 귀중한 첩보를 수집할 수 있는 사람들을 포섭하는 데 역사상 처음으로 성공했다. 더욱이 여러 해 동안 그들과 작업해온 가운데 누구도 피살되지 않았고, 비난은 받았을지언정 체포되지 않았으며, 어떠한 증거자료도 남기지 않았다. 그들의 빛나는 성공은 행운과 전문가 기질이 서로 균형을 맞춰 함께했기 때문에 가능했다. 우리는 그들과 큰 위험이 따르는 정기 접선을 해왔지만, 이 첩보망의 공작원들과 일하는 중에 한 번도 심각하게 실패한 적이 없었다.

벌써 40년 넘게 전 세계는 케임브리지 5인방에 관한 자료에 매혹되어 꾸준히 읽고 있다. 이러한 현상은 당연한 것으로서, 그들의 비범한 희대의 공적이 오랫동안 사람들의 기억 속에 남아 있고, 그 활동에 참여했던 모두가 죽은 이후에도 더 오랜 생명을 유지할 것이기 때문이다.

나는 가끔 필비의 묘지를 찾아 한참 동안 서서 회상에 젖곤 한다. 다른 사람들의 유해는 멀리 영국에 묻혀 있기 때문에 그들의 무덤은 방문할 수 없다. 그러나 나는 그들의 여러 장점과 단점에도 그들을 소중하게 생각하기 때문에 자주 그들을 회상한다. 이들은 옳은 일을 위해 생명을 바칠 각오가 되어 있던 사람들이었다. 나는 그들 앞에 무릎을 꿇는다. 바라건대 그들의 발자취를 따라 할 수만 있다면…….

멀린다와 아마도 리치, 그리고 여러 사건에 참여했던 한두 명을 제외한다면, 여러 모로 보아 어쩌면 나 혼자만이 케임브리지 5인방을 평가할 수 있는 유일한 사람으로 남았다. 모든 것이 잠잠해진 지금 나는 이들과 이들이 관여한 사건들에 대해 객관적으로 평가할 수 있는 사람이다.

제1차 세계대전에서 비밀 공작원으로 활동했던 서머싯 몸◆은 그의 작품에서 아주 분명하게 고백한다.

"인간의 행동만이 그의 진정한 본질을 파헤칠 수 있다."

사람은 자신을 둘러싼 세계와 대면했을 때 자신이 원하는 것만을 본다. 자기가 생각한 모습대로 타인이 그를 받아들이도록 겉모습을 꾸며낸다. 이 사람이 실제로 어떤 사람인지 알기 위해서는 무의식적이고 스스로 통제할 수 없는 몸짓이나 얼굴의 표정을 관찰할 필요가 있다. 종종 사람은 가면을 쓰고 연기하듯 살아가기 때문에, 자기가 표현하고자 하는 모습을 실제로 닮아간다. 하지만 사람은 자신이 쓴 책이나 그린 그림, 그리고 일상생활을 통해 자아로부터 갑옷을 벗어버린다. 그 무엇도 행동의 평범함을 감출 수 없다. 사람의 행동을 주의 깊게 들여다보면, 가장 은밀한 비밀을 파헤칠 수 있는 것이다.

중요한 것은 무엇을 말하느냐가 아니라 무엇을 하느냐에 달려 있다. 그럼에도 나는 함께 일한 모든 공작원의 특성을 완전히 끝까지 결코 알 수 없다는 것을 분명히 안다. 그 예로 킴 필비는 영원히 나에게 수수께끼로 남아 있을 것이다.

킴 필비는 공작원 생활을 하면서 실제로 실수하는 일이 없었고, 해를 거듭하면서 크나큰 경험을 쌓아나갔다. 그는 어떤 올가미들이 놓여 있으며,

◆ 서머싯 몸(Somerset Maugham, 1874~1965). 영국 작가, 주요 작품으로는 「인간의 굴레」, 「달과 6펜스」, 「만물 박사」, 「극장」, 「외진 인생」 등이 있다.

그것을 어떻게 피할지 알고 있었다. 그렇다고 해도 그는 천재는 아니었다. 지적으로는 필비가 버제스와 블런트, 맥클린, 케른크로스와 대적할 수 없었다. 그는 뛰어나게 총명하거나 남달리 재능이 있는 학생도 아니었다. 물론 필비는 말할 것도 없이 뛰어난 지적 능력을 소유하고 있었지만, 가이 버제스의 경우 필비를 훨씬 능가했다.

또한 킴 필비는 다른 사람들에게서는 볼 수 없는 대단히 드문 한 가지 자질을 가지고 있었는데, 바로 어떤 사건에 대해 현실적으로 평가할 수 있는 능력이다. 사람들 대부분은 어떤 사실에 대해 주관적 관점에서만 판단하는데, 여기에서 그들의 평가와 실제 상황 사이에는 자주 큰 차이가 있게 마련이다. 필비는 항상 문제를 모든 시각에서 바라보고 자기가 모르는 것을 찾아내려고 노력했다. 그는 복잡한 상황을 분별해내고 그것들이 어떻게 발전하게 될지를 본능적으로 예견할 줄 아는 뛰어난 재주가 있었다. 바로 이러한 통찰력이 그를 누구도 따를 수 없는 비밀 첩보활동의 명장으로 만든 것이다. 어떤 어려운 문제가 발생했다고 필비에게 설명만 하면, 그는 바로 매우 빠르고 효율적이며, 나무랄 데 없고 믿을 만한 해결방법을 찾아냈다. 권위를 인정하지 않고 자기 확신 때문에 누구의 충고도 필요로 하지 않았던 버제스도 필비를 깊이 존경했다. 불행한 일이 일어났을 때, 버제스는 필비에게 갔고 그가 자기에게 말해준 대로 행동했다. 그렇지만 필비의 지식이 정치·음악·연극에서 예술 전체에 이르기까지 모든 주제에 정통했던 버제스와 같이 그렇게 광범위한 것은 아니었다.

단점도 있었지만 킴 필비는 정말로 위대한 세기의 첩보원이었다. 이러한 평가는 대부분 맥클린에게도 해당된다. 그러나 수집되는 정보의 양과 질을 판단 기준으로 삼는다면, 필비에게서 절대적으로 정확하고 효과적인 정보를 받았다고 확언할 수 있다. 그의 덕택으로 적의 활동, 공작원들 위치와 파괴공작 수행 시도에 대해서도 알 수 있었던 것이다.

그러나 첩보공작의 목적이, 정부나 국가의 중요 인사들에게 어떤 결정을 하는 데 도움이 되는 정보를 제공하는 것이라면, 도널드 맥클린을 세기의 첩보원으로 인정하지 않을 수 없다. 맥클린은 중요한 기로의 시기에, 10년이 넘는 동안 소련 지도자들의 전략방향을 결정한 정치·경제·과학 정보를 제공했다. 제2차 세계대전을 거쳐 냉전으로 향하는 시기였음을 감안하면 영미의 동구권 국가에 대한 전략을 완전히 파악하는 일보다 우리에게 더 중요한 것은 없었다.

그 당시는 이상한 상황이 조성되어 있었다. KGB는 킴 필비를 한껏 칭찬할 수가 없었고, 우리 요원들 가운데 누구도 맥클린의 공적에 대해 합당한 평가를 하지 않았다. 맥클린이 제공하는 정보는 국제정치보다도 국내 각 지방에서의 정보활동에 더 신경을 썼던 KGB의 지도부에게 직접적인 관심을 끌지 못했다. 맥클린에게 실제로 정보를 받은 유일한 고위급 인물인 몰로토프와 그의 수행원들만이 이 두 첩보원의 생산성을 권위 있게 평가할 수 있었다.

내가 개인적으로 자신 있게 말할 수 있는 한 가지는, 필비가 세기의 첩보원이든 아니든 간에 그는 항상 수수께끼로 남을 것이라는 사실이다. 나는 그를 버제스나 케른크로스, 블런트처럼 그렇게 잘 알지 못한다. 블런트 또한 꽤나 마음을 터놓지 않는 사람이었지만 말이다.

내가 필비에 대해 깊이 감탄하고 또한 그의 일을 잘 알았다고 해도, 나는 진정으로 그와 가깝다고 느낀 적이 한 번도 없었다. 그는 자신의 참모습을 보여주지 않았다. 그것은 나뿐만이 아니었다. 영국인도, 그와 함께 산 아내들도, 철갑처럼 견고하게 필비를 감싼 수수께끼 같은 장막 속을 들여다보는 데 조금도 성공하지 못했다. 이 사람은 문자 그대로 첩보원이었고, 첩보는 그의 전 생애의 일이었으며, 그는 마지막 날까지 첩보원으로 살았다. 나는 필비가 (소련 망명 중) 자기를 둘러싼 사람들, 특히 우리를 남몰래 비웃었다고 생각한 적이 종종 있었다.

필비, 버제스, 블런트와의 관계에서 내가 취한 신중함은 열등감으로도 설명될 수 있을 것이다. 나는 그들을 만나자마자 지성으로 견주어 그들이 나보다 한 수 위라는 것을 알았다. 이들은 좋은 집안 환경에서 훌륭한 가정교육과 영국 최고의 교육기관에서 교육받은, 문자 그대로 엘리트 지성인이었다. 그들과 비교해서 나는 젊고 경험도 없었을 뿐만 아니라 평범하다는 것밖에 내세울 것이 없음을 고통스러울 정도로 느끼고 있었다. 레닌그라드 해양전문학교는 그다지 나쁘지 않은 교육기관이지만, 케임브리지와는 비교할 수가 없다.

그 당시 나는 젊고 자존심이 강했으며 과감했고 바보가 아니었다. 그러나 곧 성공적인 업무를 위해서, 그들에게 존경을 표하면서 다투지 않고 주의 깊게 상대의 이야기를 들으며 상대를 이해하고 신뢰를 얻는 것이 더 현명하다는 것을 알았다. 우리는 모든 것에서, 이상에 대한 각자의 충실성 평가에서까지도 각양각색으로 다양했다. 나는 내 상관들이 기대했고 소련의 체제와 공산당 당원으로서의 임무가 요구했기 때문에 공산주의에 충실했다. 내 충성심은 순전히 형식주의적인 것이라 해도 당시 행동의 규범은 그러했다. 내가 현명하지 못한 우리의 지도자들이 자국을 어떤 막다른 골목으로 끌고 갔는지를 이해하기까지는 수십 년이 흘러야 했고, 나 역시 노인이 되어야 했다.

케임브리지 5인방은 우리와는 전혀 다른 생각에서 출발해 자기 자신들의 이상을 선택한 것이었다. 그들의 신념은 이론과 실제에 대한 광범위한 분석에서 태어났다. 그들이 젊었을 때인 1930년대 영국의 정치적·경제적 상황은 개선을 요구하고 있었다. 빈곤과 실업은 뻔뻔스러운 사치와 나란히 공존했다. 선량함과 정의에 대한 갈망과 빈곤한 사람들에 대한 동정심이 그들의 모든 행동지침이 됐다. 그들은 독일과 유럽의 다른 지역, 즉 이탈리아와 프랑스, 더욱이 영국까지도 파시즘이 성장하는 것을 보고 충격을 받았다. 자본주의체제의 위기와 노동자층의 불만 역시 그들의 신념에 영향을 미쳤다. 그들은 온갖 힘과 수단으로 소련을 도와야 한다는 결론에 이르렀던 것이다.

1930년대 초에는 그랬다. 점진적으로 그들의 관점이 변해갔으나 이미 뒤로 물러서기는 늦었으며, 그들은 자기들이 고수한 이상을 배반할 수가 없었다.

통상 사람들은 첩보원의 업무를 비도덕적인 것으로 보며 첩보요원 자체도 비원칙적인 인격체로 보고 있다. 케임브리지 5인방에 관한 한 그러한 관점은 크게 잘못된 것이다. 첩보원들이 비도덕적이라면, 국가를 위해 어려운 임무를 수행하도록 그들을 파견한 수장과 정치지도자는 몇 배나 더 비도덕적인가?

나는 다시 케임브리지 5인방은 정말로 뛰어난 사람들이라고 강조하고 싶다. 나는 누구도 따라올 수 없는 수준 높은 교양과 교육, 신념을 지닌 사람들과 함께 일했다는 점을 지금도 실감하기 어렵다. 그들은 우리가 모든 것이 잘 되어가고 있다고 생각했을 때에도, 이미 소련이 붕괴할 것을 예견한 사람들이었다. 그럼에도 그들은 자신들의 임무를 계속했던 것이다.

사람들은 가끔 나에게 다분히 가시 돋친 질문, 즉 어떻게 이들이 가망도 없는 일에 자신들의 전 생애를 희생시킬 수 있었느냐고 묻는다. KGB의 지도자들까지도 소련이 붕괴되어간다는 사실을 이해할 수 없었는데, 어떻게 케임브리지 5인방에게 자신들의 임무가 이념을 이행할 수 없는 것으로 보일 수 있었겠는가!

영국인들은 5인방에 대해 선입견이 있다. 어떻게 귀족 그룹이 부와 야망과 사랑을 포기하면서 각종 위험과 위협에 매달릴 수 있고, 어떻게 자신들의 모든 희생이 그 무슨 위대한 이념에 이바지할 것이라는 환상에 사로

잡힐 수 있는지, 영국인들은 도무지 이해할 수 없었다. 그들은 어떻게 이 사람들이 자국의 계급 사다리에서 거의 정상에까지 오를 수 있었는지, 왜 적시에 그들을 체포하지 않았는지, 왜 결국 소련으로 망명하고 그렇게 함으로써 처벌을 피할 수 있도록 기회를 주었는지 이해하지 못한다. 배신과 변절이 한창이던 시대에 영국인들은 왜 케임브리지 5인방이 자기들의 이상에 충실히 남아 있었는지 이해하지 못한다.

케임브리지 그룹의 모든 첩망원은 자기 국가와 계급의 전형적인 대표자들이었다. 영국인들에게는 이것이 케임브리지 그룹 사건의 모든 것들 가운데서 가장 놀라운 일이었다.

그러나 나는 서방에서는 불명예스럽게 보이는 이 사람들의 행동을 이해할 수 있다. 무엇보다도 나는 그들의 애국심 앞에 무릎을 꿇는다. 그들 모두는, 특히 버제스는 영국에 대한 깊고도 강렬한 사랑을 품고 있었다. 많은 사람들은 그들을 배신자라고 생각하지만 나는 그렇게 생각하지 않는다. 그들이 소련에 넘긴 그토록 값어치가 큰 자료들을 누구보다 내가 더 많이 알고 있다는 것은 과장이 아니다. 동시에 나는 그들 가운데 어느 누구도 자국에 피해를 주려는 생각을 하지 않았다는 점을 확언할 수 있다. 물론 그들이 미국을 반대해 일했다는 것은 정확하다. 그들은 그들 손에 들어오는 것은 모두 우리에게, 종종 필요 이상의 많은 것까지도 넘겨주었다. 그러나 한 번도 영국에 피해를 줄 수 있는 비밀은 우리에게 준 적이 없다.

그들은 케임브리지 대학 재학 시절, 빈곤한 사람들에게 도움을 주자는 사회적 흐름의 운동에 참가했다. 그들은 공산주의운동에 합류한 것이다. 그들에게 조국을 배신한다는 생각은 전혀 없었다. 케임브리지 5인방은 세계혁명을 위해 투쟁했다. 다른 일은 뒤로 제쳐졌다. 혁명과 관련된 희생도 그들을 멈추게 하지 못했다. 그들은 무엇보다도 자신들의 이상, 즉 파시즘에 대항해서 싸울 능력이 있는 공평하고 계급이 없는 사회를 만드는 데 충실했다. 이러한 목표가 그들을 소련에 가깝게 만들었다. 5인방 모두는 단순히 공산당에 적을 두거나 동정한 것이 아니다. 그들은 자신들을, 승리를 위해서 어떠한 희생도 치를 각오가 된 진정한 혁명가라고 생각했다. 또한 그들이 스탈린의 잘못과 그에 대한 무조건적인 믿음을 옹호했다고 해서 그들을 비난할 수는 없다. 전 세계에서, 완전한 한 세대의 정직한 사람들도 이렇게 착각하고 있지 않았던가!

물론 지금은 케임브리지 5인방을 천진난만한 사람들로 생각할 수도 있으나, 1930년대에는 전혀 그렇게 보이지 않았다.

내가 지금 돌이켜볼 때, 이들은 풍차와의 전투에 인생을 건 돈키호테를 닮았던 것으로 보이며, 역사 또한 그들의 이상을 끊임없이 파괴하고 있다. 그들은 다른 인간적인 환상 – 권력, 부, 사랑, 야망, 평온과 영광 – 을 경멸했고 환상 중에서 가장 위대한 환상인 정치를 선택했다. 혁명에 충성 서약을 했고 그 믿음을 깨지 않았다.

지은이 **유리 모딘** Yuri Modin

1922년생. 1942년 KGB에 입사해 KGB 정보학교 교수로 퇴임.

KGB 근무 동안 세기적 첩보망 '케임브리지 5인방' 운용.

1948년부터 1951년까지 주 영국 소련 대사관에 파견.

기타 수차 영국 방문, KGB 관련 업무 수행.

옮긴이 **조성우**

한국외국어대학(러시아어), 영국 런던대학(소·동구학).

주 러시아 KOTRA 무역관, 주 러시아 한국 대사관.

나의 케임브리지 동지들

KGB 공작관의 회고록

지은이 | 유리 모딘
옮긴이 | 조성우
펴낸이 | 김종수
펴낸곳 | 한울엠플러스(주)

초판 1쇄 발행 | 2013년 3월 29일
초판 3쇄 발행 | 2025년 12월 12일

주소 | 10881 경기도 파주시 광인사길 153 한울시소빌딩 3층
전화 | 031-955-0655
팩스 | 031-955-0656
홈페이지 | www.hanulmplus.kr
등록번호 | 제406-2015-000143호

Printed in Korea.
ISBN 978-89-460-4803-4 03920

* 책값은 겉표지에 표시되어 있습니다.